U0311471

21世纪高职高专规划教材

计算机基础教育系列

计算机应用基础

——Windows XP/7+Office 2010

韩淑云 蒋秀凤 编著

清华大学出版社

北京

内 容 简 介

本书针对高职高专计算机公共基础课编写，主要内容包括计算机基础知识、Word 2010、Excel 2010和PowerPoint 2010的应用。

本书采用任务驱动、案例导向的方式编写，书中的案例大多改编自实际工作中的具体应用，或是教学实践中的一些技巧性案例。本书以培养职业技能为核心，注重全面提高学生的实战技能和素养。本书层次清晰、通俗易懂、图文并茂、贴近读者、实用性强，符合高职高专的教学理念和学生的实际需求。

本书可作为高职高专院校计算机公共基础课的教材，也可作为成人教育、计算机等级考试以及各类计算机培训班的培训教材，还可作为计算机入门者的自学参考用书。

图书在版编目(CIP)数据

计算机应用基础：Windows XP/7+Office 2010/韩淑云，蒋秀凤编著. --北京：清华大学出版社，2014(2019.10重印)

21世纪高职高专规划教材——计算机基础教育系列

ISBN 978-7-302-37402-2

Ⅰ. ①计… Ⅱ. ①韩… ②蒋… Ⅲ. ①Windows操作系统－高等职业教育－教材 ②办公自动化－应用软件－高等职业教育－教材 Ⅳ. ①TP316.7 ②TP317.1

中国版本图书馆CIP数据核字(2014)第162869号

责任编辑：孟毅新
封面设计：常雪影
责任校对：刘　静
责任印制：宋　林

出版发行：清华大学出版社
网　　址：http://www.tup.com.cn，http://www.wqbook.com
地　　址：北京清华大学学研大厦A座　　**邮　　编**：100084
社 总 机：010-62770175　　**邮　　购**：010-62786544
投稿与读者服务：010-62776969，c-service@tup.tsinghua.edu.cn
质量反馈：010-62772015，zhiliang@tup.tsinghua.edu.cn
课件下载：http://www.tup.com.cn，010-62795764
印 装 者：三河市少明印务有限公司
经　　销：全国新华书店
开　　本：185mm×260mm　　**印　张**：17.5　　**字　　数**：396千字
版　　次：2014年9月第1版　　**印　　次**：2019年10月第5次印刷
定　　价：38.00元

产品编号：060774-01

前　言

本书是根据《高职高专教育基础课教学的基本要求》和《高职高专教育专业人才培养目标及规格》，在充分汲取高职高专培养应用型专门人才方面取得的成功经验、教学实践和教材使用现状的基础上编写而成的。本书以职业能力培养为重点，基于职业岗位所需要的知识、能力、素养选取教学内容；根据高职学生的层次，教学内容以“适度、够用”为原则，突出教学内容的实用性和针对性；依据学生的认知规律，根据由易到难的原则设计教学环节；遵循学生职业能力培养的基本规律，科学设计学习任务，实现教、学、做一体化；兼顾对专业能力、方法能力和社会能力的培养，对应各个教学情景，采取任务驱动、情景教学、模拟仿真等教学法。

全书共分为4章。

第1章介绍计算机的基础知识，包括计算机的产生与发展、应用领域、系统构成。此外，还包括两个实践案例：选购计算机配件和管理计算机。

第2章介绍使用Word 2010编辑文档的方法，包括文件的基本操作、设置字符和段落格式、样式和模板的应用、插入对象、处理图片和表格，以及打印文档等内容。此外，还包括3个实践案例：编写求职信、制作个人简历和格式化毕业论文。

第3章介绍使用Excel 2010制作电子表格的方法，包括工作簿的管理、工作表的基本操作、设置表格格式、表格中的数据运算、创建图表、制作数据清单，以及打印工作表等。此外，还包括2个实践案例：制订就业职位统计表、编制工资表。

第4章介绍使用PowerPoint 2010制作电子演示文稿的方法，涵盖了创建和编辑演示文稿，美化幻灯片和演示文稿，设置背景、动画和背景音乐，编辑母版，以及播放和打包演示文稿的方法等内容。此外，还包括一个实践案例：学院介绍演示文稿。

本书由韩淑云、蒋秀凤编著。由于编者水平有限，书中难免有不足之处，恳请读者批评指正，以便今后进一步完善。

编　者

2014年8月

目　录

第1章 计算机基础知识

1.1 计算机概述

计算机对人类的生产活动和社会活动产生了极其重要的影响,并以强大的生命力飞速发展着。它的应用领域从最初的军事科研应用扩展到目前社会的各个领域,已形成规模巨大的计算机产业,带动了全球范围的技术进步,由此引发了深刻的社会变革。计算机已遍及学校、企事业单位,进入寻常百姓家,成为信息社会中必不可少的工具。它是人类进入信息时代的重要标志之一。

1.1.1 计算机的产生与发展

世界上第一台电子计算机 ENIAC 于 1946 年 2 月诞生在美国宾夕法尼亚大学莫尔学院[①],如图 1.1 所示。

图 1.1 世界上第一台计算机 ENIAC

① 实际上,世界上第一台计算机是哪台是存在争议的。第二种说法是:世界上第一台电子计算机是由美国爱荷华州立大学的约翰·文森特·阿塔纳索夫(John Vincent Atanasoff)教授和他的研究生克利福特·贝瑞(Clifford Berry)先生在 1937 年至 1941 年间开发的"阿塔纳索夫—贝瑞计算机(Atanasoff-Berry Computer,ABC)"。但在国内大部分仍然是认同第一种说法的。

电子计算机的理论和模型是由英国数学家图灵(Alan Mathison Turing,1912—1954)在1936年发表的一篇论文——《论可计算数及其在判定问题上的应用》奠定的基础。因此,当美国计算机协会(ACM)在1966年纪念电子计算机诞生20周年,即图灵的论文发表30周年之际,决定设立计算机界的第一个奖项——“图灵奖”,以纪念这位计算机科学理论的奠基人。“图灵奖”也被称为“计算机界的诺贝尔奖”。

ENIAC的诞生至今已经有60多年了,在这期间,计算机以惊人的速度发展。根据计算机所使用的电子元器件不同,计算机的发展经历了四代。

1. 第一代(1946—1957年),电子管计算机

第一台电子数字积分计算机取名为ENIAC。它是个庞然大物,共用了18 000多个电子管、1 500个继电器,重达30吨,占地170m^2,每小时耗电140kW,计算速度为每秒5 000次加法运算。尽管它的功能远不如今天的计算机,但ENIAC作为计算机大家族的鼻祖,开辟了人类科学技术领域的先河,使信息处理技术进入了一个崭新的时代。其主要特征如下。

(1) 电子管元件,体积庞大、耗电量高、可靠性差、维护困难。

(2) 运算速度慢,一般为每秒钟1千次到1万次。

(3) 使用机器语言,没有系统软件。

(4) 采用磁鼓、小磁芯作为存储器,存储空间有限。

(5) 输入/输出设备简单,采用穿孔纸带或卡片。

(6) 主要用于科学计算。

2. 第二代(1958—1964年),晶体管计算机

晶体管的发明给计算机技术带来了革命性的变化。第二代计算机采用的主要元件是晶体管,称为晶体管计算机。计算机软件有了较大发展,采用了监控程序,这是操作系统的雏形。第二代计算机有如下特征。

(1) 采用晶体管元件作为计算机的器件,体积大为缩小,可靠性增强,寿命延长。

(2) 运算速度加快,达到每秒几万次到几十万次。

(3) 提出了操作系统的概念,开始出现了汇编语言,产生了如FORTRAN和COBOL等高级程序设计语言和批处理系统。

(4) 普遍采用磁芯作为内存储器,磁盘、磁带作为外存储器,容量大大提高。

(5) 计算机应用领域扩大,从军事研究、科学计算扩大到数据处理和实时过程控制等领域,并开始进入商业市场。

3. 第三代(1965—1970年),中小规模集成电路计算机

20世纪60年代中期,随着半导体工艺的发展,已制造出了集成电路元件。集成电路可在几平方毫米的单晶硅片上集成十几个甚至上百个电子元件。计算机开始采用中小规模的集成电路元件,这一代计算机比晶体管计算机体积更小,耗电更少,功能更强,寿命更长,综合性能也得到了进一步提高。第三代计算机具有如下主要特征。

(1) 采用中小规模集成电路元件,体积进一步缩小,寿命更长。

(2) 内存储器使用半导体存储器,性能优越,运算速度加快,每秒可达几百万次。

(3) 外围设备开始出现多样化。

(4) 高级语言进一步发展。操作系统的出现,使计算机功能更强,提出了结构化程序的设计思想。

(5) 计算机应用范围扩大到企业管理和辅助设计等领域。

4. 第四代(1971年至今),大规模集成电路计算机

随着20世纪70年代初集成电路制造技术的飞速发展,产生了大规模集成电路元件,使计算机进入了一个新的时代,即大规模和超大规模集成电路计算机时代。这一时期的计算机的体积、重量、功耗进一步减少,运算速度、存储容量、可靠性有了大幅度的提高。其主要特征如下。

(1) 采用大规模和超大规模集成电路逻辑元件,体积与第三代相比进一步缩小,可靠性更高,寿命更长。

(2) 运算速度加快,每秒可达几千万次到几十亿次。

(3) 系统软件和应用软件获得了巨大的发展,软件配置丰富,程序设计部分自动化。

(4) 计算机网络技术、多媒体技术、分布式处理技术有了很大的发展,微型计算机大量进入家庭,产品更新速度加快。

(5) 计算机在办公自动化、数据库管理、图像处理、语言识别和专家系统等各个领域得到应用,电子商务已开始进入到了家庭,计算机的发展进入到了一个新的历史时期。

1.1.2　计算机的应用

20世纪90年代以来,计算机技术作为科技的先导技术之一,得到了飞跃式发展,超级并行计算机技术、高速网络技术、多媒体技术、人工智能技术等相互渗透,改变了人们使用计算机的方式,从而使计算机几乎渗透到人类生产和生活的各个领域,对工业和农业都有极其重要的影响。计算机的应用范围归纳起来主要有以下7个方面。

1. 科学计算

科学计算也称为数值计算,是指用计算机完成科学研究和工程技术中所提出的数学问题。计算机作为一种计算工具,科学计算是它最早的应用领域,也是计算机最重要的应用之一。在科学技术和工程设计中存在着大量的各类数字计算,如求解几百乃至上千阶的线性方程组、大型矩阵运算等。这些问题广泛出现在导弹实验、卫星发射、灾情预测等领域,其特点是数据量大、计算工作复杂。在数学、物理、化学、天文等众多学科的科学研究中,经常遇到许多数学问题,这些问题用传统的计算工具是难以完成的,有时人工计算需要几个月、几年,而且不能保证计算准确;而使用计算机则只需要几天、几小时甚至几分钟就可以精确地解决。所以,计算机是发展现代尖端科学技术必不可少的重要工具。

2. 数据处理

数据处理又称信息处理,它是指信息的收集、分类、整理、加工、存储等一系列活动的总称。所谓信息是指可被人类感受的声音、图像、文字、符号、语言等。数据处理还可以在计算机上加工那些非科技工程方面的计算,管理和操纵任何形式的数据资料。其特点是要处理的原始数据量大,而运算比较简单,有大量的逻辑与判断运算。

据统计,目前在计算机应用中,数据处理所占的比重最大。其应用领域十分广泛,如人口统计、办公自动化、企业管理、邮政业务、机票订购、情报检索、图书管理、医疗诊断等。

3. 计算机辅助

(1) 计算机辅助设计(Computer Aided Design,CAD)是指使用计算机的计算、逻辑判断等功能,帮助人们进行产品和工程设计。它能使设计过程自动化,设计合理化、科学化、标准化,大大缩短设计周期,以增强产品在市场上的竞争力。CAD技术已广泛应用于建筑工程设计、服装设计、机械制造设计、船舶设计等行业。使用CAD技术可以提高设计质量,缩短设计周期,提高设计自动化水平。

(2) 计算机辅助制造(Computer Aided Manufacturing,CAM)是指利用计算机通过各种数值控制生产设备,完成产品的加工、装配、检测、包装等生产过程的技术。将CAD进一步集成形成了计算机集成制造系统CIMS,从而实现设计生产自动化。利用CAM可提高产品质量,降低成本和降低劳动强度。

(3) 计算机辅助教学(Computer Aided Instruction,CAI)是指将教学内容、教学方法以及学生的学习情况等存储在计算机中,帮助学生轻松地学习所需要的知识。它在现代教育技术中起着相当重要的作用。

除了上述计算机辅助技术外,还有其他的辅助功能,如计算机辅助出版、计算机辅助管理、计算机辅助绘制和计算机辅助排版等。

4. 过程控制

过程控制也称为实时控制,是指用计算机实时采集数据,按最佳值迅速对控制对象进行自动控制或采用自动调节。利用计算机进行过程控制,不仅极大地提高了控制的自动化水平,而且提高了控制的及时性和准确性。

过程控制的特点是实时收集并检测数据,按最佳值调节、控制对象。在电力、机械制造、化工、冶金、交通等部门采用过程控制,可以提高劳动生产效率、产品质量、自动化水平和控制精确度,减少生产成本,减轻劳动强度。在军事上,可使用计算机实时控制导弹根据目标的移动情况修正飞行姿态,以准确击中目标。

5. 人工智能

人工智能(Artificial Intelligence,AI)是指用计算机模拟人类的智能活动,如判断、理解、学习、图像识别、问题求解等。它涉及计算机科学、信息论、仿生学、神经学和心理学等诸多学科。在人工智能中,最具代表性、应用最成功的两个领域是专家系统和机器人。

计算机专家系统是一个具有大量专门知识的计算机程序系统。它总结了某个领域的专家知识,构建了知识库。根据这些知识,系统可以对输入的原始数据进行推理,做出判断和决策,以回答用户的咨询,这是人工智能的一个成功例子。

机器人是人工智能技术的另一个重要应用。目前,世界上有许多机器人工作在各种恶劣环境,如高温、高辐射、剧毒等。机器人的应用前景非常广阔。现在有很多国家正在研制机器人。

6. 计算机网络

把计算机的超级处理能力与通信技术结合起来就形成了计算机网络。人们熟悉的全球信息查询、邮件传送、电子商务等都是依靠计算机网络来实现的。计算机网络已进入到了千家万户，给人们的生活带来了极大的方便。

7. 多媒体应用

多媒体计算机的出现提高了计算机的应用水平，扩大了计算机技术的应用领域，使计算机除了能够处理文字信息外，还能处理声音、视频、图像等多媒体信息。

1.1.3　计算机系统的构成

现在，计算机已发展成为一个庞大的家族，其中的每个成员，尽管在规模、性能、结构和应用等方面存在着很大的差别，但是它们的基本结构是相同的。计算机系统包括硬件系统和软件系统两大部分。硬件系统由中央处理器、内存储器、外存储器和输入/输出设备组成。软件系统分为两大类，即计算机系统软件和应用软件。

计算机通过执行程序而运行。计算机工作时，软、硬件协同工作，两者缺一不可。计算机系统的组成框架如图1.2所示。

1. 硬件系统

硬件系统是构成计算机的物理装置，是指在计算机中看得见、摸得着的有形实体。在计算机发展史上作出杰出贡献的著名应用数学家冯·诺依曼(Von Neumann)与其他专家于1945年为改进ENIAC，提出了一个全新的存储程序的通用电子计算机方案。冯·诺依曼结构有三条重要的设计思想。

(1) 计算机应由运算器、控制器、存储器、输入设备和输出设备五大部分组成，每个部分有一定的功能。

(2) 以二进制的形式表示数据和指令。二进制是计算机的基本语言。

(3) 程序预先存入存储器中，使计算机在工作中能自动地从存储器中取出程序指令并加以执行。

计算机的硬件由主机和外设组成。主机由CPU、内存储器、主板(总线系统)构成，外部设备由输入设备(如键盘、鼠标等)、外存储器(如光盘、硬盘、U盘等)、输出设备(如显示器、打印机等)组成。计算机的硬件结构如图1.3所示。

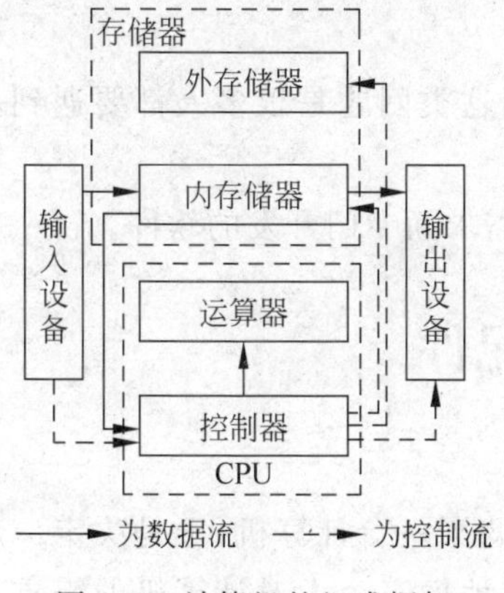

图1.2　计算机的组成框架

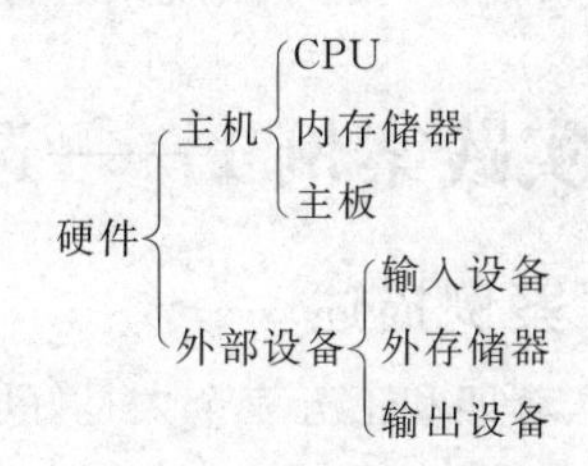

图1.3　计算机硬件的组成

硬件是计算机运行的物质基础，计算机的性能如运算速度、存储容量、计算和可靠性等，很大程度上取决于硬件的配置。

2. 软件系统

软件是用户与计算机的接口，仅有硬件而没有任何软件支持的计算机称为裸机。在裸机上只能运行机器语言程序，使用很不方便，效率也低。为方便使用计算机和提高效率，还需要安装软件。

软件由程序、数据和文档三个部分组成。程序是一系列指令的集合。每一台计算机都有一套指令系统，指令就是指挥计算机实现一定操作的命令。一条指令通常由如下两个部分组成。

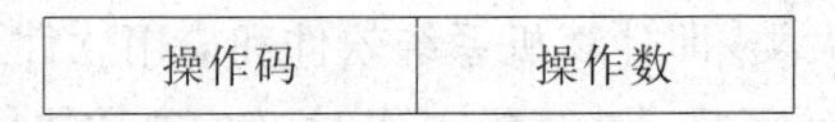

其中，操作码指明要执行何种操作，操作数（又称地址码）指明参加操作的数据在何处以及操作结果存放的位置。

计算机的软件系统可分为系统软件和应用软件两大类。

(1) 系统软件

系统软件负责管理、控制、维护、开发计算机的软硬件资源，提供给用户一个便利的操作界面，也提供编制应用软件的资源环境。

系统软件主要包括操作系统、程序设计语言及其处理程序和数据库管理系统等。操作系统在软件系统中居于核心地位，负责对所有的软、硬件资源进行统一管理、调度及分配。目前微机上常见的操作系统有 DOS、OS/2、UNIX、XENIX、Linux、Windows、Netware 等。

数据库管理系统（DBMS）也是一种十分重要的系统软件，大量的应用软件都需要数据库的支持。目前比较流行的数据库管理系统有 Microsoft SQL Server、Sybase、DB2、Oracle 等。

(2) 应用软件

为解决各类实际问题而设计的程序系统称为应用软件，通常可分为通用软件和专用软件两类。

通用软件通常是为解决某一类问题而设计的，而这类问题是很多人都要遇到和解决的，如文字处理、电子表格处理和电子演示等。

专用软件是指为了实现某些特殊功能和特定的需求而专门开发的软件。

1.2 实践案例 1——选购计算机配件

1.2.1 案例描述

张三、李四和王五三个人是好朋友，他们都需要购买一台计算机，于是决定一起研究买什么配件更加经济实惠而又能够满足使用。然而，他们三个人对计算机的需求不尽相同。张三用计算机主要进行文件办公；李四主要用来家庭娱乐；而王五是个平面设计工作者，经常需要进行图形图像处理，他自己又是个电脑游戏爱好者。那么，他们应该购买什么样的配件呢？

1.2.2　选购 CPU

CPU 是计算机系统中最重要的配件，一般形象地将其比喻为计算机的大脑，其外观如图 1.4 所示。

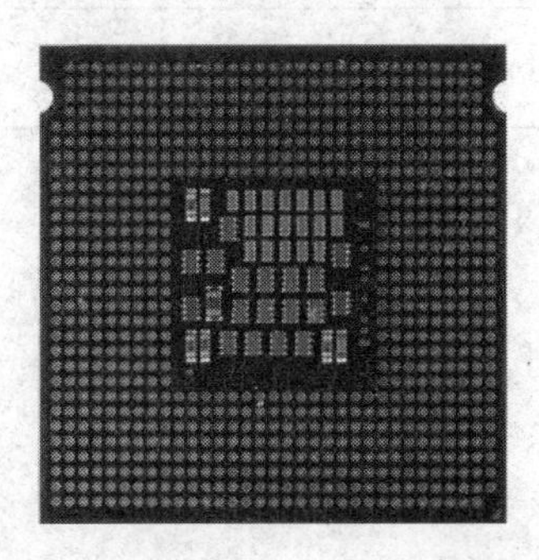

图 1.4　CPU 的正面和背面

1. CPU 的种类和性能参数

(1) Intel CPU 系列

目前市场上 Intel 公司的 CPU 主要有以下六个系列。

① 赛扬单核系列。

② 赛扬双核系列。

③ 奔腾双核系列。

④ 酷睿 2 双核系列。

⑤ 酷睿 2 四核系列。

⑥ 酷睿 i7 系列。

常用的 Intel CPU 的主要性能参数见表 1.1。较高端的酷睿 i7 系列 CPU 的主要性能参数见表 1.2。

表 1.1　Intel 常见 CPU 的主要性能参数

CPU 系列	型　号	制作工艺 /nm	主频 /MHz	前端总线频率 /MHz	二级缓存
赛扬单核系列	Celeron 420	65	1 600	800	512KB
	Celeron 440	65	2 000	800	512KB
赛扬双核系列	Celeron E1200	65	1 600	800	512KB
	Celeron E1400	65	2 000	800	512KB
奔腾双核系列	Pentium E2160	65	1 800	800	1 MB
	Pentium E5200	45	2 500	800	2 MB
酷睿 2 双核系列	Core 2 Duo E7200	45	2 530	1 066	3 MB
	Core 2 Duo E8600	45	3 330	1 333	6 MB
酷睿 2 四核系列	Core 2 QUAD Q8200	45	2 330	1 333	4 MB
	Core 2 QUAD Q9300	45	2 500	1 333	6 MB

表 1.2 酷睿 i7 系列 CPU 的主要性能参数

CPU 系列	型　　号	制作工艺/nm	主频/MHz	QPI 总线/(GT/s)	二级缓存/KB	三级缓存/MB
酷睿 i7 系列	Core i7 920	45	2 660	4.8	256×4	8
	Core i7 940	45	2 930	4.8	256×4	8
	Core i7 Extreme Edition 965	45	3 200	6.4	256×4	8

(2) AMD CPU 系列

目前市场上 AMD 公司的 CPU 主要有以下六个系列。

① 闪龙系列。

② 速龙单核系列。

③ 速龙双核系列。

④ 羿龙三核系列。

⑤ 羿龙四核系列。

⑥ 羿龙Ⅱ四核系列。

常见的 AMD CPU 的主要性能参数见表 1.3。

表 1.3 AMD 常见 CPU 的主要性能参数

CPU 系列	型　　号	制作工艺/nm	主频/MHz	QPI 总线频率/MHz	二级缓存/KB	三级缓存/MB
闪龙系列	Sempron 3000+	90	1 600	800	256	无
	Sempron 3800+	90	2 200	800	256×1	无
速龙单核系列	Athlon64 3000+	90	1 800	1 000	512×1	无
	Athlon64 3500+	90	2 200	1 000	512×1	无
速龙双核系列	Athlon64 X2 5200+	65	2 700	1 000	512×2	无
	Athlon64 X2 7750	65	2 700	1 800	512×2	2
羿龙三核系列	Phenom X3 8450	65	2 100	1 800	512×3	2
	Phenom X3 8750	65	2 400	1 800	512×3	2
羿龙四核系列	Phenom X4 9550	65	2 200	2 000	512×4	2
	Phenom X4 9850	65	2 500	2 000	512×4	2
羿龙Ⅱ四核系列	PhenomⅡX4 920	45	2 800	3 600	512×4	6
	PhenomⅡX4 940	45	3 000	3 600	512×4	6

2. CPU 的选购方法

在选购 CPU 时，需要根据市场行情和实际应用需求，确定 CPU 的种类和型号。一般情况下，选购一款 CPU 的步骤和要点主要有以下几点。

(1) 确定 CPU 系列

① 对于用计算机办公的张三，可选择 Intel 的赛扬系列、AMD 的闪龙系列和速龙单

核系列的CPU。

② 对于用于个人或家庭娱乐的李四，可选择Intel的奔腾双核系列、AMD的速龙双核系列的CPU。

③ 对于用计算机进行图形图像处理的用户和游戏爱好者的王五，可选择Intel的酷睿2双核或四核系列、AMD的羿龙三核或四核系列或者更高性能的CPU。

(2) 注意CPU主频与缓存的取舍。

(3) 盒装CPU与散装CPU的确定。

(4) 考虑CPU功耗和发热量。

(5) 注意CPU的质保时间。

1.2.3 选购主板

主板又称系统板(System Board)，它是其他配件的载体，是计算机系统最基本也是最重要的部件之一。主板的类型和档次决定着整个计算机系统的类型和档次，主板的性能影响着整个微机系统的性能。

1. 主板的分类

(1) 按板型结构分类

① ATX板型。ATX结构由Intel公司制定，是目前市场上最常见的主板结构，如图1.5所示。

② Micro ATX板型。Micro ATX可简写为MATX，它保持了ATX标准主板背板上的外设接口位置，与ATX兼容，如图1.6所示。

图1.5 ATX结构主板

图1.6 MATX结构主板

(2) 按主板品牌分类

① 第一类。这类主板质量一流，性能卓越，但价位偏高。

② 第二类。这类主板多数是后起新秀，技术发展较快，市场占有率也较高。

③ 第三类。这类主板主要面对低端用户，如办公、网吧、机房等，价格较低，性能与稳定性不是很好。

2. 主板的选购

主板用来连接各种配件和设备，在选购时，需要考虑对各类配件的支持情况。下面就将介绍选购一款合适主板的方法。

(1) 查看主板对 CPU 的支持情况。

① 具有 Intel 平台 CPU 插槽的主板，市场上主要有 LGA775 和 LGA1366 两种类型，分别对应支持 Intel 各个系列的 CPU，其外观如图 1.7 和图 1.8 所示。

图 1.7 LGA775

图 1.8 LGA1366

② 具有 AMD 平台 CPU 插槽的主板，市场上主要有 Socket AM2 和 Socket AM2＋两种类型。这两种插槽类型的外观基本相同，如图 1.9 所示。

(2) 查看主板的总线频率。主板的前端总线频率直接影响 CPU 与内存的数据交换速度，前端总线频率越大，CPU 与内存之间的数据传输量就越大，也就更能充分发挥出 CPU 的性能。

(3) 查看主板对内存的支持情况。若选择支持 DDR 2 内存的主板，则查看其是否支持双通道，如图 1.10 所示；若选择支持 DDR 3 内存的主板，则查看其是否支持三通道，如图 1.11 所示。

(4) 查看是否是集成显卡和对独立显卡的支持情况。对于一些高级图形图像处理用户和游戏爱好者，若想使用双显卡，则应查看主板显卡插槽的个数以及对双显卡的支持情况，如图 1.12 所示。

图 1.9 Socket AM2/AM2＋

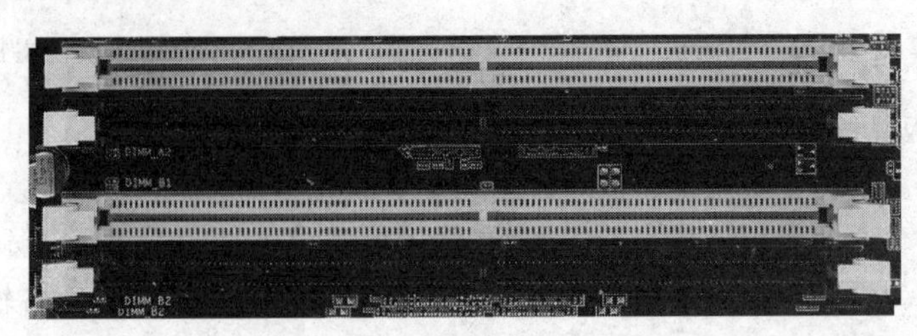

图 1.10 DDR 2 双通道内存插槽

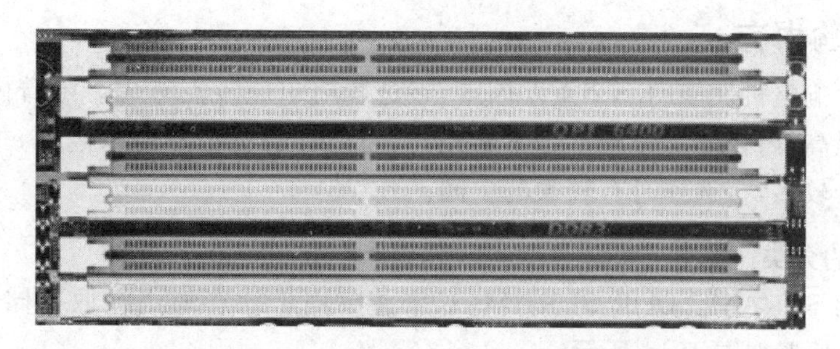

图1.11　DDR 3三通道内存插槽

图1.12　支持双显卡的主板

(5) 查看硬盘和光驱接口情况。

(6) 查看其他外部接口。

(7) 查看集成声卡和集成网卡的情况。

(8) 注意主板的制造工艺。

① 各个部件(包括插槽、插座、半导体元器件、大电容等)的用料都很讲究。

② 在线路布局方面应采用“S形绕线法”。所谓“S形绕线法”就是为了保证一组信号线长度一致,而将某些直线距离较短的线进行S形布线的绕线方法,如图1.13所示。

③ 做工精细、焊点圆滑,接线头及插座等没有任何松动。

④ 板上厂家型号(及跳线说明)印字清晰。

⑤ 外包装精美。

⑥ 备有详细的使用说明书。

图1.13　华硕主板S形布线

1.2.4 选购内存

内存是影响整机性能的一个重要因素，在选购时也应重点考虑。随着内存生产技术水平的不断提高，内存的工作频率也不断提高，而内存的价格却越来越低，加上内存的品牌、种类、型号较多，在选择时有较大的空间。

1. 内存的分类

(1) DDR SDRAM。DDR SDRAM(双倍速率同步动态随机存取存储器)通常称为DDR内存，其外形如图1.14所示。

图1.14 DDR内存

(2) DDR 2 SDRAM。DDR 2 SDRAM(第二代同步双倍速率动态随机存取存储器)通常称为DDR 2内存，其数据存取速度为DDR内存的2倍。DDR 2内存采用240PIN的金手指，其缺口位置也与DDR内存有所不同，如图1.15所示。

图1.15 DDR 2内存

(3) DDR 3 SDRAM(通常称为DDR 3内存)。DDR 3内存与DDR 2内存一样，它使用预读取技术提升外部频率并降低存储单元运行频率，但是DDR 3的预读取位数是8位，比DDR 2的4位预读取位数高一倍，因此具有更快的数据读取能力。其外观如图1.16所示。

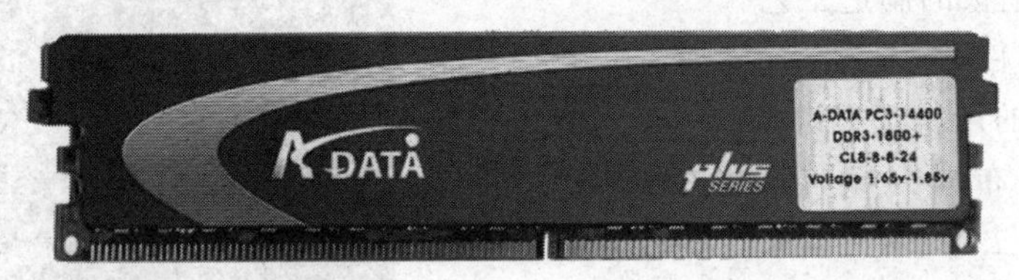

图1.16 DDR 3内存

2. 内存的性能参数

(1) 内存容量。内存容量是指内存条的存储容量，是内存条的关键性参数，以MB为单位。

(2) 内存频率。内存频率用来衡量内存的数据读取速度，单位为MHz。数值越大代表数据的读取速度越快。

3. 购买内存的注意事项

（1）确定内存容量。

（2）确定内存类型。

（3）确定内存工作频率。

（4）注重内存的质量和售后服务。

1.2.5　选购硬盘

硬盘是计算机中存储数据的主要设备，在计算机中也具有举足轻重的作用。硬盘技术发展很快，不管是容量还是性能方面都在不断增加和提高，为计算机应用提供了充足的存储空间和性能保障。

1. 硬盘的种类

（1）硬盘的主流品牌有以下5个。

① 希捷(Seagate)硬盘的外观如图1.17所示。

② 西部数据(WestDigital)硬盘的外观如图1.18所示。

图1.17　希捷硬盘

图1.18　西部数据硬盘

③ 三星(SAMSUNG)硬盘的外观如图1.19所示。

④ 日立(Hitachi)硬盘的外观如图1.20所示。

图1.19　三星硬盘

图1.20　日立硬盘

⑤ 易拓(ExcelStor)硬盘的外观如图 1.21 所示。

图 1.21 易拓硬盘

(2) 硬盘的接口类型。硬盘接口是硬盘与主机系统间的连接部件,作用是在硬盘缓存和主机内存之间传输数据。

① IDE 接口的外观如图 1.22 所示。

② SATA 接口的外观如图 1.23 所示。

2. 硬盘的性能参数

硬盘的性能参数主要有容量、转速和缓存。

通常在购买硬盘之后,细心的用户会发现,在操作系统当中硬盘的容量与官方标称的容量不符,都要少于标称容量,容量越大这个差异越大。标称 40GB 的硬盘,在操作系统中显示只有 38GB; 80GB 的硬盘只有 75GB; 而 120GB 的硬盘则只有 114GB。这并不是厂商或经销商以次充好欺骗消费者,而是硬盘厂商对容量的计算单位(K＝1 000,M＝1 000K,G＝1 000M)和操作系统的计算单位(K＝1 024,M＝1 024K,G＝1 024M)不同造成的。

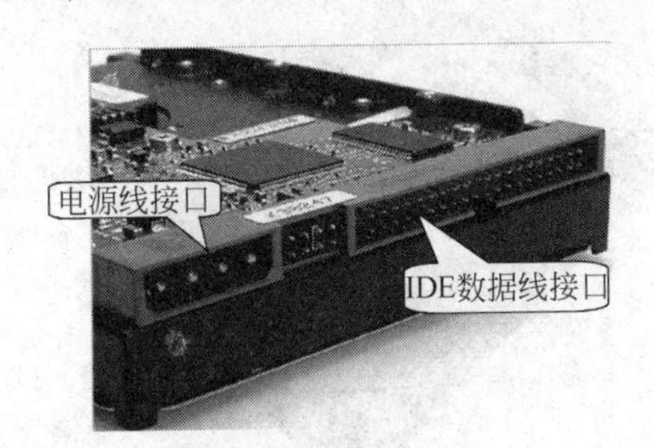

图 1.22 IDE 接口

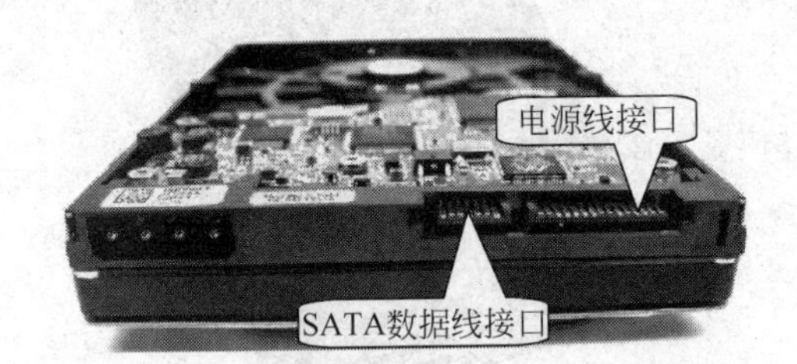

图 1.23 SATA 接口

以 120GB 的硬盘为例。厂商容量计算方法如下:

120GB＝120 000MB＝120 000 000KB＝120 000 000 000B

操作系统的计算方法如下:

120 000 000 000B＝117 187 500KB＝114 440.917 968 75MB≈114GB

3. 选购硬盘的步骤和要点

(1) 确定硬盘接口。

(2) 确定硬盘容量和单碟容量。

(3) 确定硬盘的缓存。

(4) 查看平均寻道时间。

(5) 确定硬盘品牌和附加技术。

1.2.6 选购光驱

光驱是计算机比较常用的配件。随着多媒体技术的发展,目前的软件、影视剧、音乐都会以光盘的形式提供,使得光驱已经成为计算机系统中标准的配置。

1. 光驱的种类

(1) CD-ROM。CD-ROM光驱的外观如图1.24所示。

(2) CD刻录机。CD刻录机的外观如图1.25所示。

图1.24 CD-ROM

图1.25 CD刻录机

(3) DVD-ROM。DVD-ROM光驱的外观如图1.26所示。

(4) COMBO。COMBO光驱的外观如图1.27所示。

图1.26 DVD-ROM

图1.27 COMBO

(5) DVD刻录机。DVD刻录机的外观如图1.28所示。

2. 光驱的性能参数

(1) 数据读取与刻录速度。

(2) 平均寻道时间。

(3) 缓存容量。

3. 选购光驱的步骤和要点

(1) 确定光存储设备的类型。

(2) 查看读取或刻录的速度。

(3) 查看缓存大小。

(4) 注重售后服务。

(5) 了解其他附加技术。

图1.28 DVD刻录机

1.2.7 选购显卡

显卡是计算机系统中主要负责处理和输出图形的配件,其外观如图1.29所示。

1. 显卡的性能参数

(1) 图形芯片。无论是nVIDIA显卡还是ATi显卡,在发布一款新的图形芯片时,都会推出一整套系列,用于满足低端、中端、高端不同层次用户的需求。

(a) 正面　　(b) 背面

图 1.29　显卡

(2) 核心频率。核心频率反映了图形芯片的工作性能，在同一型号的图形芯片中，核心频率越高则其性能也越强。

(3) 显存容量。显存容量的大小决定显卡存储图形图像数据的能力，在一定程度上影响显卡的性能。

2. 选购显卡的步骤和要点

(1) 确定显卡图形芯片的型号。

(2) 查看显存频率。

(3) 确定显存的大小。

(4) 确定显卡的接口类。目前显卡的输出接口主要有 VGA 接口、DVI 接口和 HDMI 接口，如图 1.30 所示。

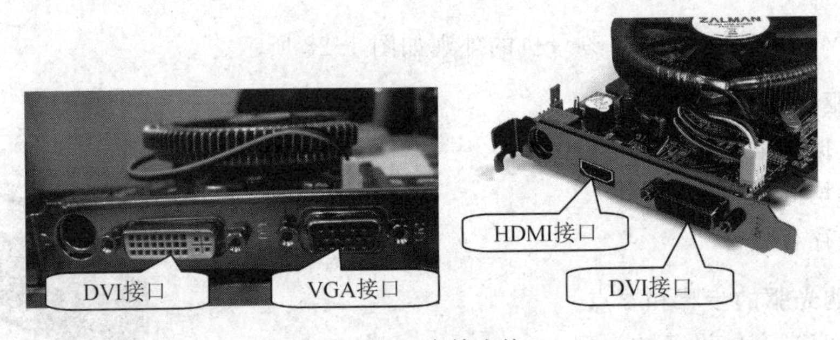

图 1.30　显卡输出接口

1.2.8　选购显示器

目前显示器市场上主要有 CRT 显示器和 LCD 两种，其外观分别如图 1.31 和图 1.32 所示。这两种显示器的对比见表 1.4。

选购显示器的步骤和要点如下。

(1) 确定显示器的类型。

(2) 了解 CRT 显示器的选购方法。

① 确定屏幕尺寸。

② 查看分辨率。

③ 查看刷新频率。

图 1.31　CRT显示器

图 1.32　LCD显示器

表 1.4　LCD与CRT显示器对比表

项　目	LCD显示器	CRT显示器
分辨率	有固定的分辨率,在此分辨率下可得到最佳的画质,但在其他的分辨率下仍可通过扩展或压缩的方式,将画面显示出来	没有固定的分辨率,只要在显示器的规格内,都可以直接显示出来
刷新率	最佳刷新率为60Hz,由于画面不受刷新率影响而闪烁,故只要在显示器的规格内即可	为求画面不闪烁,建议刷新率设为75Hz以上
色阶	色阶多已达到全彩的标准	没有色阶限制,色彩的多寡取决于系统设定及显示卡
画面构成	画面由液晶板上的像素所组成,其分辨率固定,像素的点距决定像素大小,而非像素间的距离；逐一像素显示方式,能呈现饱和的色纯度、清晰的字形及锐利的画面,影像会更显明亮、艳丽	画面像素的形成依靠许多群集的点或直条所构成,这些点和点或直条和直条间的距离,称为点距或栅距。CRT的点距大小及品质对画面的清晰和锐利度有很大的影响
可视角度	可视角度随着计算机技术不断改良而得到很大的提升。目前动态矩阵液晶显示器可视角度为120°或更宽,并且仍有很大的提升空间	极良好的可视角度
功耗和放射物质	功耗低,比传统CRT显示器的耗电量少70%。实际上是无辐射和磁场干扰,可营造出更完美的使用环境	辐射和电磁干扰一直存在,但干扰和辐射值均遵循安全的规定和标准,并遵循有关规定

(3) 掌握LCD的选购方法。

① 确定屏幕尺寸。

② 确定选择宽屏或普屏。

③ 查看最佳分辨率大小。

④ 查看亮度。

⑤ 查看对比度。

⑥ 确定显示器的接口类型。

⑦ 查看安全认证。

中国强制认证(China Compulsory Certification,CCC)通常简称为3C。中国强制认证是根据《强制性产品认证管理规定》(中华人民共和国国家质量监督检验检疫总局令第5号)由国家认证认可监督管理委员会制定,对涉及的产品进行国家强制执行的安全认证。

1.2.9 选购机箱和电源

1. 了解机箱的分类

(1) 从外观样式上看,机箱可分为卧式机箱和立式机箱两种,如图1.33和图1.34所示。

图1.33 卧式机箱

图1.34 立式机箱

(2) 按结构分类,可分为ATX型机箱和Micro ATX型机箱。

① ATX型机箱是目前市场上最常见的机箱,其结构如图1.35所示。

② Micro ATX又称为Mini ATX,是ATX结构的简化版,就是常说的"迷你机箱",其结构如图1.36所示。

图1.35 ATX机箱

图1.36 Micro ATX机箱

2. 电源的性能参数

电源也称为电源供应器，它提供计算机中所有部件所需要的电能，如图1.37所示。其主要参数有额定功率和最大功率两个。

3. 选购机箱和电源的步骤与要点

(1) 选购机箱的步骤和要点如下。

① 确定机箱的种类。

② 查看机箱的扩展性。

③ 注意机箱的做工。

(2) 选购电源的步骤和要点如下。

① 确定电源的功率。

② 感受电源重量。

③ 查看电源的质量认证。

④ 选择大品牌的产品。

图1.37 电源

1.2.10 选购鼠标和键盘

1. 鼠标的分类

(1) 按接口类型分类，鼠标通常可分为有PS/2鼠标、USB鼠标和无线鼠标。PS/2鼠标通过一个6针微型DIN接口与计算机相连，接口颜色通常为绿色，如图1.38所示。USB鼠标支持热插拔，连接和使用方便，是现在流行的鼠标接口，如图1.39所示。无线鼠标采用红外、蓝牙等无线技术与主板实现通信，使用更加方便，如图1.40所示。

图1.38 PS/2鼠标

图1.39 USB鼠标

(2) 按工作原理分类，鼠标通常可分为机械式鼠标、光电式鼠标和激光式鼠标。机械式鼠标使用滚珠作为传感介质，现在市场上已无此类产品，只在一些较老的计算机上还有使用，如图1.41所示。光电式鼠标使用LED光作为传感介质，是目前应用最广泛的鼠标类型，如图1.42所示。激光式鼠标使用激光作为传感介质，相比光电式鼠标具有更高的精度和灵敏度，如图1.43所示。

图1.40 无线鼠标

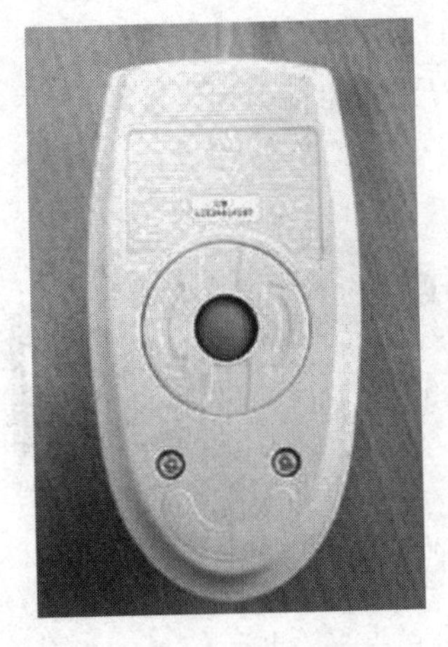

图 1.41 机械式鼠标

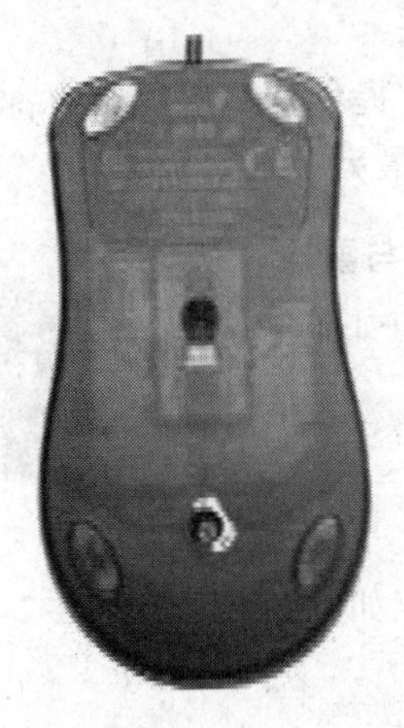

图 1.42 光电式鼠标

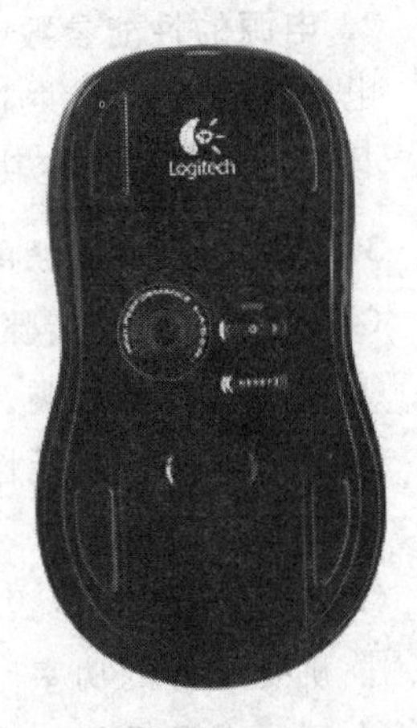

图 1.43 激光式鼠标

2. 键盘的分类

(1) 按接口类型分类，键盘通常可分为 PS/2 键盘、USB 键盘和无线键盘。PS/2 键盘使用 6 针的圆形 DIN 接口，但只使用其中的 4 针传输数据和供电，其余 2 个为空脚，如图 1.44 所示。PS/2 接口的键盘和 USB 接口的键盘(如图 1.45 所示)在使用方面差别不大，由于 USB 接口支持热插拔，因此 USB 接口键盘使用起来更加方便。无线键盘是键盘盘体与计算机间没有直接的物理连线，通过红外线或无线电波将输入信息传送给特制的接收器，如图 1.46 所示。

图 1.44 PS/2 接口键盘

图 1.45 USB 接口键盘

图 1.46 无线键盘

(2) 按功能分类，键盘通常可分为标准键盘和多功能键盘。标准键盘只具备基本的文字符号输入功能，通常有 101～107 个按键，如图 1.47 所示。多功能键盘除了具备基本的输入功能外，还可带有多媒体按键或鼠标控制部件等，如图 1.48 所示。

图1.47　标准键盘

图1.48　多功能键盘

3. 鼠标和键盘的选购步骤及要点

(1) 鼠标的选购步骤和要点如下。

① 感受鼠标的手感。

② 确定鼠标的接口。

(2) 键盘的选购步骤和要点如下。

① 注意按键手感。

② 注意生产工艺和质量。

③ 注意使用的舒适度。

④ 注意选择键盘接口。

1.2.11　选购音箱

当前个人计算机迅速普及,而其强大的多媒体功能也在逐渐影响和转变大众休闲娱乐的方式。音箱是多媒体应用的一种重要输出设备,其外观如图1.49所示。

图1.49　音箱

购买音箱的步骤与要点如下。

(1) 查看音箱做工。

(2) 用手测试音箱质量。

(3) 实地试听音箱效果。

(4) 确定选购木质音箱还是塑料音箱,如图1.50所示。

(5) 考虑空间大小。在音箱的体积方面还应考虑电脑桌空间的大小以及携带是否方便,笔记本电脑用户可选购时尚小巧的便携式音箱,如图1.51所示。

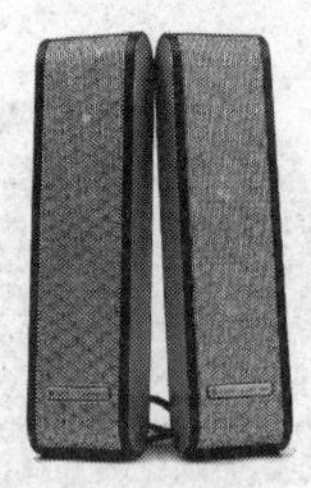

奥特蓝星XT1

漫步者e3350

图 1.50 具有漂亮外观的塑料音箱

奥特蓝星iM7

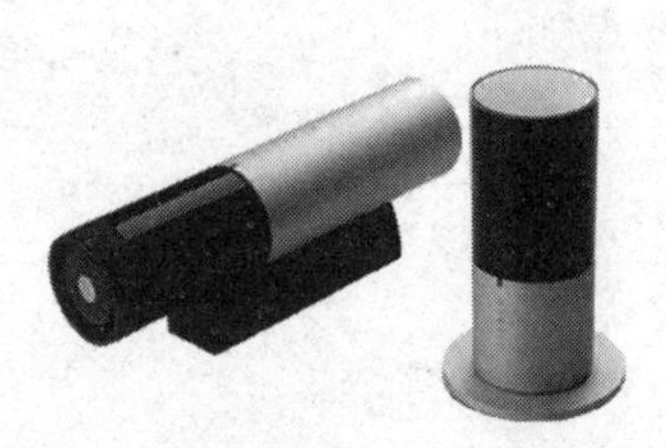

漫步者Ramble

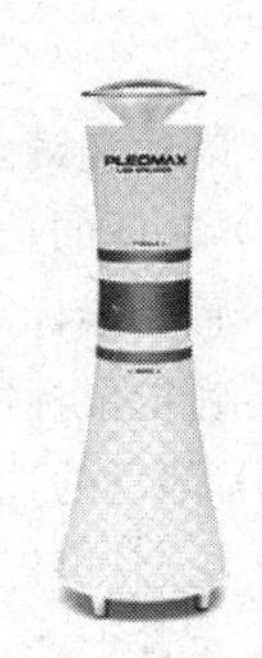

三星PLEOMAX PSP-5000

图 1.51 具有时尚外观的便携式音箱

1.3 实践案例2——管理计算机

1.3.1 案例描述

本案例由5个任务组成,通过这些任务的练习,熟练掌握计算机的管理与操作技巧。

1.3.2 简单操作 Windows XP

Windows XP 的基本元素包括桌面、图标、窗口、菜单和对话框等。

1. Windows XP 的桌面组成

启动 Windows XP 后,屏幕上的整个区域称为桌面。桌面是用户操作计算机最基本的界面,一般由图标、任务栏和桌面背景组成,如图1.52所示。

图 1.52 Windows XP 的桌面

2. 鼠标操作

鼠标是计算机常用的输入设备，在 Windows 的图形界面下，使用鼠标操作图标、菜单、窗口、工具按钮等更为方便。

在 Windows XP 中，随着鼠标指针指向屏幕的不同区域，鼠标指针的形状会发生相应的变化，对应的操作也不同。鼠标指针的常见形状和含义如表 1.5 所示。

表 1.5 鼠标指针的常见形状及其含义

指针形状	含 义
	表示正常选择。系统处于就绪状态，用于指向、单击、双击、拖动等操作
	帮助指针。此时指向某个对象并单击，即可显示该项目的帮助说明
	表示当前操作正在后台运行
	系统忙，要等待当前操作完成后才能接收鼠标的操作
	表示精确选择。该状态表明处于一种选取状态，它可以很准确地绘制图形或者对窗口内容进行选取，常常在图像处理软件中看到
	出现在文本区，用于选择文本或定位插入点
	手写光标，在“画图”附件中出现的光标，其作用如一支铅笔
	不可用操作，表示当前操作无效
	垂直调整指针和水平调整指针，用于改变对象纵向和横向的大小
	对角线调整指针，用于同时改变对象纵向和横向的大小
	移动鼠标，指针指向可移动对象时，出现该形状，拖动可移动对象的位置
	超链接指针，指针指向超链接时出现该指针，单击可打开超链接

3. 键盘操作

在 Windows XP 中，一般能用鼠标控制的操作都可以使用键盘实现，只是大多数情况需要多个组合键完成。常见的键盘组合键及其功能如表 1.6 所示。

表 1.6 常用的键盘组合键及其功能

组 合 键	功 能	组 合 键	功 能
Windows＋Break	显示“系统属性”对话框	Ctrl＋.	中/英文标点的切换
Windows＋D	显示桌面	Ctrl＋Alt＋Esc	打开“任务管理器”窗口
Windows＋M	最小化所有窗口	Alt＋Enter	查看文件属性
Windows＋E	打开“资源管理器”窗口	Alt＋Space	打开控制菜单
Windows＋F	查找文件或文件夹	Alt＋PrintScreen	将当前活动窗口复制到剪贴板
Windows＋R	打开“运行”对话框	PrintScreen	将当前屏幕复制到剪贴板
Windows＋L	切换用户账户	Alt＋F4	关闭当前程序
Ctrl＋Esc	显示“开始”菜单	Alt＋Tab	切换窗口
Ctrl＋F5	在 IE 中强行刷新	Alt＋Del	彻底删除文件
Ctrl＋Shift	各种输入法的切换	Alt＋空格	全/半角切换
Ctrl＋空格	中/英文切换	Alt＋右击	打开快捷菜单
Ctrl＋Backspace	启动/关闭输入法	Alt＋F10	选中文件的右菜单

4. 窗口操作

用户打开一个文件或运行一个程序都会打开一个与之对应的窗口,通过窗口提供的菜单、命令来完成操作。

1) 窗口的组成

窗口一般都包含如图 1.53 所示的内容。

图 1.53 "画图"软件窗口

(1) 标题栏:显示窗口的名称,提供窗口的控制命令。其左端是"控制菜单"按钮,右端有"最小化"、"最大化"/"还原"和"关闭"按钮。

(2) 菜单栏:分类放置了应用程序进行各种操作的菜单命令。

(3) 工具栏:系统将常用的命令以工具按钮的形式分类组织在不同的工具栏中。为了适应用户的不同需求,工具栏常设有"隐藏/显示"开关,有些程序还允许用户改变工具栏的位置和自定义工具按钮。通常通过"视图"|"工具栏"命令来设置工具栏。

(4) 主窗口:显示窗口中的主要内容。当窗口中的内容超出窗口所能显示的面积时,可以通过拖动右侧或者下方的滚动条来查看窗口上下或左右的内容。

(5) 状态栏:用以显示当前窗口的操作状态或帮助信息等。

2) 窗口的操作

(1) 移动窗口:将鼠标指针指向窗口的标题栏,拖动鼠标到适当位置即可。

(2) 改变窗口大小:除了直接使用"最小化"、"最大化"/"还原"和"关闭"按钮外,还可以将鼠标指针指向窗口的边或者角,当鼠标指针变成双向箭头时拖动直到窗口大小适当。

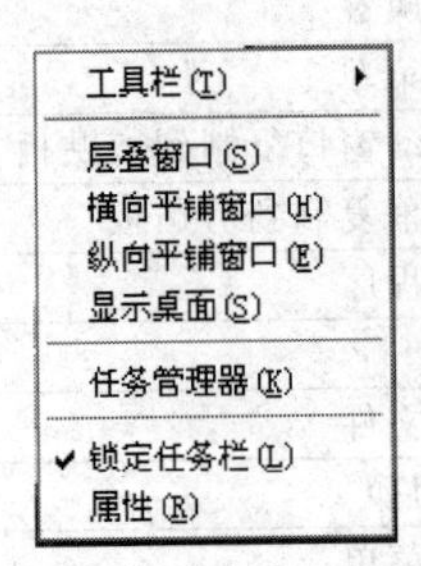

图 1.54 排列窗口

(3) 排列窗口:要将多个窗口整齐地排列在桌面上,可以使用排列窗口命令。在任务栏的空白位置右击,可打开如图 1.54 所示的快捷菜单。该菜单中提供了"层叠窗口"、"横向平铺窗口"、"纵向平铺窗口"3 种排列方式。

(4) 切换窗口:在打开的多个窗口中,可以通过以下操作在不同的窗口中进行切换。

① 单击任务栏上对应的图标按钮。

② 按 Alt+Esc 组合键,在打开的多个窗口中进行切换。

③ 按 Alt+Tab 组合键,逐个浏览窗口标题进行切换。

(5) 关闭窗口:关闭窗口意味着终止程序的运行。

① 单击窗口的"关闭"按钮。

② 双击"控制菜单"按钮。

③ 按 Alt+F4 组合键。

④ 右击任务栏中对应的图标,在弹出的快捷菜单中选择"关闭"或"退出"命令。

5. 对话框操作

对话框是 Windows XP 的一种特殊窗口,是用户和应用程序之间进行信息交流的界面。对话框的组成和窗口有相似之处,但也有自己的特点,如对话框不能改变大小、没有"最大化"/"最小化"按钮等。

对话框有很多种,不同的对话框差异很大。如图 1.55 所示的"打印"对话框,它包括标题栏、选项卡(标签)、文本框、列表框、命令按钮、单选按钮和复选框等。

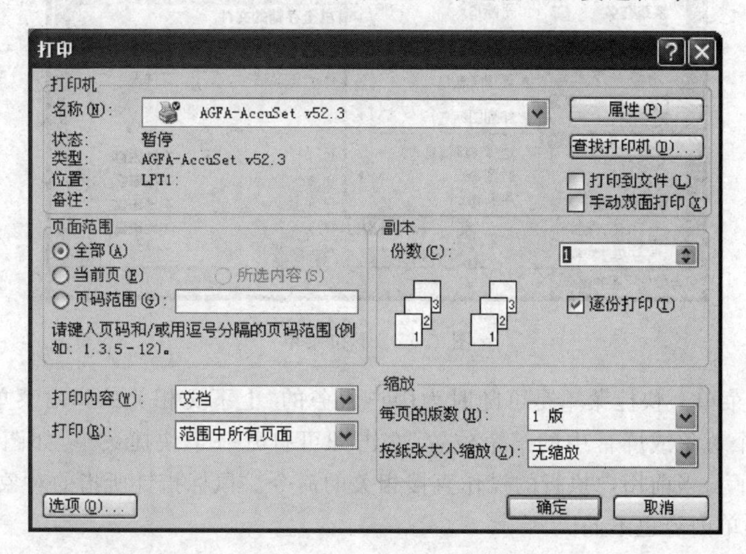

图 1.55　"打印"对话框

(1) 文本框:单击该区域,即可输入文本。

(2) 微调按钮:微调按钮一般附加在文本框之后。用户可以直接在文本框中输入内容,也可以通过单击微调按钮使数据增加或减少一个单位。

(3) 复选框:表示该选项组可以同时选中多个项目。其中☑表示选中该项目,□表示取消选中。

(4) 单选按钮:表示该选项组中只能选择一个项目,◉表示选中该项目。

(5) 下拉列表框:其中列出了可供用户选择的项目,单击其右侧的下拉箭头,在打开的下拉列表中选择需要的项目。

(6) 选项卡(标签):当对话框的内容较多时,使用选项卡将其分类组合在不同的卡片上。标签就是选项卡的标题,单击标签就可以切换到相应的选项卡。

6. 菜单操作

菜单是将命令用列表的形式组织起来,当用户需要执行某种操作时,只要从中选择相应的命令,即可完成相应的操作。

(1) 菜单的类型

在 Windows XP 中依然配有 3 种经典的菜单形式:"开始"菜单、下拉菜单和快捷菜单。下面主要介绍下拉菜单和快捷菜单的主要特点。

① 下拉菜单。下拉菜单位于应用程序窗口标题下方均采用下拉打开的方式,如图 1.56 所示。菜单中含有若干条命令,为了便于使用,命令按功能分组。

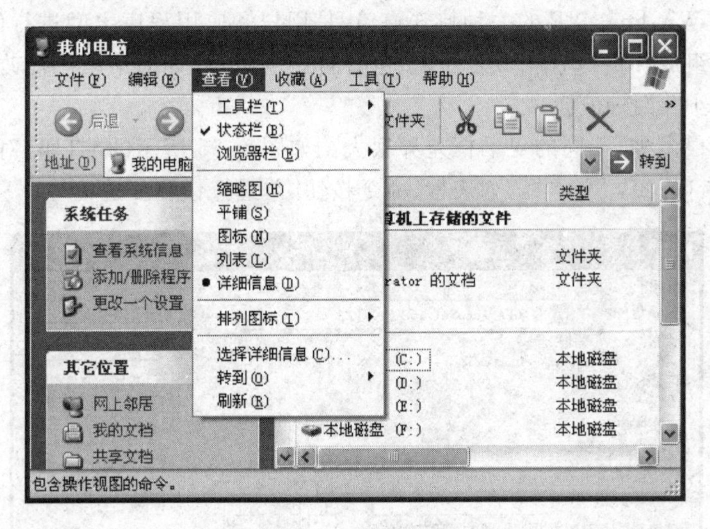

图 1.56 下拉菜单

② 快捷菜单。快捷菜单是可随时为用户服务的"上下文相关的弹出菜单"。将鼠标指针指向某个对象或屏幕中的某个位置,右击即可打开一个快捷菜单,如图 1.57 所示。该菜单列出了与当前用户执行的操作直接相关的命令。鼠标指针所指的对象和位置不同时,弹出的菜单内容也不同。

(2) 菜单的操作约定

① 分组线:通过分组线将菜单命令按组分类。

② 灰色显示的命令:表示该命令目前不可用。

③ 菜单命令后有省略号:表示选择该菜单命令后将打开一个对话框。

④ 菜单命令右端带有箭头:表示有下一级子菜单。

⑤ 带"√"标记的命令:表示该命令正在起作用。

⑥ 带"●"标记的命令:表示一组命令中每次只能单选。

⑦ 含有带下划线字母的命令:带下划线的字母即"访问键"。在键盘上键入"Alt+带下划线的字母"键,即可执行相应的命令。

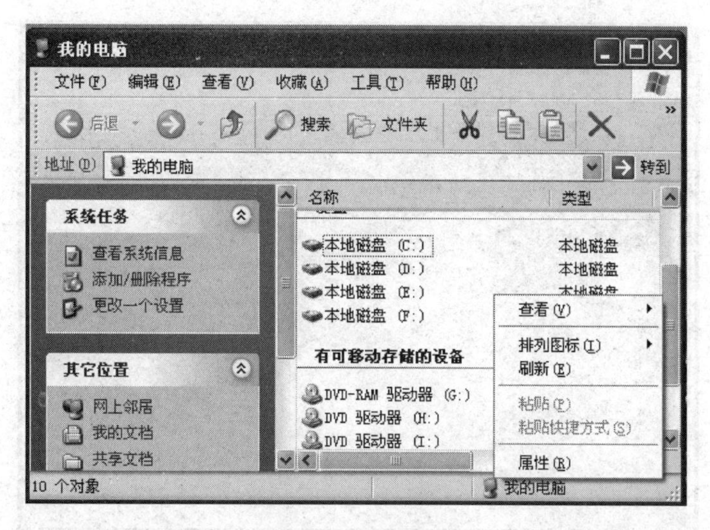

图 1.57 快捷菜单

7. 快捷方式和剪贴板的操作

(1) 快捷方式

快捷方式是 Windows XP 向用户提供的一种资源访问方式,通过快捷方式可以快速启动程序或打开文件和文件夹。快捷方式的实质是对系统中各种资源的一个链接,它的扩展名是.lnk。快捷方式不改变对应文件的位置,并且删除快捷方式的图标,对应的文件也不会被删除。通常创建快捷方式的方法有两种。

① 拖动法。将鼠标指针指向要创建快捷方式的文件或文件夹,按住鼠标右键不放向桌面上拖动,当拖动到适当位置后释放鼠标右键,在弹出的快捷菜单中选择“在当前位置创建快捷方式”命令。

② 使用快捷菜单。选中要创建快捷菜单的文件或文件夹,右击,在弹出的快捷菜单中选择“发送到”|“桌面快捷方式”命令。

(2) 剪贴板

① 剪贴板的作用。剪贴板是 Windows XP 用来在应用程序之间交换数据的一个临时存储空间,占用内存资源。在 Windows XP 中,剪贴板上总是保留最近一次用户存入的信息。这些信息可以是文本、图像、声音和应用程序。剪贴板的操作一般分两步:首先使用“剪切”或“复制”命令对数据进行操作,把这些数据暂时存放在剪贴板中;然后使用“粘贴”命令把这些数据从剪贴板中复制到目标位置。

② 剪贴簿查看器。由于剪贴板存于系统的内存中,如果需要查看或删除剪贴板的内容,就需要使用剪贴簿查看器。单击“开始”|“运行”命令,在“运行”对话框中输入 clipbrd.exe,按 Enter 键即可打开“剪贴簿查看器”窗口,如图 1.58 所示。

8. Windows XP 帮助系统的使用

Windows XP 提供了功能强大、内容丰富、形式多样的帮助系统,用户可以随时获取帮助。根据不同的情况,用户可以使用以下 5 种方式启动帮助系统。

图 1.58 “剪贴簿查看器”窗口

(1) 系统帮助窗口

单击“开始”|“帮助和支持”命令，或按 F1 键，可以打开如图 1.59 所示的“帮助和支持中心”窗口。

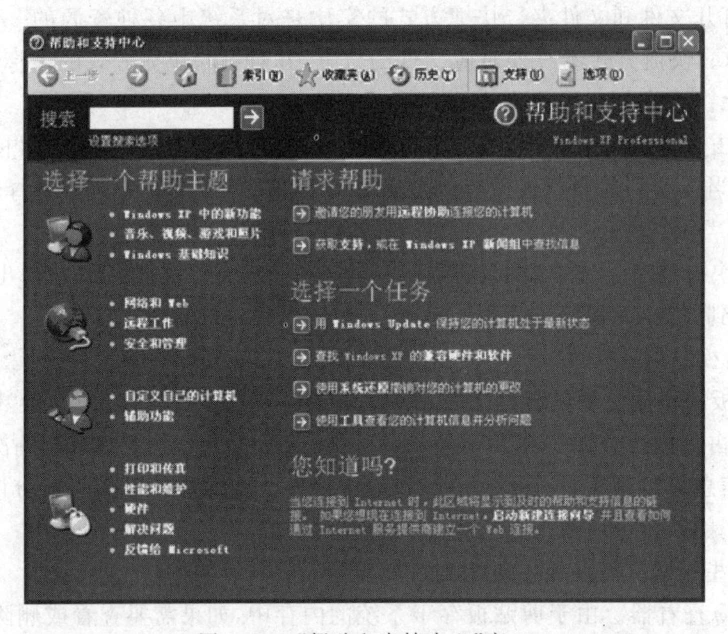

图 1.59 “帮助和支持中心”窗口

通常，可以在窗口“搜索”文本框中输入要搜索的内容，如“录音机”，然后单击右侧箭头状按钮，即可搜索与“录音机”相关的内容。

另外，用户也可以单击“索引”标签，在文本框中输入关键字或在“索引”列表中选择关键字，单击“显示”按钮，右侧就显示相关信息。

（2）漫游 Windows XP

单击"开始"|"所有程序"|"附件"|"漫游 Windows XP"命令，打开 Windows XP 漫游窗口，在这里可以学习、认识 Windows XP，查看 Windows XP 的新功能等。

（3）状态栏提示

当用户选定某个文件或指向菜单命令时，便会在状态栏上显示相关信息或功能说明。

（4）应用程序帮助菜单

Windows XP 中的应用程序都带有"帮助"命令，使用此命令可以得到有关该应用程序的帮助信息。

（5）问号帮助

Windows XP 对话框中都有按钮，单击它会打开相应的帮助信息。

1.3.3　管理文件

文件管理是操作系统的基本功能之一，其包括文件的创建、查看、复制、移动、删除、搜索、重命名、属性等操作。在 Windows XP 中，文件的管理主要是通过"我的电脑"窗口和资源管理器来完成的。

1. 文件和文件夹

1）文件的概念

文件是具有某种相关信息的数据的集合，可以是应用程序，也可以是应用程序创建的文档、图片等。文件的基本属性包括文件名、文件的大小、文件的类型和创建时间等。文件是通过文件名和文件类型进行区别的，每个文件都有不同的类型或不同的名字。

2）文件的命名规则

（1）命名规则

在 Windows XP 中，文件的命名有如下规则。

① 文件的名称由文件名和扩展名组成，中间用"."字符分隔，通常扩展名说明文件的类型，如表 1.7 所示。

表 1.7　常用扩展名

扩展名	说明	扩展名	说明
.exe	可执行文件	.sys	系统文件
.com	命令文件	.zip	压缩文件
.htm	网页文件	.doc	Word 文件
.txt	文本文件	.c	C 语言源程序
.bmp	图像文件	.pdf	Adobe Acrobat 文档
.swf	Flash 文件	.wav	声音文件
.java	Java 语言源程序	.cpp	C++语言源程序

② 在 Windows XP 操作系统中，文件名最多由 255 个字符组成。文件名可以包含字母、汉字、数字和部分符号，但不能包含?、*、/、|、＜、＞等非法字符。

③ 文件名不区分字母的大小写。

④ 在同一存储位置，不能有文件名（包括扩展名）完全相同的文件。

(2) 通配符

当用户要对某一类或一组文件进行操作时,可以使用通配符来表示文件名称不同的字符。在 Windows XP 中引入两种通配符:"*"和"?",具体说明如表 1.8 所示。

表 1.8 通配符的使用

通配符	含 义	举 例
*	表示任意长度的任意字符	*.mp3,表示磁盘上所有的 MP3 文件
?	表示任意一个字符	?p.txt,表示文件名由两个字符组成,且第 2 个字符是 p 的 txt 文件

3) 文件夹

文件夹(目录)是系统组织和管理文件的一种形式。在计算机的磁盘上存放了大量的文件,为了查找、存储和管理文件,用户可以将文件分门别类地存放在不同的文件夹中。文件夹中可以存放文件,也可以存放文件夹。文件夹也是由名称标识的,命名规则与文件命名规则相同。

2. 浏览计算机的资源

在 Windows XP 系统中提供了两种重要的资源管理工具——"我的电脑"窗口和资源管理器,此处主要介绍如何在"资源管理器"中查看、管理计算机的各种资源。

【任务】 使用资源管理器浏览计算机中的文件和文件夹。

(1) 启动资源管理器

可以通过以下 3 种方式之一启动资源管理器。

① 单击"开始"|"程序"|"附件"|"Windows 资源管理器"命令。

② 在"开始"按钮上右击,在弹出的快捷菜单中选择资源管理器命令。

③ 右击桌面上"我的电脑"、"回收站"、"我的文档"或任意文件夹图标,在弹出的快捷菜单中选择资源管理器命令。

(2) 资源管理器和树状结构

资源管理器中清楚地显示了驱动器、文件夹、文件、外部设备以及网络驱动器的结构,如图 1.60 所示。资源管理器采用双窗格结构,系统中的所有资源以分层树状的结构显示出来。当用户在左窗口中选择了一个驱动器或文件夹后,该驱动器或文件夹所包含的所有内容都会显示在右窗口中。若将鼠标指针置于左、右窗格分界处,指针形状变成↔,此时按下鼠标左键拖动分界线可改变左右窗口的大小。

操作系统为每个存储设备设置了一个文件列表,称为目录。目录包含存储设备上每个文件的相关信息,如文件名、文件扩展名、文件创建时间和日期、文件大小等。每个存储设备上的主目录又称为根目录,如果根目录包含了成千上万个文件,那么在其中查找所需文件的效率将会很低。为了更好地组织文件,大多数文件系统都支持将目录分成更小的列表,称为子目录或文件夹。文件夹还可以进一步细分为下级文件夹(又称子文件夹)。在左窗格中,若驱动器或文件夹前面有"+",表示它有下一级子文件夹。单击"+"号可展开其所包含的子文件夹,相应的"+"号会变成"-"号。

这种由存储设备开始,层层展开,直到最后一个文件夹的结构,如同一棵大树,由树根

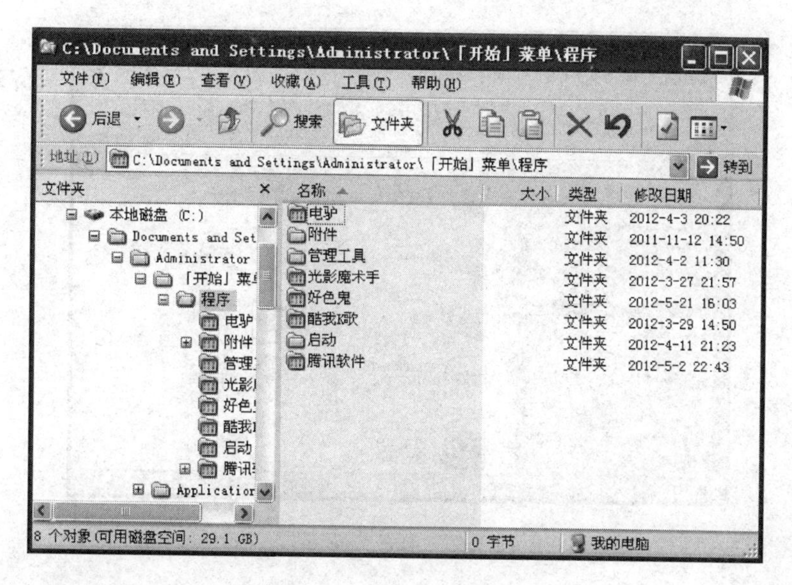

图 1.60　资源管理器窗口

到树干不断分支，因此称为“树状结构”。

每个存储设备都对应一个图标，图标右侧是设备的名称，括号中是设备的驱动器号，称为“盘符”，如 C、D 等。

(3) 路径

在多级目录的文件系统中，用户要访问某个文件时，除了文件名外，通常还要提供找到该文件的路径信息。所谓路径是指从根目录出发，一直到所要找的文件，把途经的各个子文件夹连接在一起形成的，两个子目录之间用分隔符“\”分开。例如 C:\Documents and Settings\Administrator\images. jpeg 就是一个路径。

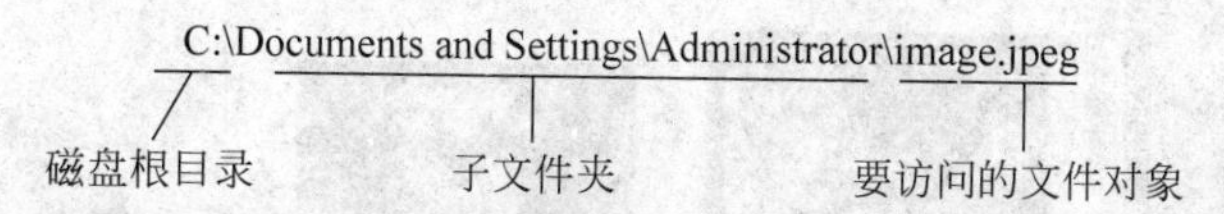

单击资源管理器窗口中的“文件夹”按钮，切换到任务浏览方式。任务浏览方式显示了当前路径下的文件和文件夹，如图 1.61 所示。

单击资源管理器窗口中的“查看”按钮 ，将打开一个下拉菜单，其中列出了文件和文件夹的显示方式，包括“缩略图”、“平铺”、“图标”、“列表”和“详细信息”等选项。如图 1.62 所示为以缩略图方式浏览文件，图像文件使用这种方式比较直观方便。

3. 创建文件和文件夹

(1) 创建文件

一般情况，用户可通过应用程序新建文档。另外，在桌面空白处右击，在弹出的快捷菜单中选择“新建”子菜单中的相应命令来创建文件。

(2) 创建文件夹

创建文件夹的方法很多，最简单的就是在创建文件夹的目标位置右击，在弹出的快捷菜单中选择“新建”|“文件夹”命令，再输入新文件夹名即可。

图 1.61 任务浏览方式

图 1.62 缩略图浏览方式

【任务】 在D盘中建立一个名为MyFil的文件夹,再用记事本创建一个新文件,保存在新建的MyFile文件夹中。

① 在资源管理器窗口中选择磁盘驱动器D,在右侧窗格的空白处右击,在弹出的快捷菜单中选择"新建"|"文件夹"命令,建立一个默认名为"新建文件夹"的文件夹,直接输入新的文件夹名MyFile。

② 选择"开始"|"所有程序"|"附件"|"记事本"命令,打开"记事本"窗口。记事本是Windows自带的文本编辑器。

③ 在记事本中输入内容，然后保存文件。具体方法是：选择"文件"|"保存"命令，在打开的"另存为"对话框中单击"保存在"文本框右侧的下拉箭头，确定文件的保存位置，即路径；输入文件名，选择文件保存类型，如图 1.63 所示。

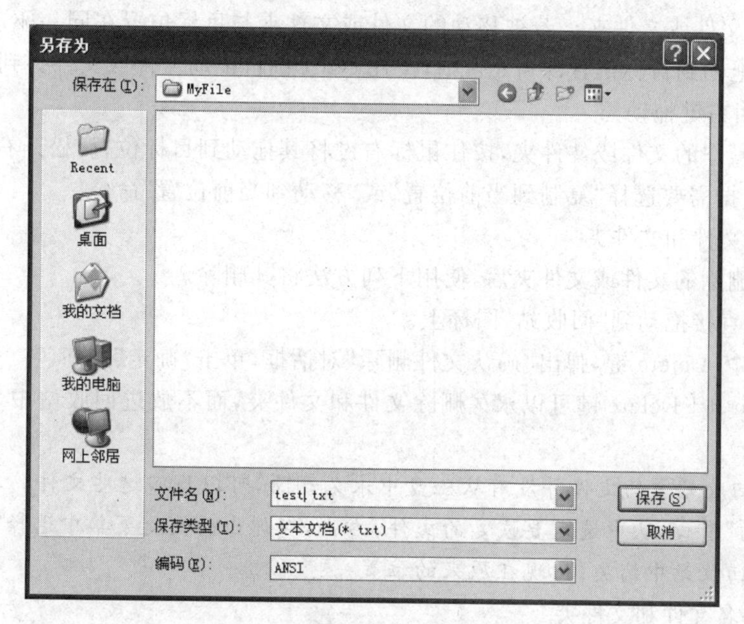

图 1.63 保存文件

4. 选定文件和文件夹

Windows 的操作特点是先选定操作对象，再执行操作命令。因此，用户在对文件和文件夹进行操作前，必须先选定。选取文件和文件夹的方法如下。

(1) 选取单个文件和文件夹。要选定单个的文件或文件夹，只须单击要选取的对象。

(2) 选取多个连续的文件和文件夹。单击第一个要选取的文件或文件夹，然后按 Shift 键单击最后一个文件或文件夹。也可直接拖动选取多个连续的文件或文件夹。

(3) 选取多个不连续的文件和文件夹。单击第一个要选取的文件或文件夹，然后按 Ctrl 键逐个单击其他要选取的文件或文件夹。

(4) 选取当前窗口所有的文件和文件夹。执行"编辑"|"全部选中"命令，或按 Ctrl+A 键完成操作。

5. 复制、移动、删除、重命名文件和文件夹

1) 移动/复制文件和文件夹

(1) 使用菜单命令

首先选定要复制或移动的文件或文件夹。若进行复制操作，选择"编辑"|"复制"命令，或按 Ctrl+C 键；若要进行移动操作，选择"编辑"|"剪切"命令，或按 Ctrl+X 键，然后选定目标位置，选择"编辑"|"粘贴"命令，或按 Ctrl+V 键，即可将选定的文件或文件夹复制或移动到目标位置。

(2) 使用鼠标拖动

① 复制文件或文件夹。若被复制的文件或文件夹与目标位置不在同一驱动器,则用鼠标直接将其拖动到目标位置即可;否则,按住 Ctrl 键再拖动文件或文件夹到目标位置。

② 移动文件或文件夹。若被移动的文件或文件夹与目标位置在同一驱动器,则用鼠标直接将其拖动到目标位置即可;否则,按住 Shift 键再拖动文件或文件夹到目标位置。

(3) 使用右键拖动

选定要操作的文件或文件夹,按住鼠标右键将其拖动到目标位置,松开右键后会弹出快捷菜单,根据需要选择"复制到当前位置"或"移动到当前位置"命令。

2) 删除文件和文件夹

选取要删除的文件或文件夹后,使用下列方法将其删除。

① 将其直接拖动到"回收站"图标上。

② 直接按 Delete 键,弹出"确认文件删除"对话框,单击"确定"按钮。

③ 按 Shift+Delete 键可以永久删除文件和文件夹,而不放进回收站中,文件也不能被还原。

注意:回收站中的文件并没有从磁盘中永久删除,可以找回这些文件。具体方法是:打开"回收站"窗口,从中选定要恢复的文件,右击,在弹出的快捷菜单中选择"还原"命令,则该文件从回收站中消失,出现在原来的位置。

3) 重命名文件和文件夹

选定要重命名的文件或文件夹,使用下列方法进行重命名操作。

(1) 右击,在弹出的快捷菜单中选择"重命名"命令。

(2) 按 F2 键。

(3) 在文件和文件夹名称位置处单击两次(注意,两次单击的时间间隔不要太短,以免变成双击操作)。

对文件和文件夹重命名后,按 Enter 键确认。在 Windows 中每次只能对一个文件或文件夹命名。重命名文件时,不要轻易修改其扩展名,以便能使用正确的应用程序打开。

6. 搜索文件和文件夹

搜索文件是指按照文件的某种特征在计算机中查找相应的文件和文件夹,在 Windows XP 中还可以搜索网络中的其他计算机。Windows XP 提供了一个"搜索助理",帮助用户执行搜索操作。

【任务】 搜索本机 F 盘中文件名包括"福软"的所有 Word 文档。

(1) 单击资源管理器窗口上的"搜索"按钮,打开搜索助理窗格。

(2) 单击"所有文件和文件夹","搜索"窗格中出现一组搜索条件,如图 1.64 所示。

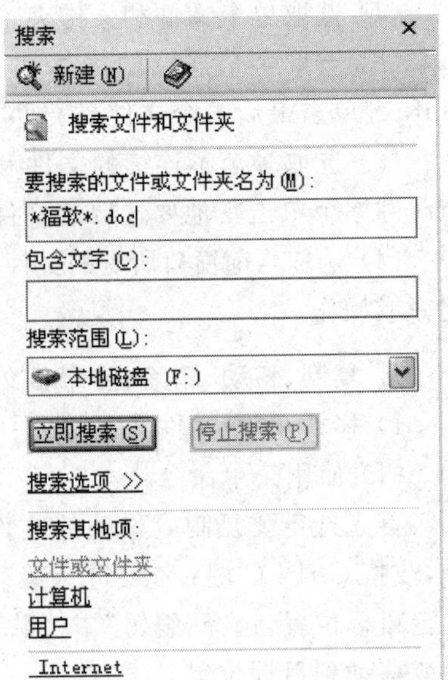

图 1.64 按照文件名特征进行搜索

(3) 在"要搜索的文件或文件夹名为"文本框中输入"＊福软＊.doc",表示文件名中"福软"字符之前或之后为任意字符,文件类型为 Word 文档;在"搜索范围"下拉列表框中选择"本地磁盘(F:)"。

(4) 单击"立即搜索"按钮,开始按照指定的搜索条件和搜索范围进行搜索,符合条件的文件名被列在资源管理器的右侧窗口中。

【任务】 按照"＊福软＊.doc"文件更新时间进行搜索,找出一周之内更新过的文件。

单击"搜索选项"超链接,打开搜索高级选项,选中"日期"复选框,在其下拉列表框中选择"修改过的文件",选择"前××天"单选按钮,并将天数设置为7,如图1.65所示。设置完毕单击"立即搜索"按钮,系统将搜索出前7天内修改过的文件。如果大概知道待查找文件的更新日期,可以选择"介于 YYYY-MM-DD 和 YYYY-MM-DD"单选按钮,其他操作与前述基本一致,可在需要时灵活设置。最终搜索的结果将出现在资源管理器的右侧窗格中。

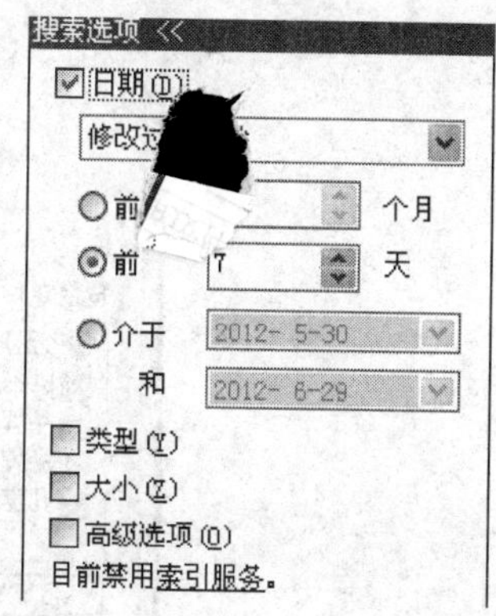

图1.65 设置搜索的日期条件

1.3.4 系统设置

Windows XP 将系统设置功能集中在控制面板中。单击"开始"|"控制面板"命令,打开"控制面板"窗口,在该窗口中双击某个图标可以进行相应的参数设置。

1. 设置显示属性

在"控制面板"中双击"显示"图标,或在桌面空白处右击,在快捷菜单中选择"属性"命令,打开"显示 属性"对话框。在该对话框中,可以设置系统主题、桌面背景图片、屏幕保护、窗口外观、显示器的分辨率和颜色等。

【任务】 更新桌面背景图片,并且当5分钟内计算机无操作时,启动屏幕保护程序,只有输入正确密码,才能解除屏幕保护程序。

(1) 打开"控制面板"窗口,切换到分类视图,单击"外观和主题"图标,在打开的窗口中单击"更改桌面背景"图标,打开"显示 属性"对话框。

(2) 单击"桌面"标签,在"背景"列表框中选择一副背景图片,使其在上方的预览窗口中显示。如果图片的尺寸不符合要求,可以在"位置"下拉列表框中,选择一个合适的选项以调整图片的显示方式,如图1.66所示。

(3) 单击"浏览"按钮,在"浏览"窗口中选择其他图片文件,并将其设置为桌面背景。设置完毕单击"确定"按钮。

(4) 在"显示 属性"对话框中,单击"屏幕保护程序"标签。在"屏幕保护程序"下拉列表框中选择一个屏幕保护程序。通过预览窗口浏览选中的屏幕保护程序的显示效果。单击"预览"按钮,以全屏方式显示屏幕保护程序的运行效果。

(5) 在"等待"数值框中,将运行屏幕保护程序之前的系统闲置时间设置为5分钟。单击"设置"按钮,可在弹出的对话框中对所选的屏幕保护程序属性进行设置。

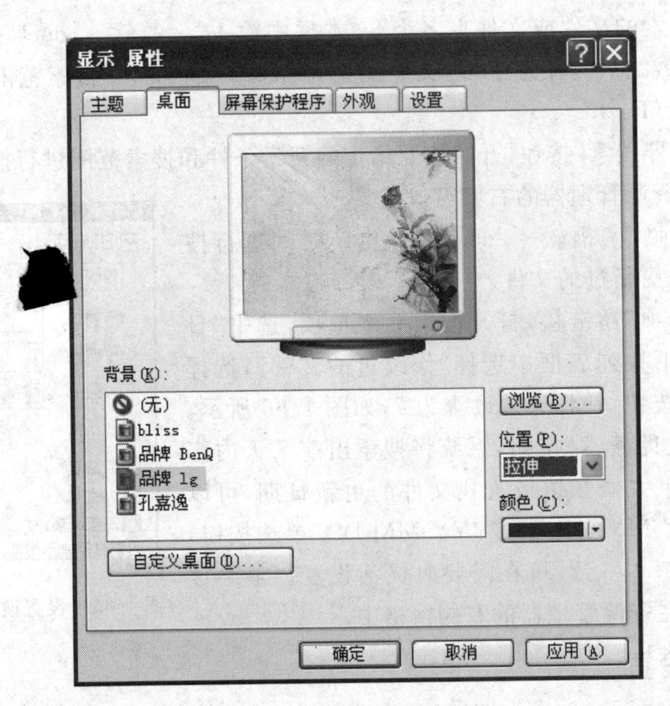

图 1.66 选择桌面背景图片

(6) 选中"在恢复时使用密码保护"复选框,能够设置终止屏幕保护所需的密码,如图 1.67 所示。

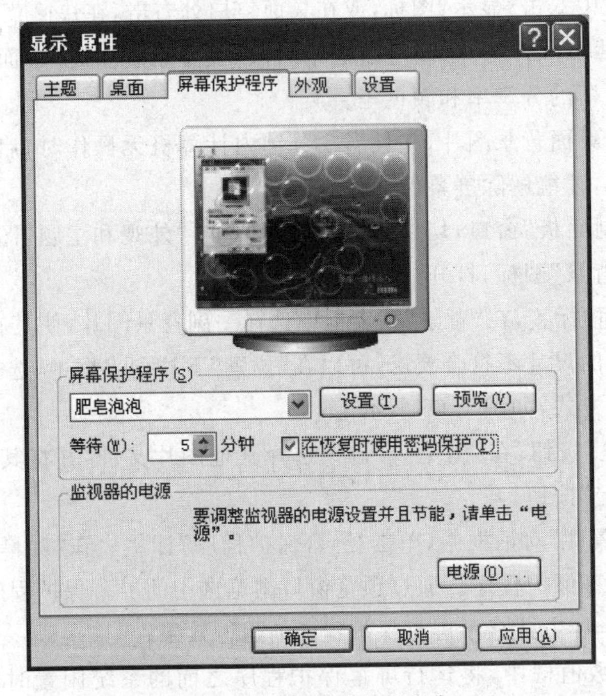

图 1.67 设置屏幕保护程序

【任务】 设置显示器的分辨率和颜色质量。

(1) 在"显示 属性"对话框中,单击"设置"标签。拖动"屏幕分辨率"对应的滑块,改变屏幕分辨率。

(2) "颜色质量"下拉列表框用于设置显示器所能显示的颜色。使用的颜色越多,显示效果越逼真,但需要更多的显卡内存支持,一般可设为"最高(32 位)",如图 1.68 所示。

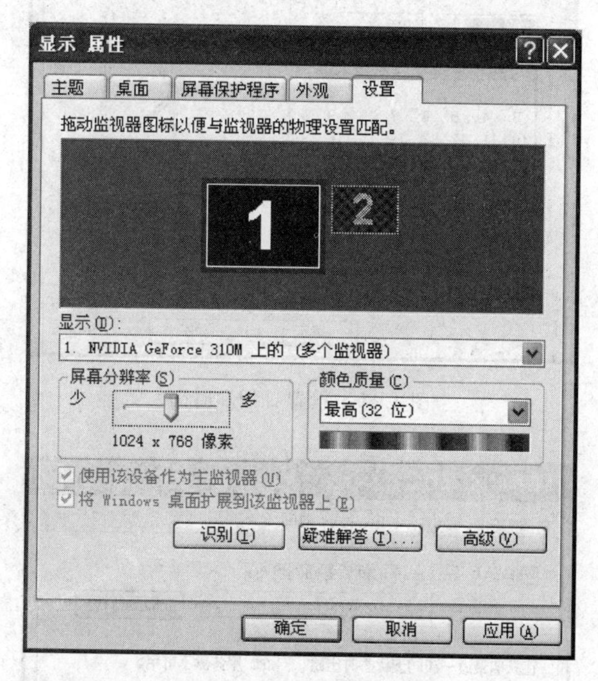

图 1.68 设置显示器属性

(3) 单击"应用"按钮,显示"监视器设置"对话框,提示是否保存所设置的显示属性。单击"是"按钮,保存刚才设置的分辨率、颜色质量值;单击"否"按钮,可恢复原有设置。

2. 设置日期/时间

在默认状态下,Windows XP 系统的时间显示在任务栏右侧的系统托盘中。系统时间值可手动操作调整,也可以连接到 Internet 上,借助互联网的服务器更新计算机的时间。

【任务】 手动调整系统时间。

(1) 双击任务栏右端的时间图标,打开"日期和时间属性"对话框,单击"时间和日期"标签,如图 1.69 所示。

(2) 在"月份"下拉列表框中选择月份,在"年份"框中单击微调按钮调节年份,在"时间"选项组中的时间文本框中可输入或调节准确的时间。

(3) 单击"应用"或"确定"按钮,保存调整后的时间。

【任务】 利用 Internet 调整计算机系统时间。

(1) 将计算机连入 Internet。

(2) 打开"日期和时间属性"对话框,单击"Internet 时间"标签,如图 1.70 所示。选中

“自动与 Internet 时间服务器同步”复选框，在“服务器”下拉列表框中选择一个时间服务器，单击“立即更新”按钮，计算机将与所指定的时间服务器链接，更新计算机的系统时间。

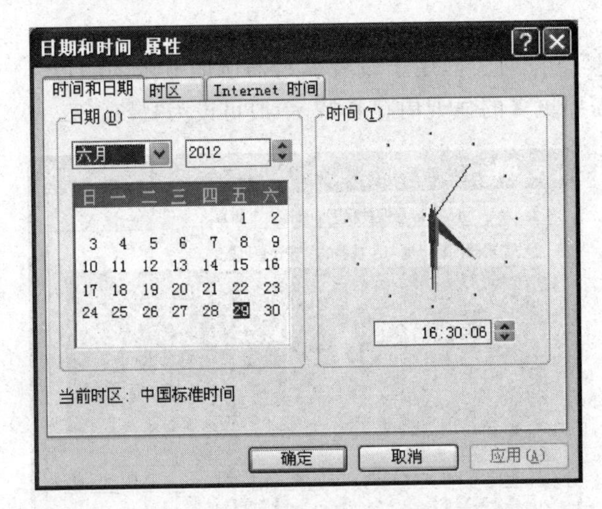

图 1.69 设置日期和时间

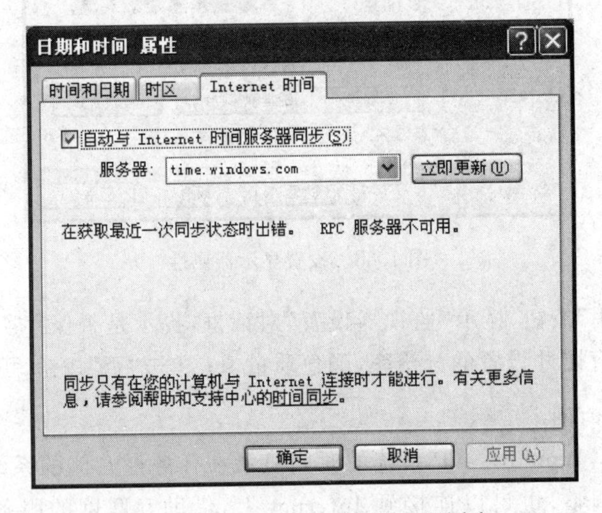

图 1.70 与 Internet 时间服务器同步

3. 设置键盘和鼠标

(1) 设置键盘

在控制面板窗口中，单击“打印机和其他硬件”命令，在弹出的窗口中，单击“键盘”命令，打开“键盘 属性”对话框，如图 1.71 所示。

单击“速度”标签，拖动滑块改变键盘的响应速度。

① “重复延迟”：表示按下一个键后多长时间等同于再次按了该键。

② “重复率”：表示长时间按住一个键后重复录入该字符的速度。

③ “光标闪烁频率”：改变光标显示的快慢。

单击“硬件”标签，显示键盘的信息和驱动程序等。

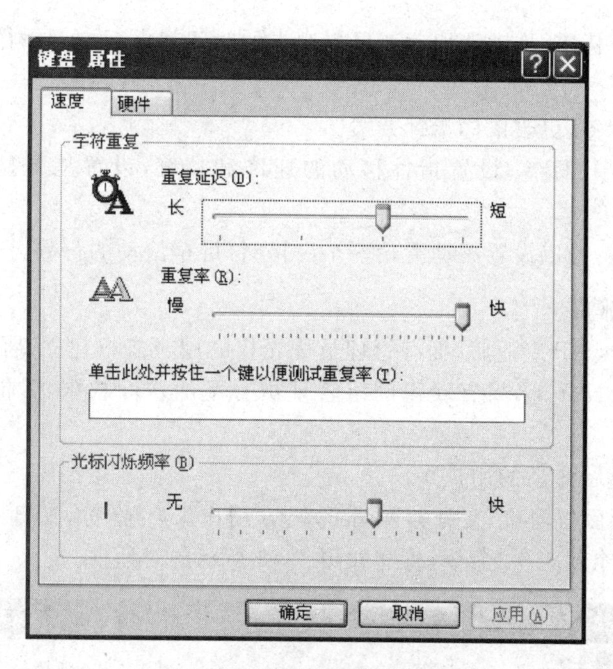

图 1.71　“键盘 属性”对话框

(2) 设置鼠标

在“打印机和其他硬件”窗口中,单击“鼠标”图标,打开“鼠标 属性”对话框,如图 1.72 所示。

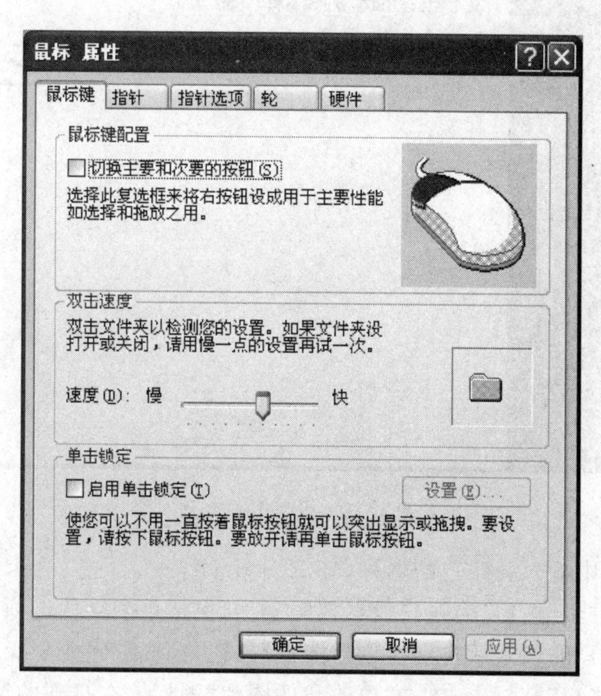

图 1.72　“鼠标 属性”对话框

单击“鼠标键”标签，拖动滑块改变鼠标双击的时间间隔，并在右侧的文件夹图标上进行测试。

单击“指针”标签，更改鼠标指针方案。

单击“指针选项”标签，设置指针移动的速度和精度，设置是否显示鼠标移动的轨迹等。

单击“轮”标签，可以设置滚动滑轮一个齿格时，屏幕滚动的行数。

4. 创建用户账户

对于 Windows XP 专业版，拥有管理员优先权的用户有权建立新的用户账户。如果计算机连接到 Internet 上，只有获得网络管理员分配的访问权限，才能进行添加用户的操作。

【任务】 创建一个新的用户账户。

(1) 打开控制面板窗口，在分类视图下单击“用户账户”图标，在打开的“用户账户”窗口中单击“创建一个新账户”命令，打开如图 1.73 所示的对话框。

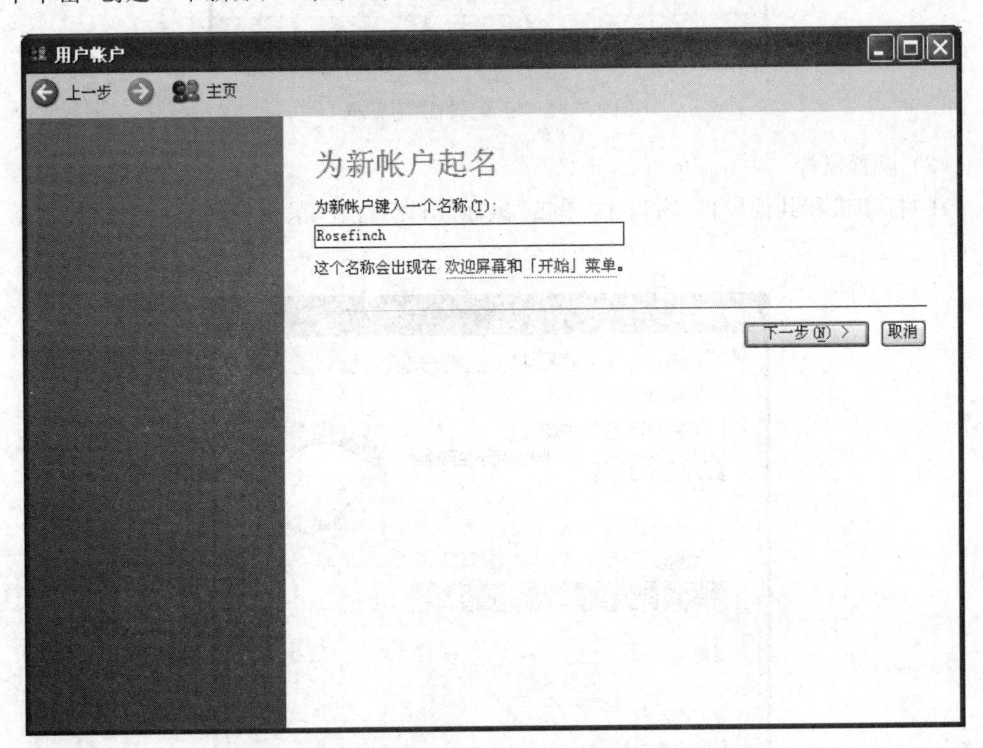

图 1.73 设置账户名称

(2) 在文本框中输入新账户的名称，如 Rosefinch。

(3) 单击“下一步”按钮，为账户设置权限类型，保持系统默认选项“计算机管理员”。

(4) 确定新账户的权限后，单击“创建账户”按钮，完成创建账户操作。

(5) 在“用户账户”窗口中，单击“更改我的图片”图标。在打开的窗口列表中，单击自己喜欢的图片，或者单击“浏览图片”超链接，在打开的文件窗口选择图片，最后单击“更改图片"按钮,完成更改操作,如图 1.74 所示。

图 1.74　更改账户图片

如果系统中有多个注册账户,可在"用户账户"窗口中单击"更改账户"命令,在打开的窗口中选择一个要更改的账户,然后再进行操作(比如更改/删除密码、更改图片、更改名称等)。

5. 更改计算机名称

每台计算机都有一个名称,它是在安装 Windows XP 时设定的。计算机的名称对于家庭计算机用户来说用处不大。但是,在一个企业网络中,可以通过计算机名称访问网络的共享资源。

【任务】 将计算机名称改为 Rosefinch PC。

(1) 右击"我的电脑"图标,在弹出的快捷菜单中单击"属性"命令,打开"系统属性"对话框,如图 1.75 所示。

(2) 单击"计算机名"标签,在"计算机描述"文本框中输入新计算机名称 Rosefinch PC,然后单击"应用"或"确定"按钮,完成计算机更名操作。

1.3.5　其他功能

1. 磁盘管理

(1) 清理磁盘

计算机在使用一段时间后,在磁盘中会出现许多临时文件和缓冲文件,它们占用大量的磁盘空间,影响计算机的性能。因此,计算机磁盘需要定期清理。使用 Windows XP 自

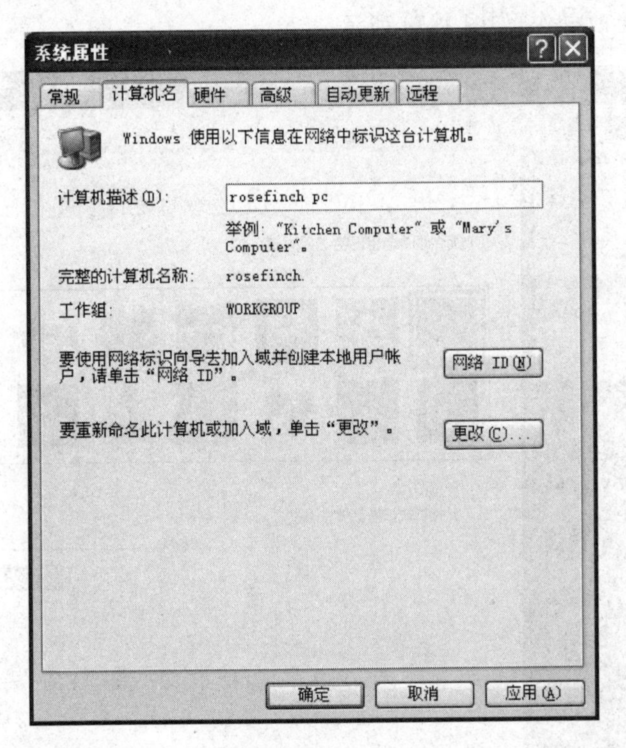

图 1.75 更改计算机名称

带的磁盘清理程序可以删除临时文件、缓冲文件，也可以压缩原有文件。

【任务】 清理磁盘 D。

① 选择"开始"|"所有程序"|"附件"|"系统工具"|"磁盘清理"命令。

② 打开"选择驱动器"对话框，在下拉列表框中选择要清理的磁盘驱动器 D，如图 1.76 所示。单击"确定"按钮，弹出"磁盘清理"对话框。

③ 对话框中列出了可以删除的文件选项，如图 1.77 所示。在"要删除的文件"列表框中选中要删除的文件复选框，单击"确定"按钮，弹出"磁盘清理"确认对话框，确定要删除的文件，单击"是"按钮。

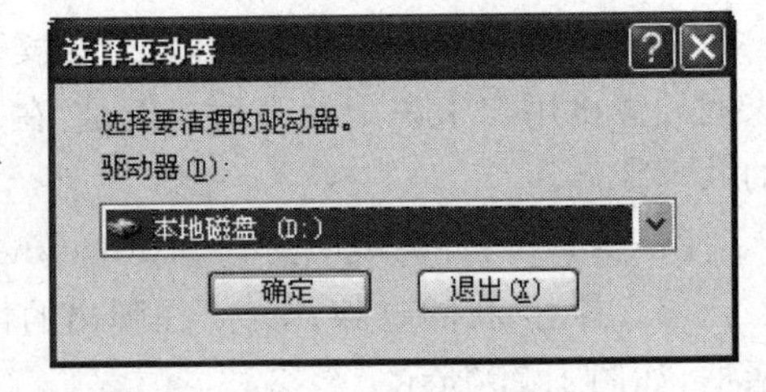

图 1.76 选择驱动器

(2) 整理磁盘碎片

在使用磁盘的过程中，由于不断地添加、删除文件，磁盘中会形成一些物理位置不连续的文件——磁盘碎片。这样，在读写文件时需要大量时间，从而影响计算机的运行速度。使用 Windows XP 中的磁盘碎片整理程序可以分析磁盘上存储的所有数据、文件，将分散存放的文件和文件夹重新整理，从而提高文件的执行效率。

【任务】 整理 D 盘中的磁盘碎片。

① 选择"开始"|"所有程序"|"附件"|"系统工具"|"磁盘碎片整理程序"命令。

② 打开"磁盘碎片整理程序"对话框，选择 D 盘，单击"分析"按钮，系统对 D 盘占用

情况进行分析。如图 1.78 所示的窗口中显示了碎片整理之前对磁盘空间使用情况的分析结果,不同的颜色代表不同的含义。系统根据分析结果,给出了是否要进行磁盘碎片整理的建议。

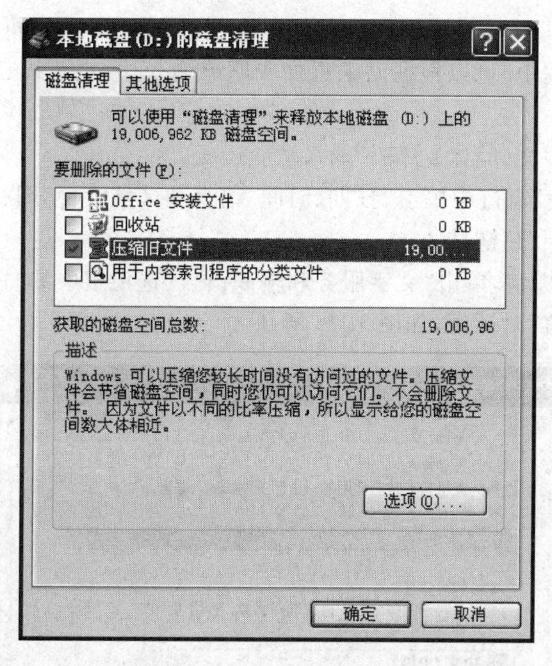

图 1.77　选择要清理的文件

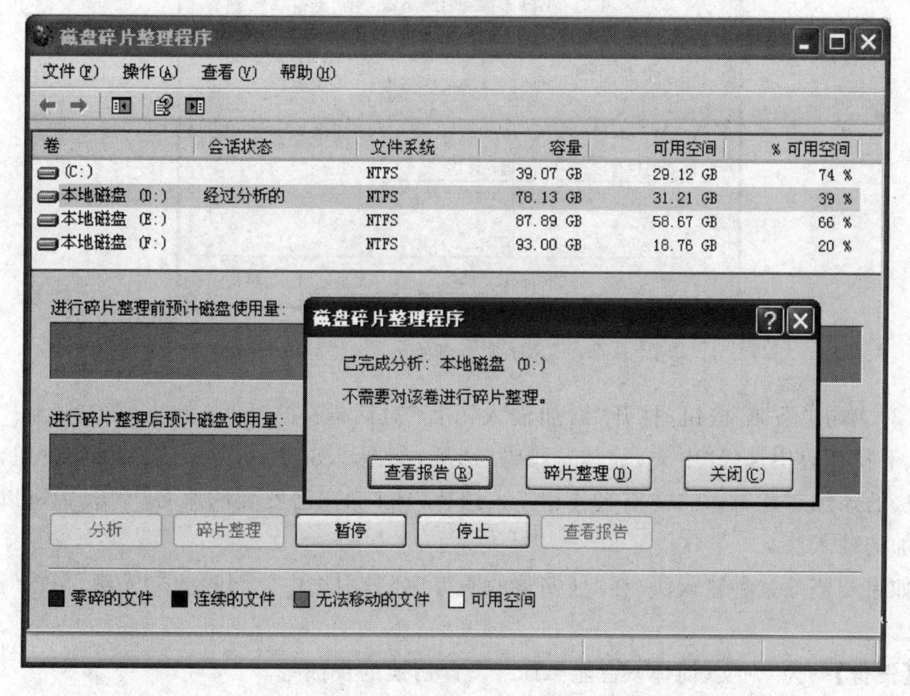

图 1.78　“磁盘碎片整理程序”对话框

③ 单击“碎片整理”按钮，即可开始整理磁盘碎片程序。碎片整理完成后，单击“关闭”按钮。

2. 输入法的安装和设置

中文版 Windows XP 提供了很多种中文输入法，比如“微软拼音”、“郑码”、“智能 ABC”等。在使用过程中，可以根据需求添加或删除输入法，也可以设置切换中文输入法的快捷键。

【任务】 安装“中文(简体)-郑码”输入法。

(1) 在“控制面板”窗口中单击“日期、时间、语言和区域设置”图标，在打开的窗口中，单击“区域和语言选项”超链接。

(2) 单击“语言”标签，单击“文字服务和输入语言”选项组中的“详细信息”命令，进入“文字服务和输入语言”对话框，如图 1.79 所示。

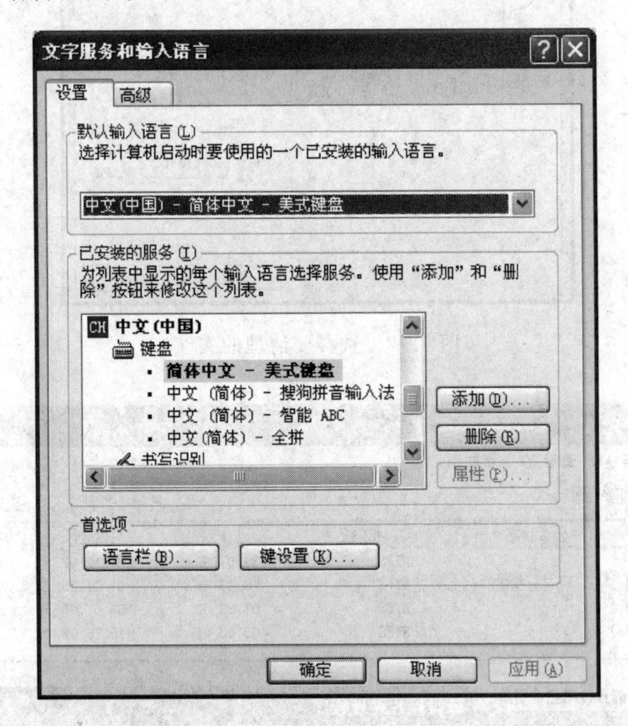

图 1.79 “文字服务和输入语言”对话框

(3) 单击“添加”按钮，打开“添加输入语言”对话框。选中“键盘布局/输入法”复选框，从下拉列表中选择“中文(简体)-郑码”选项，如图 1.80 所示。单击“确定”按钮，完成输入法的添加。此时，在“文字服务和输入语言”窗口的“已安装的服务”列表中可以看见新添加的输入法。

如果要删除某种输入法，在“已安装的服务”列表中选中要删除的输入法，单击“删除”按钮。

【任务】 为“中文(简体)-智能 ABC”设置切换的快捷键。

(1) 在如图 1.79 所示的“文字服务和输入语言”对话框中，单击“键设置”按钮，打开

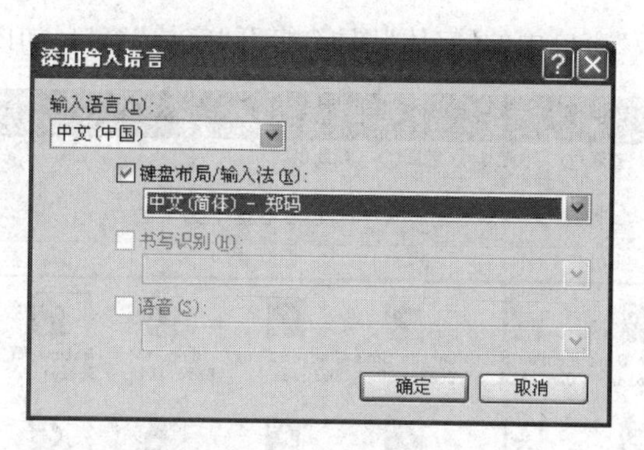

图 1.80 “添加输入语言”对话框

“高级键设置”对话框。

(2) 在对话框的“输入语言的热键”列表中选择“中文(简体)-智能 ABC”,如图 1.81 所示。单击“更改按键顺序”按钮,打开“更改按键顺序”对话框。

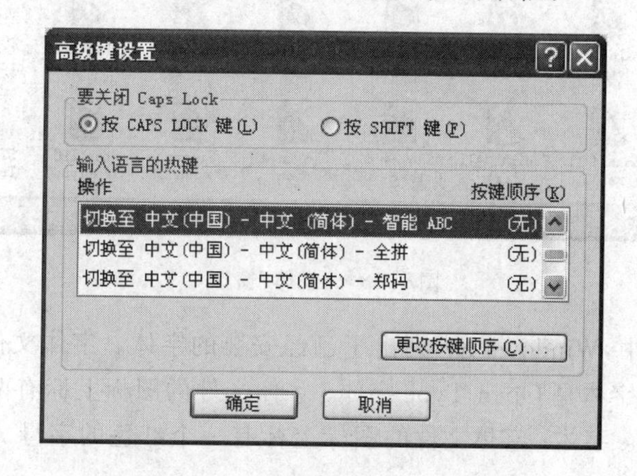

图 1.81 “高级键设置”对话框

(3) 在对话框中选中“启用按键顺序”复选框,然后选中“左手 ALT”单选按钮,并在下拉列表中选择 1,如图 1.82 所示。最后单击“确定”按钮。

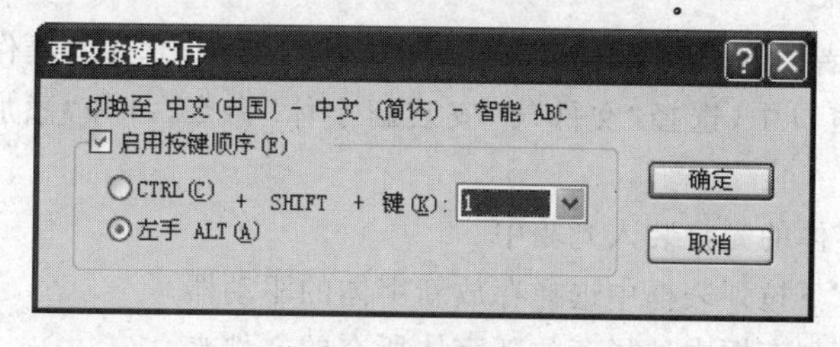

图 1.82 更改按键顺序

3. 字体设置

(1) 查看已安装的字体

查看已安装字体的具体操作步骤如下。

① 打开“控制面板”窗口,将其切换到经典视图方式。

② 双击“控制面板”窗口中的“字体”图标，打开“字体”窗口，如图 1.83 所示。

图 1.83 “字体”窗口

在“字体”窗口中，Windows XP 列出了已经安装的字体。字体文件的图标上标有斜体字母 O 的代表该字体是 Open Type 字体；字体文件的图标上标有两个字母 T 的代表该字体是 True Type 字体；字体文件的图标上标有一个红色的字母 A 代表该字体是矢量字体或点阵字体。

③ 若要了解某种字体的样例，可以双击字体图标，即可打开字体样例窗口，如图 1.84 所示。该窗口中里列出了字体名称、字体文件的大小、版本以及各种大小的字例。

(2) 安装新字体

可以把光盘或者硬盘上的字体添加到 Windows XP 中，具体的操作步骤如下。

① 在“字体”窗口中，选择“文件”|“安装新字体”命令，打开“添加字体”对话框，如图 1.85 所示。

② 将含有新字体的光盘装入光驱中。

③ 在“驱动器”下拉列表框中选择存放新字体的驱动器。

④ 在“文件夹”列表框中选择存放新字体所在的文件夹。

⑤ 在“字体列表”列表框中选择要安装的字体。

⑥ 选中“将字体复制到 Fonts 文件夹”复选框，单击“确定”按钮。

(3) 删除字体

用户可以删除已安装的字体，具体的操作步骤如下。

① 在“字体”窗口中选择要删除的字体。

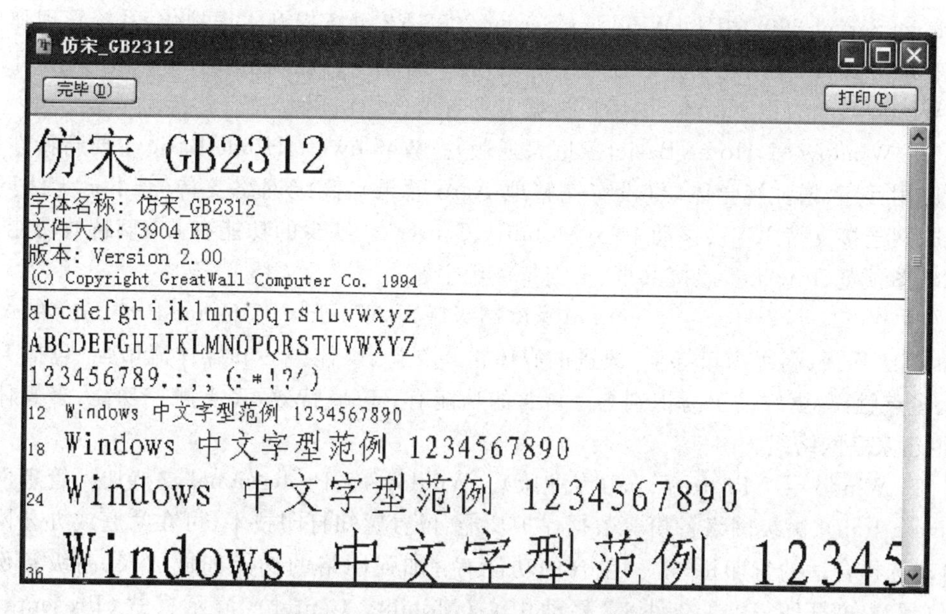

图 1.84　“仿宋_GB2312”字体样例窗口

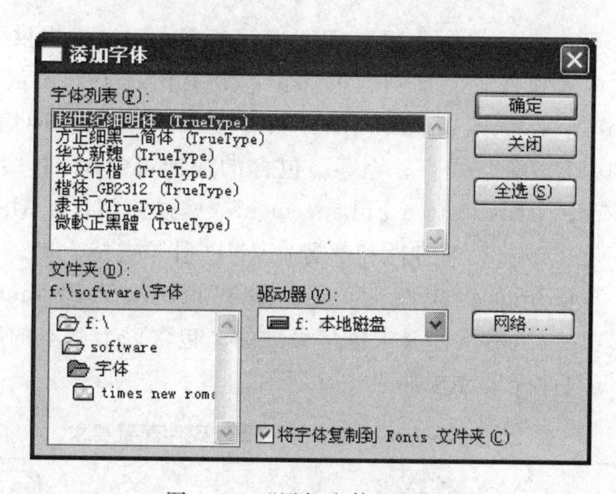

图 1.85　“添加字体”对话框

② 选择“文件”|“删除”命令，将弹出一个提示框，要求用户确认是否删除该字体。

③ 单击“是”按钮即可。

1.4　Windows 7 操作系统

1.4.1　Windows 7 简介

Windows 7 是由微软公司开发的操作系统。Windows 7 可供家庭及商业工作环境、笔记本电脑、平板电脑、多媒体中心等使用。微软 2009 年 10 月 22 日于美国、2009 年 10 月 23 日于中国正式发布 Windows 7，2011 年 2 月 22 日发布 Windows 7 SP1。Windows 7 同时也发布了服务器版本——Windows Server 2008 R2。同 2008 年 1 月发布的

Windows Server 2008 相比，Windows Server 2008 R2 继续提升了虚拟化、系统管理弹性、网络存取方式，以及信息安全等领域的应用，其中有不少功能须搭配 Windows 7 使用。

Windows 7 有以下版本，供用户根据需求自由选择使用。

(1) Windows 7 Home Basic(家庭普通版)。Windows 7 Home Basic 主要新特性有：无限应用程序、增强视觉体验(没有完整地 Aero 效果)、高级网络支持(ad-hoc 无线网络和互联网连接支持 ICS)、移动中心(Mobility Center)。缺少的功能有：玻璃特效功能、实施缩略图预览、Internet 连接共享、不支持应用主题。

(2) Windows 7 Home Premium(家庭高级版)。Windows 7 Home Premium 有 Aero Glass 高级界面、高级窗口导航、改进的媒体格式支持、媒体中心和媒体流增强(包括 Play To)、多点触摸、更好的手写识别等。包含的功能有：玻璃特效、多点触控功能、多媒体功能、组建家庭网络组。

(3) Windows 7 Professional(专业版)。Windows 7 Professional 支持加入管理网络(Domain Join)、高级网络备份等数据保护功能、位置感知打印技术(可在家庭或办公网络上自动选择合适的打印机)等。包含的功能有：加强网络的功能如域加入、高级备份功能、位置感知打印、脱机文件夹、移动中心(Mobility Center)、演示模式(Presentation Mode)。

(4) Windows 7 Enterprise(企业版)。Windows 7 Enterprise 提供一系列企业级增强功能：①BitLocker，内置和外置驱动器数据保护；②AppLocker，锁定非授权软件运行；③DirectAccess，无缝连接基于 Windows Server 2008 R2 的企业网络；④BrachCache，Windows Server 2008 R2 网络缓存；等等。包含的功能有：Brach 缓存、DirectAccess、BitLocker、AppLocker、Virtualization Enhancements(增强虚拟化)、Management(管理)、Compatibility and Deployment(兼容性和部署)、VHD 引导支持。

(5) Windows 7 Ultimate(旗舰版)。拥有 Windows 7 Premium 和 Windows 7 Professional 的全部功能，当然硬件要求也是最高的。包含以上版本的所有功能。

Windows 7 最低硬件配置要求如表 1.9 所示。

表 1.9 Windows 7 操作系统最低硬件配置要求

设备名称	基本要求	备 注
CPU	1GHz 及以上	Windows 7 包含 32 位与 64 位两种版本，如果希望安装 64 位操作系统，需要 CPU 支持才可以
内存	1GB 及以上	64 位系统需要 2GB 以上
硬盘	16GB 以上可用磁盘空间	64 位系统需要 20GB 以上
显卡	DirectX9 显卡支持显卡 WDDM 1.0 或更高版本	
其他设备	DVD-R/RW 驱动器或者 U 盘等其他储存介质	安装用。如果需要可以用 U 盘安装 Windows 7，这需要制作 U 盘引导
	互联网连接/电话	需要联网/电话激活授权，否则只能进行为期 30 天的使用评估

1.4.2 Windows 7 桌面

启动 Windows 7 后，屏幕上的整个区域称为桌面。桌面是用户操作计算机最基本的界面，一般由图标、任务栏和桌面背景组成，如图 1.86 所示。

图 1.86 Windows 7 操作系统的桌面

1. “开始”菜单

“开始”菜单中存放操作系统或设置系统的绝大多数命令，而且还可以使用安装到当前系统里面的所有程序。

“开始”菜单与“开始”按钮是 Microsoft Windows 系列操作系统图形用户界面(GUI)的基本组成部分，可以称为操作系统的中央控制区域。“开始”字样从 Windows 7 操作系统中已经无法看见。在默认状态下，“开始”按钮位于屏幕的左下方，“开始”按钮是一颗圆形 Windows 标志，将鼠标指针停留它上面会出现“开始”的提示文字。单击它或按下 Windows 键或按 Ctrl+Esc 键可以激活“开始”菜单，如图 1.87 所示。

左上角区域为“开始”菜单常用软件历史菜单，Windows 7 操作系统会根据用户使用软件的频率自动把最常用的软件展示在那里。

右上角区域为 Windows 7 操作系统的常用系统设置功能区域，如控制面板等。在右上角区域最上边有一个用户信息区包含系统用户名和用户图片。Administrator 是 Windows 7 操作系统默认的系统管理员身份用户名，当然用户也可以创建新的用户名身份，名字可以是中文也可以是英文。

左下角区域为“开始”菜单的所有程序导航控制程序和搜索文本框。

右下角区域为开关机控制区。

2. 设置主题、桌面背景和桌面小工具

Windows 7 与 Windows XP 相比，新增了 Areo 主题，包含建筑、人物、风景等，可以动态放映。主题的设置步骤如下。

(1) 在桌面的空白位置右击，弹出如图 1.88 所示的快捷菜单。

(2) 在快捷菜单中执行“个性化”命令，打开如图 1.89 所示的“个性化”窗口。

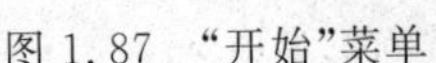
图 1.87 “开始”菜单

图 1.88 快捷菜单

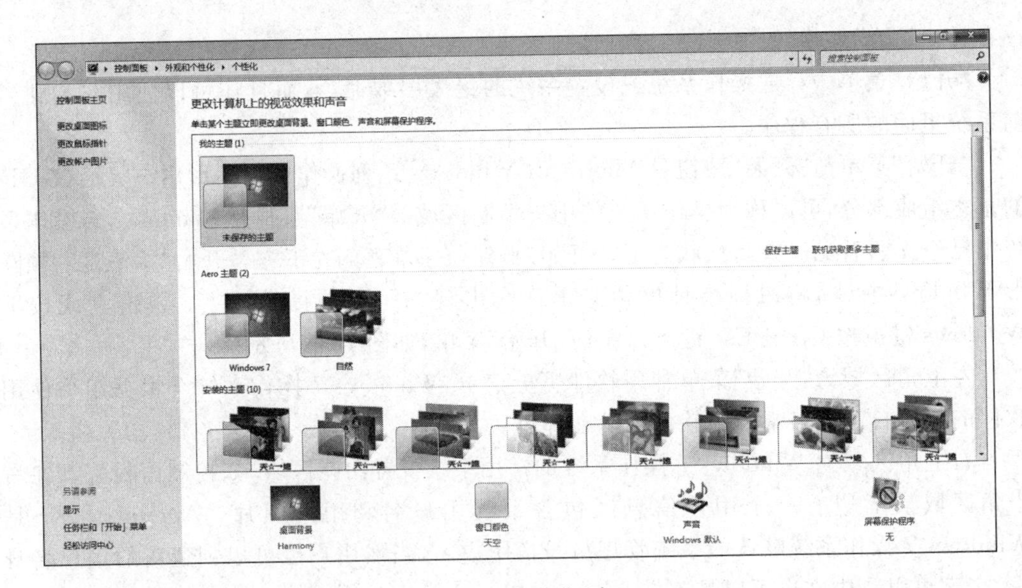

图 1.89 “个性化”窗口

(3) 在窗口中选择“Areo 主题”下的主题之一。

如果对“桌面背景”的图片不满意,还可以通过“桌面背景”选项进行设置,其操作步骤如下。

① 在“个性化”窗口中单击“桌面背景”图标,打开“桌面背景”窗口。

② 在“桌面背景”窗口中,通过“图片位置”列表框或单击“浏览”按钮,选择图片所在的位置。

③ 在“图片位置”列表框下方的主列表中选择背景图片,可将鼠标指针停留在背景图

片上，当图片左上角出现复选框时通过勾选来实现选择多张图片，如图 1.90 所示。

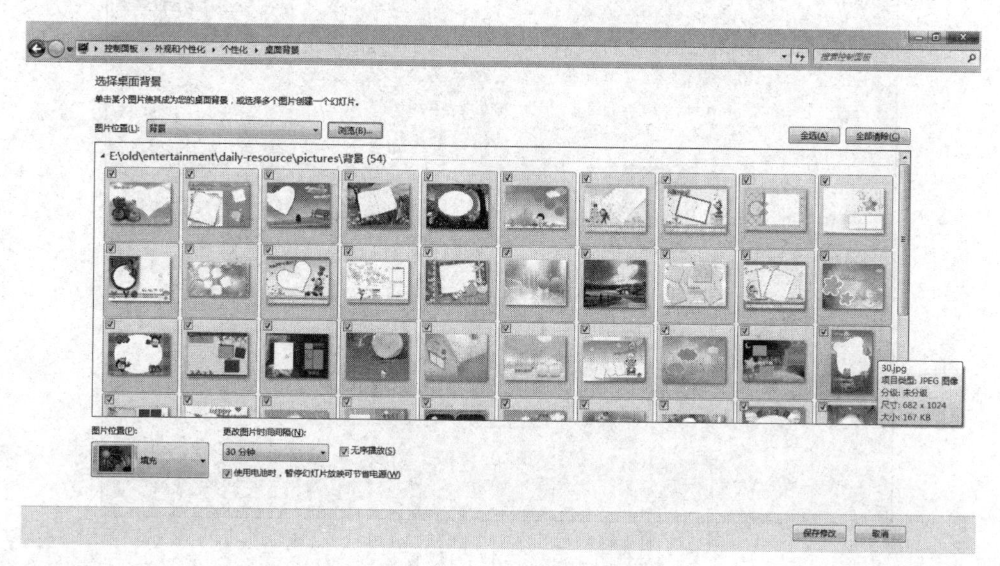

图 1.90　选择桌面背景

④ 可在窗口下方放设置图片的填充方式、更改图片的间隔时间及播放顺序，设置完成后可单击“保存修改”按钮保存设置。

与 Widows XP 相比，Windows 7 操作系统还在桌面上添加了如图 1.91 所示的小工具。

图 1.91　桌面小工具

添加桌面小工具的步骤如下。

① 在桌面的空白位置右击，在弹出的快捷菜单中执行“小工具”命令，打开如图 1.92 所示的“小工具”窗口。

② 在窗口中选择所需的小工具，被选中的小工具会显示在桌面的右上角，并可进行相应设置。

3. 任务栏

Windows 7 中的任务栏更新了外观，加入了其他特性，一些人称为“超级任务栏”。在 Windows 7 中，“显示桌面”按钮被移到了任务栏的最右边，操作起来更方便。当鼠标指针停留在该按钮上时，所有打开的窗口都会隐藏，这样可以快捷地浏览桌面；移开鼠标指针后，会恢复原来的窗口。

在应用程序区，Windows 7 操作系统还新增了两项功能。

(1) 任务缩略图：当鼠标指针停留在程序按钮上时，将显示预览对话框，当该程序打开多个窗口时将并列显示，并显示该程序当前运行状况。

(2) 跳转列表：在程序按钮上右击鼠标，弹出的快捷菜单将显示该程序最近使用的文件，可以通过单击文件之后的“锁定到此列表”按钮将该文件锁定成为“已固定”文件，这将保证该文件一直在列表中显示。

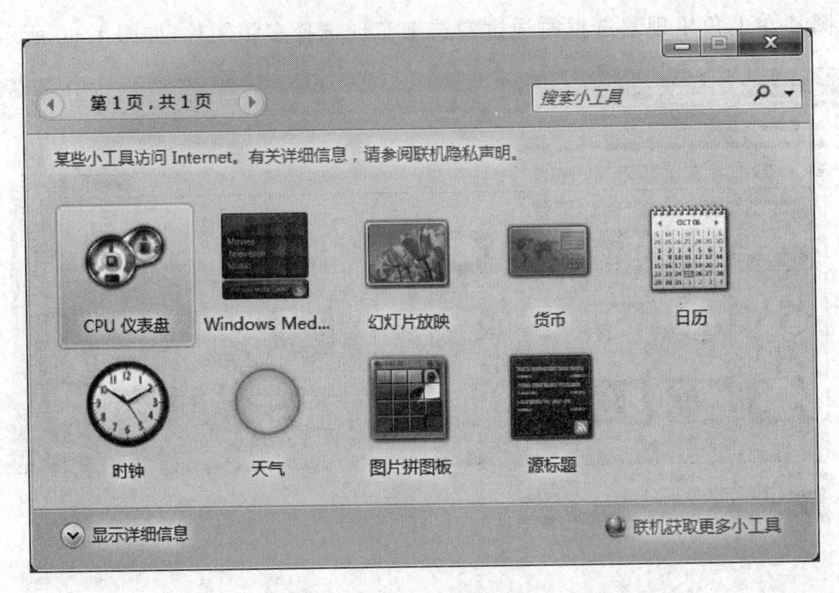

图 1.92 “小工具”窗口

4. Windows 7 帮助系统的使用

Windows 7 操作系统提供了功能强大、内容丰富、形式多样的帮助系统，用户可以随时获取帮助。

单击“开始”|“帮助和支持”命令，或按 F1 功能键，可以打开如图 1.93 所示的“Windows 帮助和支持”窗口。

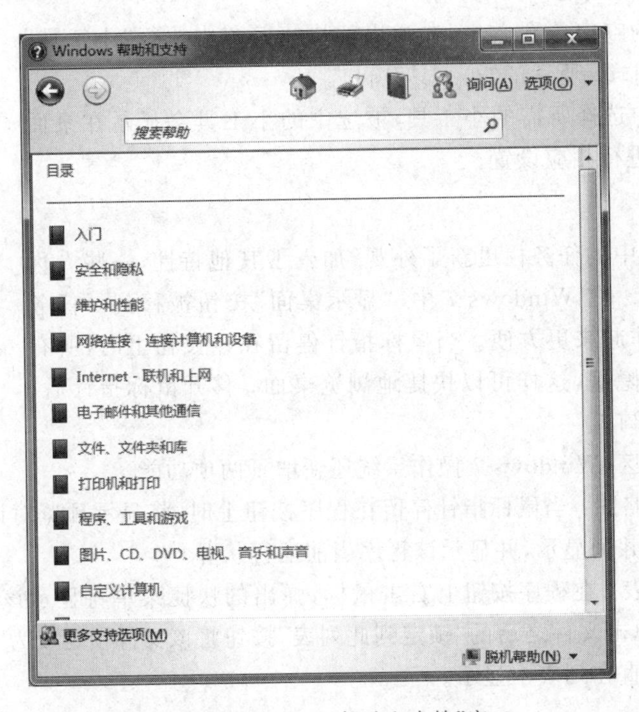

图 1.93 “Windows 帮助和支持”窗口

通常，可以在窗口的“搜索帮助”文本框中输入要搜索的内容，比如“录音机”，单击右侧的放大镜状按钮，即可开始搜索与“录音机”相关的内容。在不同的地方按 F1 功能键，Windows 7 帮助和支持的界面都会不一样。例如，在控制面板下按 F1 键，帮助和支持显示的就是有关控制面板的相关问题。

操作与练习

一、单项选择题

1. 完整的计算机系统包括(   )。
   A. 硬件系统和软件系统　　B. 主机和外部设备
   C. 系统程序和应用程序　　D. 运算器、存储器和控制器
2. CPU 是指(   )。
   A. 运算器＋控制器　　B. 运算器＋控制器＋存储器
   C. 运算器＋控制器＋外存储器　　D. 运算器＋控制器＋内存储器
3. 平常所说的 Pentium 4 是指(   )。
   A. 计算机的制造商　　B. 计算机的品牌
   C. 主板的型号　　D. CPU 的型号
4. 以下均属于硬件的是(   )。
   A. CPU、键盘、文字处理系统　　B. 存储器、打印机、资源管理器
   C. 存储器、显示器、激光打印机　　D. 存储器、鼠标、网页浏览器
5. 某学校的教学管理软件是(   )。
   A. 系统程序　　B. 系统软件　　C. 应用软件　　D. 以上都不是
6. 在 Windows XP 中，可以为(   )创建快捷图标。
   A. 单个文件　　B. 任何文件和文件夹
   C. 可执行程序或程序组　　D. 程序文件或文档文件
7. 以下有关 Windows XP 删除操作的说法中，不正确的是(   )。
   A. 从 U 盘中删除的文件或文件夹不能被恢复
   B. 从网络硬盘中删除的文件或文件夹不能被恢复
   C. 直接用鼠标将硬盘中的文件或文件夹拖动到回收站后不能被恢复
   D. 硬盘中被删除的文件或文件夹超过回收站存储容量的不能被恢复
8. 把当前窗口的画面复制到剪贴板上，可按(   )键。
   A. Alt＋PrintScreen　　B. PrintScreen
   C. Shift＋PrintScreen　　D. Ctrl＋PrintScreen
9. 在 Windows XP 中，各应用程序间交换和共享的数据可以通过(   )实现。
   A. 资源管理器　　B. 剪贴板　　C. 任务栏　　D. 快捷方式
10. 在搜索文件/文件夹时，若用户使用了通配符输入“? A. txt”，则下列被选中的文件(   )。

① A. txt　② A1. txt　③ 1A. txt　④a1. doc　⑤ aA. txt

A. ③⑤　　B. ①③⑤　　C. ①②④　　D. ②④

11. 在 Windows XP 中,非法的文件名是(　　)。

A. A_B. DOC　　B. Class ^1. data

C. Card"01". Txt　　D. My Program Group. TXT

12. 在 Windows XP 系统工具中,利用(　　)可以释放磁盘上的垃圾文件,增加可用空间。

A. 磁盘备份　　B. 磁盘清理

C. 系统还原　　D. 磁盘碎片整理程序

13. 在 Windows XP 的桌面上已打开多个窗口,(　　)的窗口是激活(当前)窗口。

A. 位于左上侧　　B. 可见范围最大

C. 标题栏颜色与众不同,位于最上层　　D. 任务栏上凸起按钮所对应

14. 在 Windows XP 中,窗口的排列方式有 3 种,(　　)不是这 3 种排列方式之一。

A. 层叠　　B. 横向平铺

C. 纵向平铺　　D. 前后排列

15. 在 Windows XP 中能更改文件名的操作是(　　)。

A. 右击文件名,在弹出的快捷菜单中选择“重命名”命令,然后输入新文件名后按 Enter 键

B. 单击文件名,直接输入新文件名后按 Enter 键

C. 按住 Ctrl 键,单击文件名,输入新文件名后按 Enter 键

D. 双击文件名,输入新文件名后按 Enter 键

16. 在 Windows XP 中的剪贴板是(　　)。

A. 硬盘中的一块区域　　B. 软盘中的一块区域

C. 高速缓存中的一块区域　　D. 内存中的一块区域

17. 在 Windows XP 的资源管理器窗口中,如果想一次选定多个分散的文件或文件夹,正确的操作是(　　)。

A. 按住 Ctrl 键,右击逐个选取　　B. 按住 Ctrl 键,单击逐个选取

C. 按住 Shift 键,右击逐个选取　　D. 按住 Shift 键,单击逐个选取

18. 将选定内容粘贴到剪贴板使用的组合键是(　　)。

A. Ctrl+C　　B. Ctrl+X

C. Ctrl+V　　D. Ctrl+P

19. 在 Windows XP 中,启动或关闭中文输入法可以使用(　　)组合键。

A. Shift+Space　　B. Ctrl+Space

C. Ctrl+Alt　　D. Ctrl+Shift

20. 在 Windows XP 中,一个窗口已经被最大化后,下列描述中错误的是(　　)。

A. 该窗口可以被关闭　　B. 该窗口可以移动

C. 该窗口可以最小化　　D. 该窗口可以被还原

二、操作题

1. 为自己的计算机设置一个个性的桌面背景,设置一个新的屏幕保护程序。

2. 安装“细明体 新细明体”字体。
3. 添加“双拼”输入法。
4. 在自己的计算机 D 盘上搜索文件名中包含字母 a 的所有文本文档。
5. 新建一个计算机管理员身份的账户，为其设置密码，更换图标。
6. 利用系统工具清理各个磁盘，整理各个磁盘的碎片。

第 2 章

文字处理软件 Word 2010

2.1 Office 2010 概述

2010 年 6 月 18 日，微软 Office 2010 正式在中国发布。Office 2010 包括了满足用户不同需要的如文本处理、电子表格、数据库管理、多媒体演示文稿、行程安排、网页管理、排版印刷等多个应用软件，其中常用的 Office 2010 应用程序如表 2.1 所示。

表 2.1 Office 2010 最常用的应用程序

软 件 名 称	软 件 类 别
Word 2010	是 Microsoft Office 的文字处理程序，它适用于制作各种文档，如文件、信函、传真、报纸、简历等
Excel 2010	是 Microsoft Office 的电子表格程序，利用它可制作各种复杂的电子表格，完成烦琐的数据计算
PowerPoint 2010	是 Microsoft Office 的演示图形程序，主要用于制作幻灯片，可用于单独或联机创建演示文稿
Access 2010	是 Microsoft Office 的演示图形程序，主要用于制作幻灯片，可用于单独或联机创建演示文稿
Outlook 2010	是 Microsoft Office 的个人信息管理器和通信程序

Microsoft Office 2010 是微软推出的新一代办公软件，开发代号为 Office 14，实际是第 12 个发行版。该软件共有 6 个版本，分别是初级版、家庭及学生版、家庭及商业版、标准版、专业版和专业高级版，此外还推出 Office 2010 免费版本，其中仅包括 Word 和 Excel 应用。除了完整版以外，微软还将发布针对 Office 2007 的升级版 Office 2010。Office 2010 可支持 32 位和 64 Vista 及 Windows 7，仅支持 32 位 Windows XP，不支持 64 位 Windows XP。微软现已推出最新版本 Microsoft Office 2013。

2.2 Word 2010 认知

2.2.1 Word 2010 的功能特点

1. 功能强大

Word 2010 具有强大的编辑功能和图文混排功能，同时为了适应全球网络化的需要，它融合了最先进的 Internet 技术,具有强大的网络功能。中文版的 Word 则针对汉语的特点,还拥有许多中文处理方面的功能。

2. 操作简便

操作过程中几乎全部应用菜单栏命令和工具栏按钮,简单便捷。使用其中的向导和模板功能可大大减少工作量,提高工作效率。提供了翔实的帮助文档,还提供了 Office 助手。

3. Word 2010 新增功能特性

(1) 将最佳想法变成现实

Word 2010 为其功能(例如,表格、页眉与页脚以及样式集)配套提供了引人注目的效果、新文本功能以及更简单的导航功能。

Word 2010 可以一起设置文本和图像格式,以使外观天衣无缝。在向文本应用效果时,用户仍能运行拼写检查。Word 2010 提供高级文本格式设置功能,其中包括一系列连字设置以及样式集与数字格式选择。用户可以与任何 OpenType 字体配合使用这些新增功能,以便为录入文本增添更多光彩。

Word 2010 还提供了其他几种旨在帮助用户进行文档创作的改进,提供了新编号格式(例如 001,002,003,…以及 0001,0002,0003,…),用户可以向表格和摘要添加标题,可以使用新增的"文档导航"窗格和搜索功能轻松掌握长文档。Word 2010 还为用户的工作提供许多图形增强功能,使用户可以轻松地获得所需效果,新增了 SmartArt 图形图片布局,增加了新的艺术效果,可以对图片进行修正、自动消除图片背景,具有更好的图片压缩和裁剪功能。除此之外,还可以插入屏幕截图和使用剪辑管理器中的剪贴画选项。

(2) 墨迹

使用 Word 2010 中改进的墨迹功能,用户可以在 Tablet PC 中对文档进行墨迹注释,并将这些墨迹注释与文档一起保存。

(3) 更轻松地工作

在 Word 2010 中,可通过自定义工作区将常用命令集中在一起。用户还可以访问文档的早期版本,更轻松地处理使用其他语言的文本。

使用自定义设置根据需要对属于 Microsoft Office Fluent 用户界面一部分的功能区进行个性化设置。用户可以创建包含常用命令的自定义选项卡和自定义组。

在 Microsoft Office Backstage 视图中,用户可以进行任何操作。作为 Microsoft Office Fluent 用户界面的最新创新技术和功能区的配套功能,Backstage 视图是用户管理文件的场所,即创建、保存、检查隐藏元数据或个人信息和设置选项。

(4) 恢复未保存的工作

与早期版本的 Word 一样,Word 2010 启用自动恢复功能将在用户处理文件时以用户选择的间隔自动保存文件。现在,如果用户在没有保存的情况下意外关闭了文件,则可保留该文件自动保存的最新版本,以便于用户在下次打开该文件时可以轻松还原。而且,当用户处理文件时,还可以从 Microsoft Office Backstage 视图中访问自动保存的文件列表。

(5) 多语言翻译功能

当用户打开“翻译屏幕提示”时,可用鼠标指向某个单词或选定短语并在小窗口中查看翻译。“翻译屏幕提示”还包括一个“播放”按钮,可以播放单词或短语的发音,以及一个“复制”按钮,可以将翻译粘贴到其他文档中。

用户甚至不需要在计算机上安装语言包、语言界面包或校对工具,即可查看该语言的翻译。

(6) 实现更好的协作

Word 2010 可帮助用户更有效地与同事协作。打开共享文档时,Word 会自动缓存此共享文档,因此,用户可以对此文档进行脱机更改;当用户再次联机时,Word 将自动同步其所做的更改。Word 2010 还包括一些功能,使用户的信息在用户共享工作时更为安全,并使用户的计算机免受不安全文件的威胁。

2.2.2 Word 2010 启动与退出

1. 启动

从 Windows 7 中启动 Word 2010 有 3 种常用的方式,分别如下。

(1) 从 Windows 的“开始”菜单启动。通过逐步选择任务栏中的“开始”|“所有程序”|Microsoft Office|Microsoft Word 2010 命令启动。

(2) 快捷启动。双击 Windows 桌面上已建立的 Microsoft Word 2010 快捷图标。

(3) Word 文档启动。在 Windows 的资源管理器中找到目标 Word 文档并双击,将启动 Word 2010 而打开该文档。

2. 退出

(1) 可以选择其主窗口菜单中的“文件”|“退出”命令。

(2) 最简便快速的就是直接单击 Word 主窗口右上角的“关闭”按钮。

注意:上述方法实现退出 Word 时,如果有文档正在编辑修改且尚未保存,Word 会弹出一个警告信息,提醒用户哪一个文档未保存,并询问用户是否要进行保存操作。单击“是”按钮或按相应快捷键,Word 会先将所提示的文档保存,然后执行退出;单击“否”按钮,Word 将不会存档而直接退出;单击“取消”按钮,则重新回到 Word 操作界面。

2.2.3 Word 2010 的窗口

启动 Word 2010 后,便可打开 Word 2010 文档窗口。Word 2010 文档窗口主要由标题栏、快速访问工具栏、功能区、导航窗格、文本编辑区及状态栏等组成,如图 2.1 所示。

1. 标题栏

标题栏位于 Word 2010 窗口最顶端,用以显示当前编辑的文档名称和格式。在标题栏的最右侧有三个按钮,分别是对程序执行最小化,最大化还原和关闭的按钮。

2. 快速访问工具栏

“快速访问工具栏”位于 Word 2010 窗口顶端的左侧。默认情况下,除了按钮 W(它具有控制文档的移动、最大/最小化和关闭等功能)外,自左向右分别有保存、撤销和恢复

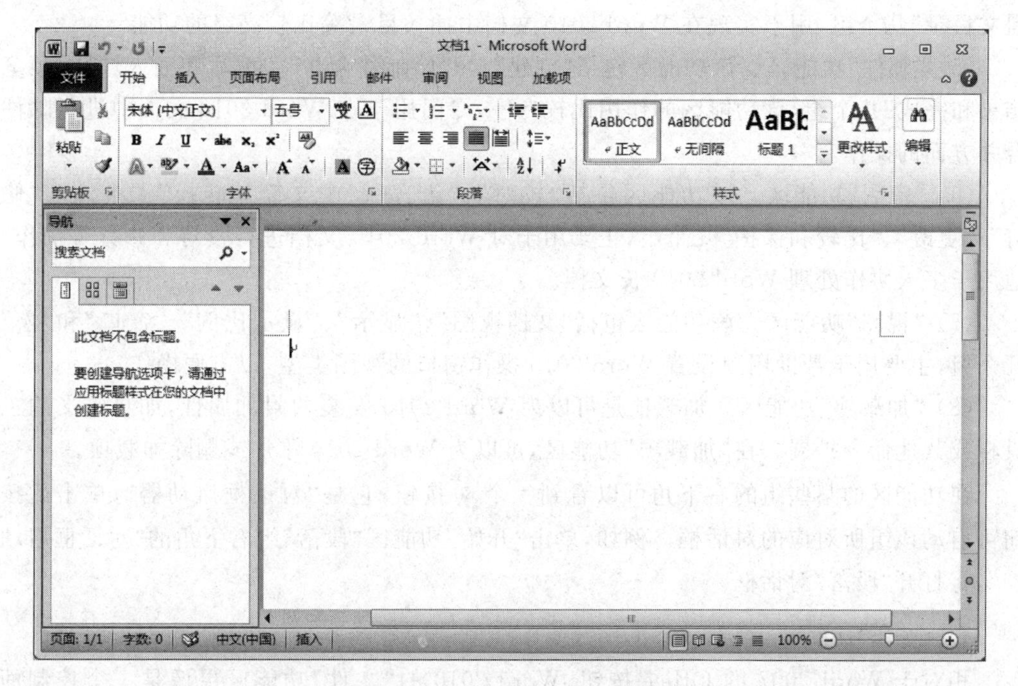

图 2.1　Word 2010 窗口组成

等按钮，单击其中的按钮，可快速调用对应的 Word 功能。在“快速访问工具栏”右侧还有一个“自定义快速访问工具栏”按钮，单击此按钮，可在“快速访问工具栏”中增减快速访问按钮。

3. 功能区

Microsoft Word 从 Word 2007 升级到 Word 2010，其最显著的变化就是使用“文件”功能区代替了 Word 2007 中的 Office 按钮，使用户更容易从 Word 2003 和 Word 2000 等旧版本中转移。另外，Word 2010 同样取消了传统的菜单操作方式，取而代之的是各种功能区。在 Word 2010 窗口上方看起来像菜单的名称其实是功能区的名称，当单击这些名称时并不会打开菜单，而是切换到与之相对应的功能区面板。每个功能区根据功能的不同又分为若干个组。各功能区的功能如下。

(1)“开始”功能区。该功能区包括剪贴板、字体、段落、样式和编辑五个组，对应 Word 2003 的“编辑”和“段落”菜单的部分命令。该功能区主要用于帮助用户对 Word 2010 文档进行文字编辑和格式设置，是用户最常用的功能区。

(2)“插入”功能区。该功能区包括“页”、“表格”、“插图”、“链接”、“页眉和页脚”、“文本”和“符号”几个组，对应 Word 2003 中“插入”菜单的部分命令，主要用于在 Word 2010 文档中插入各种元素。

(3)“页面布局”功能区。该功能区包括“主题”、“页面设置”、“稿纸”、“页面背景”、“段落”、“排列”几个组，对应 Word 2003 的“页面设置”命令和“段落”菜单的部分命令，用于帮助用户设置 Word 2010 文档页面样式。

(4)“引用”功能区。该功能区包括“目录”、“脚注”、“引文与书目”、“题注”、“索引和引文目录”几个组，用于实现在 Word 2010 文档中插入目录等比较高级的功能。

(5) “邮件”功能区。该功能区包括“创建”、“开始邮件合并”、“编写和插入域”、“预览结果和完成”几个组，该功能区的作用比较专一，专门用于在 Word 2010 文档中进行邮件合并方面的操作。

(6) “审阅”功能区。该功能区包括“校对”、“语言”、“中文简繁转换”、“批注”、“修订”、“更改”、“比较和保护”几个组，主要用于对 Word 2010 文档进行校对和修订等操作，适用于多人协作处理 Word 2010 长文档。

(7) “视图”功能区。该功能区包括“文档视图”、“显示”、“显示比例”、“窗口”和“宏”几个组，主要用于帮助用户设置 Word 2010 操作窗口的视图类型，以方便操作。

(8) “加载项”功能区。加载项是可以为 Word 2010 安装的附加属性，如自定义的工具栏或其他命令扩展。在“加载项”功能区，可以为 Word 2010 添加或删除加载项。

在功能区的某些组的右下角可以看到一个 按钮，它是“对话框启动器”，单击此按钮可启动该组所对应的对话框。例如，单击“开始”功能区“段落”组右下角的“对话框启动器”，将打开“段落”对话框。

4. “文件”功能区

相对于 Word 2007 的 Office 按钮，Word 2010 的“文件”功能区更像是一个控制面板。界面采用了“全页面”形式，分为三栏：最左侧是功能选项，最右侧是预览窗格。无论查看或编辑文档信息，还是进行文件打印，随时都能在同一界面中查看到最终效果，极大地方便了对文档的管理。

“文件”功能区中包含“信息”、“最近所用文件”、“新建”、“打印”、“保存并发送”、“打开”、“关闭”、“保存”等选项。在默认打开的“信息”选项卡中集成了“文档权限”、“兼容性转换”、“版本管理”等功能，同时，可以直接在最右侧的预览窗格中修改文件属性，简单易用。

在“最近所用文件”选项卡中，不仅列出了最近使用的文档，也列出了未保存的文档，用户可以通过该选项卡快速打开使用过的 Word 文档。在每个历史 Word 文档名称的右侧都有一个固定按钮，单击该按钮可以将该记录固定在当前位置，而不会被后续的 Word 文档名称替换。此外，选中“快速访问此数目的‘最近使用的文档’”复选框，并在其后的数值框中设定数字，即可直接将最常用的文档以列表的形式显示在左侧菜单下。

在“新建”选项卡中，用户可以看到 Word 2010 丰富的文档类型，包括“空白文档”、“博客文章”、“书法字帖”等 Word 2010 内置的文档类型。用户还可以通过 Office.com 提供的模板新建“会议日程”、“证书”、“奖状”、“小册子”等实用的 Word 文档。

“打印”选项卡的改变很大，整合了打印预览、打印设置等多项内容，所有打印相关的操作都可以“一站式”完成。

“保存并发送”选项卡拥有丰富的网络功能支持，如网络存储 SharePoint 支持、电子邮件、文档类型转换、传真等。用户可以很便捷地将 Word 2010 文档发送到博客、电子邮件，或创建 PDF 文档。

单击“选项”命令，可以打开“Word 选项”对话框。在“Word 选项”对话框中可以开启或关闭 Word 2010 中的许多功能或设置参数。

5. 导航窗格

用户对 Word 以往版本中的“文档结构图”不陌生，然而 Word 以往版本中的文档结构图只能显示文档的章节标题，功能较为单一。而 Word 2010 新增的导航窗格则整合了查找、文档结构图、页面等多项功能，使之具有标题样式判断、快速即时搜索，以及对文档内容进行更加精准定位的功能。

在“视图”选项卡的“显示”组中单击选中“导航窗格”复选框，或者按 Ctrl+F 键，即可在主窗口的左侧打开导航窗格。

导航窗格包含“浏览您的文档中的标题”、“浏览您的文档中的页面”、“浏览您当前搜索的结果”三个选项卡，在选项卡的上方是“搜索文档”文本框。

通过导航窗格，用户可以快速跳转到文章不同章节的开头处，方便重新安排文章章节结构和编辑。

此外，通过导航窗格的即时搜索功能，可以方便地查找文档中的相关内容。在“搜索文档”文本框中输入要搜索的文字，符合条件的关键字会以黄色底纹高亮形式显示在文档中，并且含有搜索关键字的章节标题也会在导航窗格中高亮显示，这一点，在过去的版本中是不具备的，过去的搜索更像是“查找”功能，仅仅提供了关键字的定位。

切换到“浏览您的文档中的页面”选项卡，可以在导航窗格中查看该文档的所有页面的缩略图，单击缩略图便能够实现到该页文档的快速定位。

6. 文本编辑区

占据 Word 2010 绝大部分的空白区域就是文本编辑区，单击即可将光标定位于该区域，然后便可以进行文本的写入、编辑及核对等操作。

7. 滚动条

Word 2010 中的滚动条包括：垂直滚动条和水平滚动条，分别位于主窗口的右侧及下方，可用于调整正在编辑文档的显示位置。

8. 状态栏

状态栏主要用于显示正在编辑的文档的相关信息。

9. 视图切换栏

视图切换栏可用于更改正在编辑的文档的显示模式，以符合用户的要求。

10. 显示比例

显示比例可用于更改正在编辑的文档的显示比例设置。

2.2.4 Word 2010 的文档视图

视图是用户在进行文档编辑时查看文档内容和结构的屏幕显示。选择适当的视图便于用户查看文档的结构，并且可以及时查看文档的编辑结果，还能快速定位到文档的某一处。在 Word 2010 中提供了多种视图模式供用户选择，这些视图模式包括“页面视图”、“阅读版式视图”、“Web 版式视图”、“大纲视图”和“草稿视图”五种视图模式。用户可以在“视图”功能区中选择需要的文档视图模式，也可以在 Word 2010 文档窗口的右下方单击视图按钮选择视图。

“页面视图”可以显示 Word 2010 文档的打印结果外观，主要包括页眉、页脚、图形对象、分栏设置、页面边距等元素，是最接近打印结果的视图方式，如图 2.2 所示。

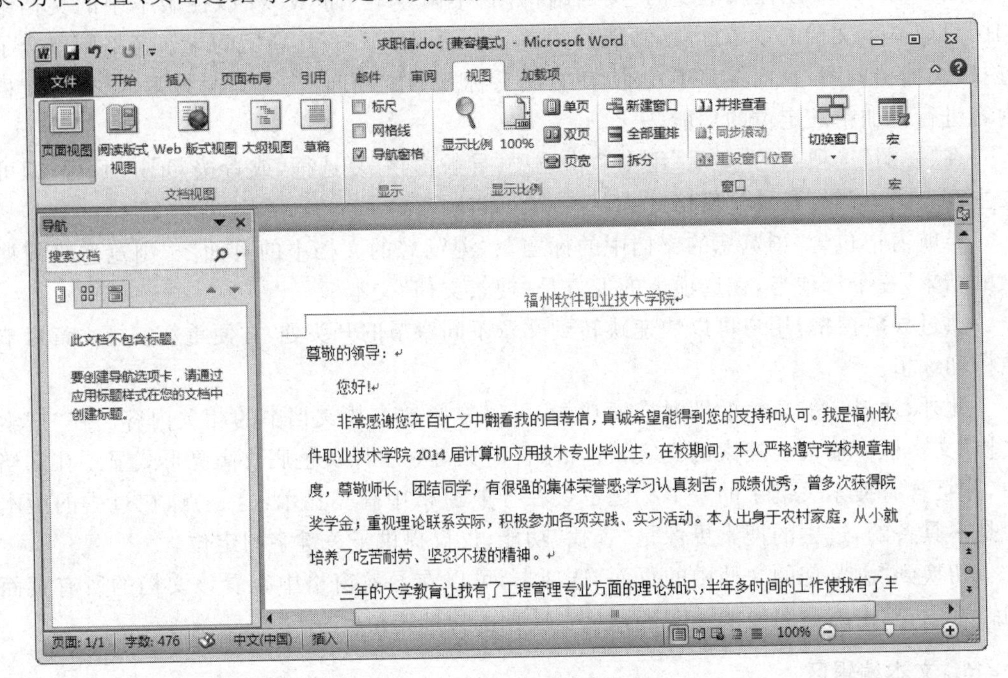

图 2.2 页面视图

“阅读版式视图”以图书的分栏样式显示 Word 2010 文档，“文件”按钮、功能区等窗口元素被隐藏起来。在阅读版式视图中，用户还可以单击“工具”按钮选择各种阅读工具，如图 2.3 所示。

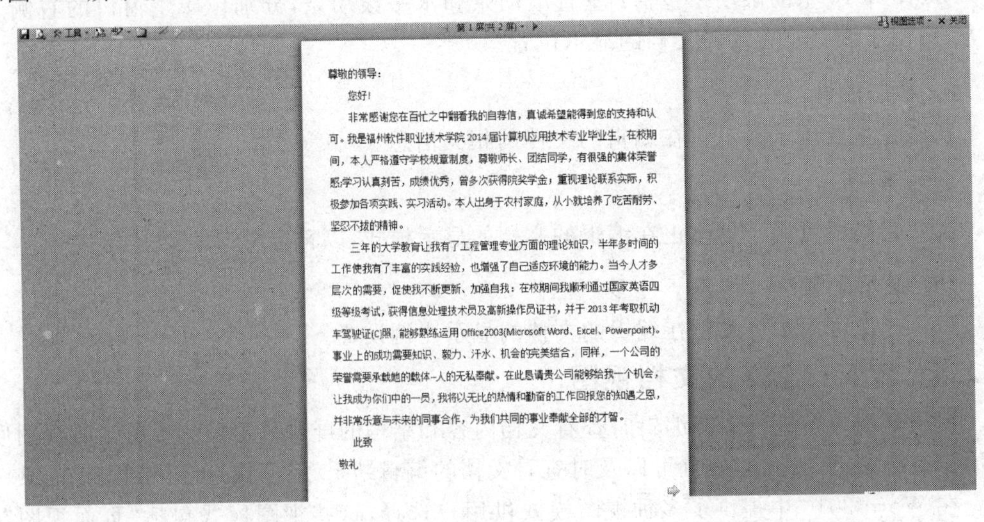

图 2.3 阅读版式视图

“Web 版式视图”以网页的形式显示 Word 2010 文档，Web 版式视图适用于发送电子邮件和创建网页，如图 2.4 所示。

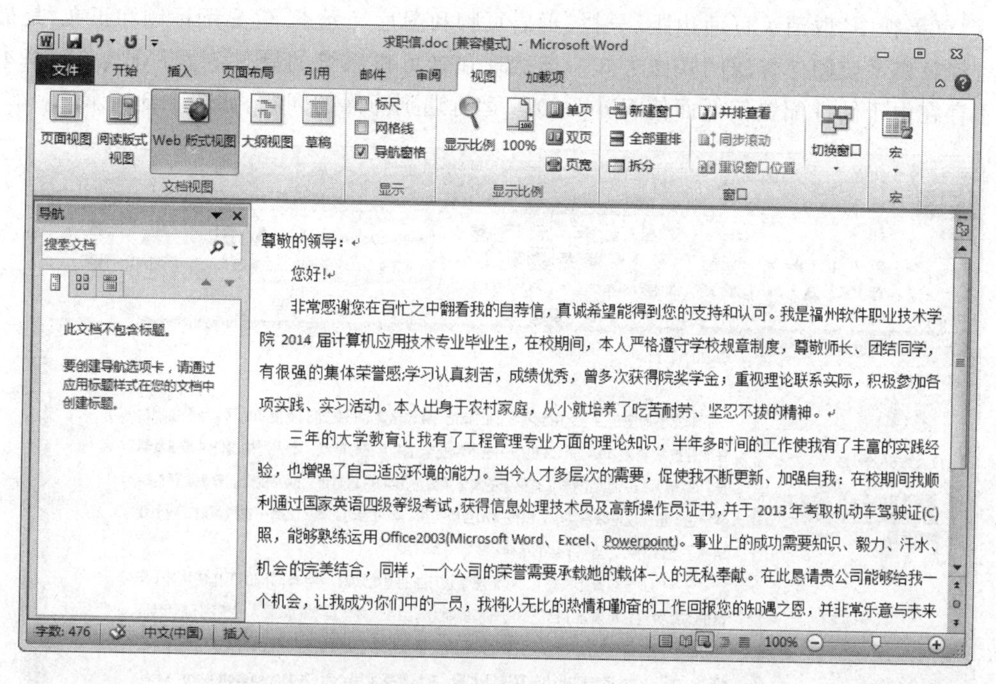

图 2.4　Web 版式视图

“大纲视图”主要用于显示和设置 Word 2010 文档的标题层级结构，并可以方便地折叠和展开各种层级的正文和子标题。大纲视图广泛用于 Word 2010 长文档的快速浏览和设置中，如图 2.5 所示。

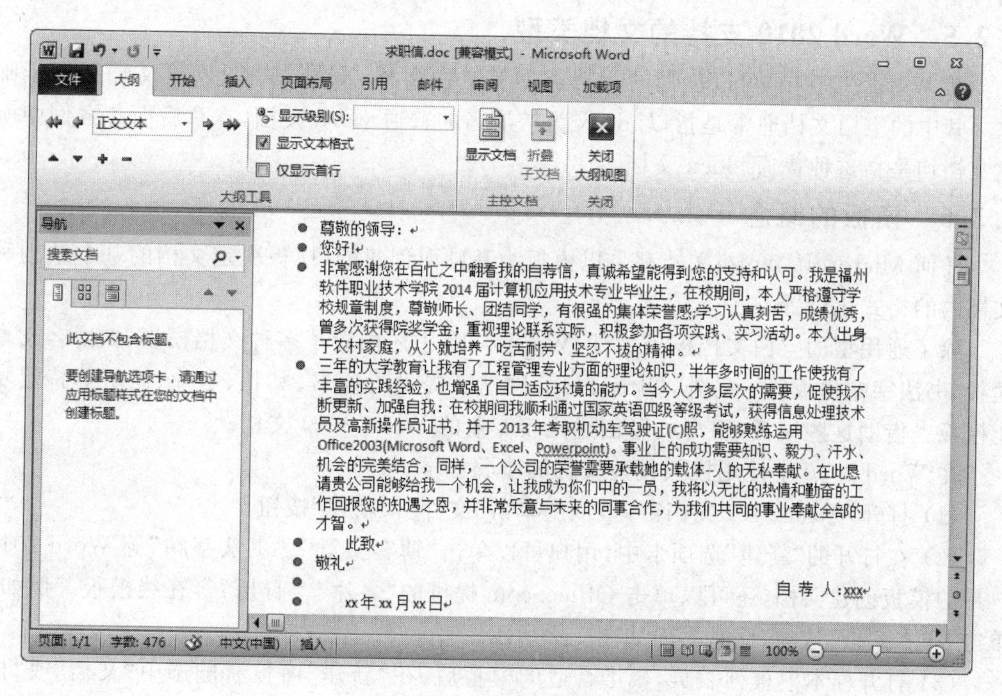

图 2.5　大纲视图

“草稿视图”取消了页面边距、分栏、页眉页脚和图片等元素，仅显示标题和正文，是最节省计算机系统硬件资源的视图方式。当然现在计算机系统的硬件配置都比较高，基本上不存在由于硬件配置偏低而使 Word 2010 运行遇到障碍的问题，如图 2.6 所示。

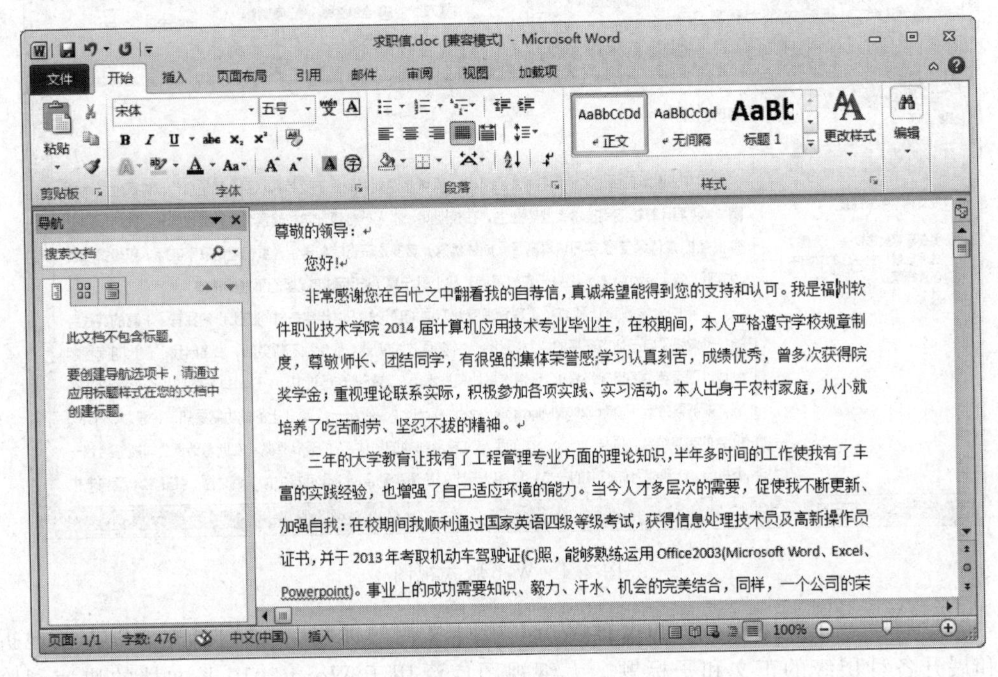

图 2.6　草稿视图

2.2.5　Word 2010 支持的文档类型

在 Word 2010 中，可以创建的文档类型有空白文档、XML 文档、网页文档和电子邮件。其中的空白文档通常是指以.docx 为扩展名的普通 word 文档，本章后面各案例中所建文档均是指这种普通.docx 文档。

2.2.6　模板的概念

任何 Microsoft Word 文档都是以模扳为基础而创建的，模板决定文档的基本结构和文档内的格式化设置。

除了通用型的空白文档模板之外，Word 2010 中还内置了多种文档模板，如博客文章模板、书法字帖模板等。另外，Office.com 网站还提供了证书、奖状、名片、简历等特定功能模板。借助这些模板，用户可以创建比较专业的 Word 2010 文档。

在 Word 2010 中使用模板创建文档的步骤如下。

(1) 打开 Word 2010 文档窗口，依次单击“文件”|“新建”按钮。

(2) 在打开的“新建”选项卡中，用户可以单击“博客文章”、“书法字帖”等 Word 2010 自带的模板创建文档，还可以单击 Office.com 提供的“名片”、“日历”等在线模板。例如，单击“样本模板”选项，此时界面如图 2.7 所示。

(3) 打开样本模板列表页，单击合适的模板后，在“新建”面板右侧选中“文档”或“模板”单选框(本例选中“文档”选项)，然后单击“创建”按钮，如图 2.8 所示。

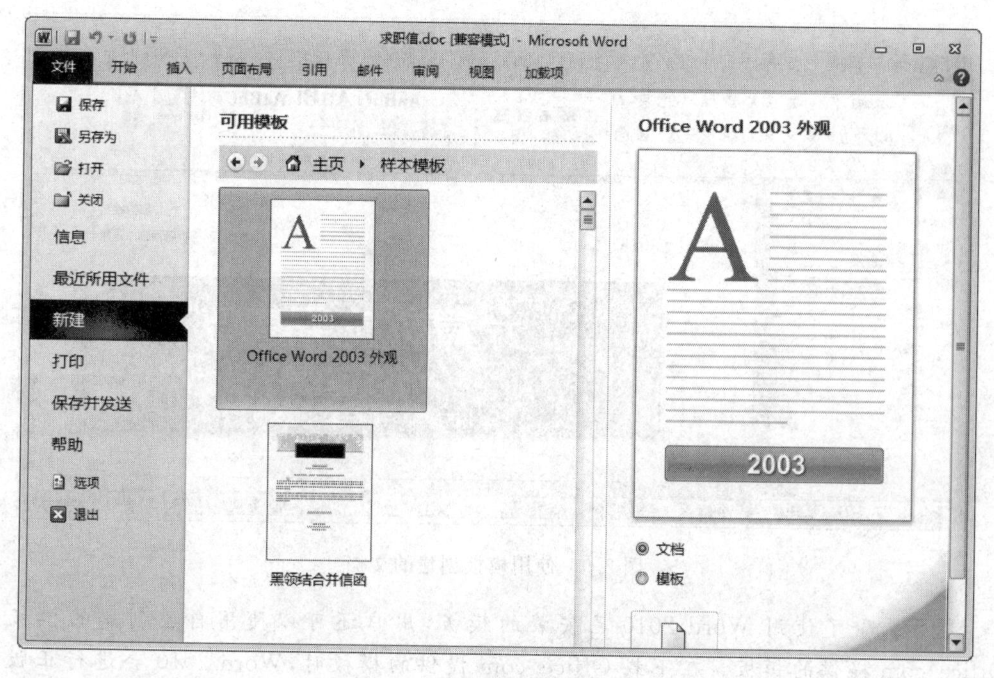

图 2.7 “样本模板”界面

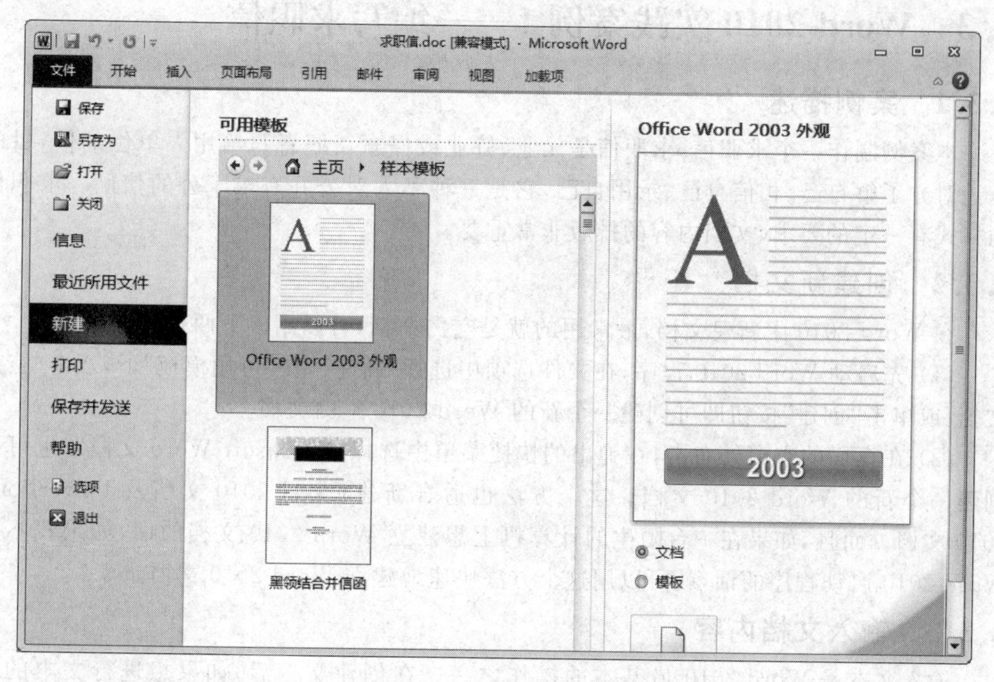

图 2.8 单击“创建”按钮

(4) 打开使用选中的模板创建的文档,用户可以对该文档进行编辑,如图 2.9 所示。

图 2.9 使用模板创建的文档

提示:除了使用 Word 2010 已安装的模板,用户还可以使用自己创建的模板和 Office.com 提供的模板。在下载 Office.com 提供的模板时,Word 2010 会进行正版验证,非正版的 Word 2010 版本无法下载 Office Online 提供的模板。

2.3 Word 2010 实践案例 1——编写求职信

2.3.1 案例描述

本案例制作一个求职信,求职信是无业、待业或停薪留职者写给用人单位的信,目的是让对方了解自己、相信自己、录用自己,它是一种私人对公并有求于公的信函。求职信的格式有一定的要求,文档内容的排版非常重要。

2.3.2 创建新文档

在 Word 2010 中新建文档,最常用的就是空白文档,可以用以下两种方法新建。

(1) 先启动 Word 2010 程序,在文件选项中选择“新建”,在“可用模板”下,双击“空白文档”或单击“创建”按钮即可创建一个新的 Word 2010 空白文档。

(2) 在桌面的空白处右击,在弹出的快捷菜单中选择“Microsoft Word 文档”,也可以创建一个新的 Word 2010 文档。这个方法也适合新建 Excel 2010 文档及 PowerPoint 2010 文档。而且,如果在一台陌生的计算机上想建立 Word 2010 文档的话,如果找不到 Word 2010 启动程序的话,就可以用这个方法快速地建立 Word 2010 文档。

2.3.3 输入文档内容

输入文本是 Word 2010 最基本的操作之一。在创建文档后,如果想进行文本的输入,应首先选择一种熟悉的输入法,然后进行文本的输入操作。此外,为了方便文本的输入,Word 2010 还提供了一些辅助功能方便用户的输入,例如插入符号、特殊符号、日期和时间等。

注意：在输入文本时，标题(如果有的话)和自然段都从文档编辑区左侧顶格输入，不使用空格留空；在一个自然段的末尾按 Enter 键分段，其他位置不使用 Enter 键。这样做的目的是方便对文档进行一些格式化操作，便于风格统一。

1. 定位插入点

创建一个新的空白文档后，在空白文档的起始处有一个不断闪烁的竖线，这就是插入点，表示要输入文本时的起始位置。

如果需要在非空白文档中定位插入点，只要将光标移至定位插入点的位置，单击鼠标左键，即可在当前位置定位插入点。

还可以利用键盘上的按键在非空白文档中移动来定位插入点的位置，方法如表 2.2 所示。

表 2.2　利用键盘按键定位插入点

按　　键	移动插入点的位置
↑	插入点从当前位置向上移一行
↓	插入点从当前位置向下移一行
←	插入点从当前位置向左移动一个字符
→	插入点从当前位置向右移动一个字符
Ctrl+↑	插入点从当前位置向上移一段
Ctrl+↓	插入点从当前位置向下移一段
Ctrl+←	插入点从当前位置向左移一个单词
Ctrl+→	插入点从当前位置向右移一个单词
Home	插入点从当前位置移动到本行首
End	插入点从当前位置移动到本行尾
Ctrl+Home	插入点从当前位置移动到本文档首
Ctrl+End	插入点从当前位置移动到本文档末
PgUp	插入点从当前位置向上移一屏
PgDn	插入点从当前位置向下移一屏
Ctrl+PgUp	插入点从当前位置向上移一页
Ctrl+PgDn	插入点从当前位置向下移一页

“即点即输”是 Word 2010 的重要功能之一。所谓“即点即输”就是能够将插入点光标移动到文档可编辑区域的任意位置。当鼠标指针指向需要编辑的文字位置，单击鼠标即可定位插入点，如果在空白处，要双击鼠标才有效。如果在 Word 2010 文档中不能随意定位鼠标的话，那是因为没有启用“即点即输”功能。为了方便鼠标的定位，用户可以将该功能启用，操作步骤如下。

(1) 打开 Word 2010，执行“文件”|“选项”命令。

(2) 在打开的"Word 选项"对话框中切换到"高级"选项卡，在"编辑选项"区域选中"启用'即点即输'"复选框，如图 2.10 所示。

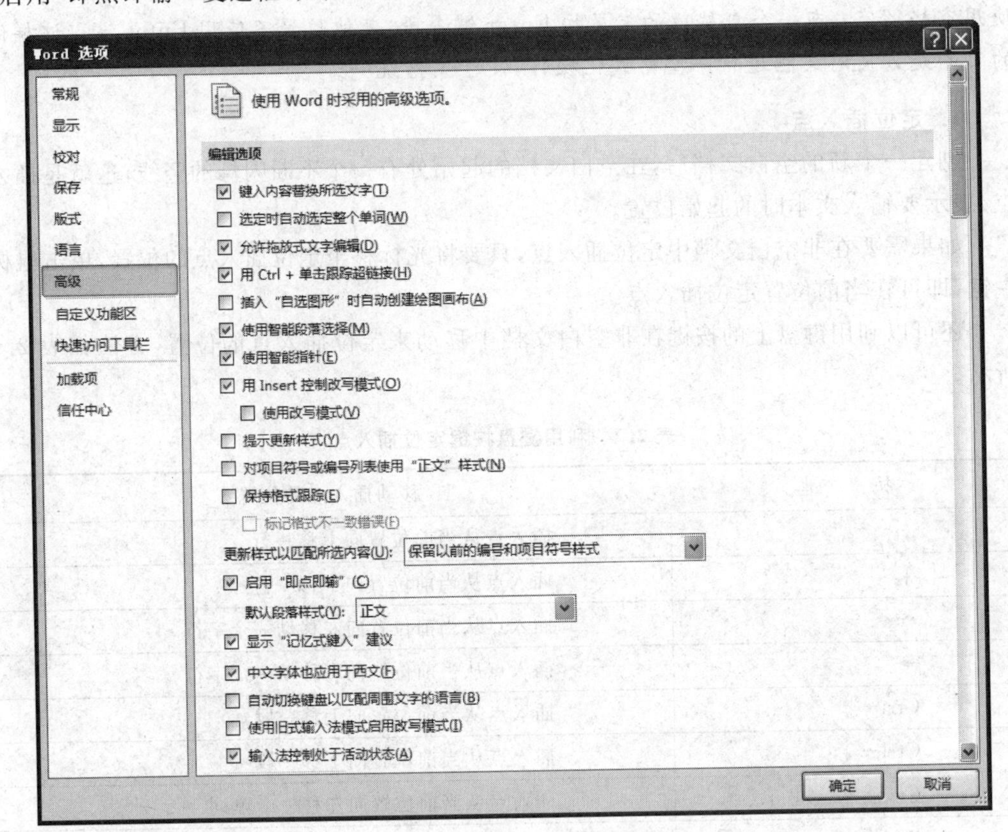

图 2.10 启用"即点即输"

(3) 单击"确定"按钮。

2. 输入文本

在 Word 2010 中，正确定位插入点，即可开始输入文本，输入的文本自左向右依次显示。当当前段落结束，需要开始一个新的段落，按键盘上的 Enter 键即可实现创建新段落。

本案例的《求职信》文本输入完成后，如图 2.11 所示。

2.3.4 保存文档

在新建的空白文档中输入了内容后，应及时将当前只是存在于内存中文档保存为磁盘文件。可单击 (“保存”按钮)或按 Ctrl+S 键进行文件的保存。对于新建文档的保存，Word 将弹出"另存为"对话框，如图 2.12 示。

1. 指定保存文档的位置

在"保存位置"框中，指定要保存文档的位置。此处将显示先前选定的 D 盘，如图 2.13 所示。文档中的第一行文字将作为文件名预填在"文件名"框中。若要更改文件名，请输入新文件名，如图 2.14 所示。单击"保存"按钮，如图 2.15 所示。

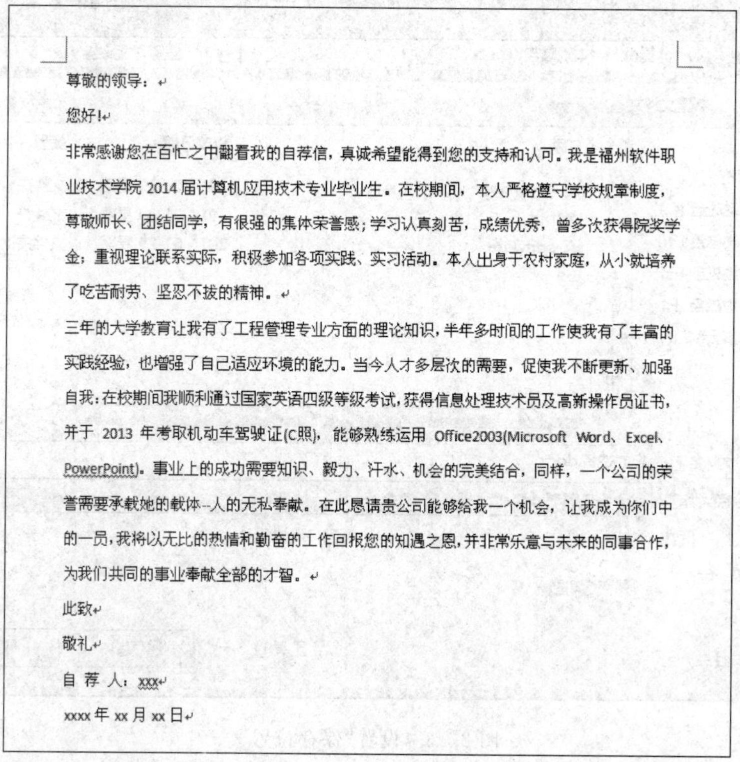

尊敬的领导：

您好！

非常感谢您在百忙之中翻看我的自荐信，真诚希望能得到您的支持和认可。我是福州软件职业技术学院 2014 届计算机应用技术专业毕业生。在校期间，本人严格遵守学校规章制度，尊敬师长、团结同学，有很强的集体荣誉感；学习认真刻苦，成绩优秀，曾多次获得院奖学金；重视理论联系实际，积极参加各项实践、实习活动。本人出身于农村家庭，从小就培养了吃苦耐劳、坚忍不拔的精神。

三年的大学教育让我有了工程管理专业方面的理论知识，半年多时间的工作使我有了丰富的实践经验，也增强了自己适应环境的能力。当今人才多层次的需要，促使我不断更新、加强自我；在校期间我顺利通过国家英语四级等级考试，获得信息处理技术员及高新操作员证书，并于 2013 年考取机动车驾驶证(C照)，能够熟练运用 Office2003(Microsoft Word、Excel、PowerPoint)。事业上的成功需要知识、毅力、汗水、机会的完美结合，同样，一个公司的荣誉需要承载她的载体--人的无私奉献。在此恳请贵公司能够给我一个机会，让我成为你们中的一员，我将以无比的热情和勤奋的工作回报您的知遇之恩，并非常乐意与未来的同事合作，为我们共同的事业奉献全部的才智。

此致

敬礼

自 荐 人：xxx

xxxx 年 xx 月 xx 日

图 2.11　《求职信》文本内容

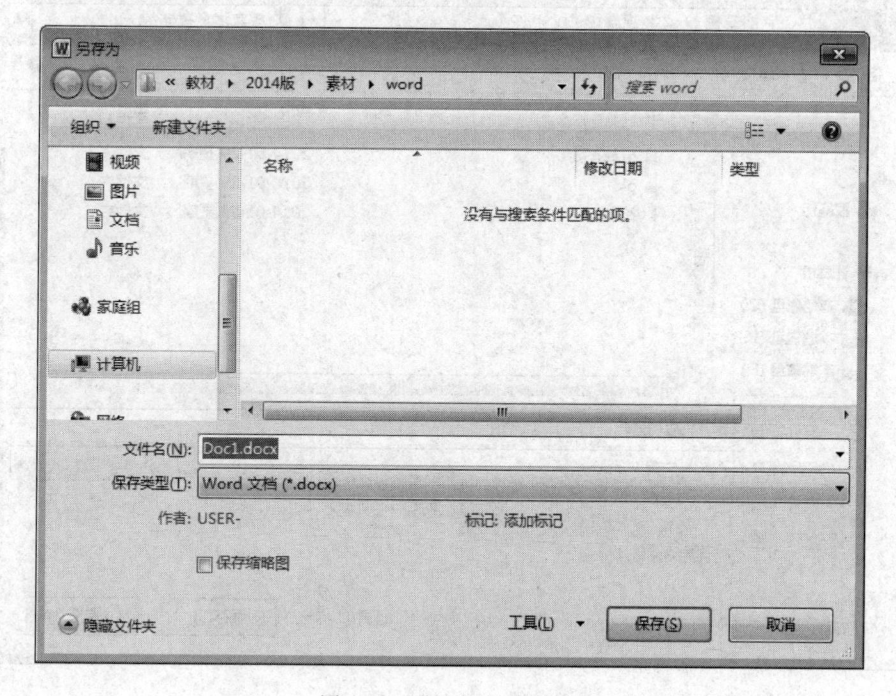

图 2.12　“另存为”对话框

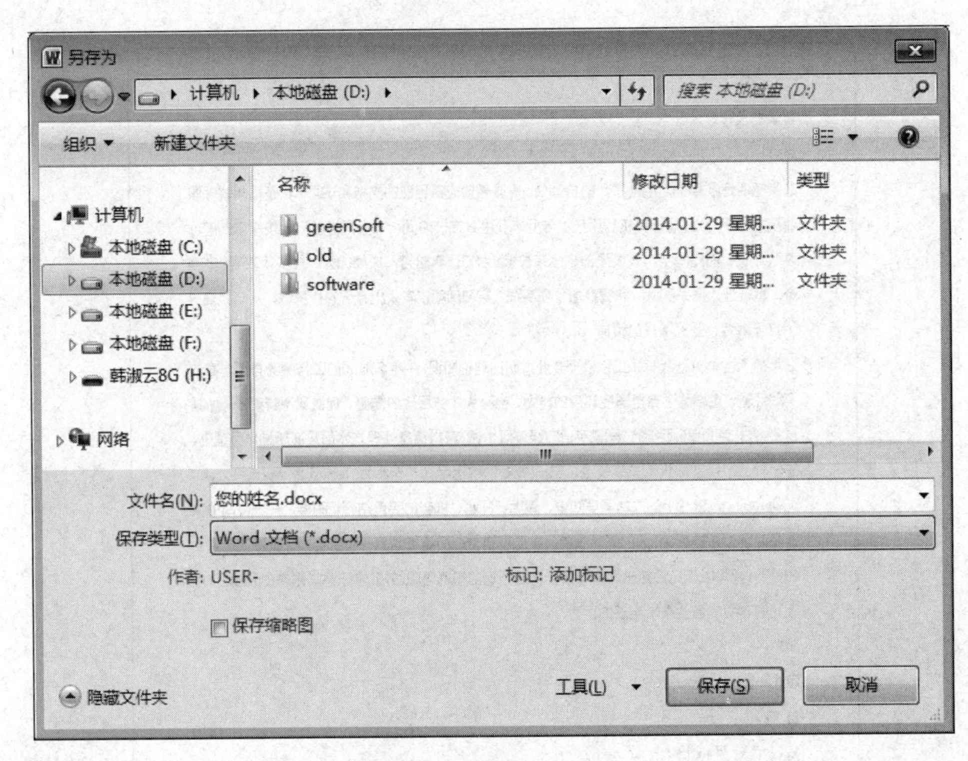

图 2.13　设置“保存位置”

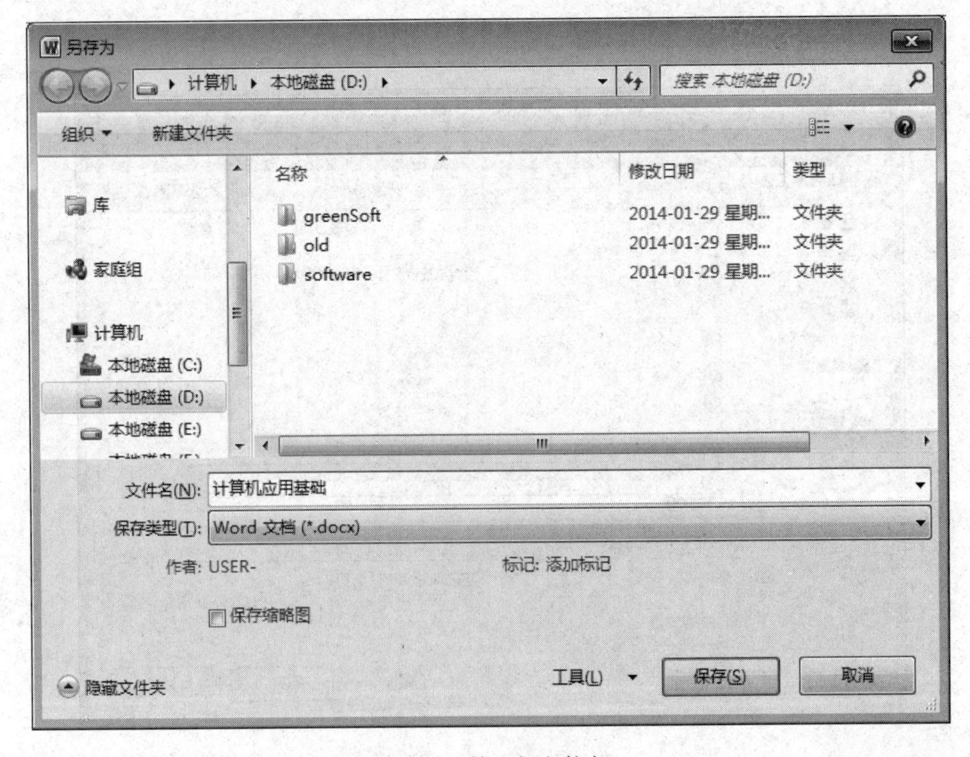

图 2.14　输入新文件名

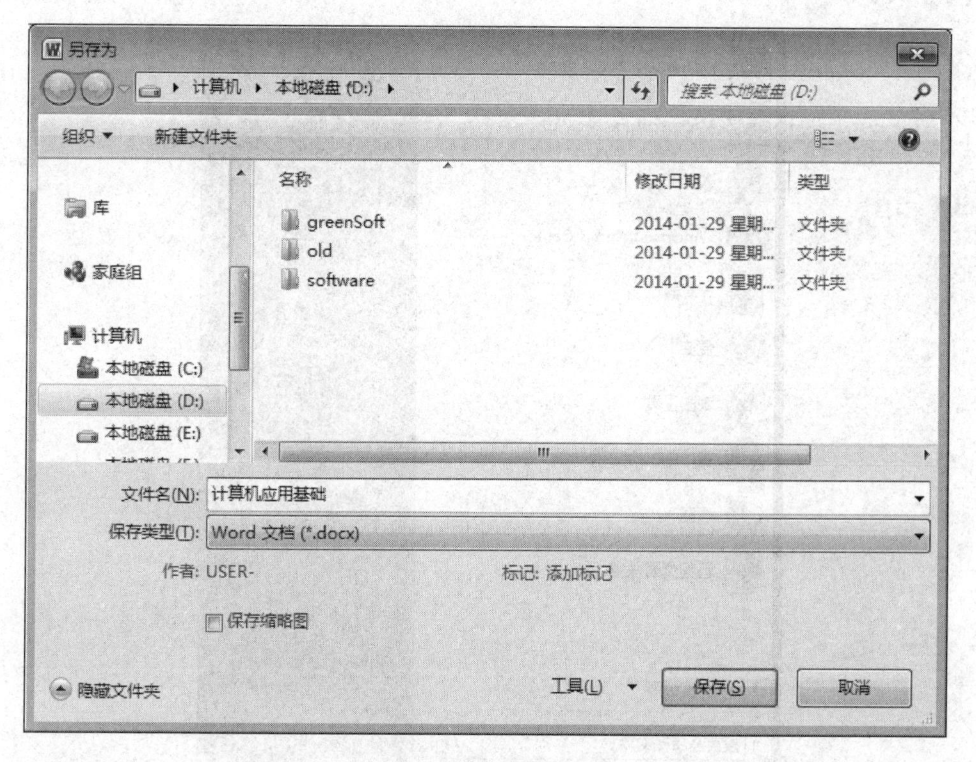

图 2.15　单击“保存”按钮

将文档将保存为文件后，标题栏中的文件名将从“文档 1”更改为保存的文件名，如图 2.16 所示。

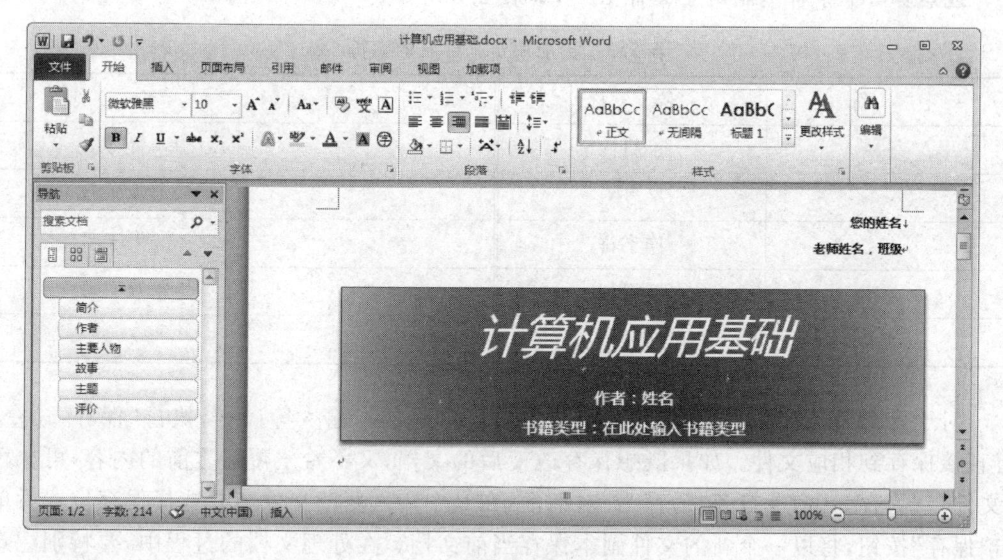

图 2.16　标题栏中的文件名

此时可检查保存文件的位置。单击 (“开始”按钮)，然后单击“计算机”，如图 2.17 所示。检查保存的文件是否位于“计算机”的 D 磁盘中。

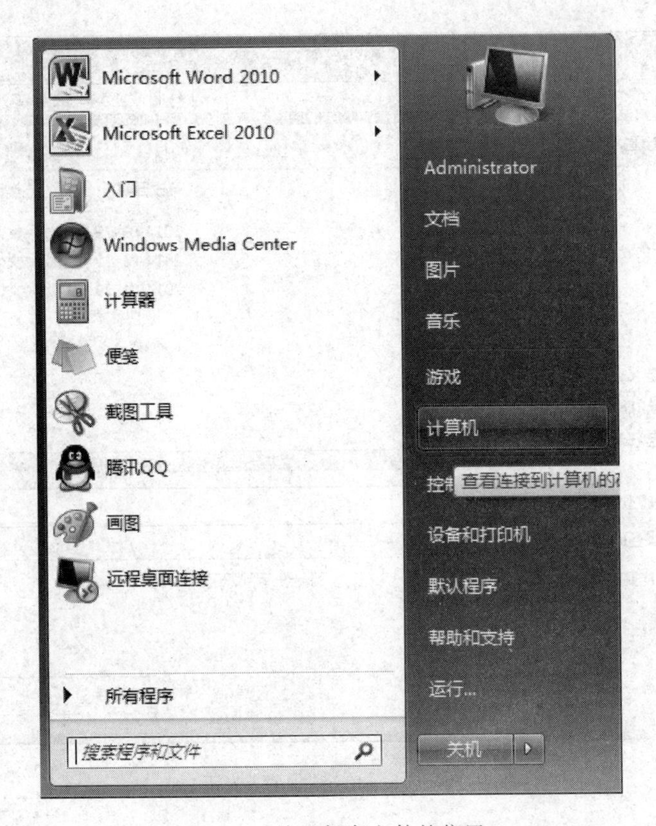

图 2.17　检查保存文件的位置

注意：以下字符不能用于文件名中，如表 2.3 所示。

表 2.3　不能用于文件名的字符

<table>
<tr><th>字　符</th><th>名　称</th><th>字　符</th><th>名　称</th></tr>
<tr><td>/</td><td>正斜杠</td><td>:</td><td>冒号</td></tr>
<tr><td>*</td><td>星号</td><td><</td><td>小于号</td></tr>
<tr><td>|</td><td>连字符</td><td>></td><td>大于号</td></tr>
<tr><td>\</td><td>反斜杠</td><td>"</td><td>双引号</td></tr>
<tr><td>?</td><td>问号</td><td></td><td></td></tr>
</table>

对于已命名保存了的文档，若当前又进行了一些文本输入等操作，执行“保存”命令，将直接保存到相应文件。如果既想保存改变后的文档，又不希望覆盖之前的内容，可执行“文件”|“另存为”命令打开“另存为”对话框，在其中输入新的文件名并选择保存位置后单击“保存”按钮，将以一个新的文件副本保存当前文档。在处理文档的过程中，要特别注意及时保存文档并养成为一种习惯，避免因各种可能的系统故障导致阶段性操作成果的丢失。

2. 设置自动创建备份与自动保存时间间隔

用户在使用 Word 2010 编辑文档的过程中，为了保证 Word 2010 文档在损坏或被非法修改后能更有效地挽回损失，用户可以启用 Word 2010 自动创建备份文件的功能。通过启用自动创建备份文件功能，可以在每次经过修改而保存 Word 文档时自动创建一份备份文件。除此之外，我们还可以自由确定文档多长时间自动保存一次。下边介绍一下具体的设置方法。

(1) 设置自动创建备份文件

① 打开 Word 2010 文档，单击“文件”按钮。

② 选择“选项”命令。

③ 在“Word 选项”对话框中单击“高级”选项卡，如图 2.18 所示。

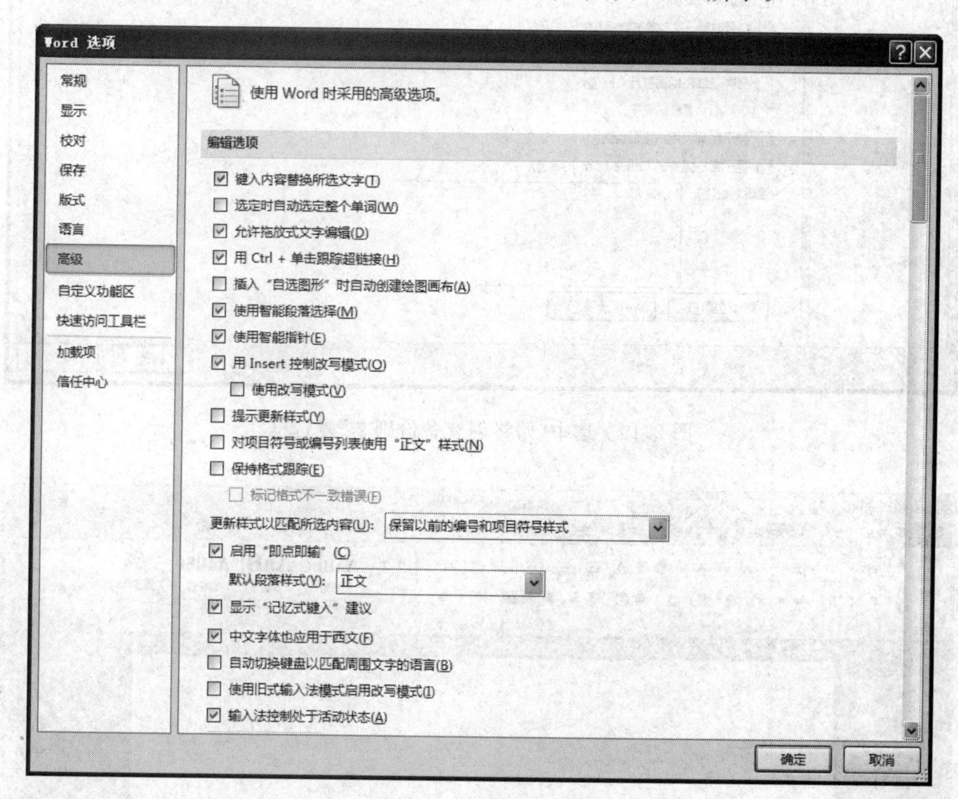

图 2.18　“高级”选项卡

④ 在“保存”区域选中“始终创建备份副本”选项，单击“确定”按钮，如图 2.19 所示。

(2) 设置自动保存时间间隔

① 打开 Word 2010 文档，单击“文件”按钮，如图 2.20 所示。

② 选择“选项”命令，打开“Word 选项”对话框如图 2.21 所示。

③ 在“Word 选项”对话框中单击“保存”选项卡，如图 2.22 所示。

④ 在“保存自动恢复信息时间间隔”编辑框中设置自动保存的分钟数值，单击“确定”按钮，如图 2.23 所示。

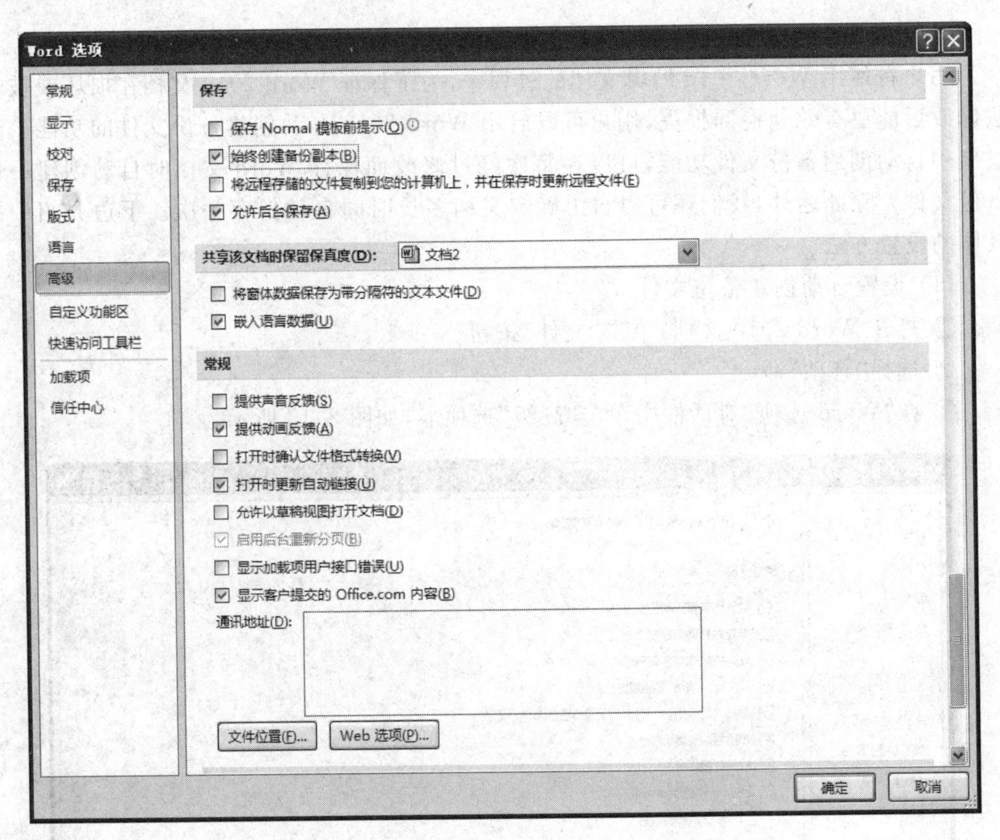

图 2.19 选中“始终创建备份副本”复选框

图 2.20 单击“文件”按钮

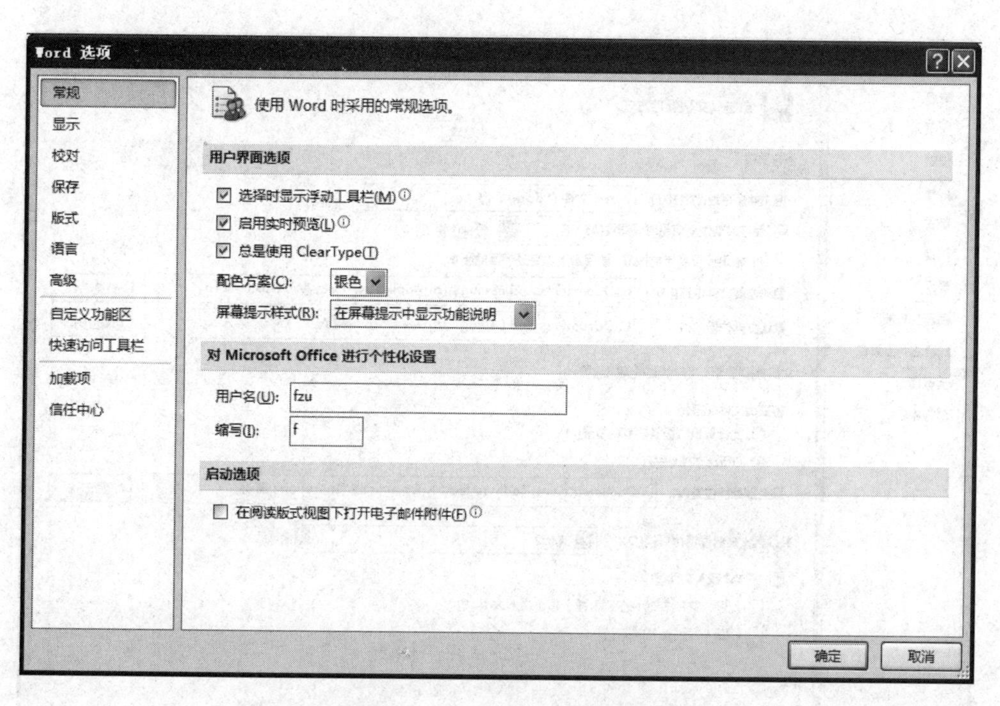

图 2.21　“Word 选项”对话框

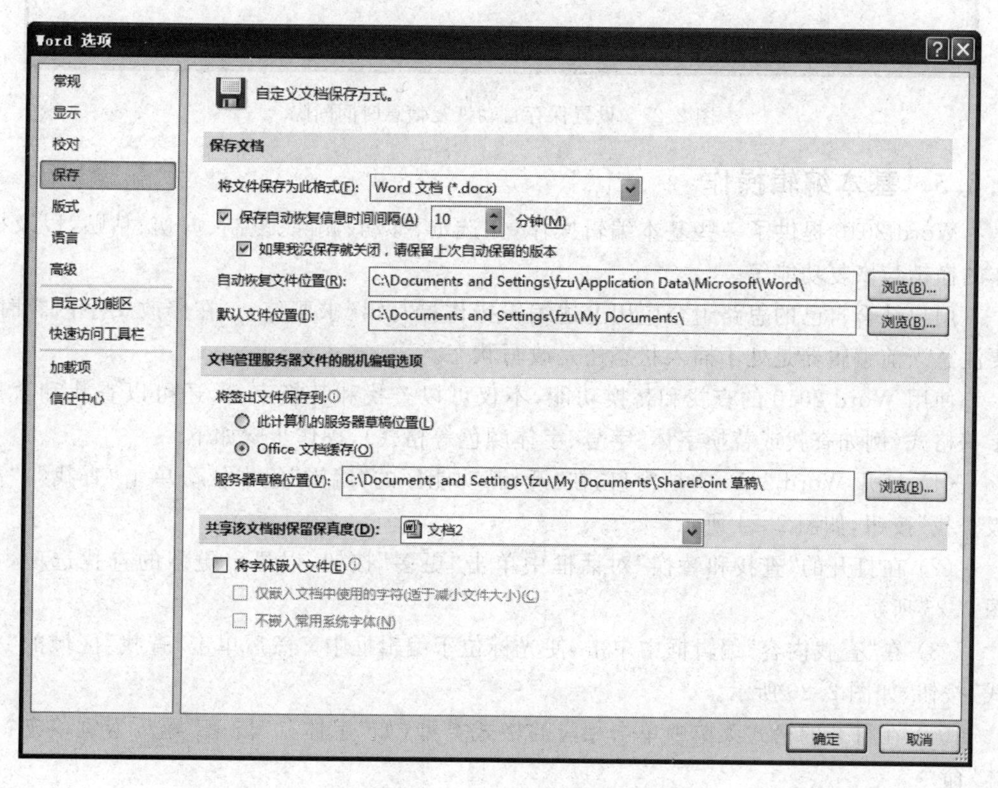

图 2.22　“保存”选项卡

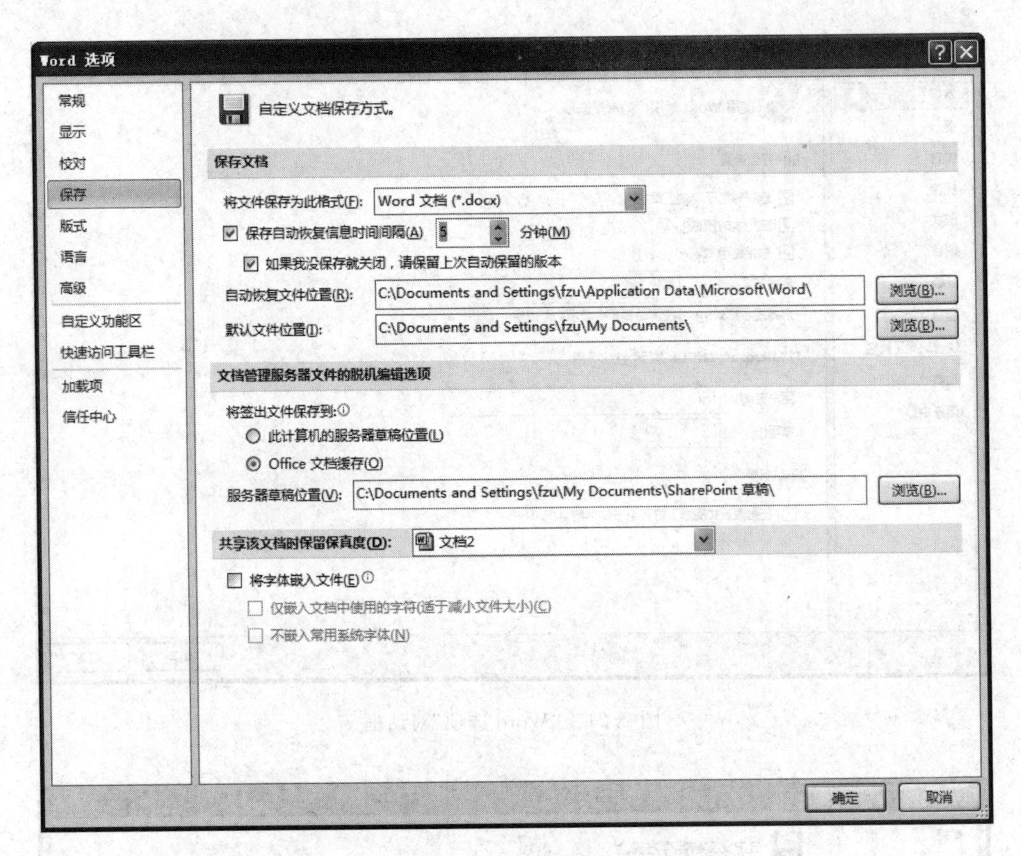

图 2.23 设置保存自动恢复信息时间间隔

2.3.5 基本编辑操作

Word 2010 提供了一些基本编辑操作，如选定、移动、删除、复制、剪切、粘贴，以及操作的撤销与恢复功能等。

用户结合自己的思路组合应用上述编辑操作撰写出《求职信》。在修改文字内容时，要注意当前编辑器是处于插入状态还是改写状态。

使用 Word 2010 的查找和替换功能，不仅可以查找和替换字符，还可以查找和替换字符格式(例如查找或替换字体、字号、字体颜色等格式)，操作步骤如下。

(1) 打开 Word 2010 文档窗口，在“开始”功能区的“编辑”组中依次单击“查找”|“高级查找”按钮，如图 2.24 所示。

(2) 在打开的“查找和替换”对话框中单击“更多”按钮，以显示更多的查找选项，如图 2.25 所示。

(3) 在“查找内容”编辑框中单击，使光标位于编辑框中。然后单击“查找”区域的“格式”按钮，如图 2.26 所示。

(4) 在打开的格式菜单中单击相应的格式类型(如“字体”、“段落”等)，本例单击“字体”命令。

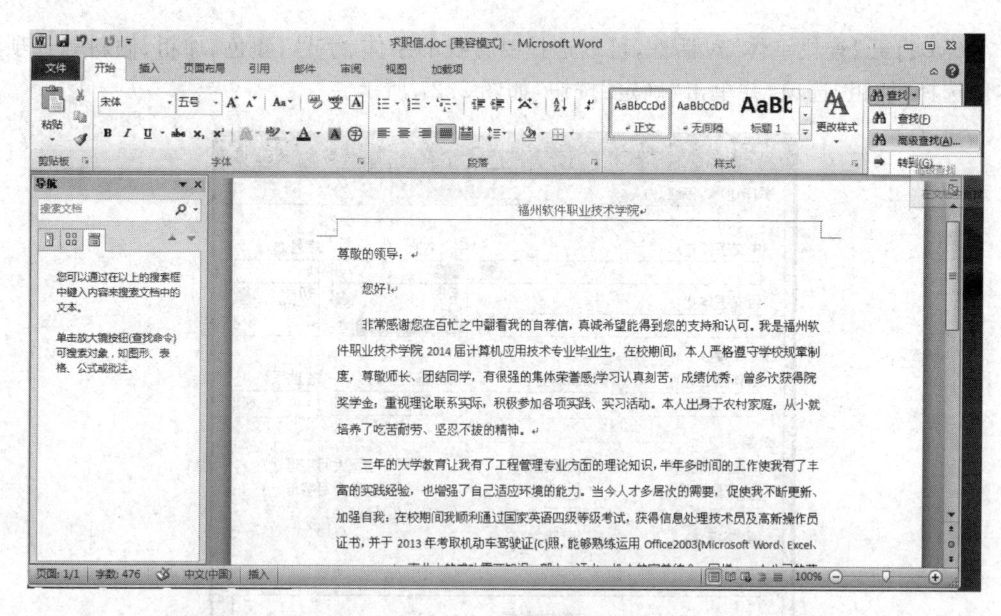

图 2.24　单击“高级查找”按钮

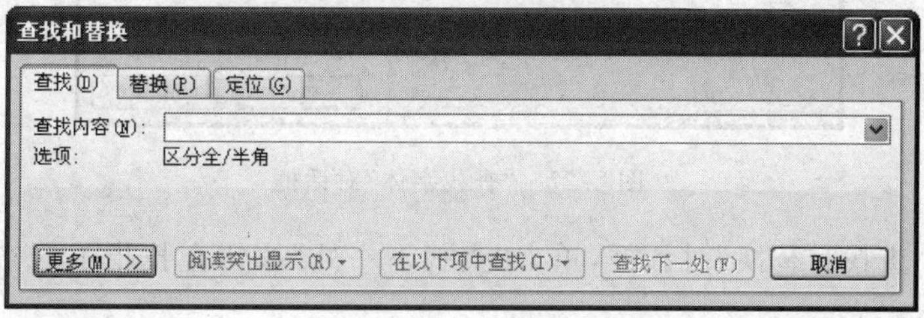

查找和替换
查找(D)　替换(P)　定位(G)
查找内容(N):
选项:　区分全/半角
更多(M) >>　阅读突出显示(R)▾　在以下项中查找(I)▾　查找下一处(F)　取消

图 2.25　单击“更多”按钮

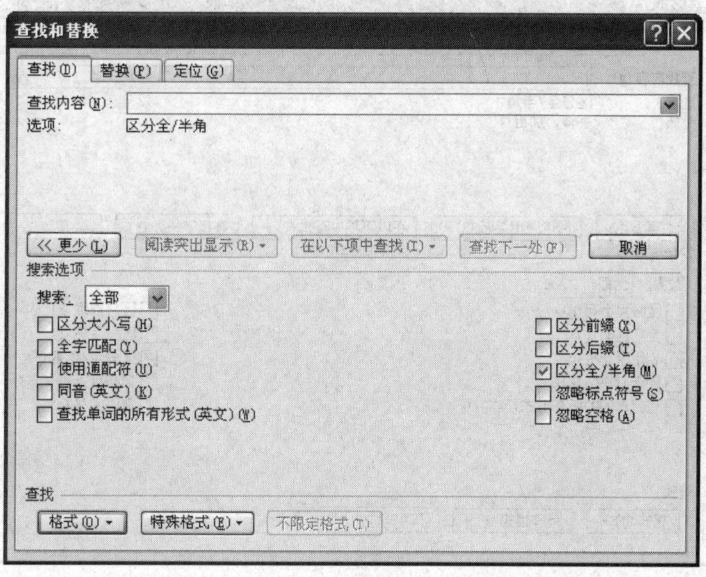

查找和替换
查找(D)　替换(P)　定位(G)
查找内容(N):
选项:　区分全/半角
<< 更少(L)　阅读突出显示(R)▾　在以下项中查找(I)▾　查找下一处(F)　取消
搜索选项
搜索: 全部
☐ 区分大小写(H)　☐ 区分前缀(X)
☐ 全字匹配(Y)　☐ 区分后缀(T)
☐ 使用通配符(U)　☑ 区分全/半角(M)
☐ 同音(英文)(K)　☐ 忽略标点符号(S)
☐ 查找单词的所有形式(英文)(W)　☐ 忽略空格(A)
查找
格式(O)▾　特殊格式(E)▾　不限定格式(T)

图 2.26　单击“格式”按钮

(5) 打开“查找字体”对话框，可以选择要查找的字体、字号、颜色、加粗、倾斜等选项。本例选择“加粗”选项，并单击“确定”按钮，如图 2.27 所示。

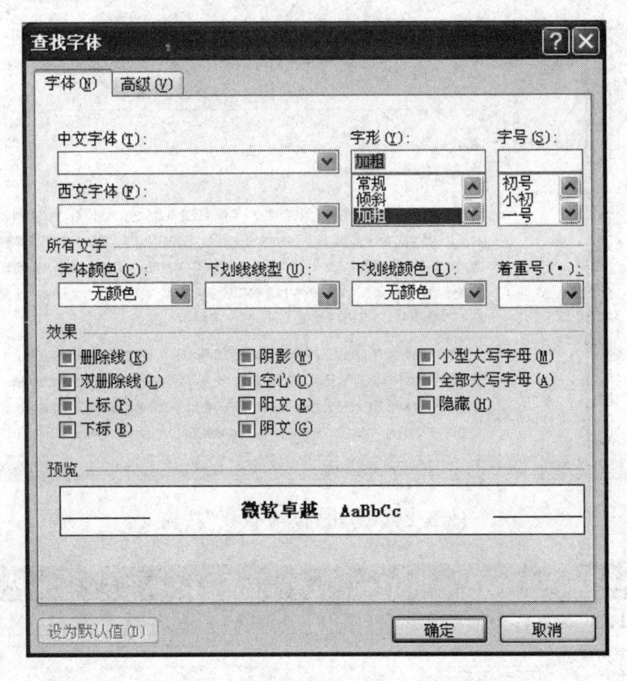

图 2.27 “查找字体”对话框

(6) 返回“查找和替换”对话框，单击“查找下一处”按钮查找指示的格式，如图 2.28 所示。

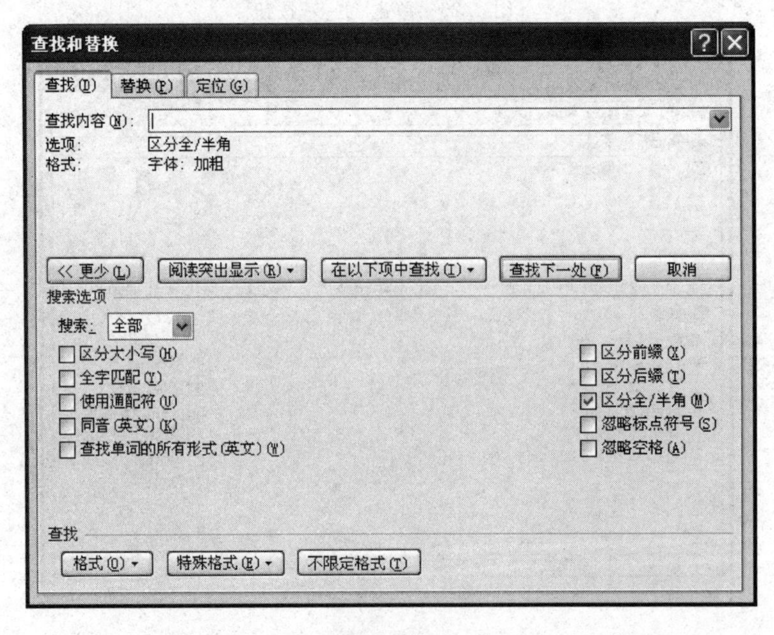

图 2.28 单击“查找下一处”按钮

注意：如果需要将原有格式替换为指定的格式，可以切换到“替换”选项卡。然后指定想要替换成的格式，并单击“全部替换”按钮。

2.3.6　格式化设置文档

在 Word 2010 中，字符是指汉字、字母、数字、标点符号及特殊符号等。字符是文档格式化的最小单位，对字符格式的设置决定了字符在屏幕上或打印时的形式。字符格式包括字体、字号、字形、颜色及特殊的阴影、阴文、阳文、动态等修饰效果。

默认情况下，在新建的文档中输入文本时文字以正文文本的格式输入，即宋体、五号字。通过设置字体格式可以使文字的效果更加突出。

在这里该项工作主要包括格式化文字和格式化段落。

1. 格式化文字

格式化文字可以使用“字体”对话框来设置，步骤如下。

(1) 选中需要设置格式的文本。

(2) 单击“开始”选项卡的“字体”组中“字体”按钮，打开“字体”对话框，如图 2.29 所示。

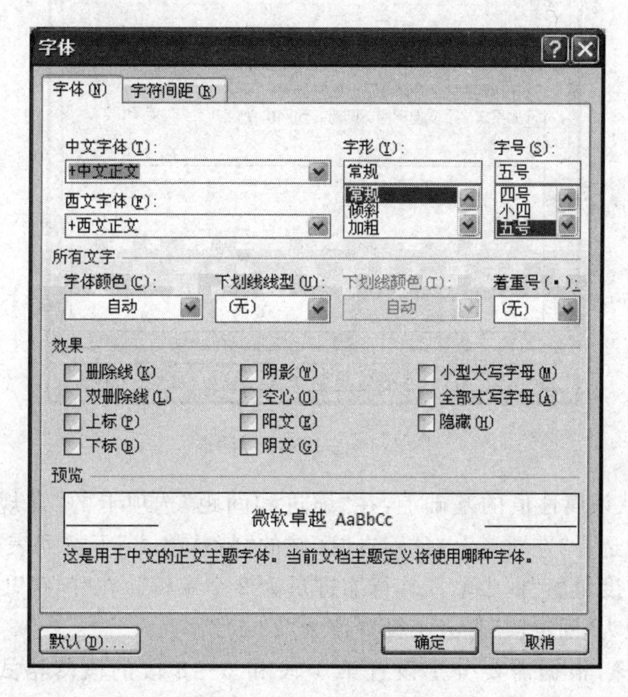

图 2.29　“字体”对话框

(3) 在“中文字体”下拉列表框中选择需要的字体。

(4) 在“字形”列表框中选择需要的字形，在“字号”列表框中选择需要的字号。

(5) 单击“确定”按钮。

“字体”对话框中还提供了“字体颜色”、“下划线线型”、“下划线颜色”、“着重号”等多种命令按钮，可以根据需要为选定的文本设置边框和底纹以增加文档内容的视觉效果。

2. 格式化段落

对段落进行格式化操作,包括段落对齐、段落缩进,行间距的调整等,如图 2-30 所示。对于本案例,步骤如下。

(1) 选定第 2-5 段文本,单击“开始”选项中的“段落”组右下角的 按钮,弹出“段落”对话框,如图 2.30 所示。

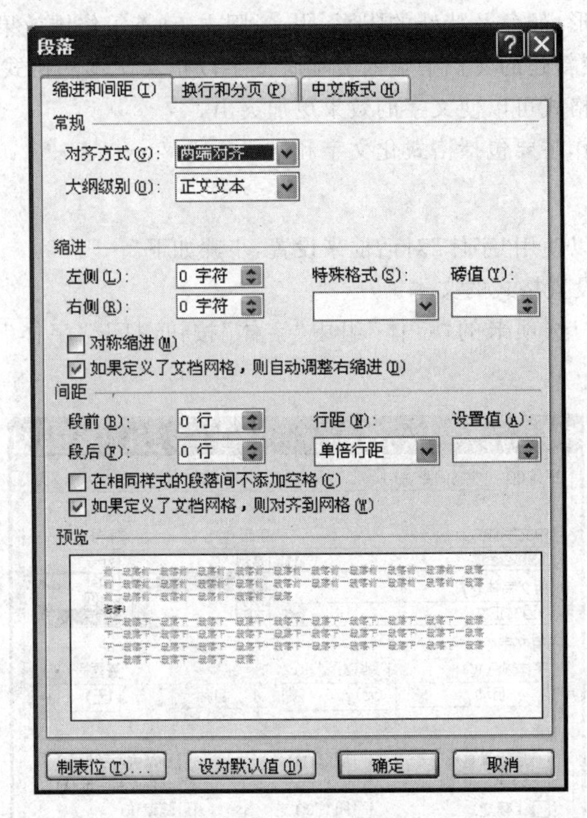

图 2.30 “段落”对话框

(2) 在系统默认属性值的基础上,在“缩进和间距”选项卡的“常规”区域的“对齐方式”下拉列表框中选择“左对齐”,在“缩进”区域的“特殊格式”下拉列表框中选择“首行缩进”,并在其后的“度量值”框中输入首行缩进量为 2 个字符。在“间距”区域设置段后属性值为 0.5 行,行距为“固定值”且大小设置值为“22 磅”。

类似以上步骤,根据需要分别设置第 1 段和 6~8 段的段落格式,结果如图 2.31 所示。

关于段落缩进,Word 2010 中有左缩进、右缩进这两种设置文本与页边距之间距离的基本缩进格式和在前两者基础上进行首行缩进、悬挂缩进的又两种特殊格式缩进。

相关缩进的设置或调整还有一个便捷的方法就是使用“水平标尺”。

① 首行(/悬挂)缩进:选定文本,向右拖动标尺上的“首行(/悬挂)缩进”标记。

② 左缩进:选定文本,向右拖动“左缩进”标记。

③ 右缩进:选定文本,向左拖动“右缩进”标记。

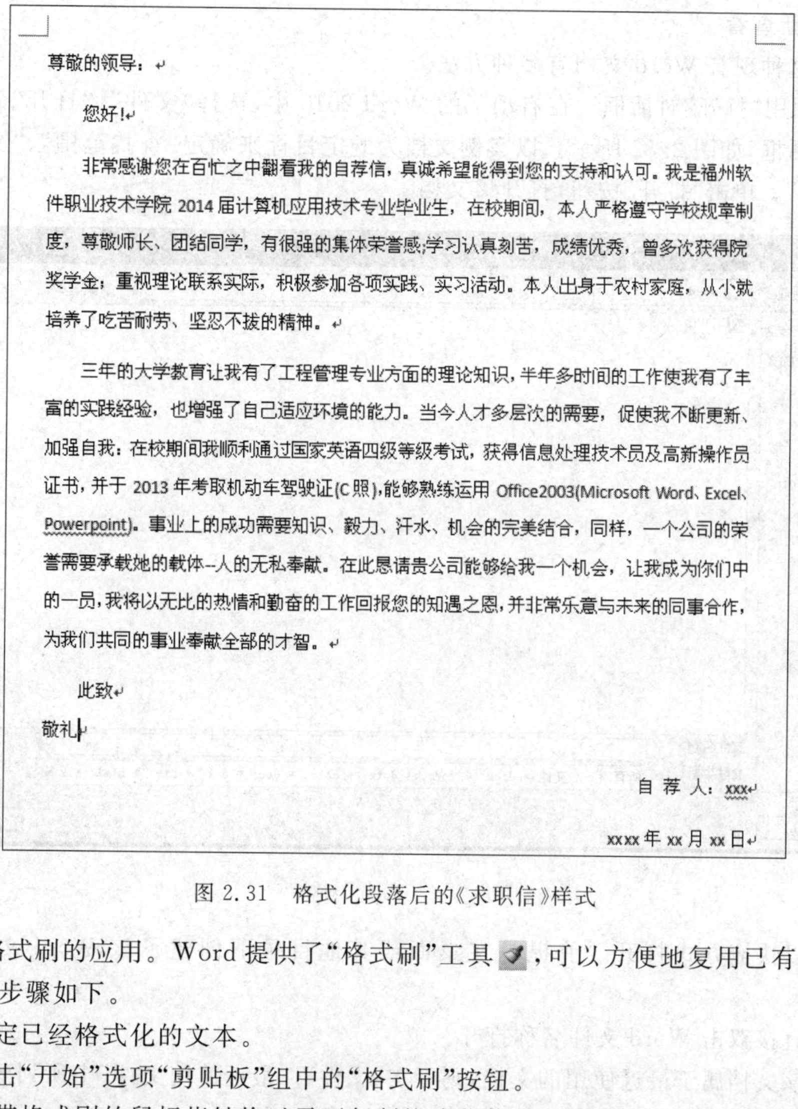

尊敬的领导：

您好!

非常感谢您在百忙之中翻看我的自荐信，真诚希望能得到您的支持和认可。我是福州软件职业技术学院 2014 届计算机应用技术专业毕业生，在校期间，本人严格遵守学校规章制度，尊敬师长、团结同学，有很强的集体荣誉感;学习认真刻苦，成绩优秀，曾多次获得院奖学金；重视理论联系实际，积极参加各项实践、实习活动。本人出身于农村家庭，从小就培养了吃苦耐劳、坚忍不拔的精神。

三年的大学教育让我有了工程管理专业方面的理论知识，半年多时间的工作使我有了丰富的实践经验，也增强了自己适应环境的能力。当今人才多层次的需要，促使我不断更新、加强自我：在校期间我顺利通过国家英语四级等级考试，获得信息处理技术员及高新操作员证书，并于 2013 年考取机动车驾驶证(C 照)，能够熟练运用 Office2003(Microsoft Word、Excel、Powerpoint)。事业上的成功需要知识、毅力、汗水、机会的完美结合，同样，一个公司的荣誉需要承载她的载体--人的无私奉献。在此恳请贵公司能够给我一个机会，让我成为你们中的一员，我将以无比的热情和勤奋的工作回报您的知遇之恩，并非常乐意与未来的同事合作，为我们共同的事业奉献全部的才智。

此致

敬礼

自 荐 人：xxx

xxxx 年 xx 月 xx 日

图 2.31　格式化段落后的《求职信》样式

（3）格式刷的应用。Word 提供了“格式刷”工具，可以方便地复用已有的格式化设置，具体步骤如下。

① 选定已经格式化的文本。

② 单击“开始”选项“剪贴板”组中的“格式刷”按钮。

③ 把带格式刷的鼠标指针拖过需要复制格式化信息的文本。

④ 如果在步骤②中双击“格式刷”工具按钮，则可把格式化信息复制到多个对象上，此后再次单击该按钮，可结束格式刷操作。

2.3.7　关闭文档与重新查看

1. 关闭文档

关闭 Word 2010 文档的方法有以下三种。

（1）选择“文件”|“关闭”命令。

（2）直接单击 Word 2010 窗口右上角的“关闭”按钮。

（3）Word 2010 提供了同时关闭所有文档的功能：将“关闭/全部关闭”命令添加到快速访问工具栏中。以后，只要按住 Shift 键，单击快速访问工具栏的“关闭/全部关闭”命令即可关闭所有已打开的文档而不退出 Word。

2. 重新查看

打开这种现有 Word 文档有多种方法。

(1) 利用“打开”对话框。在启动了的 Word 2010 中,选择“文件”|“打开”命令,弹出“打开”对话框,如图 2.32 所示。以案例文档为既定目标来确定“查找范围”、“文件类型”和“文件名”。单击“打开”按钮,打开该文档。

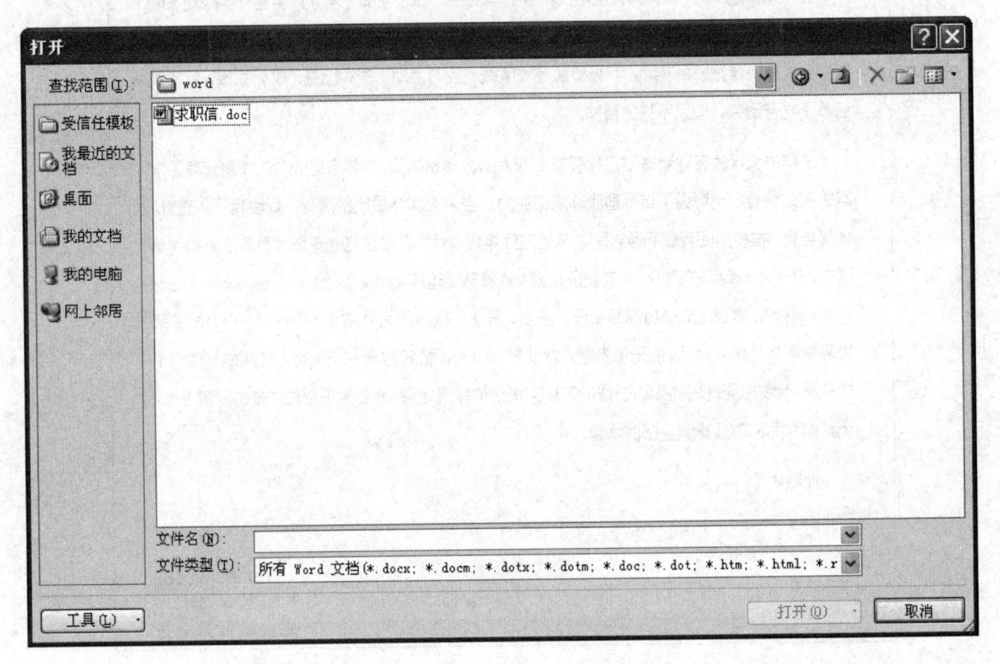

图 2.32 “打开”对话框

(2) 以快捷方式打开。前提是在桌面或其他目录下创建了该 Word 文件的快捷方式。

(3) 直接双击 Word 文件名称打开。

(4) 该文档属于最近使用的文档,则可在“文件”|“最近使用文件”中所列的最近使用的一些文档中找到而选择打开。

2.4 Word 2010 实践案例 2——制作个人简历

2.4.1 案例描述

本案例是制作一份个人简历,个人简历是求职者给招聘单位发的一份简要介绍。包含自己的基本信息:姓名、性别、政治面貌、联系方式,以及教育背景、实践经验、校内工作、荣誉奖励、个人技能和个人评价等。个人简历的信息与框架布局如图 2.33 所示。

2.4.2 初始化页面

【任务】 创建个人简历文档,设置合适的页面。

(1) 新建一个 Word 文档,在其中输入“个人简历”,按 Ctrl+S 键将其保存为“个人简

个人简历

(姓名) (性别)(政治面貌) (通信地址、邮编) (联系电话) (电子邮箱)	求职意向	(照片)	
教育背景			
(时间)(阶段)	(学校专业) (排名)	主修课程	……
实践经验			
(时间)	(角色)	(任务)	
(任务概述,能力锻炼与培养收获)			
……	……	……	
……			
校内工作			
(时间)	(组织)	(角色)	
(能力培养)			
……	……	……	
……			
荣誉奖励			
(时间)		(成果)	
……		……	
个人技能			
英语水平	(成果指标)		
计算机水平	(成果指标)		
(其他专长)	(成果指标)		
自我评价			
…… ……			

图2.33 个人简历信息框架与布局

历.docx”。

(2) 选择“页面布局”|“页边距”|“自定义边距”(或者直接双击窗口左侧的垂直标尺),打开“页面设置”对话框,如图2.34所示。对话框包括“页边距”、“纸张”、“版式”和“文档网格”4个选项卡。

(3) 选择“页边距”选项卡,在其上的“页边距”选项区域中将上、下、左、右边距均设为2.2厘米,页面方向采用默认的“纵向”。选择“纸张”选项卡,将纸张大小设为A4纸。

(4) 单击“确定”按钮完成页面设置。

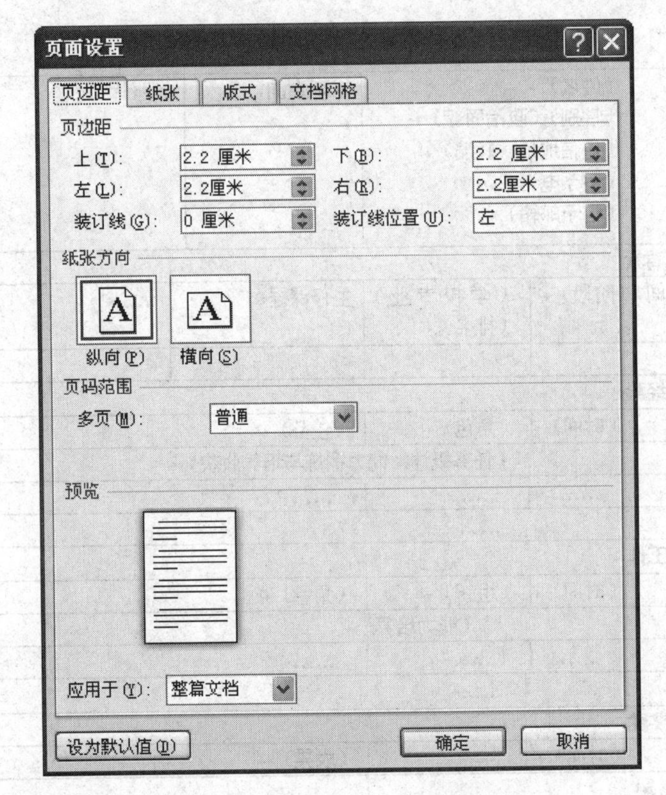

图 2.34 “页面设置”对话框

2.4.3 插入表格

1. 关于表格

表格是由行和列组成的,构成表格的每一个单元称为单元格。

用户不但可以插入一些简单的、固定格式的表格,而且还可利用单元格的合并/拆分、绘制斜线表头等功能,制作出一些复杂的、灵活可变的表格形状。

在单元格中可输入文字信息和插入图片信息,并能在表格中对数据进行计算和对有关信息进行排序。

用表格能使信息表达直观、严谨且表现力丰富,创建引人入胜的页面版式排列文本和图形。

2. 插入表格

【任务】 绘制个人简历中的表格。

(1) 选择“插入”|“表格”|“插入表格”命令,打开“插入表格”对话框。

(2) 在“列数”和“行数”文本框中分别输入相应的值,如图 2.35 所示。单击“确定”按钮,此时表格以普通的网格样式插入到页面中。

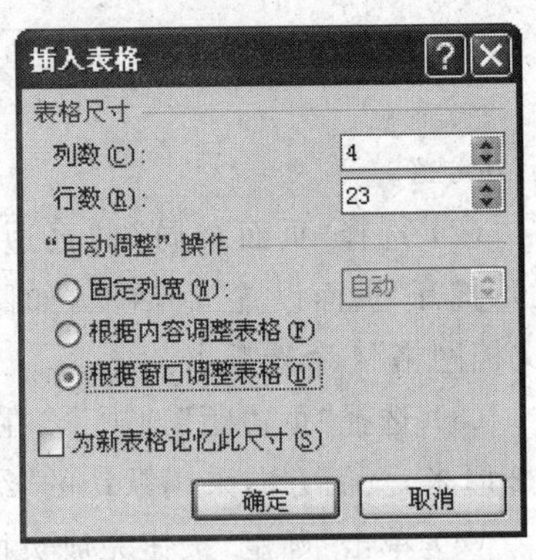

图 2.35 “插入表格”对话框

3. 表格自动套用格式

Word 2010 为了方便用户，提供了一些预设好的表格格式，在用户要创建表格时，可以根据需要直接套用这些表格格式，以便快速制作出实用而美观的格式来。

【任务】 为个人简历中的表格套用格式。

(1) 选中整个表格，此时，标题栏上出现背景为浅黄色渐变的"表格工具"，其下方有"设计"和"布局"功能区，如图 2.36 所示。

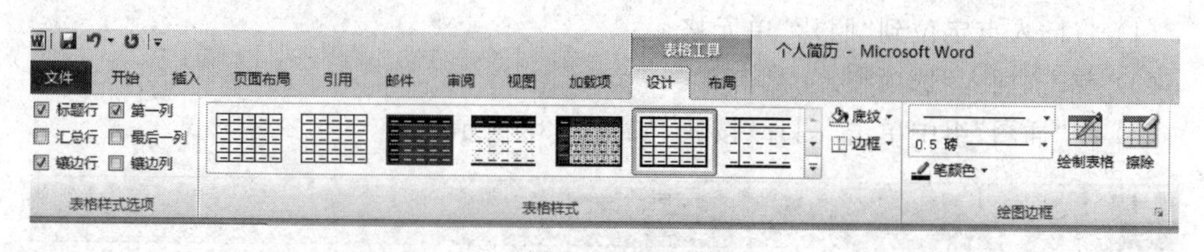

图 2.36 "表格工具"

(2) 单击"设计"功能区，其下方包括"表格样式选项"、"表格样式"和"绘图边框"分组。选择一种表格样式，为表格添加该种类型的样式。

4. 操作表格

可以根据需要，对已建立的表格进行调整操作。为形成本案例在前面已表明的表格式样，可组合应用各种关于表格及其中的行、列和单元格的操作。

(1) 选定表格、行、列和单元格。

(2) 在表格中插入行、列和单元格。

(3) 删除表格、行、列和单元格。

(4) 调整行高和列宽。

(5) 合并和拆分单元格。

2.4.4 案例文档内容的输入和格式化

1. 关于图形

在 Word 文档中，可以使用两种类型的图形来增强文档的效果：一是用 Word 2010 自选图形库中的图形，二是导入由其他文件创建的图片。

Word 2010 的自选图形库中内置有多种多边形，例如三角形、长方形、星形等。但这些形状均为有规则的图形，用户在使用这些图形绘制自定义的图形时会受到一定的限制。用户可以借助 Word 2010 提供的"任意多边形"工具绘制自定义的多边形图形。

图片的来源包括 Word 系统提供的剪贴画和用户保存在各种存储器上已有的图片以及从 Internet 上下载的图片。

2. 应用项目符号和编号

在编辑文档时，使用项目符号和编号列表来组织内容，可以使相关内容醒目并且有序，如图 2.37 所示。

计算机系
- 计算机应用技术专业
- 计算机信息管理专业
- 软件开发专业
- 计算机网络技术专业

计算机系
1. 计算机应用技术专业
2. 计算机信息管理专业
3. 软件开发专业
4. 计算机网络技术专业

图 2.37 应用项目符号和编号

3. 在表格中输入内容并进行相应的格式化

1）表格中内容的输入

【任务】 在个人简历文档中输入相应内容。

（1）将插入点定位到要输入内容的单元格。

（2）在单元格中输入、编辑文本、图形或其他对象。

【任务】 在个人简历文档中插入照片。

（1）将插入点定位到“照片”单元格。

（2）单击“插入”选项卡。

（3）在“插图”组中单击“图片”按钮，如图 2.38 所示。

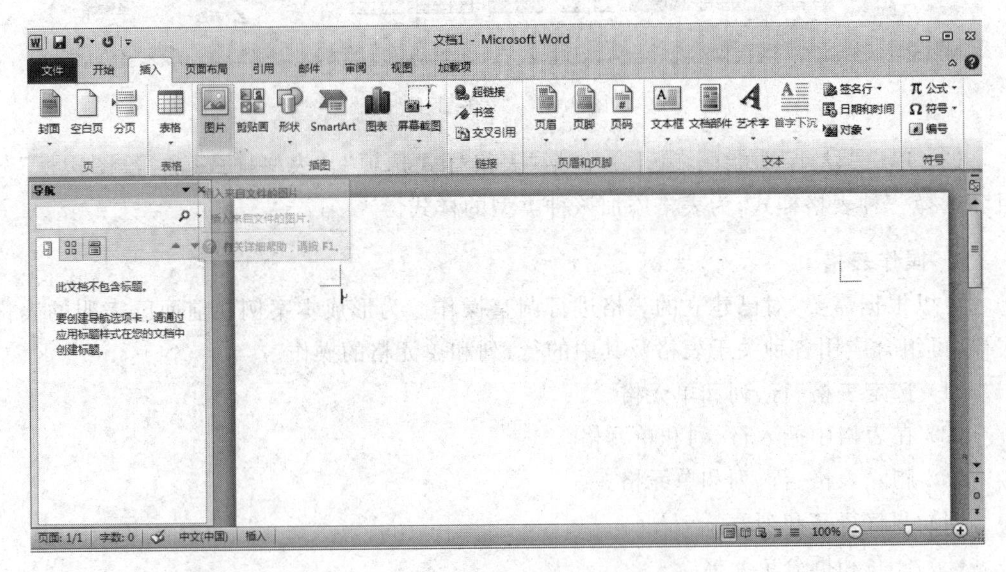

图 2.38 单击“插图”组中的“图片”按钮

（4）在“插入图片”对话框中查找到所需要的图片，选中该图片并单击“插入”按钮就能将其插入当前单元格中。

注意：图片的插入方式有“插入”、“链接到文件”和“插入和链接”三种。

除了图片之外，还可以在文档中插入剪贴画，步骤如下。

（1）打开 Word 2010 文档窗口，在“插入”功能区的“插图”组中单击“剪贴画”按钮，如图 2.39 所示。

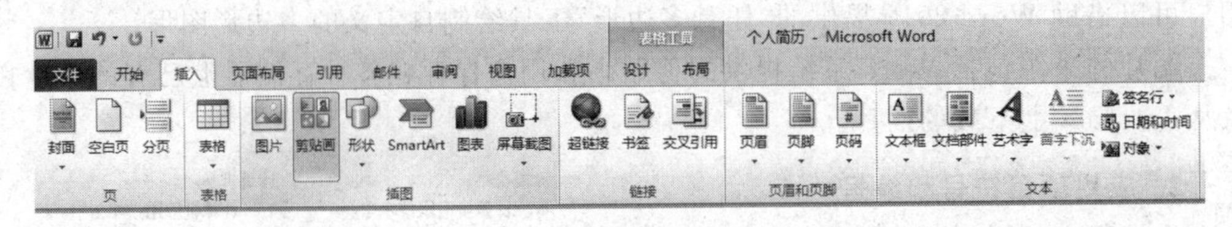

图 2.39 单击“剪贴画”按钮

（2）打开“剪贴画”任务窗格，在“搜索文字”编辑框中输入准备插入的剪贴画的关键字（例如“春天”）。如果当前计算机处于联网状态，则可以选中“包括 Office.com 内容”复选框，如图 2.40 所示。

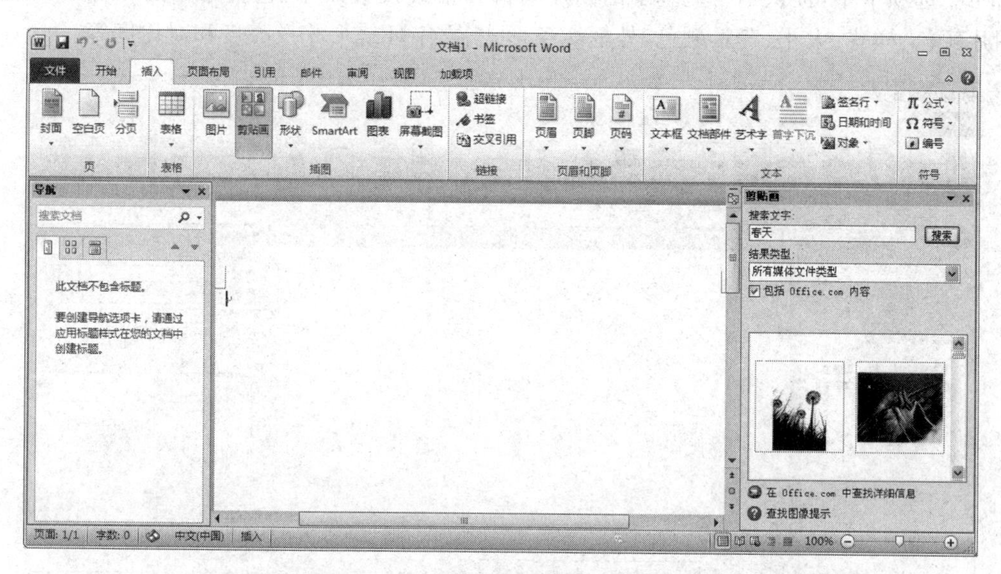

图 2.40　输入搜索关键字

(3) 在“结果类型”下拉列表框中仅选中“插图”复选框，如图 2.41 所示。

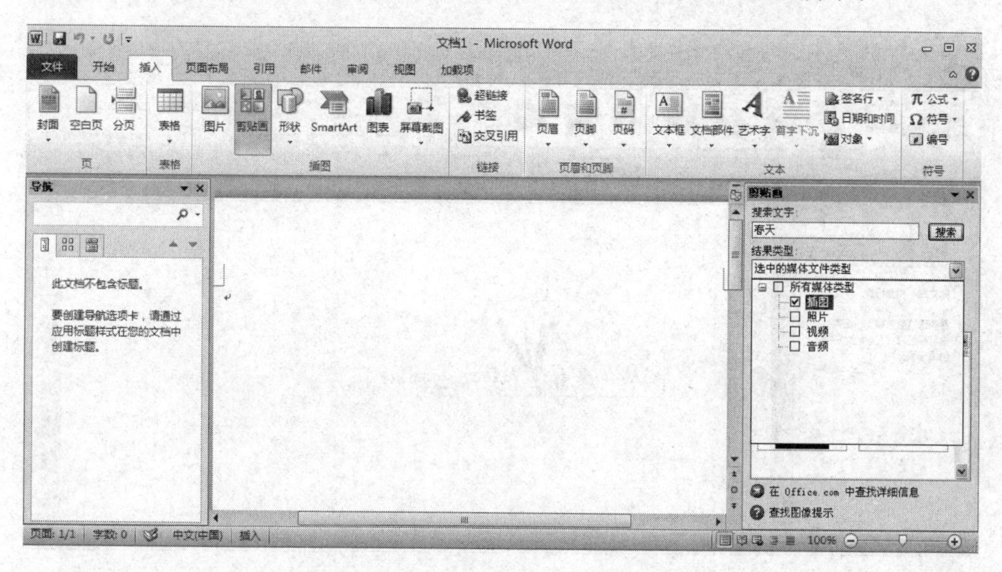

图 2.41　选中“插图”类型复选框

(4) 完成搜索设置后，在“剪贴画”任务窗格中单击“搜索”按钮。如果被选中的收藏集中含有指定关键字的剪贴画，则会显示剪贴画搜索结果。单击合适的剪贴画，或单击剪贴画右侧的下拉三角按钮，并在打开的菜单中单击“插入”按钮即可将该剪贴画插入到 Word 2010 文档中，如图 2.42 所示。

2) 图片编辑与格式设置

单击选定图片，Word 标题栏中出现“图片工具”，如图 2.43 所示。“图片工具”下的

“格式”选项卡中，提供了一些基本的图片编辑和格式设置命令，包括删除图片背景、调整图片颜色、样式、大小、背景颜色、外框线条形式、文字环绕形式及亮度和对比度等。

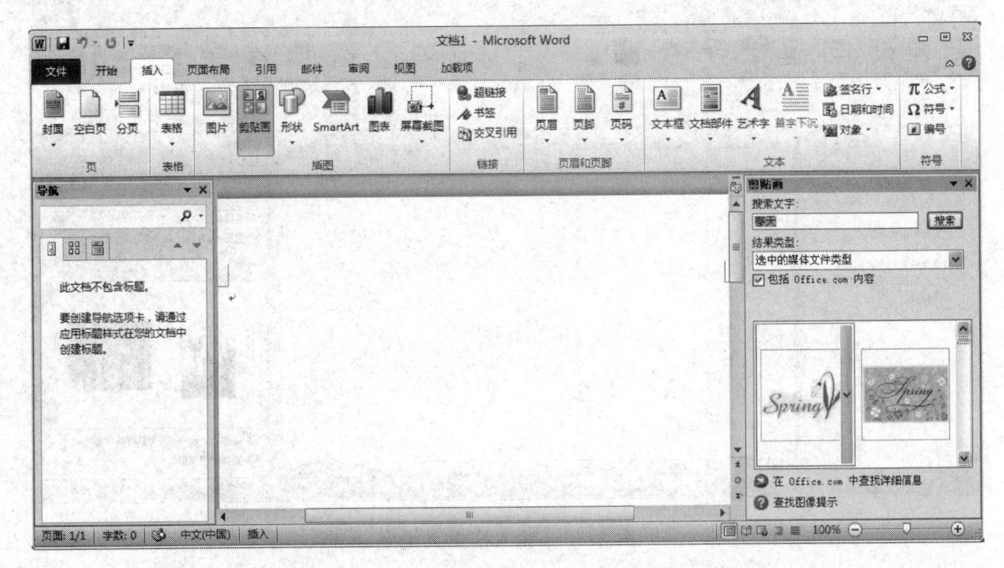

图 2.42　单击“插入”按钮

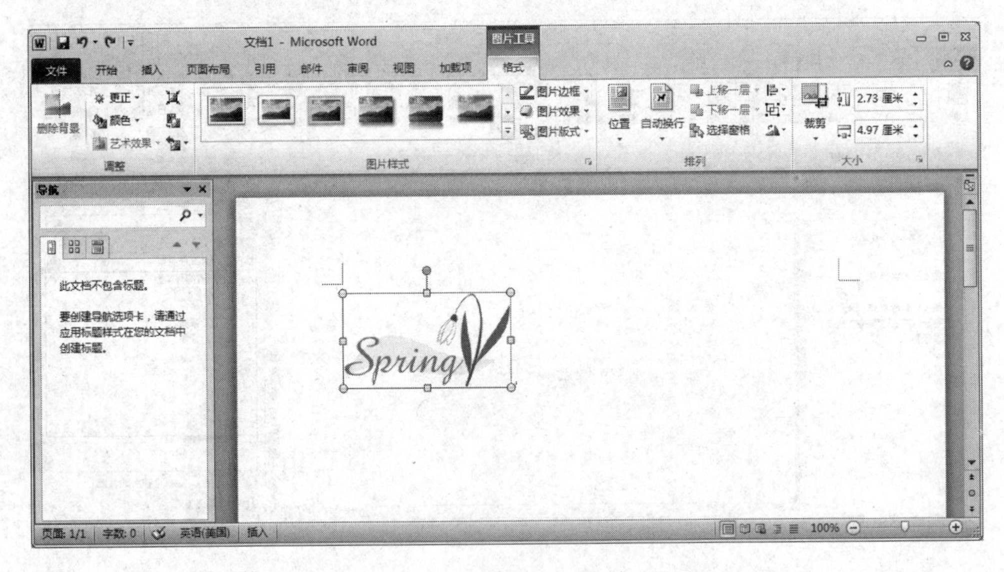

图 2.43　图片“格式”选项卡

也可以右击图片，在弹出的快捷菜单中选择“设置图片格式”命令，打开“设置图片格式”对话框，如图 2.44 所示。可以分别设置图片的“填充”、“线条颜色”、“线型”、“阴影”等格式。

单击“格式”功能区“大小”组右下角的 按钮，打开“布局”对话框，如图 2.45 所示。在此对话框中，可以分别对图片的位置、环绕方式和大小进行设置。

3) 设置文本在单元格中的对齐方式

(1) 选定整张表格或特定单元格。

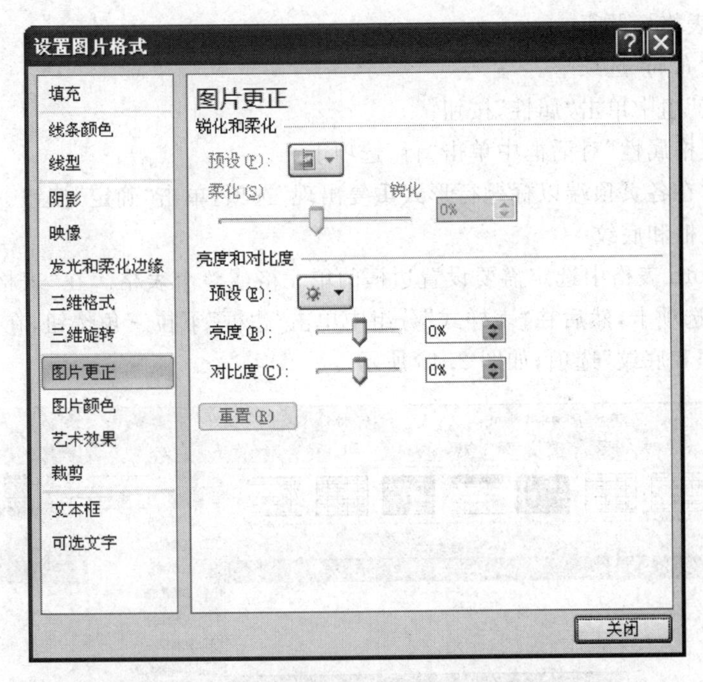

图 2.44　“设置图片格式”对话框

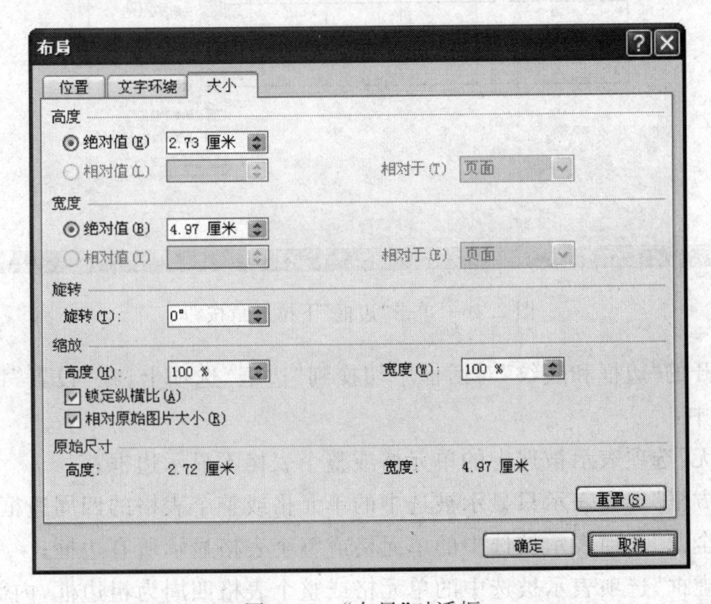

图 2.45　“布局”对话框

(2) 单击“布局”选项卡。

(3) 在“对齐方式”区域中选择对齐方式之一(如靠上两端对齐、水平居中、靠下右对齐等)。

4) 设置表格标题

将表格前端的一行或若干行设定为标题,即表头,具体步骤如下。

(1) 选中表格标题行。

(2) 单击“布局”选项卡。

(3) 在“表”组中单击“属性”按钮。

(4) 在“表格属性”对话框中单击“行”选项卡。

(5) 选中“在各页顶端以标题行形式重复出现”选项,单击“确定”按钮。

5) 添加边框和底纹

(1) 在 Word 表格中选定需要设置边框的单元格或整个表格。在“表格工具”功能区切换到“设计”选项卡,然后在“表样式”分组中单击“边框”下拉三角按钮,在弹出的下列菜单中选择“边框和底纹”选项,如图 2.46 所示。

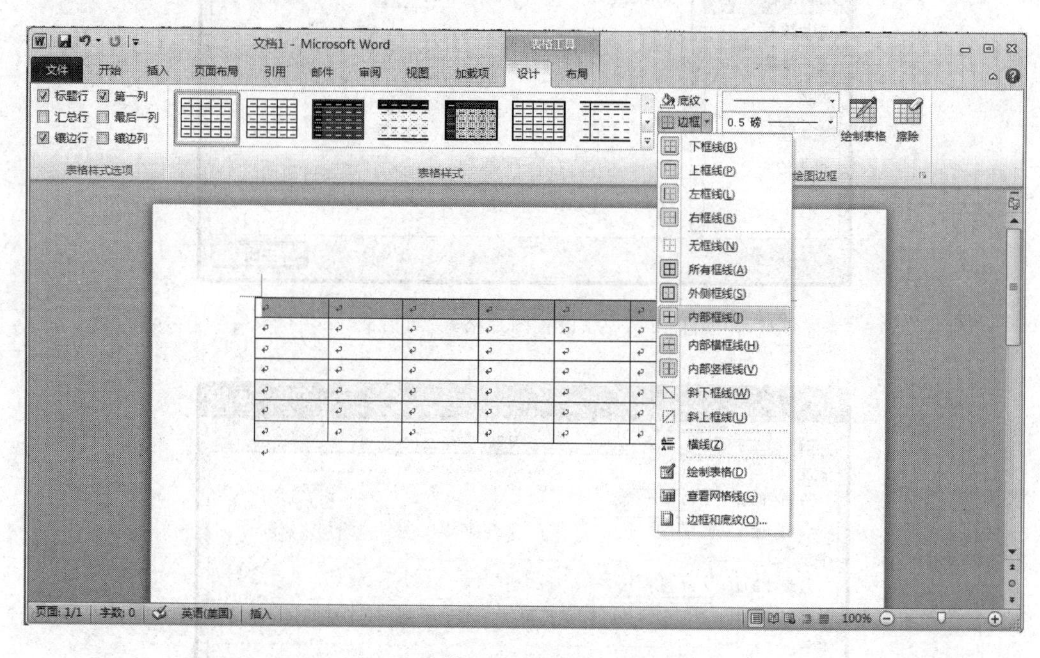

图 2.46　单击“边框”下拉三角按钮

(2) 在打开的“边框和底纹”对话框中切换到“边框”选项卡,在“设置”区域选择边框显示位置。其中:

① 选择“无”选项表示被选中的单元格或整个表格不显示边框;

② 选中“方框”选项表示只显示被选中的单元格或整个表格的四周边框;

③ 选中“全部”选项表示被选中的单元格或整个表格显示所有边框;

④ 选中“虚框”选项表示被选中的单元格或整个表格四周为粗边框,内部为细边框;

⑤ 选中“自定义”选项表示被选中的单元格或整个表格由用户根据实际需要自定义设置边框的显示状态,而不仅仅局限于上述 4 种显示状态,如图 2.47 所示。

(3) 在“样式”列表框中选择边框的样式(例如双横线、点线等样式)。在“颜色”下拉列表框中选择边框使用的颜色。在“宽度”下拉列表框中选择边框的宽度尺寸。在“预览”区域,可以通过单击某个方向的边框按钮来确定是否显示该边框。设置完毕单击“确定”按钮,如图 2.48 所示。

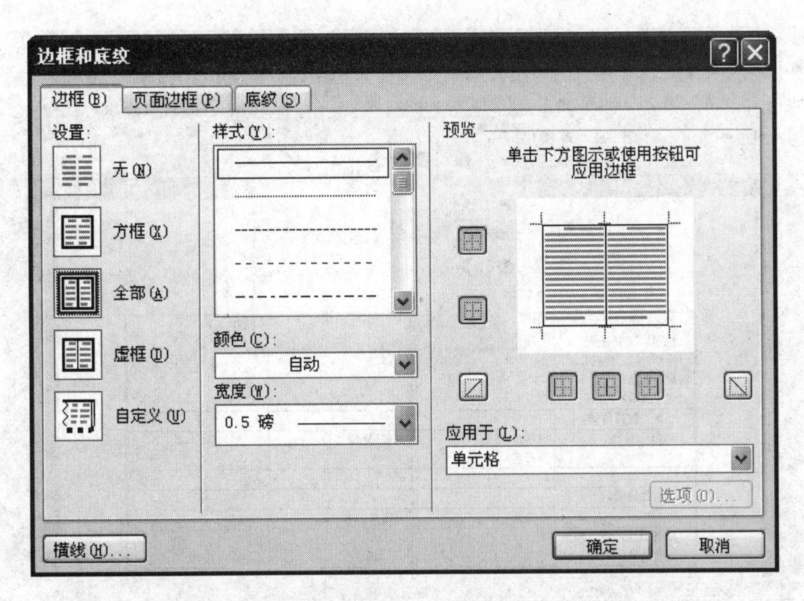

图 2.47　选择表格边框显示状态

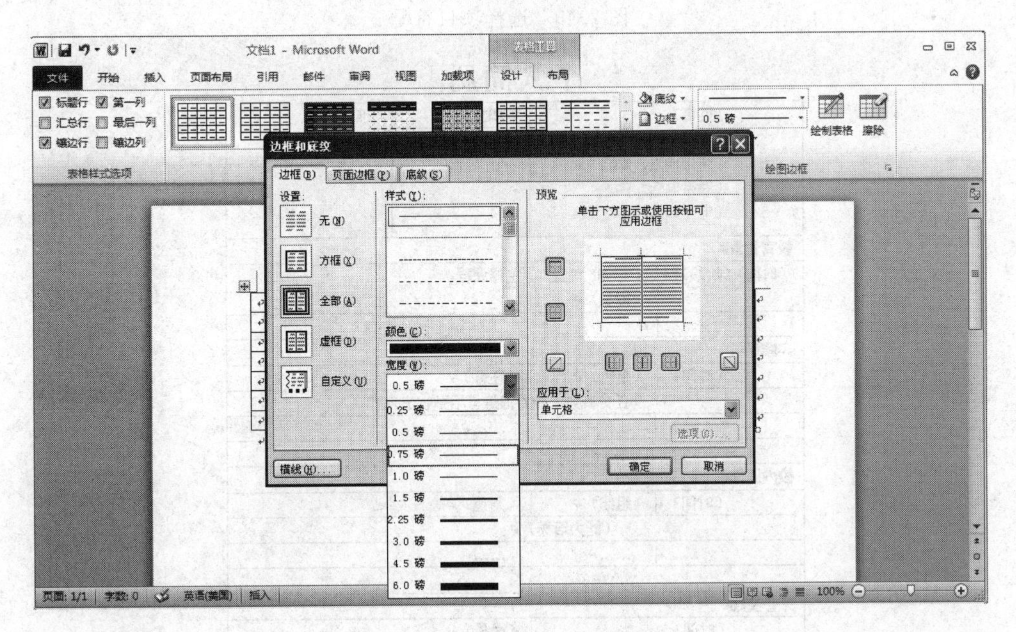

图 2.48　设置表格边框样式、颜色和宽度

6）添加项目符号

（1）选中需要添加项目符号的段落。

（2）在“开始”功能区的“段落”组中的“项目符号”下拉列表框中选择合适的项目符号，如图 2.49 所示。

2.4.5　表格有无内部框线对比

综合上面关于表格本身的编辑操作，以及进行数据的输入和格式化设置后，可以得到类似于图 2.50 的“个人简历”表格效果。

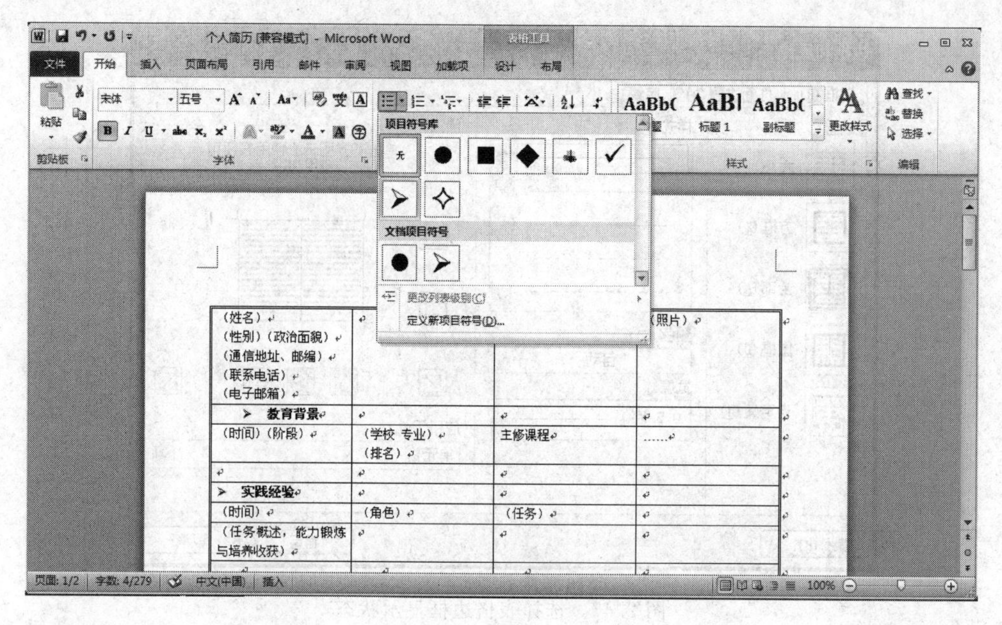

图 2.49 选择项目符号

个人简历

(姓名) (性别)(政治面貌) (通信地址、邮编) (联系电话) (电子邮箱)		**求职意向**	(照片)
教育背景			
(时间)(阶段)	(学校 专业) (排名)	主修课程	……
实践经验			
(时间)	(角色)	(任务)	
(任务概述，能力锻炼与培养收获)			
……	……	……	
……			
校内工作			
(时间)	(组织)	(角色)	
(能力培养)			
……	……	……	
……			
荣誉奖励			
(时间)		(成果)	
……		……	
个人技能			
英语水平	(成果指标)		
计算机水平	(成果指标)		
(其他专长)	(成果指标)		
自我评价 …… ……			

图 2.50 带内部框线的“个人简历”

可以尝试去掉表格线即对单元格“边框”进行修改。其效果如图 2.51 所示。读者可以比较一下,后者是否要简洁得多,但我们已充分利用了表格进行页面布局的优点。

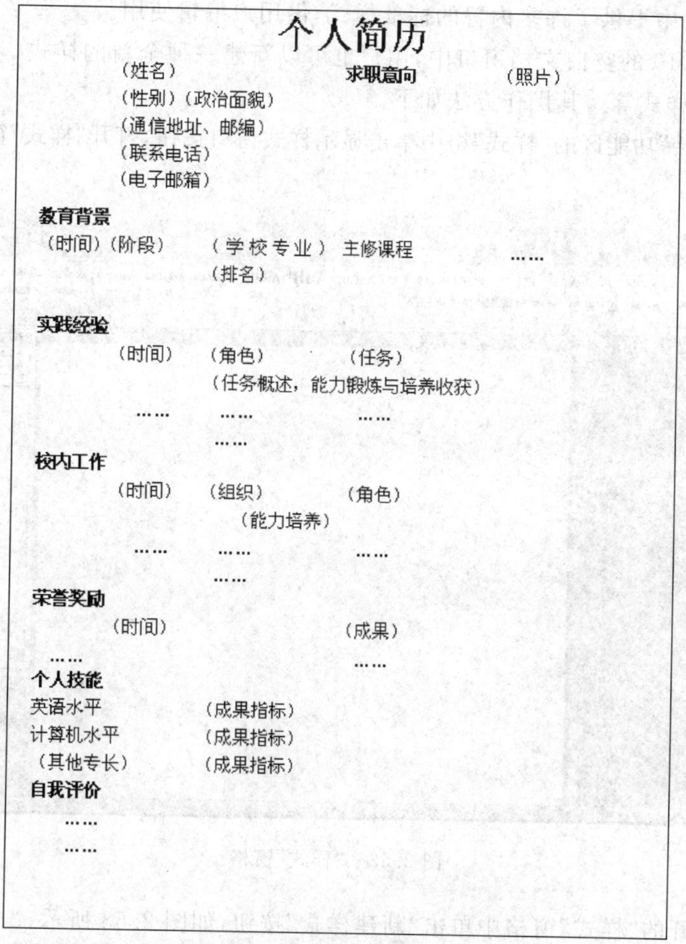

个人简历

(姓名)　求职意向　(照片)
(性别)(政治面貌)
(通信地址、邮编)
(联系电话)
(电子邮箱)

教育背景
(时间)(阶段)　(学校专业)　主修课程　……
(排名)

实践经验
(时间)　(角色)　(任务)
(任务概述,能力锻炼与培养收获)
……　……　……
……

校内工作
(时间)　(组织)　(角色)
(能力培养)
……　……　……
……

荣誉奖励
(时间)　(成果)
……　……

个人技能
英语水平　(成果指标)
计算机水平　(成果指标)
(其他专长)　(成果指标)

自我评价
……
……

图 2.51　不带内部框线的“个人简历”

2.5　Word 2010 实践案例 3——格式化毕业论文

2.5.1　案例描述

本案例是对一篇完整的毕业论文进行格式设置、排版、打印等操作。

2.5.2　文档初始化

新建一个文档,首先按照前面案例介绍过的方法进行页面设置,并将各页边距设置为:上、下、右边距各 2.5 厘米,左边距 3 厘米,再将其命名保存。

2.5.3　应用样式

1. 关于样式

在 Word 2010 中,样式是字体、字号和缩进等格式设置特性的组合,并能将这一组合作为集合加以命名和存储。样式所针对的对象包括标题、正文、列表、图片、表格等，应用样式时，将同时应用该样式中所有的格式设置。

Word 2010 中提供了许多内置的标准样式，供用户编辑使用。

在 Word 2010 的空白文档窗口中，用户也可以新建一种全新的样式。例如新的表格样式、新的列表样式等。其操作方法如下。

(1) 在“开始”功能区的“样式”组中单击显示样式窗口按钮，打开“样式”窗格，如图 2.52 所示。

图 2.52 “样式”窗格

(2) 在打开的“样式”窗格中单击“新建样式”按钮，如图 2.53 所示。

(3) 打开“根据格式设置创建新样式”对话框。在“名称”编辑框中输入新建样式的名称。“样式类型”下拉列表框中包含 5 种样式类型。

① 段落：新建的样式将应用于段落级别；

② 字符：新建的样式将仅用于字符级别；

③ 链接段落和字符：新建的样式将用于段落和字符两种级别；

④ 表格：新建的样式主要用于表格；

⑤ 列表：新建的样式主要用于项目符号和编号列表。

选择其中一种样式类型，如“段落”，如图 2.54 所示。

(4) 在“样式基准”下拉列表框中选择 Word 2010 的某种内置样式作为新建样式的基准样式，如图 2.55 所示。

(5) 在“后续段落样式”下拉列表框中选择新建样式的后续样式，如图 2.56 所示。

(6) 在“格式”区域中，根据实际需要设置字体、字号、颜色、段落间距、对齐方式等段落格式和字符格式。如果希望该样式应用于所有文档，则选中“基于该模板的新文档”单选框。设置完毕单击“确定”按钮，如图 2.57 所示。

图 2.53　单击“新建样式”按钮

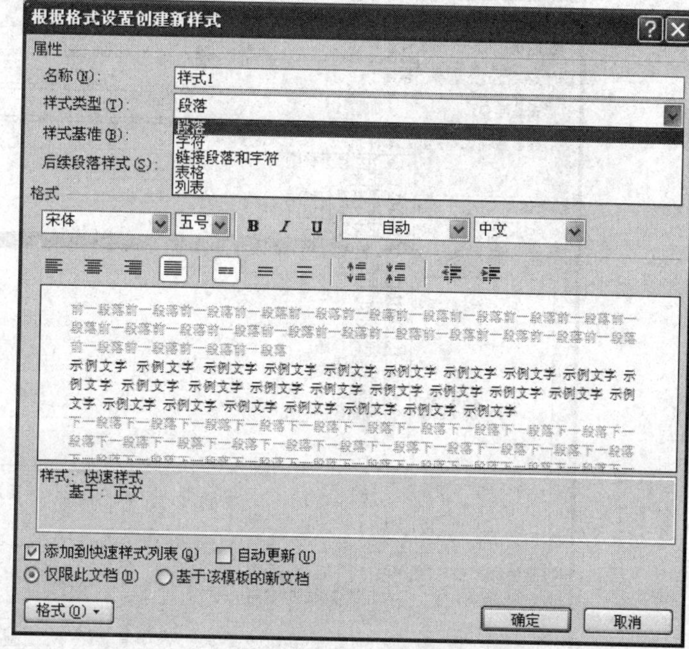

图 2.54　选择样式类型

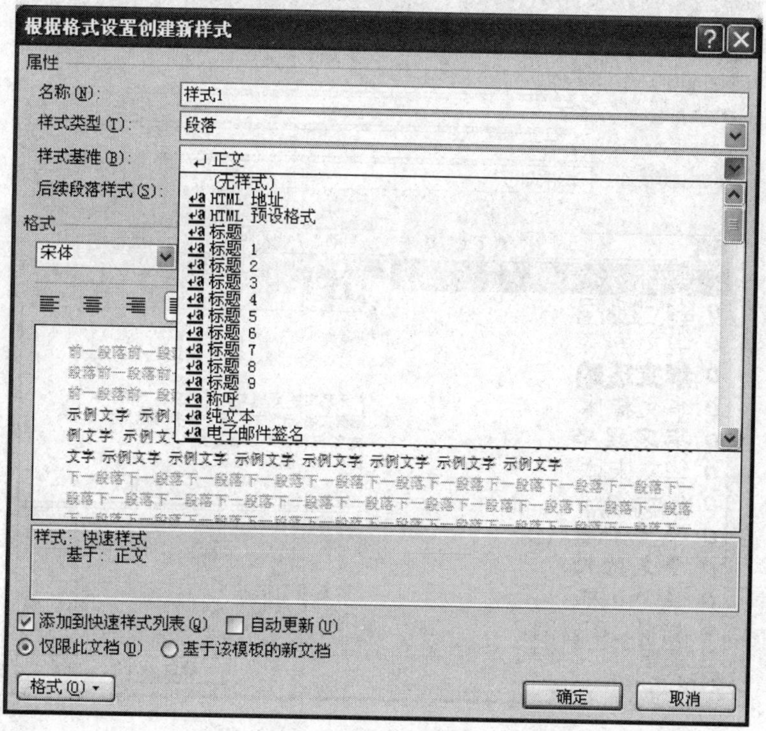

根据格式设置创建新样式
属性
名称(N):　样式1
样式类型(T):　段落
样式基准(B):　正文
后续段落样式(S):
(无样式)
HTML 地址
HTML 预设格式
标题
标题 1
标题 2
标题 3
标题 4
标题 5
标题 6
标题 7
标题 8
标题 9
称呼
纯文本
电子邮件签名
格式
宋体
前一段落前一段落前一段落前一段落前一段落前一段落
示例文字 示例文字 示例文字 示例文字 示例文字 示例文字 示例文字 示例文字 示例文字 示例文字 示例文字 示例文字
下一段落
样式: 快速样式
基于: 正文
添加到快速样式列表(Q)　自动更新(U)
仅限此文档(D)　基于该模板的新文档
格式(O)
确定　取消

图 2.55　选择样式基准

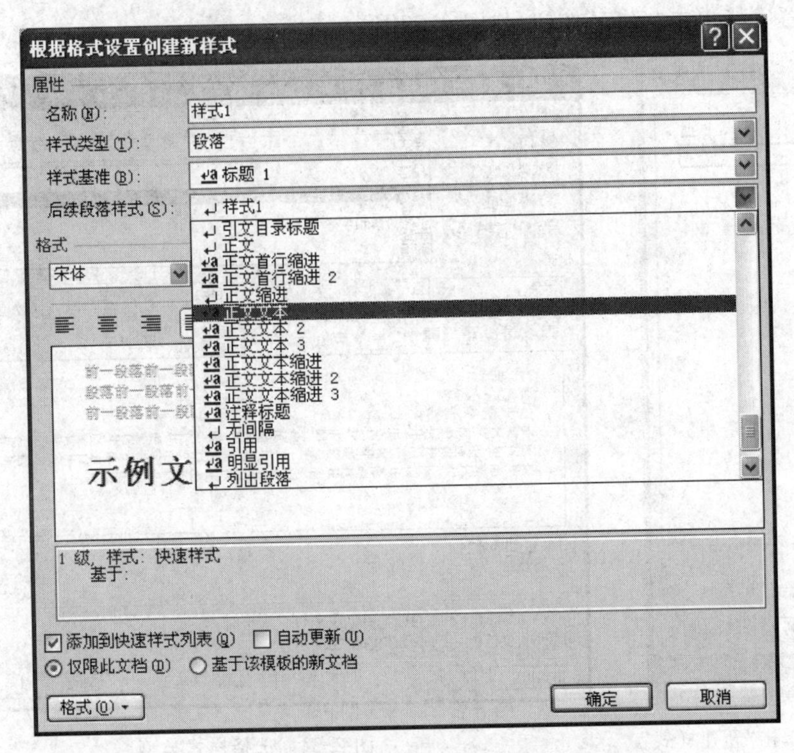

图 2.56　选择后续段落样式

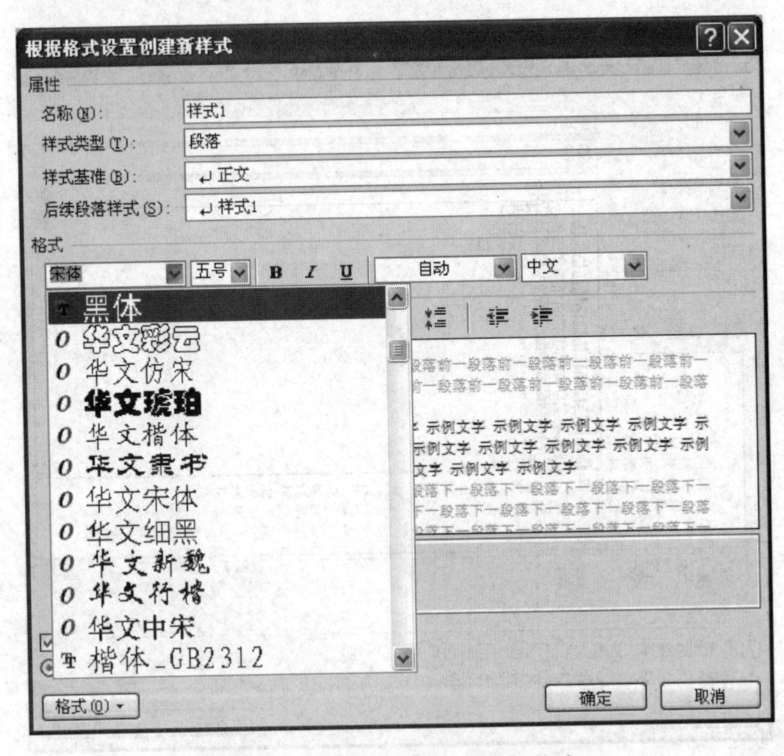

图 2.57　设置段落格式和字符格式

注意：如果用户在选择“样式类型”的时候选择了“表格”选项，则“样式基准”中仅列出表格相关的样式提供选择，且无法设置段落间距等段落格式，如图 2.58 所示。

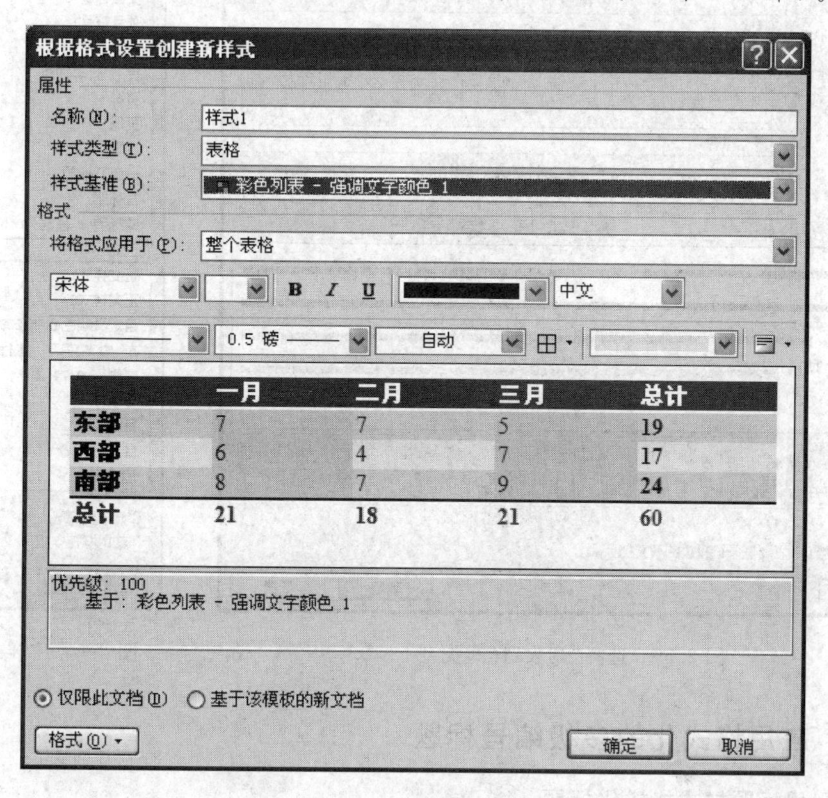

图 2.58　选择“表格”样式类型

如果用户在选择“样式类型”的时候选择“列表”选项，则不再显示“样式基准”，且格式设置仅限于项目符号和编号列表相关的格式选项，如图 2.59 所示。

2. 样式在案例文档中的使用

通常情况下只须使用 Word 提供的预设样式。在预设的样式不能满足要求的情况时，可根据需要在其基础上略加修改。

在“开始”功能区的“样式”组中单击显示样式窗口按钮，打开“样式”窗格，如图 2.60 所示。

“正文”样式是 Word 文档中的默认样式，是 Word 中的最基础的样式，不要轻易修改它。“标题 1”～“标题 6”为标题样式，它们通常用于各级标题段落。

通常在毕业论文中可能用到的样式情况如下。

(1) 对于文章中的每一部分或章节的大标题，采用“标题 1”样式，章节中的小标题，按层次分别采用“标题 2”～“标题 4”样式。

(2) 文章中的论述文字，采用“正文首行缩进 2”样式。

(3) 文章中的图和图号说明，采用“注释标题”样式。

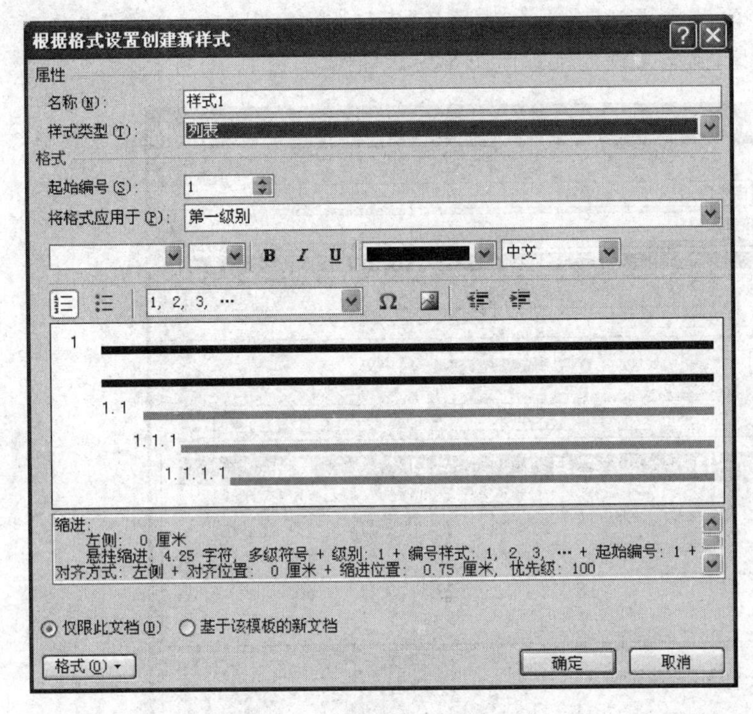

图 2.59 选择“列表”样式类型

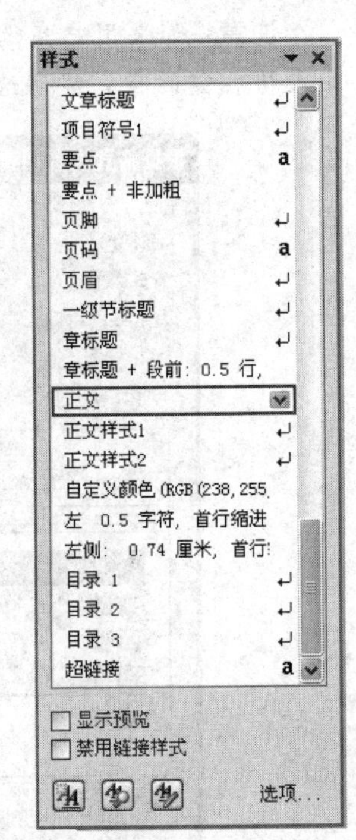

图 2.60 “样式”窗格

2.5.4 应用格式化的多级编号标题

1. 利用标题样式格式化标题

利用标题样式格式化标题，不只是为了突出与正文的区别，更主要的是为了使 Word 能够区分文档中的正文和标题，并自动识别不同级别的标题。

Word 中的“开始”功能区中“段落”组中的项目符号、编号和多级列表可为标题的自动编号带来方便，如图 2.61 所示。如果使用 Word 内置标题样式设置文档中标题的格式，就能用所选含有“标题”字样的编号格式对标题进行自动编号。如果已经为标题创建了自定义的样式，则可以通过将每个标题链接到一个编号格式，为标题添加编号。

2. 使用样式格式化多级编号标题及段落

用多级列表为标题等列表或其他文档内容设置层次结构，可通过更改标题列表中项目编号的级别来形成需要的多级层次形式。具体操作步骤如下。

(1) 选定要添加多级编号的标题。

(2) 在“开始”功能区“段落”组中的“编号”下拉列表框中选中合适的编号类型。

(3) 将光标定位于列表中除了第一个编号以外的其他编号。

(4) 单击“开始”功能区“段落”组中的“增加缩进量”或“减少缩进量”按钮，或者按 Tab 键或“Shift＋Tab”键，实现项目编号级别的降低与提高。

输入论文第一章的大标题，注意保持光标的位置在当前标题所在的段落中。在“开始”功能区“样式”组中单击显示样式窗口按钮，在打开的“样式”任务窗格中单击“标题 1”

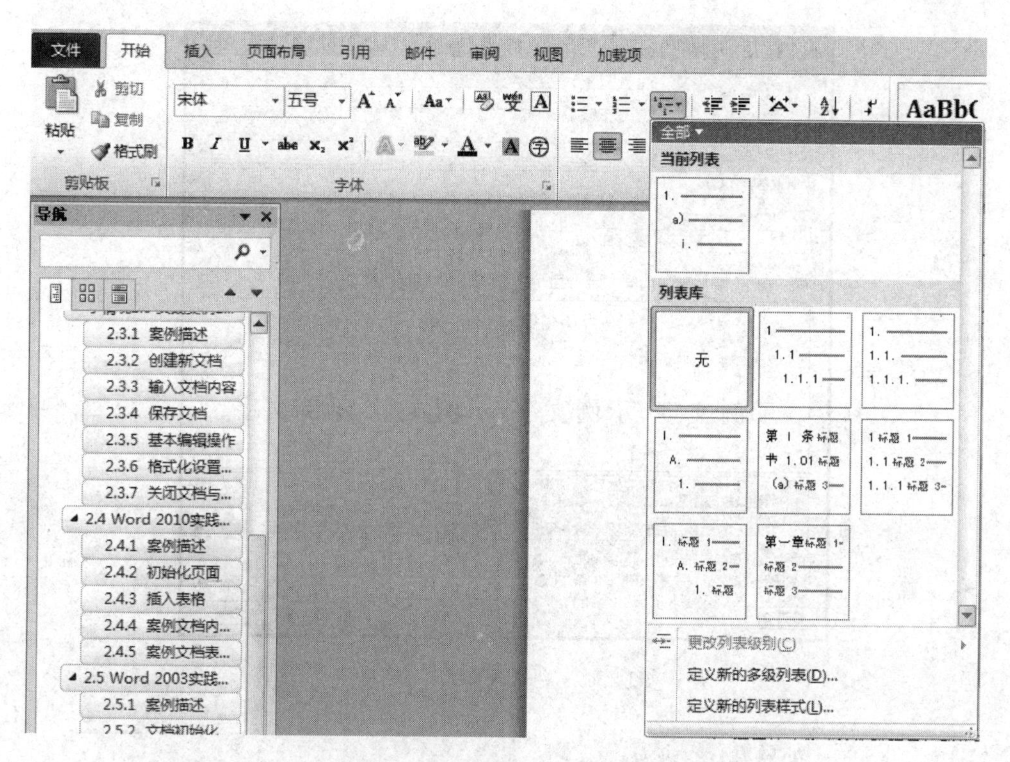

图 2.61　Word 2010 提供的列表库

样式，即可快速设置好此标题的格式。同样地，继续一边输入文字，一边设置该部分文字所用的样式。

系统预设的样式格式不完全符合实际需要时，可以修改样式。例如，将鼠标指针移动到“样式”任务窗格中的“标题 1”样式右侧，单击下拉箭头，选择“修改”命令，显示“修改样式”对话框，如图 2.62 所示。选中“自动更新”复选框，单击“确定”按钮完成设置。这样，当应用了“标题 1”样式的文字和段落的格式发生改变时，就会自动更改“标题 1”样式的格式。

2.5.5　绘制图形及图形格式设置

1. 绘制图形

Word 2010 中的自选图形是指用户自行绘制的线条和形状，用户还可以直接使用 Word 2010 提供的线条、箭头、流程图、星星等形状组合成更加复杂的形状。在 Word 2010 中绘制自选图形的步骤如下。

(1) 打开 Word 2010 文档窗口，切换到“插入”功能区。在“插图”组中单击“形状”按钮，并在打开的形状面板中单击需要绘制的形状。这里选中“箭头总汇”区域的“右箭头”选项，如图 2.63 所示。

(2) 将鼠标指针移动到页面位置，按住左键不放拖动即可绘制右箭头。如果在释放鼠标左键以前按下 Shift 键，则可以成比例绘制形状；如果按住 Ctrl 键，则可以在两个相反方向同时改变形状大小。将图形大小调整至合适大小后，释放鼠标左键完成自选图形

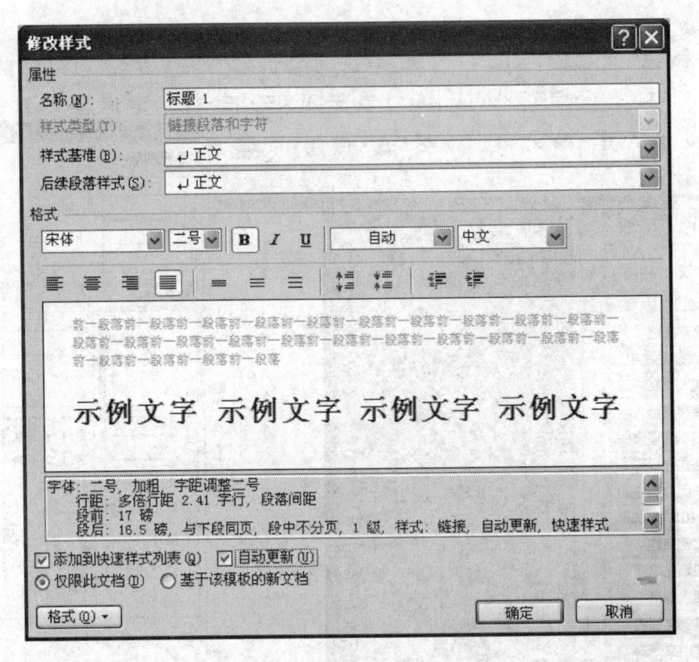

图 2.62 “修改样式”对话框

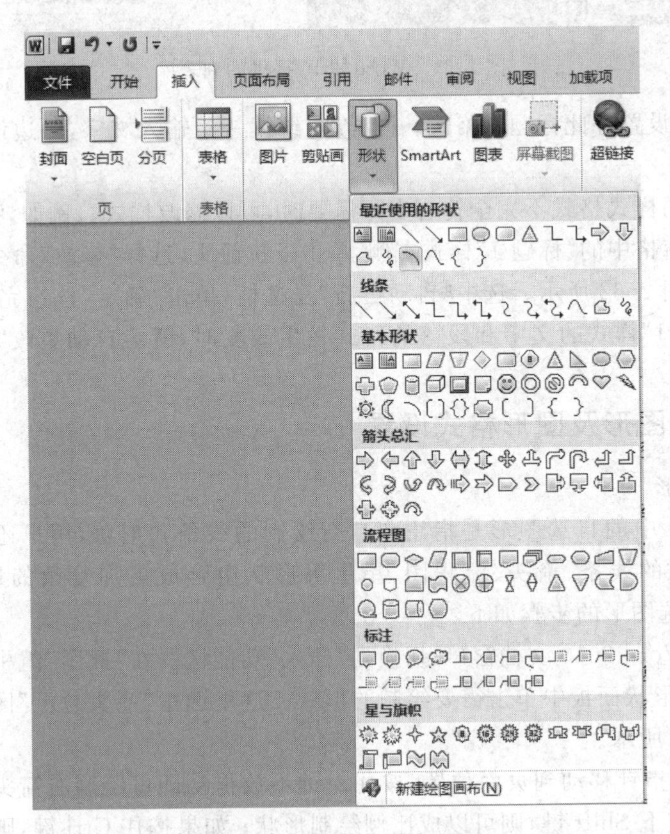

图 2.63 选择需要绘制的形状

的绘制，如图 2.64 所示。

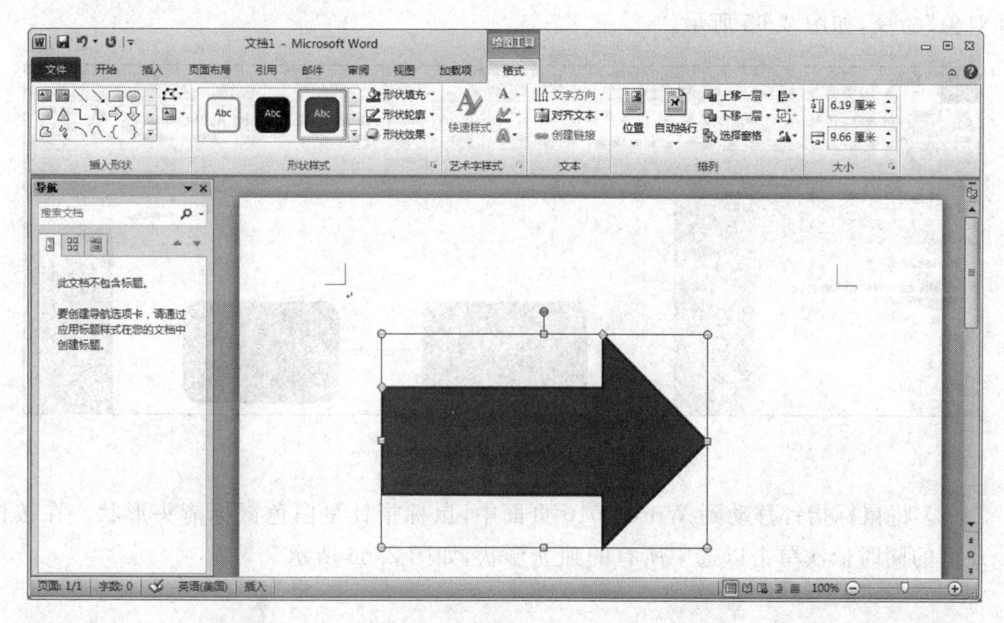

图 2.64　绘制自选图形

2. 移动、复制、删除图形

(1) 移动图形

移动实质上就是剪切、粘贴的操作，步骤如下。

① 右击想要移动的图片，在弹出的快捷菜单中选择“剪切”命令。

② 单击目的位置。

③ 右击，在弹出的快捷菜单中选择“粘贴”命令。

(2) 复制图形

如果多处需要同一张图形，则可以利用复制、粘贴图形的方法来实现。复制图形的步骤如下。

① 右击想要复制的图形，在弹出的快捷菜单中选择“复制”命令。

② 单击复制的目的位置。

③ 右击，在弹出的快捷菜单中选择“粘贴”命令。

(3) 删除图形

不需要的图形，可以像删除文字一样执行删除操作，步骤如下。

① 单击想要删除的图形。

② 按 Delete 键。

3. 图形的组合与取消组合

在 Word 2010 文档中往往需要选中所有的独立形状，操作起来不太方便，可以借助“组合”命令将多个独立的形状组合的一个图形对象，然后即可对这个组合后的图形对象进行移动、修改大小等操作。在 Word 2010 中组合图片的操作步骤如下。

（1）在“开始”功能区的“编辑”组中单击“选择”按钮，并在打开的下拉菜单中选择“选择对象”命令，如图2.65所示。

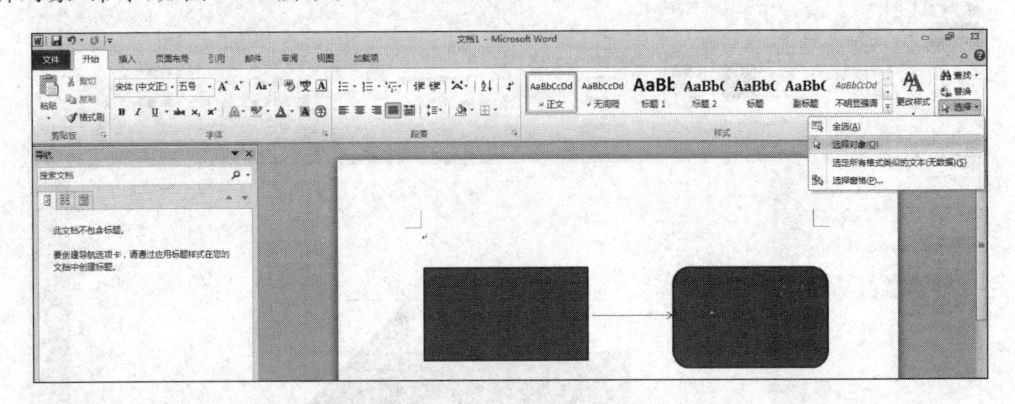

图2.65　选择“选择对象”命令

（2）将鼠标指针移动到Word 2010页面中，鼠标指针呈白色鼠标箭头形状。在按住Ctrl键的同时依次单击以选中所有的独立形状，如图2.66所示。

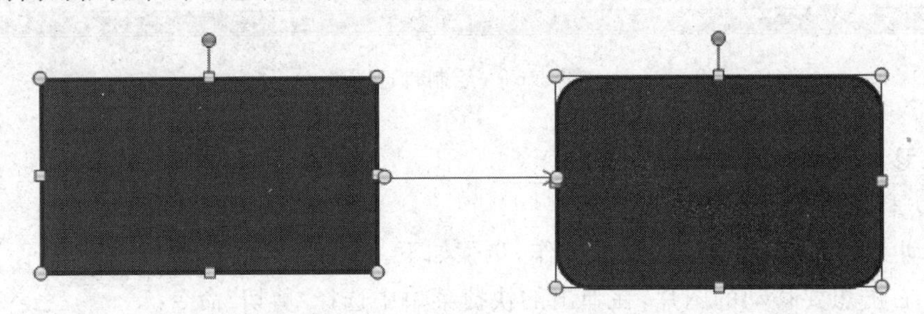

图2.66　选中所有独立形状

（3）右击被选中的所有独立形状，在打开的快捷菜单中选择“组合”|“组合”命令，如图2.67所示。

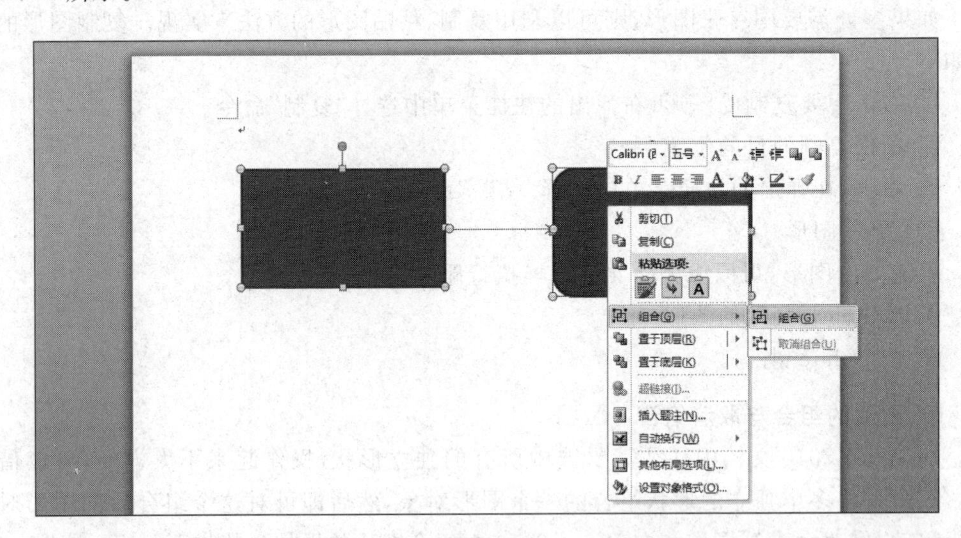

图2.67　选择“组合”|“组合”命令

通过上述设置,被选中的独立形状将组合成一个图形对象,可以进行整体操作。如果希望对组合对象中的某个形状进行单独操作,可以右击组合对象,在打开的快捷菜单中选择"组合"|"取消组合"命令,如图 2.68 所示。

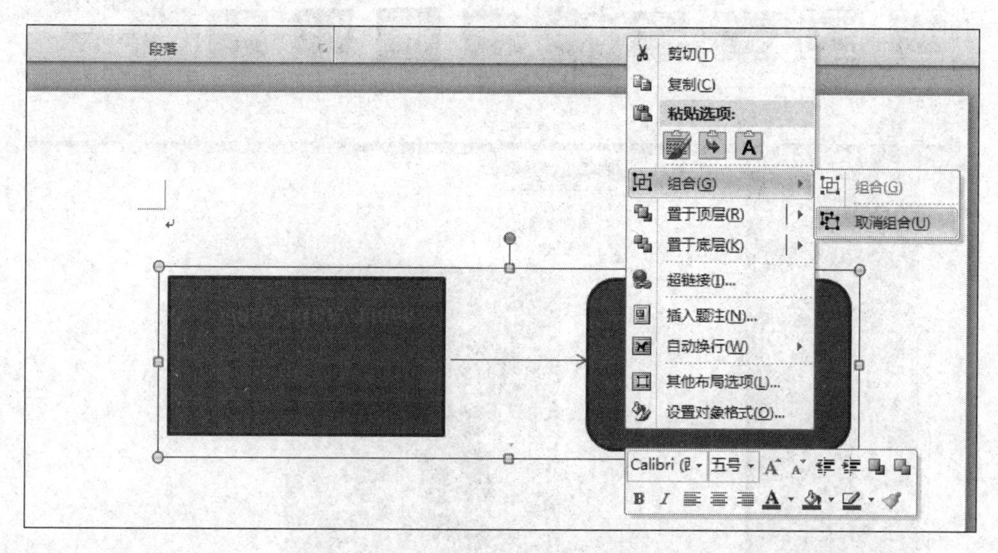

图 2.68　选择"组合"|"取消组合"命令

4. 设置图形样式

Word 2010 中新增了针对图形、图片、图表、艺术字、文本框等对象的样式设置,样式包括了渐变效果、颜色、边框、形状和底纹等多种效果,可以帮助用户快速设置图形对象的格式。

例如,当在 Word 文档窗口中插入一张图片,并单击选中该图片后,会自动打开"图片工具"|"格式"功能区。在"格式"功能区的"图片样式"组中,可以使用预置的样式快速设置图片的格式。当鼠标指针悬停在一个图片样式上方时,Word 文档中的图片会即时预览实际效果,如图 2.69 所示。

2.5.6　图文混排

1. 数学公式的输入

在日常的工作中有时要用到数学等复杂公式,在 Word 2010 文档中输入公式的步骤如下。

(1) 将光标定位到想插入公式对象的位置。

(2) 打开"插入"功能区,在"符号"组中单击"公式"按钮,如图 2.70 所示。

(3) 在"内置"窗格中选择所需的公式,如果没找到需要的公式,单击"Office.com 中的其他公式"超链接进行选择。

2. 应用文本框

文本框是一个可移动、可调大小的图形对象,可在其中放置需要的文本、图片等内容。文本框里面的内容可以设置成与外部文本风格一样,也可单独进行格式化编辑,而与整个文档无关。在 Word 2010 中插入文本框的步骤如下。

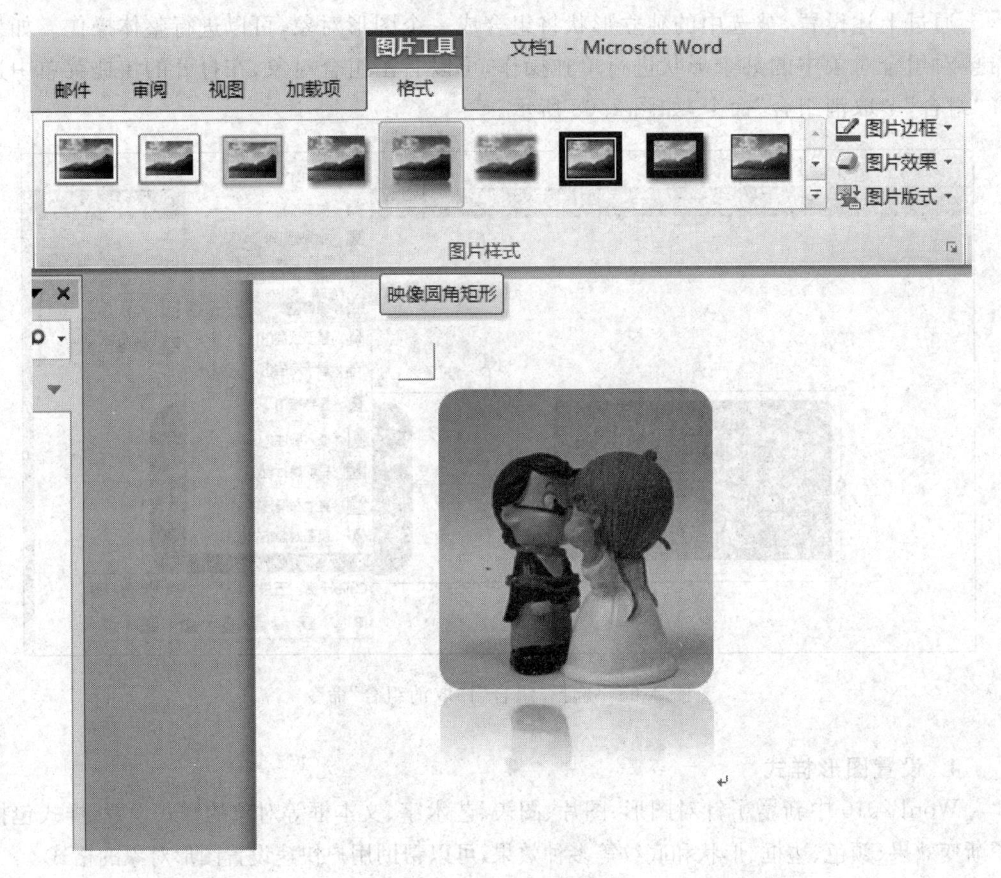

图 2.69 设置图片样式

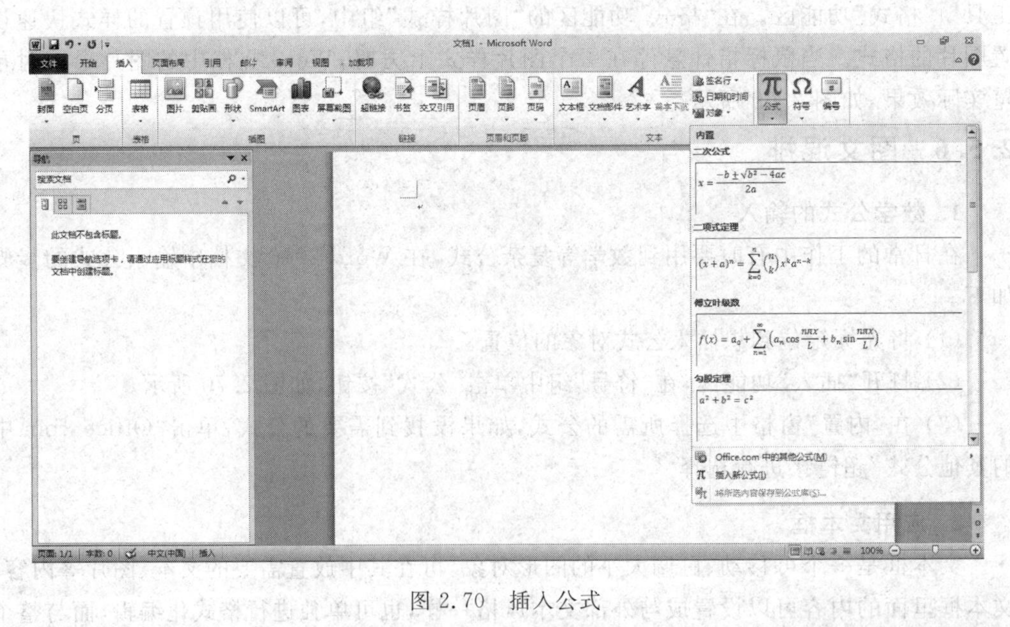

图 2.70 插入公式

(1) 打开“插入”功能区。

(2) 在“文本”组中单击“文本框”按钮，弹出系统内置文本框，选择需要的一种文本框，如图 2.71 所示。

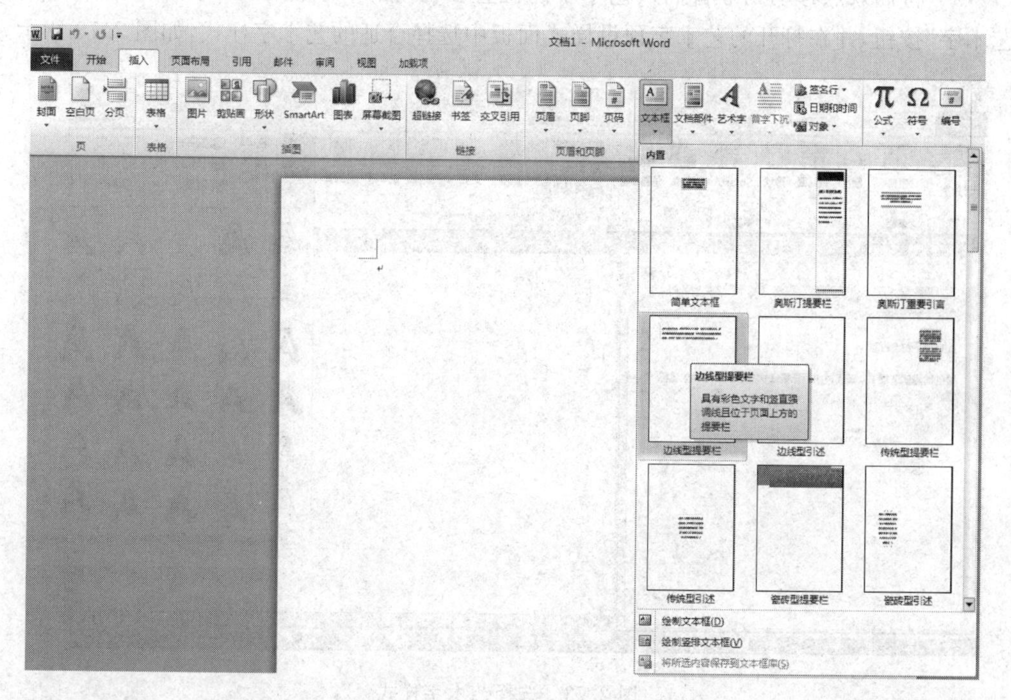

图 2.71　系统内置文本框

(3) 单击文本框以后，此时的文本框处于编辑状态，在此输入内容，如图 2.72 所示。

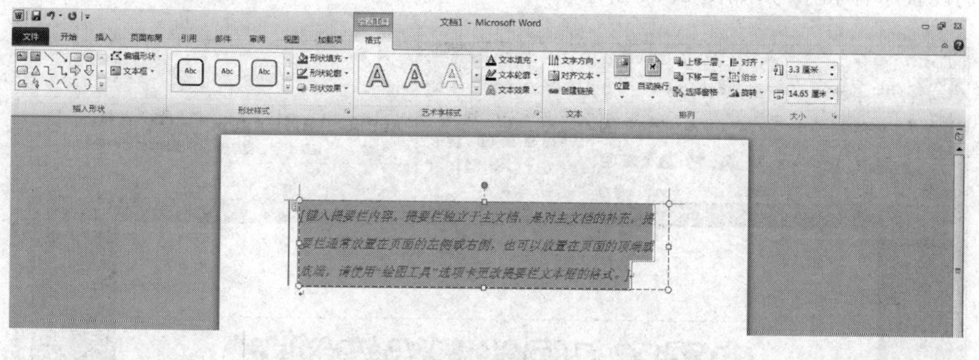

图 2.72　在文本框中输入内容

(4) 此时界面中出现“绘图工具”功能区的“格式”组，可在此对文本框进行格式的修改与编辑。

3. 封面论文标题使用艺术字

Office 中的艺术字(英文名称为 WordArt)结合了文本和图形的特点，能够使文本具有图形的某些属性，如设置旋转、三维、镜像等效果。它实际上也是一种图形对象。

“艺术字”功能在一些有活泼生动性、视觉突出性要求的文档中应用较多，如简报、广告宣传册等。

在本案例中，在封面论文标题使用艺术字。具体操作步骤如下。

(1) 将插入点移动到准备插入艺术字的位置。在“插入”功能区中，单击“文本”组中的“艺术字”按钮，并在打开的艺术字预设样式面板中选择合适的艺术字样式，如图 2.73 所示。

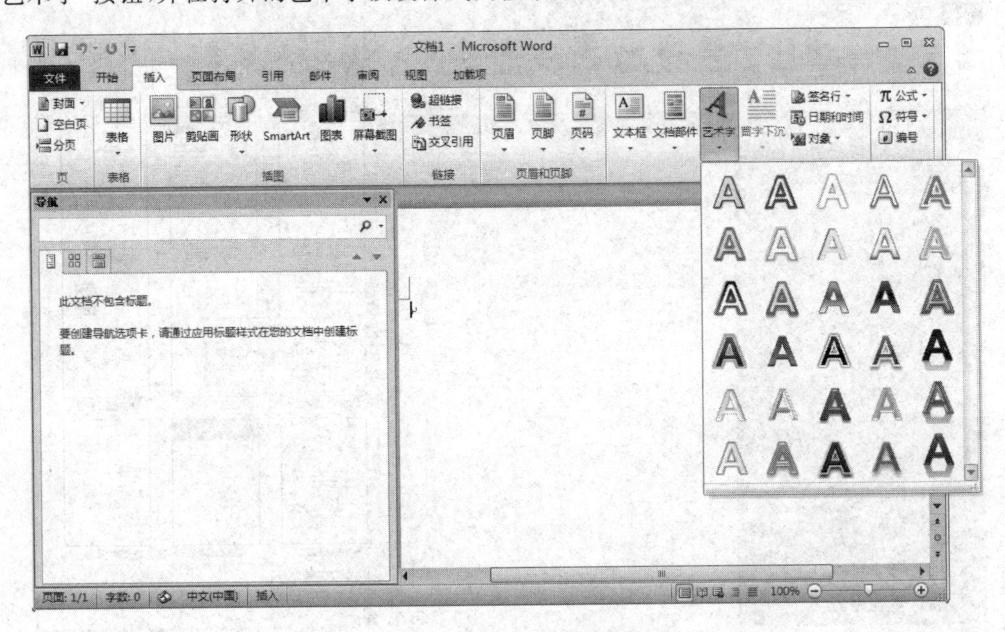

图 2.73　选择艺术字样式

(2) 打开艺术字文字编辑框，直接输入艺术字文本即可。用户可以对输入的艺术字分别设置字体和字号，如图 2.74 所示。

图 2.74　编辑艺术字文本及格式

4. 以图表展示数据

图表用以直观地展示数据,使用户方便地分析数据的概况、差异和预测趋势。例如,用户不必分析工作表中的多个数据列就可以直接看到各个季度销售额的升降,或直观地对实际销售额与销售计划进行比较。

在 Word 2010 中,可以插入多种数据图表和图形,如柱形图、折线图、饼图、条形图、面积图、散点图、股价图、曲面图、圆环图、气泡图和雷达图。

在 Word 2010 文档中应用图表的步骤如下。

(1) 单击“插入”功能区的“插图”组中的“图表”按钮,如图 2.75 所示。

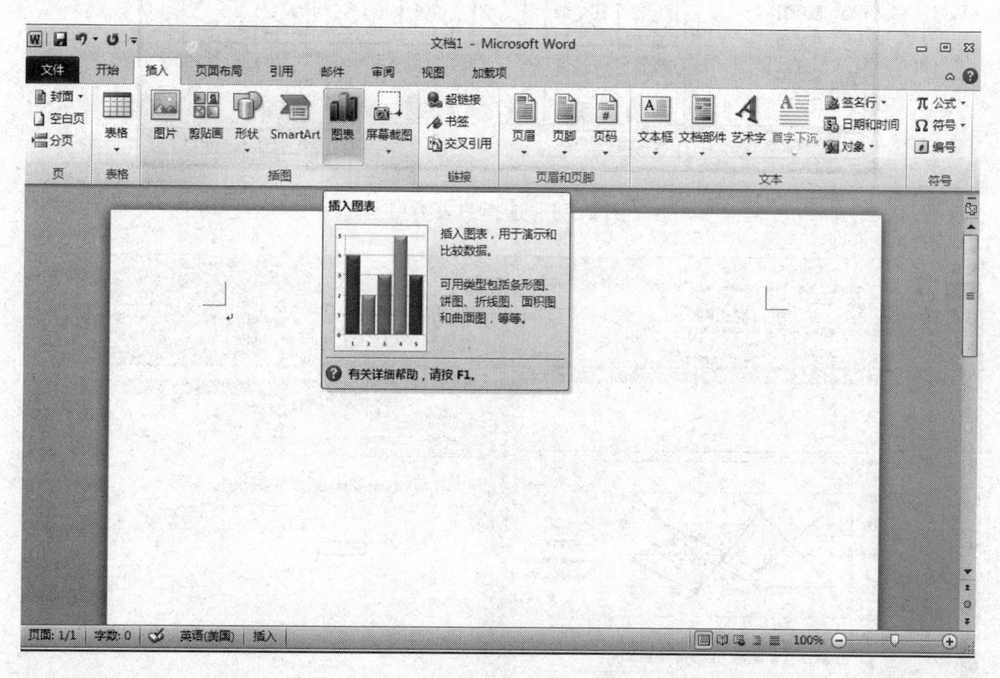

图 2.75　单击“图表”按钮

(2) 打开“插入图表”对话框。在左侧的图表类型列表中选择需要创建的图表类型,在右侧图表子类型列表中选择合适的图表,并单击“确定”按钮,如图 2.76 所示。

(3) 在并排打开的 Word 窗口和 Excel 窗口中,用户首先需要在 Excel 窗口中编辑图表数据。例如修改系列名称和类别名称,并编辑具体数值。在编辑 Excel 表格数据的同时,Word 窗口中将同步显示图表结果,如图 2.77 所示

(4) 完成 Excel 表格数据的编辑后关闭 Excel 窗口,在 Word 窗口中可以看到创建完成的图表,如图 2.78 所示。

注意:若要向图表添加或在其中更改的内容,可以使用“图表工具”功能区中的“设计”、“布局”和“格式”选项卡中提供的选项。

组成图表的有关元素集中说明如下。

(1) 图表区:包含整个图表的区域称为图表区。

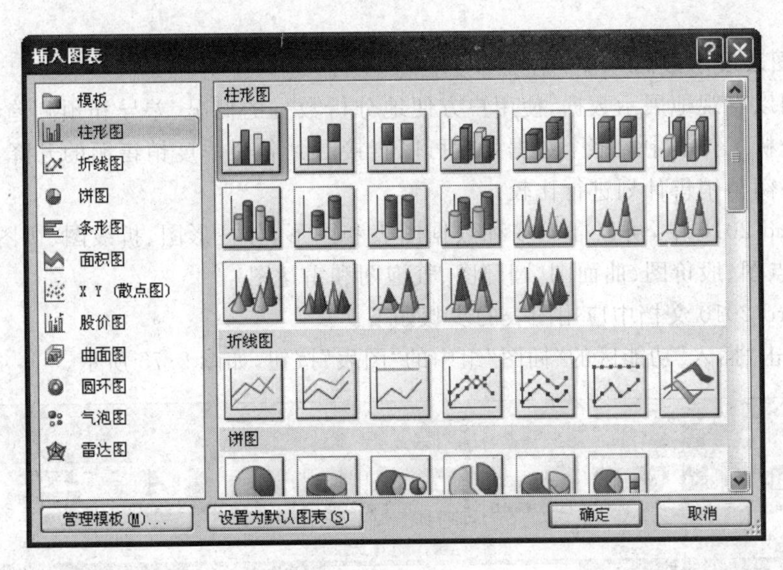

图 2.76　选择图表类型

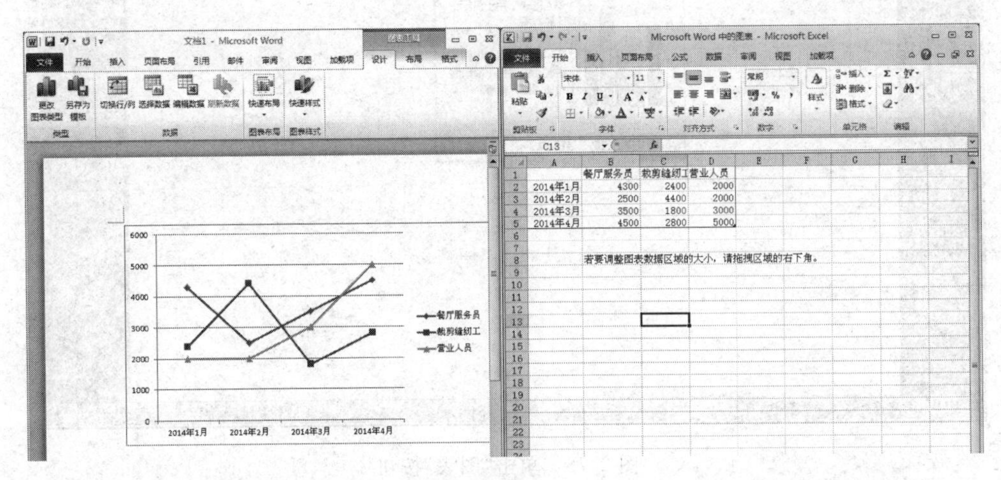

图 2.77　编辑 Excel 数据

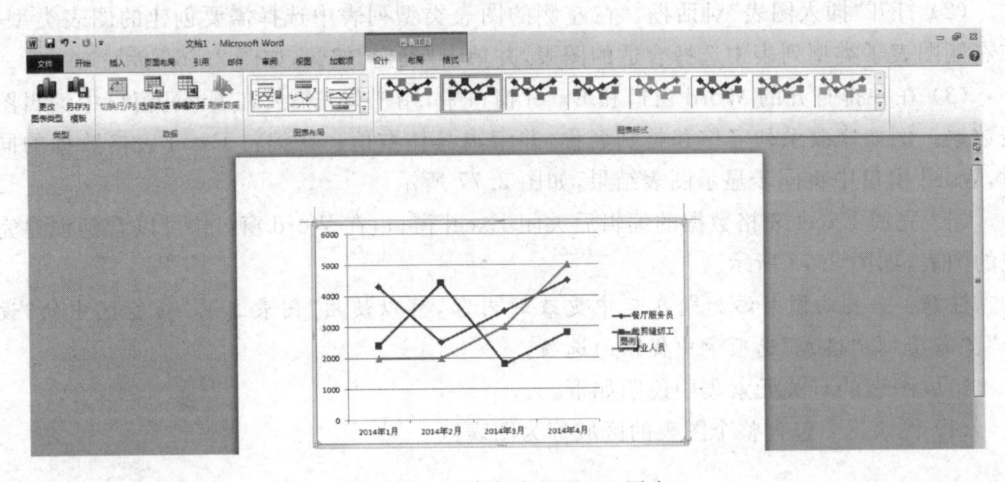

图 2.78　创建完成的 Word 图表

(2) 绘图区：在二维图表中，以坐标轴为界并包含全部数据系列的区域。在三维图表中，以坐标轴为界并包含数据系列、分类名称、刻度线和坐标轴标题的区域。

(3) 背景墙和基底：包围在许多三维图表周围的区域，用于显示图表的维度和边界。绘图区中有两个背景墙和一个基底。

(4) 数据系列：在图表中绘制的相关数据点，这些数据源自数据表的行或列。图表中的每个数据系列具有唯一的颜色或图案并且在图表的图例中表示。可以在图表中绘制一个或多个数据系列。对于饼图则只有一个数据系列。

(5) 分类轴和数值轴：图表中水平或垂直参考线。在二维图表中，数据分类一般沿 X 轴绘制，称 X 轴为分类 X 轴，而数值一般沿 Y 轴显示，称 Y 轴为数值 Y 轴。

(6) 数据轴主要网格线：在绘图区中作为背景的水平参考线，使数据的差异更加直观。网格线是刻度的延伸，并分割绘图区。主要网格线标出了轴上的主要间距。用户还可以添加标出主要网格线之间的次要网格线。

(7) 图例：图例是在绘图区旁的方框，用于标识图表中的数据系列或分类指定的图案或颜色。

(8) 数据表：显示在屏幕上用以记录图表中数据的表格。

2.5.7　从文档结构图到文档大纲

1. 文档大纲

文档的“大纲视图”模式就是一种用缩进文档标题的形式代表它们在文档结构中样式级别的显示方式。用户可以折叠大纲文档而仅显示所需的标题或正文。

要使用大纲视图组织文档，首先需做的事是要为文档中的段落指定相应的标题样式级别，即是对文档设置分层结构。

用户可以用内置的标题样式为自己的文档中各标题设置相应的级别样式形成层次，也可以通过对各段落指定所属大纲级别来为文档引入层次结构。

2. 查看和修改毕业论文的层次结构

毕业论文采用样式之后，由于“标题 1”～“标题 9”样式具有级别，就能方便地进行层次结构的查看和定位。

在“视图”功能区中单击“显示”组中的“导航窗格”按钮，如图 2.79 所示，可以在左边的“导航”窗格中看到文档的结构，如图 2.80 所示。

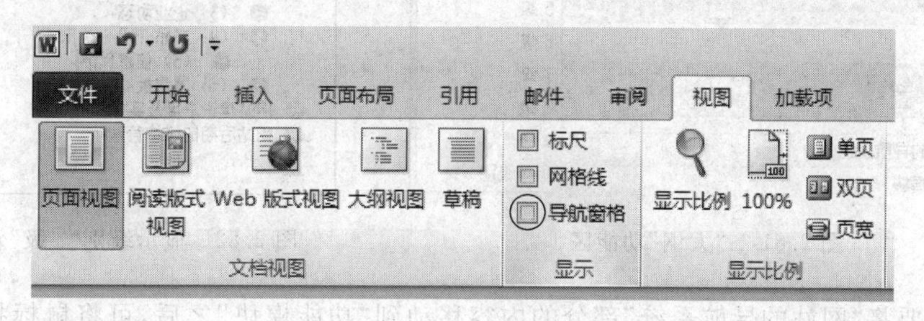

图 2.79　勾选“导航窗格”

图 2.80 文档结构

在其中的标题上单击,即可快速定位到相应位置。

在大纲视图中可方便地进行整个文档内容层次结构的查看和定位,还可通过拖动标题移动、复制和重新组织文本等。因此,大纲视图适合纲目的编辑和文档结构的整体调整。

单击"视图"功能区的"文档视图"组中的"大纲视图"按钮,此时,功能区出现"大纲"功能区,如图 2.81 所示。在"大纲"功能区的"大纲工具"组中的"显示级别"中选择"3 级",则文档中会显示从级别 1 到级别 3 的标题,如图 2.82 所示。

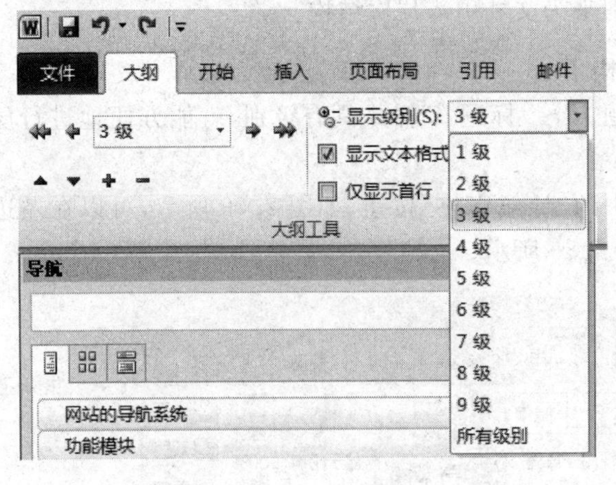

图 2.81 "大纲"功能区

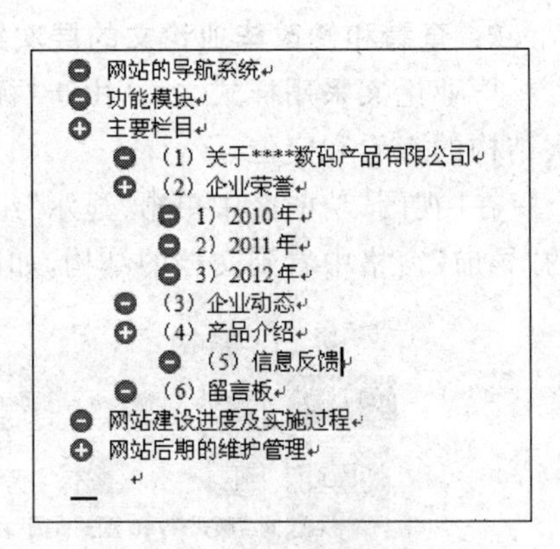

图 2.82 显示级别"3 级"效果

如果要将"网站的导航系统"部分的内容移动到"功能模块"之后,可将鼠标指针移动到"网站的导航系统"前面的图标处,按住鼠标左键拖动内容至"功能模块"下方,即可快速调整该部分区域的位置。这样不仅将标题移动了位置,也会将其中的文字内容一起移动。

2.5.8　应用分节符对论文的不同部分分节

在写论文时，论文格式要求目录需要用“Ⅰ，Ⅱ，Ⅲ，…”作为页码，正文要用“1，2，3，…”作为页码。而此时就要将目录存为一个单独的文件，再设置不同的页码格式，最后分开打印并装订成册。这样管理起来不太方便，合理正确的使用 Word 中的分隔符，可以解决此问题。

1. 插入分页符

当文本或图形等内容填满一页时，Word 2010 会插入一个“分页符”并开始新的一页。如果要在某个特定位置强制分页，可以手动插入“分页符”，这样可以确保章节标题总在新的一页开始。插入分页符的步骤如下。

(1) 将插入点置于要插入分页符的位置。

(2) 单击“页面布局”功能区的“页面设置”组中的“分隔符”，在弹出来的列表中选择“分页符”命令，如图 2.83 所示。

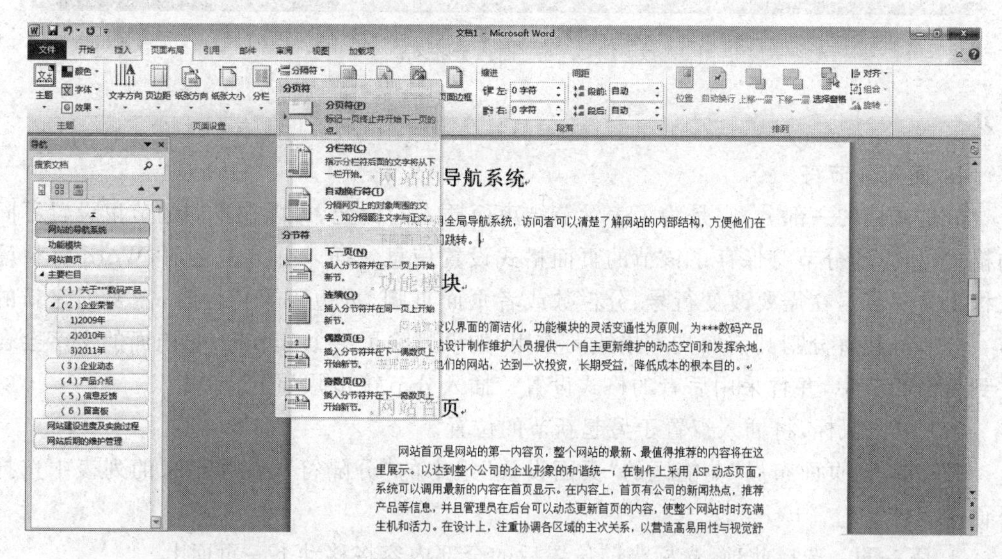

图 2.83　插入分页符

2. 插入分栏符

对文档或某些段落进行分栏后，Word 文档会在适当的位置自动分栏，若希望某一内容出现在栏的顶部，则可用插入分栏符的方法实现，具体步骤如下。

(1) 单击鼠标，将插入点置于另起新栏的位置。

(2) 单击“页面布局”功能区的“页面设置”组中的“分隔符”按钮，在弹出的列表中选择“分栏符”命令，如图 2.84 所示。

3. 插入分行符

通常情况下，文档到达文档页面右边距时，Word 将自动换行。在“分隔符”中选择“自动换行符”，或直接按 Shift＋Enter 键，在插入点位置可强制断行。换行符显示为灰色竖直向下的箭头 ↓，它与直接按 Enter 键不同，换行符后产生的新行仍是当前段落的一

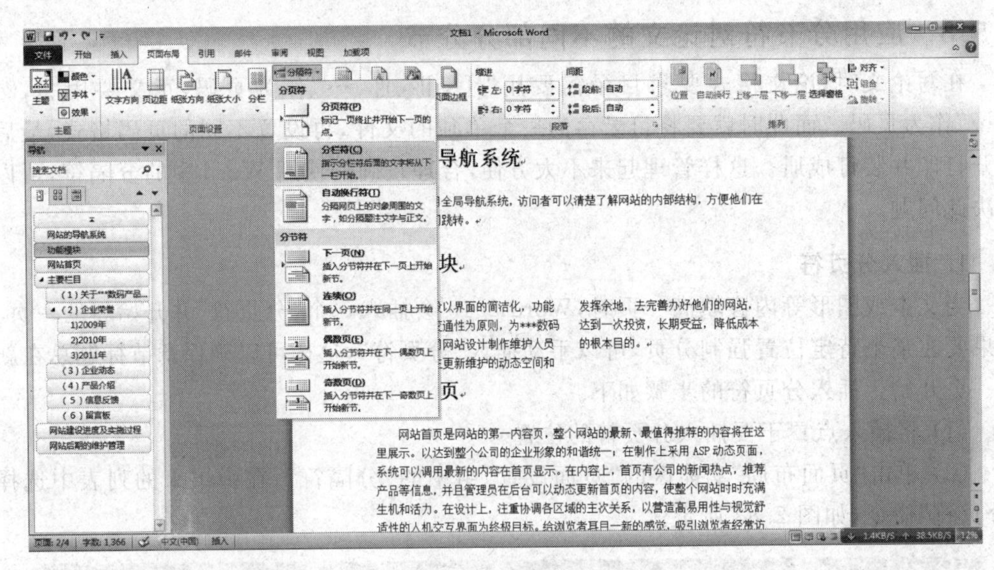

图 2.84　插入分栏符

部分。

4. 插入分节符

节是文档的一部分，它是为了表示节结束而插入的标记，可以在不同的节里设置不同的格式，相应的分节符保存了该节的页面格式设置信息。插入分节符之前，Word 将整篇文档视为一节。在需要改变行号、分栏数或者页面页脚、页边距等特性时，需要创建新的节。分节符起着分割其前面文本格式的作用，如果删除了某个分节符，它前面的文字会合并到后面的节中，并且采用后者的格式设置。插入分节符步骤如下。

(1) 单击鼠标，将插入点置于另起新节的位置。

(2) 单击“页面布局”功能区的“页面设置”组中的“分隔符”，在弹出来的列表中选择下面的一种。

① 下一页：选择此项，光标当前位置后的全部内容将移动下一页面上。

② 连续：选择此项，Word 将在插入点位置添加一个分节符，新节从当前页开始。

③ 偶数页：光标当前位置后的内容将转至下一个偶数页上，Word 自动在偶数页之间空出一页。

④ 奇数页：光标当前位置后的内容转至下一个奇数页上，Word 自动在奇数页之间空出一页。

注意： 如果在页面中看不到分隔符标志，可切换到草稿视图中查看，将光标置于分隔符前面，然后按 Delete 键，可删除分隔符。

5. 对论文的不同部分分节

论文的不同部分通常要另起一页开始，正确的做法是插入分节符，将不同的部分分成不同的节，这样就能分别针对不同的节进行设置。

例如，单击“页面布局”功能区的“页面设置”组中的“分隔符”命令，在弹出来的列表中选择“下一页”命令。对于封面和目录，同样可以用分节的方式将它们设在不同的节。如果要取消分节，删除分节符即可。将光标定位到段落标记和分节符之间，按 Delete 键即可删除分节符，并使分节符前后的两节合并为一节。

2.5.9　分栏排版

在毕业论文的编排中，有时为便于紧凑直观地实现图文混排，需要在某些页面应用“分栏”功能。分栏指将文档中的文本分成两栏或多栏，是文档编辑中的一个基本方法。设置分栏的步骤如下。

(1) 选中所有文字或选中要分栏的段落。

(2) 单击“页面布局”功能区的“页面设置”组中的“分栏”，在弹出的分栏列表可根据自己需要的栏数选择，如图 2.85 所示。

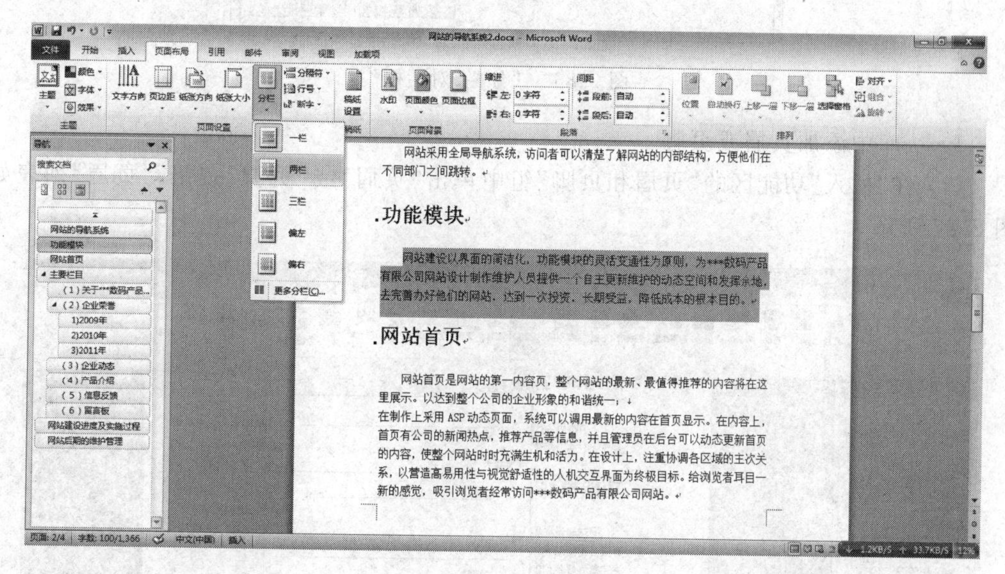

图 2.85　设置分栏

如果需要更多的栏数，单击“更多分栏”按钮，弹出“分栏”对话框。在栏数中设置需要的数目，上限为 12。如果想要在分栏时加上分隔线，选中“分隔线”复选框，如图 2.86 所示。

分栏操作过程中，灵活运用分节符和分栏符及注意分栏操作的应用范围等相关设置，可作类似于许多科技期刊中的乃至新闻稿样式的页面排版。

2.5.10　应用页眉和页脚

1. 添加页眉与页脚

如果希望在文档顶部或底部添加图形或文本，则需要添加页眉或页脚。页眉与页脚通常用于显示文档的附加信息，如页码、日期、作者名称、单位名称、徽标及章节名称等。其中页眉被打印在页面的顶部，而页脚被打印在页面的底部。

页眉与页脚属于版式的范畴，文档的每个节可以单独设计页眉与页脚。要制作页眉与页脚，首先要将文档切换到页面视图方式。

可以从库中快速添加页眉或页脚，也可以添加自定义页眉或页脚。

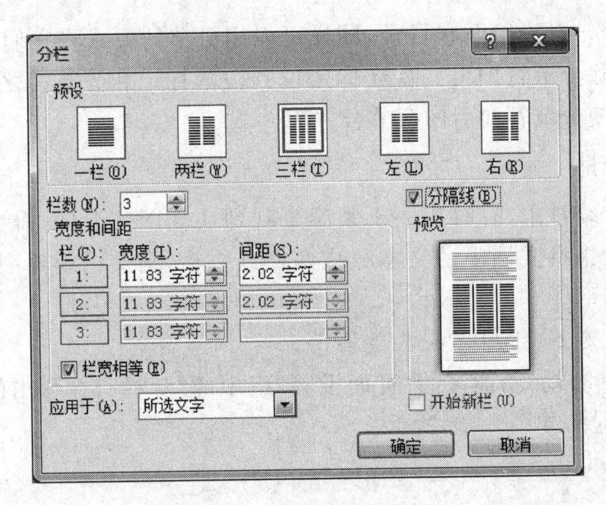

图 2.86 “分栏”对话框

1）从库中添加页眉或页脚

（1）在“插入”功能区的“页眉和页脚”组中单击“页眉”或“页脚”按钮，“页眉”列表如图 2.87 所示。

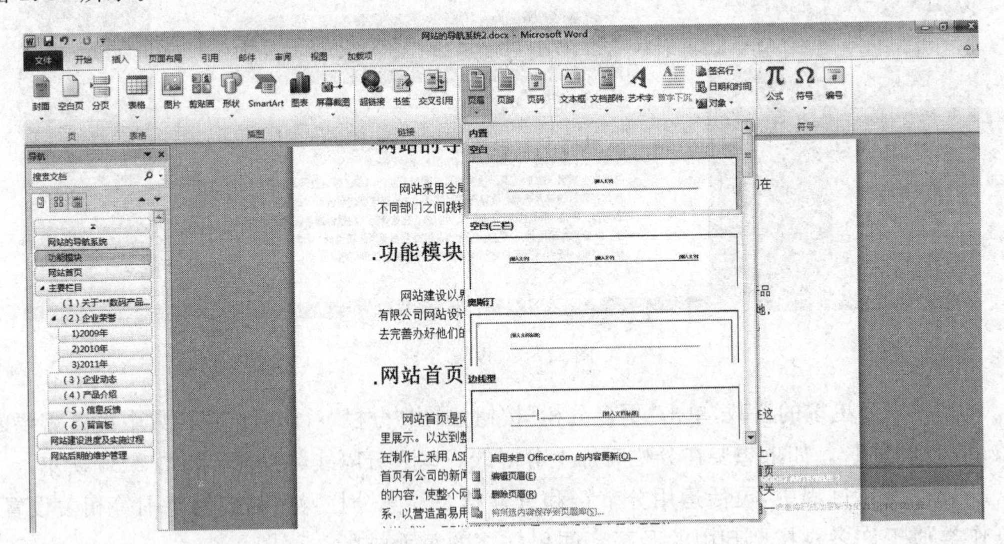

图 2.87 “页眉”列表

（2）单击要添加到文档中的页眉或页脚。若要返回至文档正文，单击“设计”功能区的“关闭页眉和页脚”按钮，如图 2.88 所示。

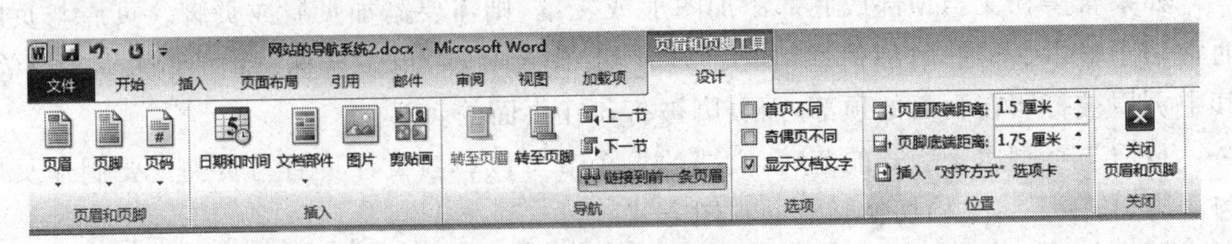

图 2.88 “页眉和页脚工具”功能区

2）添加自定义页眉或页脚

(1) 双击页眉区域或页脚区域(靠近页面顶部或页面底部)，打开“页眉和页脚工具”功能区的“设计”选项卡。

(2) 若要将信息放置到页面中间或右侧，执行下列任一操作。

① 若要将信息放置到中间，单击“设计”选项卡的“位置”组中的“插入‘对齐方式’选项卡”按钮，单击“居中”按钮，再单击“确定”按钮。

② 若要将信息放置到页面右侧，单击“设计”选项卡的“位置”组中的“插入‘对齐方式’选项卡”按钮，单击“右对齐”按钮，再单击“确定”按钮。

(3) 执行下列操作之一。

① 输入要在页眉中包含的信息。

② 添加域代码。依次单击“插入”|“文档部件”|“域”按钮，然后在“域名”列表中单击所需的域。

可使用域来添加的信息的示例包括：Page(表示页码)、NumPages(表示文档的总页数)和 FileName(可包含文件路径)。

(4) 如果添加了 Page 域，则可以通过单击“页眉和页脚”组中的“页码”按钮，再单击“设置页码格式”按钮来更改编号格式。

(5) 若要返回至文档正文，单击“设计”选项卡中的“关闭页眉和页脚”按钮。

2. 为不同的节添加不同的页眉

利用“页眉和页脚”功能可以为论文添加页眉。通常论文的封面和目录不需要添加页眉，只是在正文开始时才需要添加页眉，因为前面已经对论文进行分节，所以很容易实现这个功能。

由于第 1 节是封面，不需要设置页眉，因此可在“页眉和页脚工具”功能区的“设计”选项卡中单击“下一节”按钮，跳到第 2 节。第 2 节是目录的页眉，同样不需要填写任何内容，因此继续单击“下一节”按钮，跳到第 3 节；在“页眉和页脚工具”功能区的“设计”选项卡中，单击“导航”组的“链接到前一条页眉”按钮，取消选中状态，断开同前一节的链接，在第 3 节页眉区域，填写页眉文字。设置完毕之后，在“页眉和页脚工具”功能区单击“关闭”组中的“关闭页眉和页脚”按钮，如图 2.89 所示，退出页眉编辑状态。

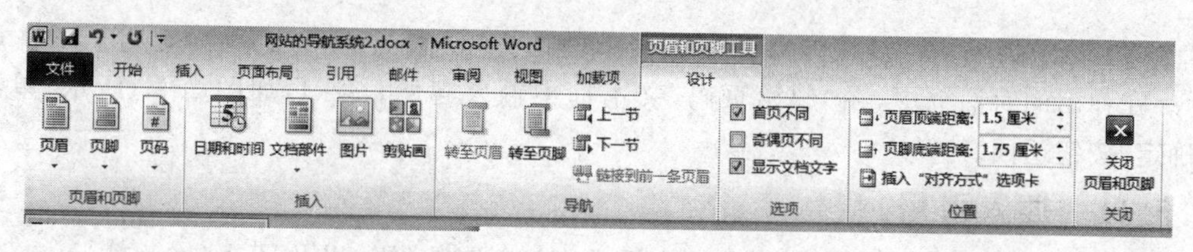

图 2.89　关闭页眉和页脚

3. 在指定位置添加页码

对于毕业论文，通常情况下封面和目录没有页码，从目录之后的内容再添加页码，并且页码要从 1 开始编号。这同样要得益于分节的设置，分节完毕之后，添加页码的步骤如下。

(1) 将光标定位于需要开始编页码的页首位置。

(2) 在弹出的“页眉和页脚工具”功能区中,单击“导航”组的“链接到前一条页眉”按钮,断开同前一节的链接,如图 2.90 所示。

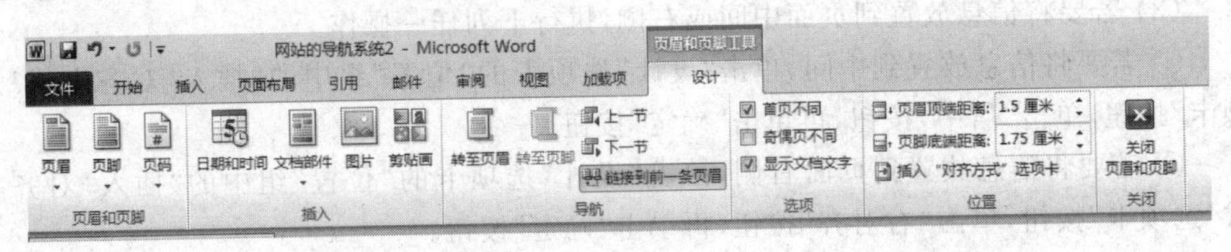

图 2.90 单击“链接到前一条页眉”

(3) 单击“插入”功能区的“页眉和页脚”组中的“页码”按钮,在弹出的列表中选择“页面底端”中的“普通数字 2”,如图 2.91 所示。

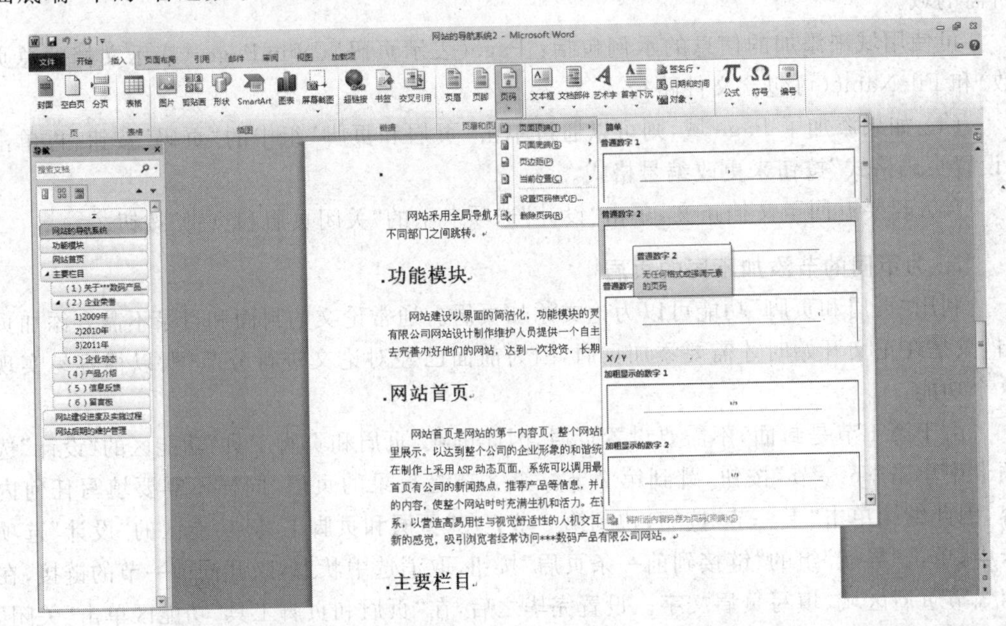

图 2.91 插入页脚

(4) 选中页码,右击,在弹出的快捷菜单中选择“设置页码格式”命令,如图 2.92 所示。在弹出的对话框中,在“起始页码”文本框中输入起始数字 1,如图 2.93 所示,单击“确定”按钮返回。

2.5.11 插入引用

在 Word 中,引用主要包括在文档中插入脚注、尾注、题注以及目录。

1. 脚注和尾注

脚注和尾注相似,是一种对文本的补充说明。脚注一般位于页面的底部,可以作为文档某处内容的注释;尾注一般位于文档的末尾,列出引文的出处等。尾注有两个关联的部分组成,包括主是引用标记和其对应的注释文本。在添加、删除或移动自动编号的注释时,Word 将对注释引用标记重新编号。

图 2.92　选择"设置页码格式"

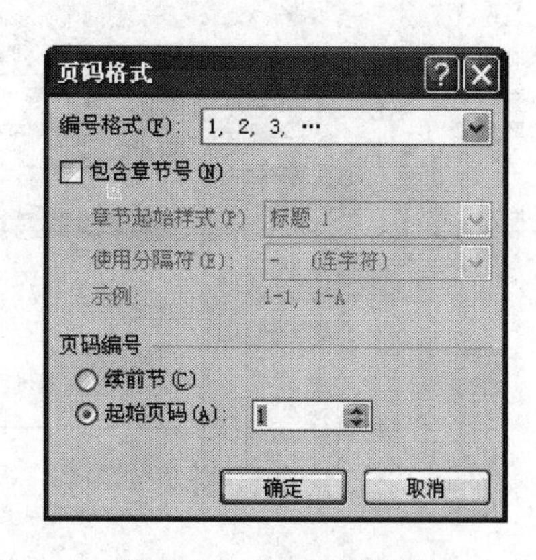

图 2.93　设置起始页码

（1）插入脚注

① 将光标置于需要插入脚注的地方。

② 单击"引用"功能区的"脚注"组中的"插入脚注"按钮，如图 2.94 所示。

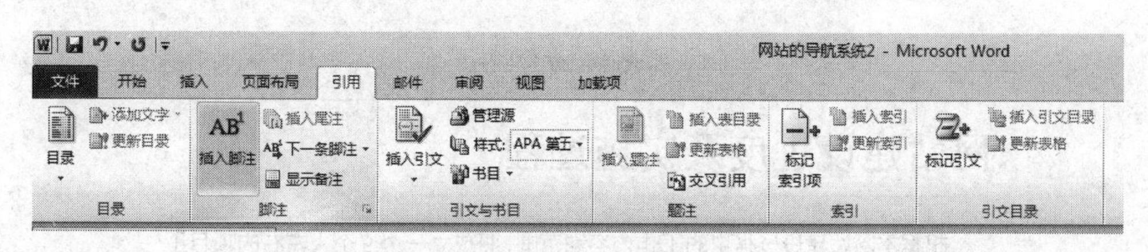

图 2.94　单击"插入脚注"按钮

③ 此时在需要插入脚注的地方会出现序号"1"，序号格式也可自己设置，如图 2.95 所示。

④ 光标会自动跳转到当页底部，出现序号"1"，如图 2.96 所示，此处填写注释信息即可。

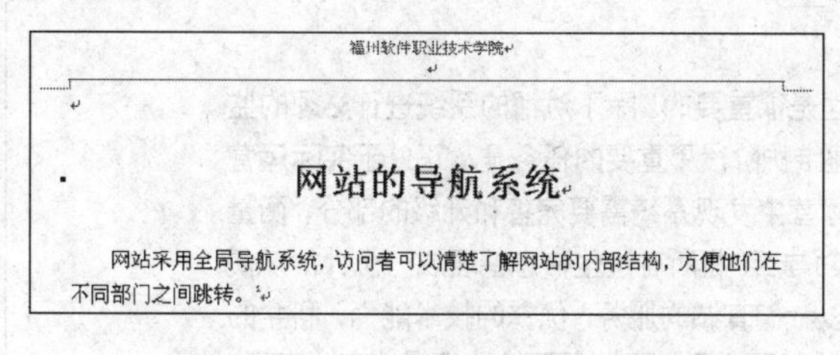

图 2.95　脚注序号

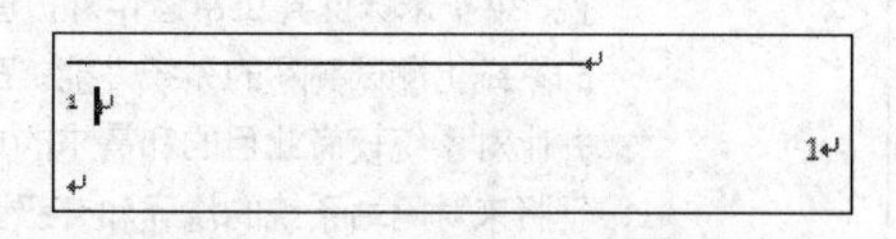

图 2.96　脚注注释信息编辑

（2）插入尾注

① 将光标置于需要插入尾注的地方。

② 单击"引用"功能区中的"插入尾注"按钮，如图 2.97 所示。此时会在需要插入尾注的地方出现序号"ⅰ"，如图 2.98 所示，序号也可自己设置。

③ 光标会自动跳转到最后一页底部，出现序号"ⅰ"，如图 2.99 所示，在此处填写注释信息即可。

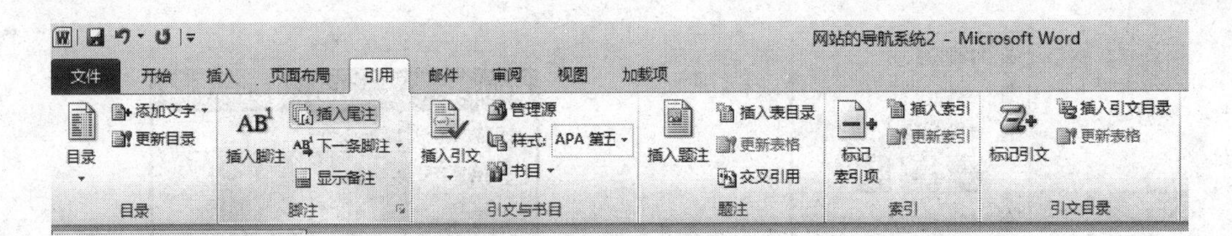

图 2.97 单击“插入尾注”

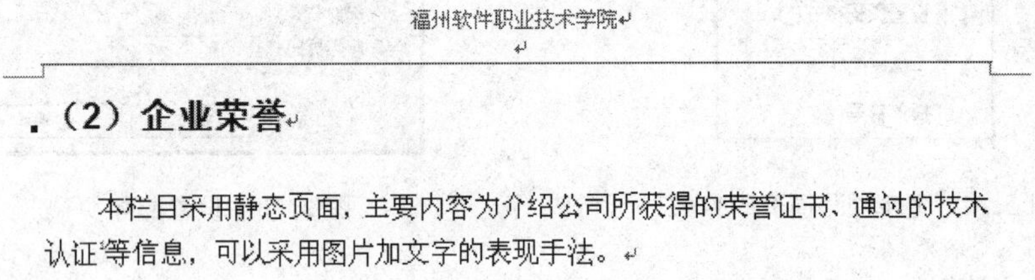

福州软件职业技术学院

(2) 企业荣誉

本栏目采用静态页面，主要内容为介绍公司所获得的荣誉证书、通过的技术认证[i]等信息，可以采用图片加文字的表现手法。

图 2.98 尾注序号“ⅰ”

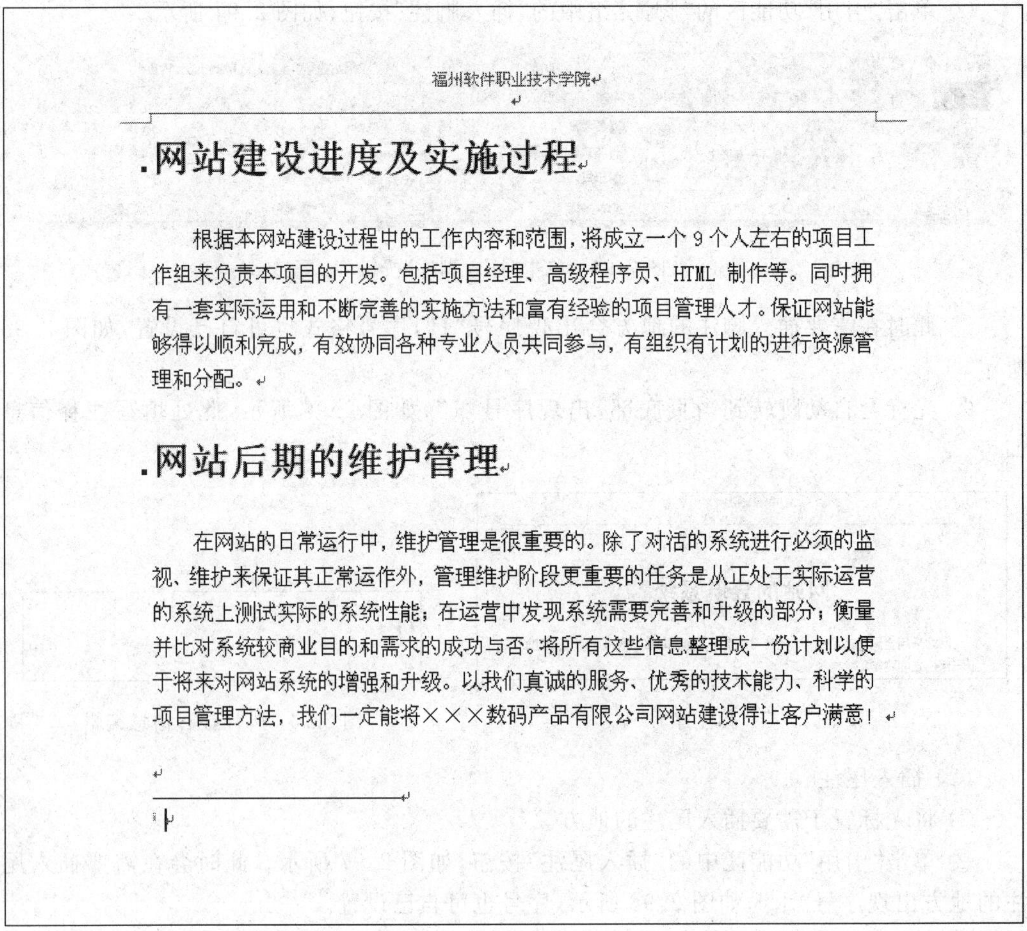

福州软件职业技术学院

网站建设进度及实施过程

根据本网站建设过程中的工作内容和范围，将成立一个 9 个人左右的项目工作组来负责本项目的开发。包括项目经理、高级程序员、HTML 制作等。同时拥有一套实际运用和不断完善的实施方法和富有经验的项目管理人才。保证网站能够得以顺利完成，有效协同各种专业人员共同参与，有组织有计划的进行资源管理和分配。

网站后期的维护管理

在网站的日常运行中，维护管理是很重要的。除了对活的系统进行必须的监视、维护来保证其正常运作外，管理维护阶段更重要的任务是从正处于实际运营的系统上测试实际的系统性能；在运营中发现系统需要完善和升级的部分；衡量并比对系统较商业目的和需求的成功与否。将所有这些信息整理成一份计划以便于将来对网站系统的增强和升级。以我们真诚的服务、优秀的技术能力、科学的项目管理方法，我们一定能将×××数码产品有限公司网站建设得让客户满意！

ⅰ

图 2.99 尾注注释信息编辑

2. 题注

毕业论文等一类长文档中经常会出现许多表格、图表或公式等，Word 2010 为此提供了题注功能。题注是可以添加到这些项目上的编号标签。添加题注可以使各项目对象有序编号，并便于交叉引用。

为图片插入题注的操作步骤如下。

(1) 在图片下边单击，定位插入点。

(2) 单击“引用”功能区的“题注”组中的“插入题注”按钮，如图 2.100 所示，弹出“题注”对话框。

图 2.100　单击“插入题注”

(3) 在“题注”对话框中输入图片名称，如图 2.101 所示。

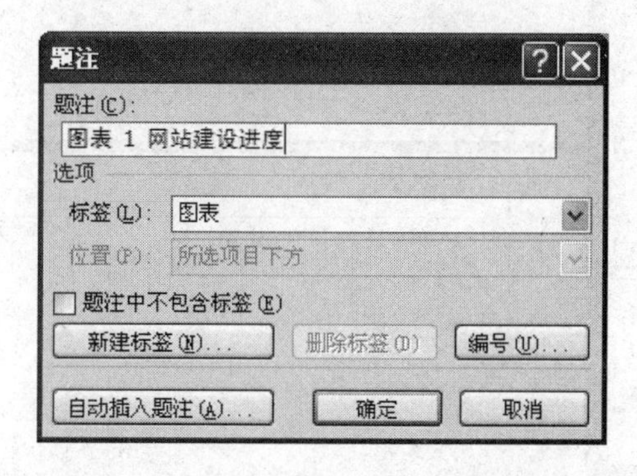

图 2.101　输入图片名称

(4) 在“题注”对话框中单击“编号”按钮，弹出“题注编号”对话框。

(5) 在“题注编号”对话框中的“格式”下拉列表框中选择合适的编号格式，如图 2.102 所示。

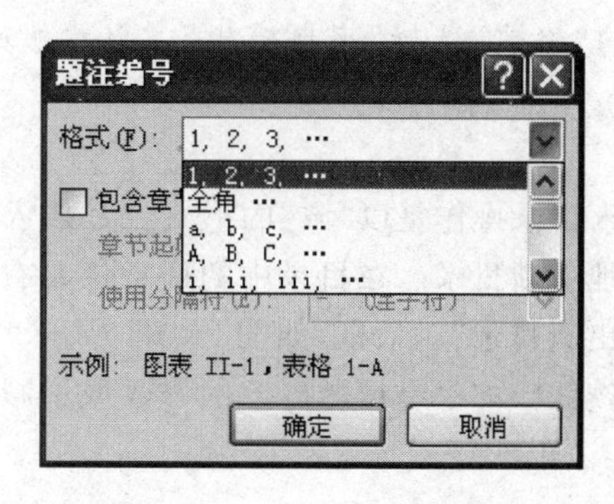

图 2.102　选择题注编号格式

（6）单击“确定”按钮。

3. 目录

Word 2010提供了自动编写目录的功能，为长文档的目录编辑提供了极大的便利。

对长文档进行自动创建目录的前提条件是已在其中应用了Word内置的标题样式；也可以是应用包含大纲级别或自定义的标题样式。这样，Word 2010就能自动识别各级标题，根据标题的级别和对应的页码提取出目录。

设置目录的方法如下步骤。

（1）将光标定位到需要插入目录的位置，即前述已进行分节后的第2节目录页面“目录”字样之后。

（2）单击打开“引用”功能区中的“目录”|“插入目录”命令，如图2.103所示。弹出“目录”对话框。

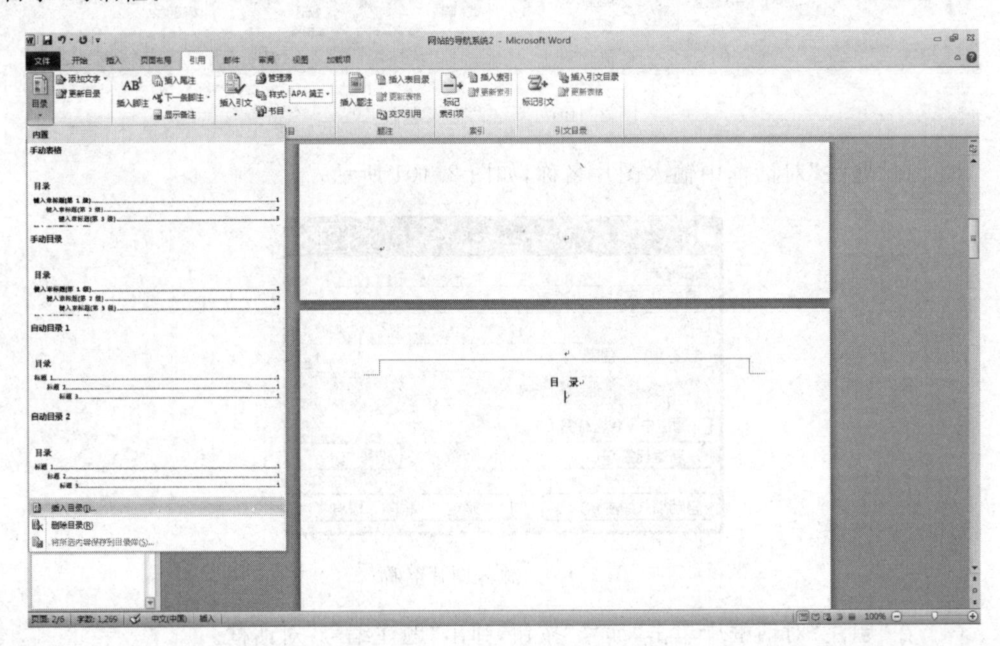

图2.103 选择“插入目录”命令

（3）在“目录”对话框中，选中“显示页码”和“页码右对齐”复选框，制表符前导符选择“……”，“常规”选项组中的“格式”选择“来自模板”，“显示级别”设置为3，如图2.104所示。

（4）单击“确定”按钮。

Word 2010中上述插入目录操作是以“域”的形式将其插入到文档中的（会显示灰色底纹），在需要时可以方便地更新目录。在目录中的任意位置右击，在弹出的快捷菜单中选择“更新域”命令，弹出“更新目录”对话框，如图2.105所示。如果只是页码发生改变，可选中“只更新页码”单选按钮。如果有标题内容的修改或增减，可选择“更新整个目录”单选按钮。

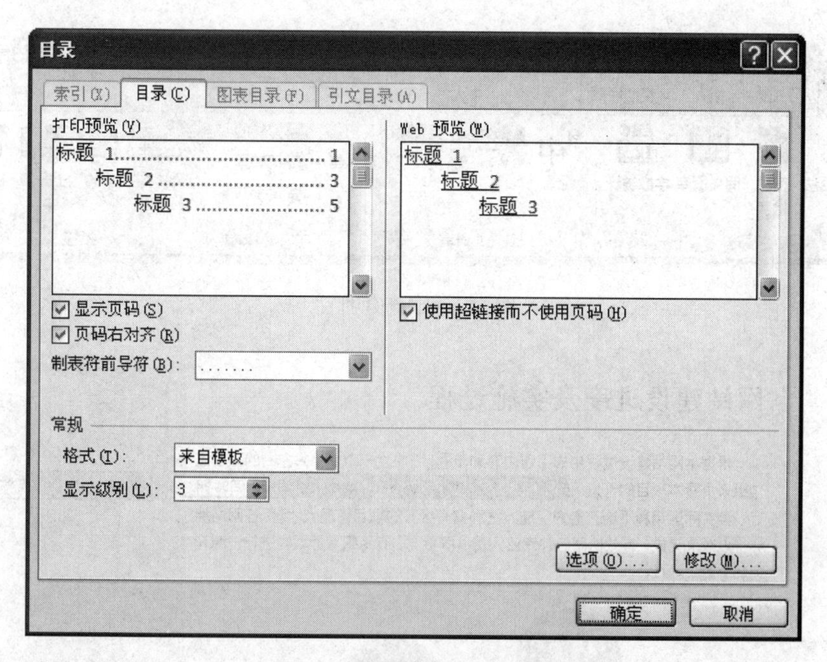

图 2.104　设置"目录"对话框

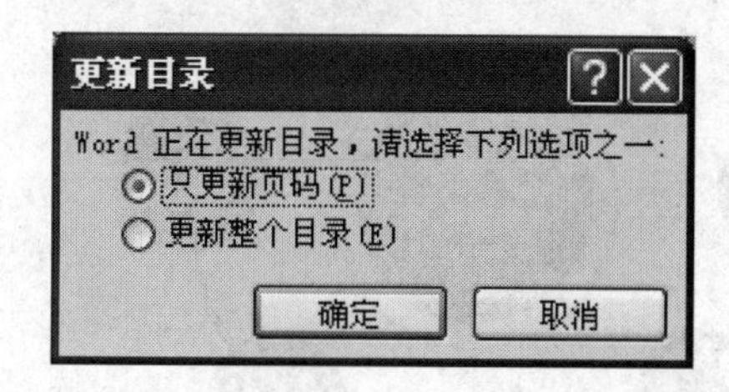

图 2.105　设置"更新目录"对话框

2.5.12　对论文进行批注和修订

指导教师可对学生提交的毕业论文电子文档进行联机审阅，利用 Word 2010 提供的"批注和修订"功能进行点评或提出修改意见，学生再根据老师的审阅结果查看"批注和修订"标记内容进一步修改完善论文。

1. 插入批注

在文档中插入批注的步骤如下。

(1) 选定要设置批注的文本，或将光标定位于要插入批注的文本的后面。

(2) 单击"审阅"功能区的"批注"组中的"新建批注"按钮，如图 2.106 所示，即可添加批注框。

(3) 在批注框中输入要批注内容，如图 2.107 所示。

2. 删除批注

要删除文档中的批注，只须右击批注，在弹出的快捷菜单中选择"删除批注"命令。

图 2.106　新建批注

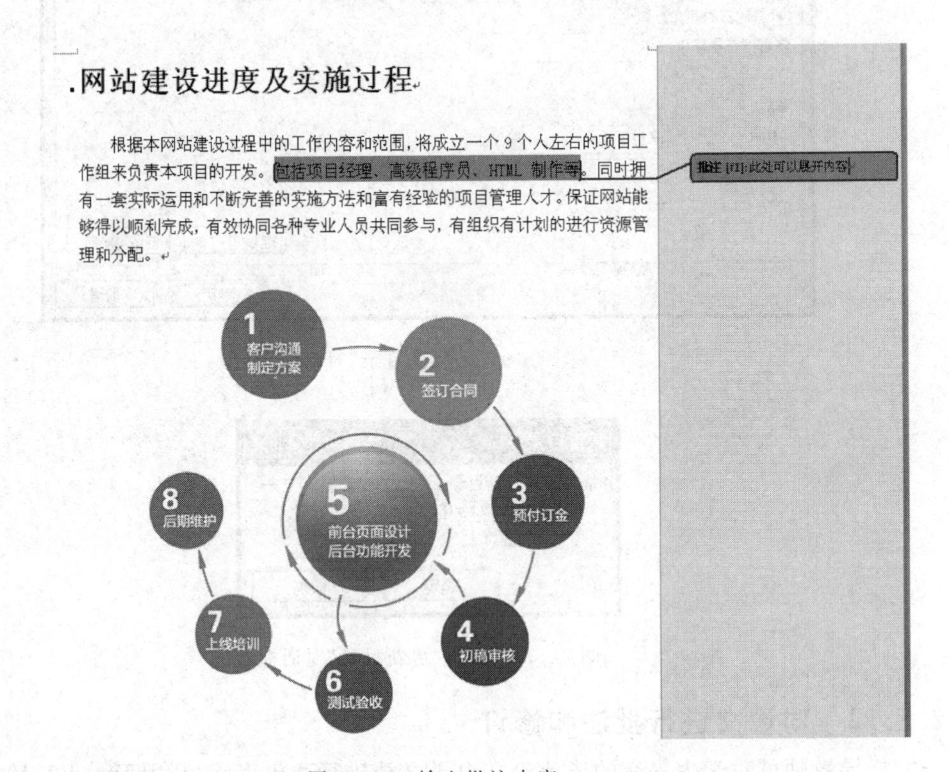

图 2.107　输入批注内容

3. 启动修改

Word 2010 启动审阅修订模式的方法是：在“审阅”功能区的“修订”组中，单击“修订”按钮。如果“修订”按钮变亮，则表示修订模式已经启动。那么接下来对文件的所有修改都会有标记。

提示：若要向状态栏添加修订指示器，请右击该状态栏，会弹出工具列表，然后在列表中选中“修订”，此时通过单击状态栏上的“修订”指示器可以打开或关闭修订。如果“修订”命令不可用，则需关闭文档保护。在“审阅”选项卡上的“保护”组中，单击“限制编辑”，然后单击“保护文档”任务窗格底部的“停止保护”。

4. 关闭修订

关闭修订功能不会删除任何已被跟踪的更改。关闭修订的方法是：在“审阅”功能区中的“修订”组中，单击“修订”按钮。

如果只想要接受或取消修订，而不是关闭此功能的话，可以根据需要使用“审阅”功能区中的“更改”组中的“接受”和“拒绝”命令。

2.5.13　为打印论文进行有关设置

1. 预留装订线区域

为了能够在装订后不会有内边沿的文字被遮挡，可以在页面设置时预留出装订线区域。选择“文件”|“打印”|“页面设置”命令，显示“页面设置”对话框，选择“页边距”选项卡，如图 2.108 所示。

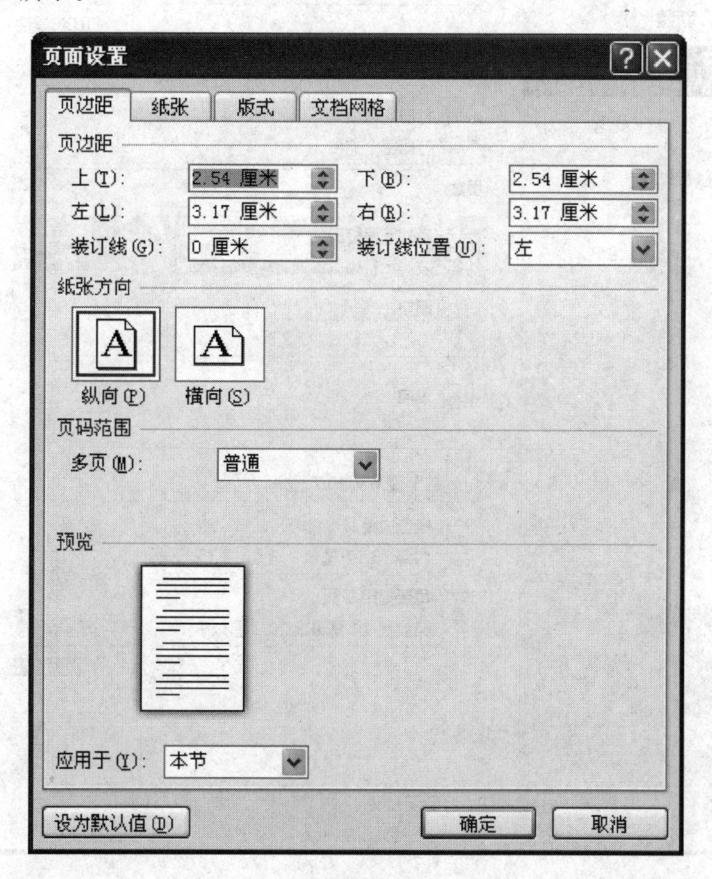

图 2.108　“页面设置”对话框

在“页码范围”中，设置“多页”为“对称页边距”；在“页边距”中，设置“装订线”为“1.8 厘米”，在“预览”中设置“应用于”为“整篇文档”。

2. 双面打印设置

论文需要双面打印时，可选择“文件”|“打印”命令。在“设置”区域中，选择“手动双面打印”选项，如图 2.109 所示。打印时，按照提示加载纸张即可。

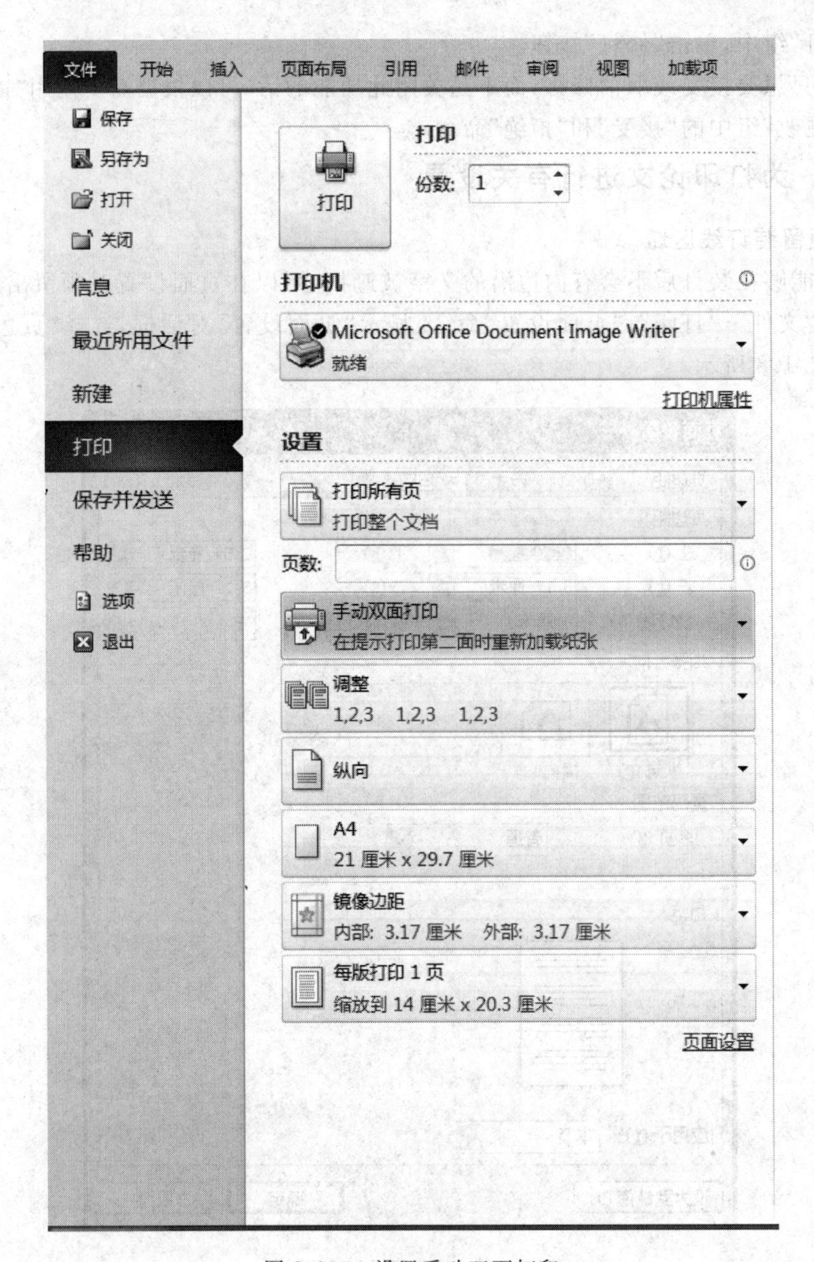

图 2.109 设置手动双面打印

操作与练习

一、单项选择题

1. 如果用户想保存一个正在编辑的文档，但希望以不同文件名存储，可用(　　)命令。

A. 保存　　B. 另存为　　C. 比较　　D. 限制编辑

2. 下面有关 Word 2010 表格功能的说法不正确的是（　　）。

A. 可以通过表格工具将表格转换成文本

B. 表格的单元格中可以插入表格

C. 表格中可以插入图片

D. 不能设置表格的边框线

3. 在 Word 2010 中，如果在输入的文字或标点下面出现红色波浪线，表示（　　），可用“审阅”|“拼写和语法”功能来检查。

A. 拼写和语法错误　　B. 句法错误

C. 系统错误　　D. 其他错误

4. 在 Word 2010 中，可以通过（　　）功能区中的“翻译”功能对文档内容翻译成其他语言。

A. 开始　　B. 页面布局　　C. 引用　　D. 审阅

5. 给每位家长发送一份《期末成绩通知单》，用（　　）命令最简便。

A. 复制　　B. 信封　　C. 标签　　D. 邮件合并

6. 在 Word 2010 中，可以通过（　　）功能区对不同版本的文档进行比较和合并。

A. 页面布局　　B. 引用　　C. 审阅　　D. 视图

7. 在 Word 2010 中，可以通过（　　）功能区对所选内容添加批注。

A. 插入　　B. 页面布局　　C. 引用　　D. 审阅

8. 在 Word 2010 中，默认保存后的文档格式扩展名为（　　）。

A. .dos　　B. .docx　　C. .html　　D. .txt

二、判断题

1. 在打开的最近文档中，可以把常用文档进行固定而不被后续文档替换。（　　）

2. 在 Word 2010 中，通过“屏幕截图”功能，不但可以插入未最小化到任务栏的可视化窗口图片，还可以通过屏幕剪辑插入屏幕任何部分的图片。（　　）

3. 在 Word 2010 中可以插入表格，而且可以对表格进行绘制、擦除、合并和拆分单元格、插入和删除行列等操作。（　　）

4. 在 Word 2010 中，表格底纹设置只能设置整个表格底纹，不能对单个单元格进行底纹设置。（　　）

5. 在 Word 2010 中，只要插入的表格选取了一种表格样式，就不能更改表格样式和进行表格的修改。（　　）

6. 在 Word 2010 中，不但可以给文本选取各种样式，而且可以更改样式。（　　）

7. 在 Word 2010 中，“行和段落间距”或“段落”提供了单倍、多倍、固定值、多倍行距等行间距选择。（　　）

8. “自定义功能区”和“自定义快速工具栏”中其他工具的添加，可以通过“文件”|“选项”|“Word 选项”进行添加设置。（　　）

9. 在 Word 2010 中，不能创建“书法字帖”文档类型。（　　）

10. 在 Word 2010 中，可以插入“页眉和页脚”，但不能插入“日期和时间”。（　　）

11. 在 Word 2010 中，通过“文件”按钮中的“打印”选项同样可以进行文档的页面

设置。（　　）

12. 在 Word 2010 中，插入的艺术字只能选择文本的外观样式，不能进行艺术字颜色、效果等其他的设置。（　　）

13. 在 Word 2010 中，“文档视图”方式和“显示比例”除在“视图”等选项卡中设置外，还可以在状态栏右下角进行快速设置。（　　）

14. 在 Word 2010 中，不但能插入封面、脚注，而且可以制作文档目录。（　　）

15. 在 Word 2010 中，不但能插入内置公式，而且可以插入新公式并可通过“公式工具”功能区进行公式编辑。（　　）

三、操作题

1. 在 Word 软件中按照要求绘制如图 2-110 所示的课程表，用 Word 的保存功能直接存盘。

应用数学专业课程表

科目 日期 时间		星期一	星期二	星期三	星期四	星期五
上午	1—2节 8:00—10:00	数学分析	组合数学	数据库	离散数学	高等代数
	3—4节 10:20—12:00	高等代数	解析几何	数学分析	C++	数学分析
下午	1—2节 14:00—16:00	体育	英语	高等代数	英语	体育
	3—4节 16:40—18:30	数据库	C++	解析几何	组织生活	
晚上	1—2节 19:30—21:20	自习	自习	自习	自习	

图 2-110　课程表示例

要求：

(1) 将表格外部边框线条粗细设置为 3 磅、橙色。内部线条粗细设置为 0.5 磅、形状保持与图 2-110 一致。表格底纹设置为淡蓝色。

(2) 将“应用数学专业课程表”编辑为艺术字，并设置为上弯弧形状、宋体、24 号、红色。

(3) 将课程列的文字字体设置为黑色、宋体、小五号、居中。时间列表时时间的字体设置为红色、Times New Roman、五号、居中。其他字体设置为黑色、宋体、五号、居中。日期行的文字字体设置为黑色、宋体、五号、居中。

(4) 绘制完成的课程表与样文一致。

2. 在 Word 软件中按照要求绘制如图 2-111 所示的表格，用 Word 的保存功能直接存盘。

	1—2节	3—4节	
304 教室	英语	计算机	
205 教室	经济学	电子商务	
108 教室	高数	C 语言	备注：教学楼图片

图 2-111　题 2 表格示例

要求：

(1) 表格外框线为红色线条，内部均为蓝色线条，表格底纹设置为灰色－30%。

(2) 表格中的内容设置为宋体、五号、居中。

(3) 为“304 教室、205 教室、108 教室”文字添加一款动态效果。

(4) 在“备注：教学楼图片”上方的单元格插入一张合适的剪贴画。

3. 用 Word 软件制作以下文档，按照题目要求排版后，用 Word 的保存功能直接存盘。

文稿创意设计的准则

进行文稿的创意设计，必须遵循以下几条准则:

文稿必须符合相应的规范要求。

内容与形式必须统一，形式服从于内容要求。

要注意保持文稿在视觉上的均衡感。

突出主题要素。

要求：

(1) 标题为黑体、蓝色、加着重号、小三字号、居中；正文为楷体、小四字号。

(2) 正文边框为黑色、粗细为 6 磅。

第 3 章

电子表格处理软件 Excel 2010

在日常生活和工作中，经常需要处理数据和表格。Microsoft Office Excel 2010 具有强大的数据计算、分析和处理功能，并且可以完成各种统计图表的绘制，已经广泛地用于金融管理、财务管理、企业管理、行政管理等领域。

3.1 Excel 2010 入门

Excel 文件称为工作簿，其默认文件名为“工作簿 1”(依次为“工作簿 2”,“工作簿 3”…)，扩展名为. xlsx。Excel 2010 工作窗口如图 3.1 所示。

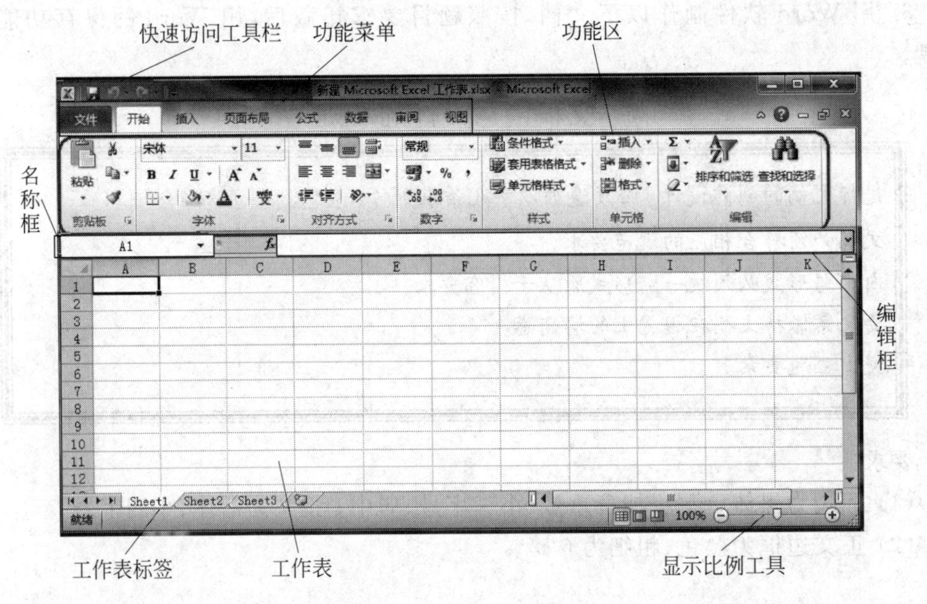

图 3.1 Excel 2010 窗口

1. 快速访问工具栏

快速访问工具栏放置是最常用的工具，以方便用户快速完成操作。默认情况下，快速访问工具栏只有 3 个常用的工具：“存储文件”按钮、“撤销”按钮以及“恢复”按钮。如果用户要向快速访问工具栏添加工具，可以单击“快速访问工具栏”右侧的 按钮，会弹出常用工具列表,如图 3.2 所示。

(1) 如果用户要添加的工具在常用工具列表中,只须在列表中选中即可,工具左边会出现"√"标识。

(2) 如果用户要添加的工具不在常用工具列表中(如"冻结窗格"),可以选择"其他命令"命令,弹出"Excel 选项"对话框。在对话框左侧列表找到要添加的工具(如"冻结窗格"),然后单击"添加"按钮,如图 3.3 所示。最后单击"确定"按钮返回,新添加的工具显示在"快速访问工具栏",如图 3.4 所示。

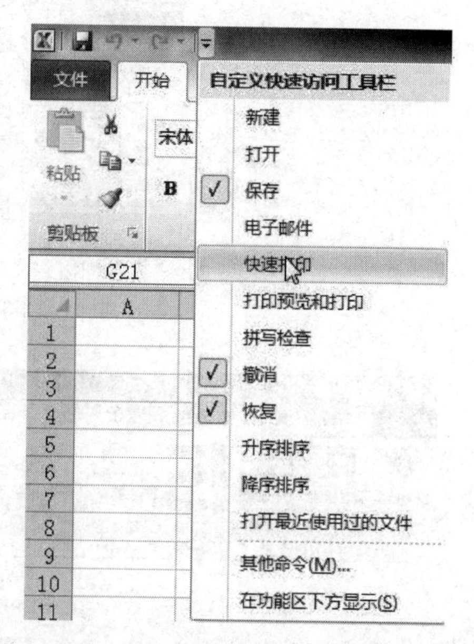

图 3.2　自定义快速访问工具栏列表

2. 功能区

默认情况下,Excel 2010 有 8 个功能区:"文件"、"开始"、"插入"、"页面布局"、"公式"、"数据"、"审阅"和"视图"。每个功能区中包含一系列相关的功能按钮,单击功能菜单即可切换到该功能区。例如,"审阅"功能区是包含更改、批注等操作功能,只要切换到该功能区即可看到其中包含的具体工具,如图 3.5 所示。

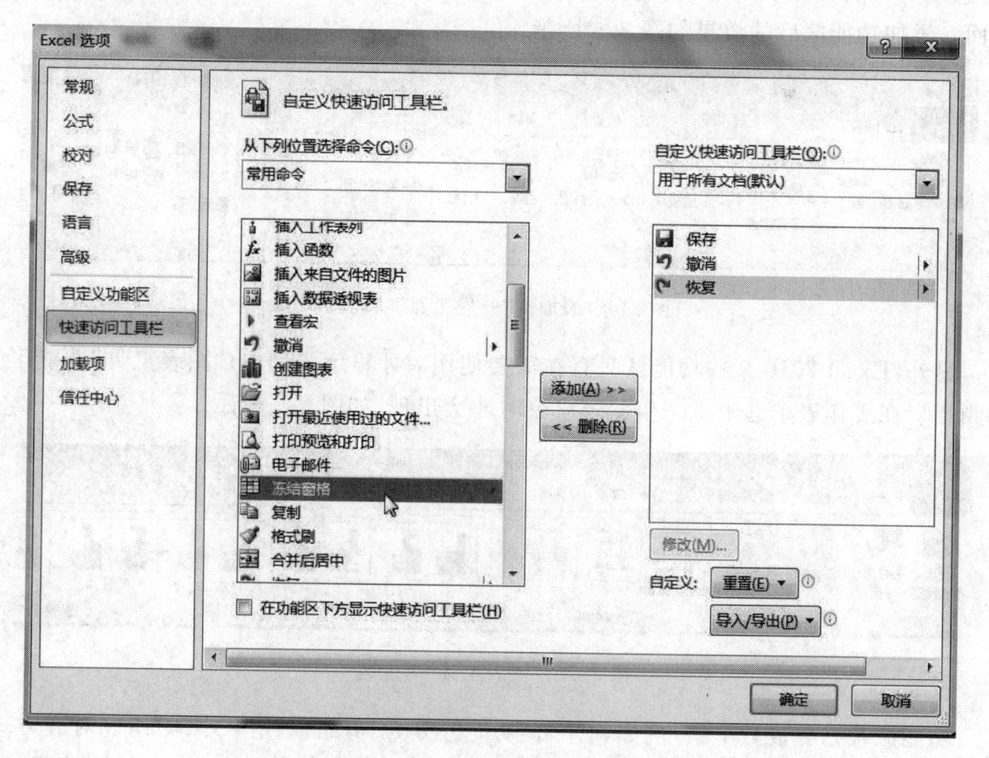

图 3.3　"Excel 选项"对话框

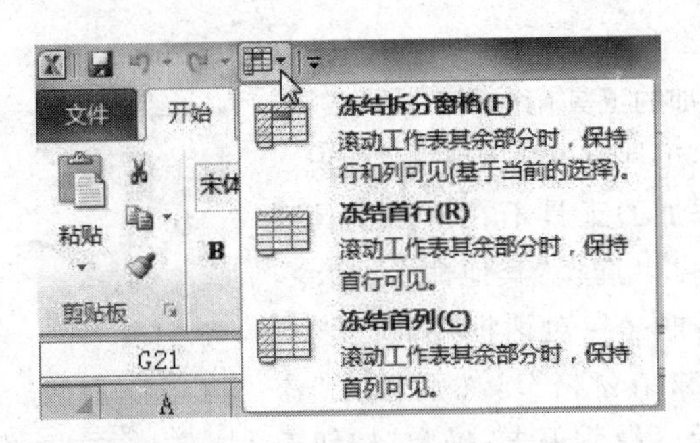

图 3.4 添加新工具

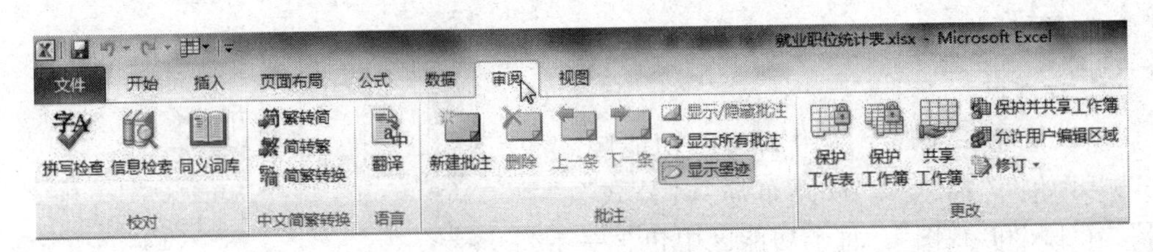

图 3.5 “审阅”功能区

用户也可以添加功能区(如“开发工具”)。选择“文件”|“选项”命令，打开“Excel 选项”对话框。在对话框中，打开“自定义功能区”选项卡，在右侧“自定义功能区”区域选择“主选项卡”，然后在下方列表中选中要添加的功能(如“开发工具”)，最后单击“确定”按钮返回。添加功能区后的效果如图 3.6 所示。

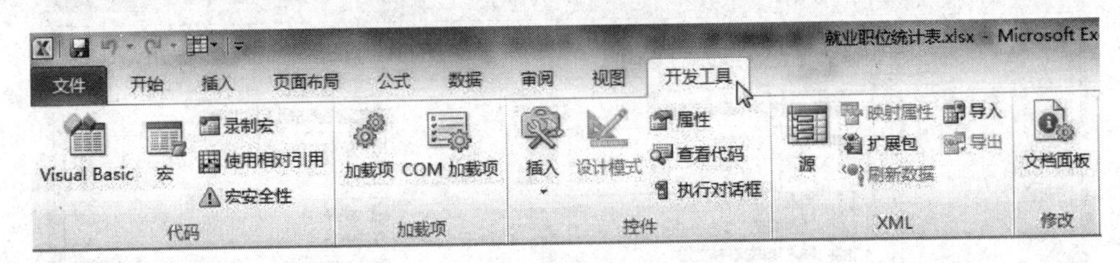

图 3.6 添加的“开发工具”功能区

另外，Excel 2010 某些功能区只有在需要使用时才显示。例如，“图表工具”功能区只有当用户在工作表中选中了一个图表对象时才会出现，如图 3.7 所示。

图 3.7 “图表工具”功能区

功能区被划分成数个组，例如，“开始”功能区分为“剪贴板”组、“字体”组、“对齐方式”组、“数字”组等，如图 3.8 所示。每个组中的按钮功能类似或属于一类。例如，关于对象对齐的按钮都放置于“对齐方式”组。当用户进行操作时,先打开功能区,然后再从该功能区中选择所需的工具按钮。

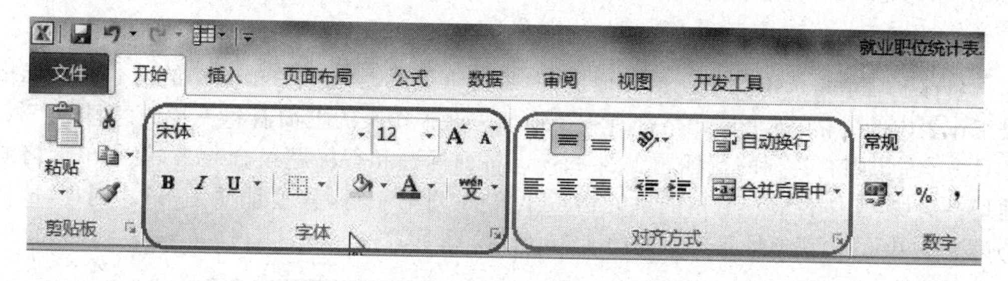

图 3.8 功能区分类

另外,在功能区中某些区域有下三角箭头按钮 ,单击该按钮可以打开专门的对话框来做更细致的设定。例如,单击“字体”组右下角的下三角箭头按钮,则弹出“设置单元格格式”对话框,在对话框中可以对字体进行更细致的设置。

3. 显示比例工具

Excel 2010 窗口右下角是显示比例工具,用于设置目前工作表的显示比例。单击 按钮可放大工作表的显示比例,每按一次放大 10%;反之,单击 按钮会缩小显示比例。用户也可以直接拖拉中间的滑动杆来调整显示比例。

如果单击 按钮左侧的显示比例字样(如 100%),则弹出“显示比例”对话框,如图 3.9 所示。在对话框中,用户可以选择显示比例或输入显示比例。若用户选择“恰好容纳选定区域”项,则 Excel 2010 会根据用户在工作表上选定的范围来计算缩放比例,使这个范围刚好填满整个工作簿视窗。

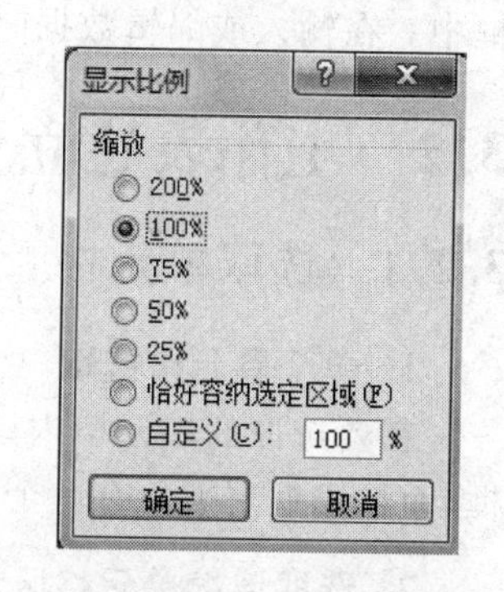

图 3.9 “显示比例”对话框

注意:

(1) 放大或缩小文件的显示比例,并不会放大或缩小字体大小,也不会影响文件打印效果;

(2) 按住 Ctrl 键,滚动鼠标中间滚轮,即可快速放大、缩小工作表的显示比例。

4. 工作簿与工作表

工作簿是指 Excel 2010 环境中用来储存并处理工作数据的文件,也就是说 Excel 文档就是工作簿。工作簿是 Excel 2010 工作区中一个或多个工作表的集合,其扩展名为 .xlsx。在 Excel 中,用来储存并处理工作数据的文件叫做工作簿。

工作表是显示在工作簿窗口中的表格,一个工作表可以由 1048576 行和 16384 列构成。行的编号为 1~1048576,列的编号依次用字母 A、B、…、XFD 表示。行号显示在工作簿窗口的左边,列号显示在工作簿窗口的上边。Excel 2010 默认一个工作簿有三个工作表(即 Sheet1,Sheet2,Sheet3),用户可以根据需要添加工作表。

工作簿和工作表的关系就像书本和页面的关系,每个工作簿中可以包含多张工作表。

工作簿所能包含的最大工作表数受内存的限制。每个工作表中的内容相对独立，通过 Excel 2010 窗口左下角单击工作表标签可以在不同的工作表之间进行切换。

5. 名称框与编辑框

名称框显示是选中的单元格的地址，而编辑框显示是选中的单元格的内容。单元格是工作表内的方格，每个单元格都有一个地址。在工作表的上面有每一栏的“列标题”A、B、C、…，左边则有各列的行标题 1、2、3、…。将列标题和行标题组合起来，就是单元格的地址。例如，工作表最左上角的单元格位于第 A 列第 1 行，其地址便是 A1。同理，E 栏的第 3 行单元格，其地址是 E3，如图 3.10 所示。

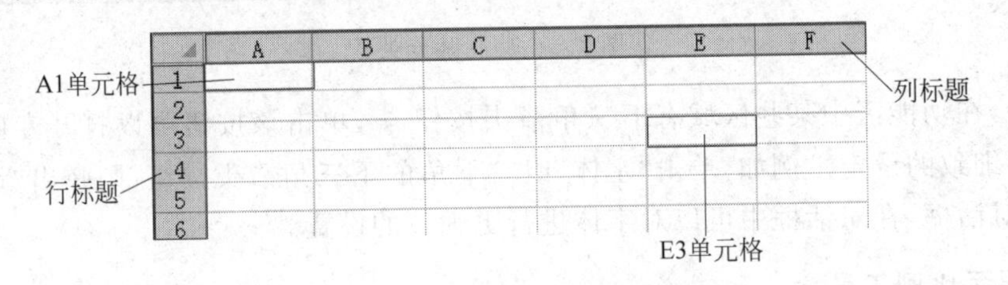

图 3.10 单元格示例

活动单元格就是指正在使用的单元格，在其外有一个黑色的方框。如果同时选取多个单元格，那么所选区域中的第一个单元格是活动单元格，该单元格的名称会显示在名称框中。在输入或编辑数据时，将数据输入到相应的活动单元格中或编辑框内。

3.2 工作表建立与基本操作

3.2.1 选取单元格

1. 单个单元格选取

在要选取的单元格内单击即可选取该单元格，此时，该单元格周围会有一层较粗的边框，而且边框右下角有一个黑点（称为填充控点），鼠标指针移上去会变成“**＋**”形状。

2. 选取连续单元格区域

若要选取连续的多个单元格，可先选取欲选取单元格区域中最左上角的单元格，此时鼠标指针呈 ✚ 形状，然后按住鼠标左键拖动到欲选取范围的右下角单元格，放开左键。

此时，选定单元格区域的左上角单元格为白色背景，其他单元格为另外的颜色背景（一般为浅蓝色）。连续单元格区域的表示形式如下：

左上角单元格地址＋：＋右下角单元格地址

A1　　fx 序号

	A	B	C	D
1	序号	姓名	物理	化学
2	1	张三	93	69
3	2	李四	65	60
4	3	王五	91	52

图 3.11 选取连续单元格区域

图 3.11 所示单元格区域为 A1：D4。从图 3.11 中也可以看到，名称框中显示的是最左上角单元格的地址，编辑栏中是最左上角单元格的内容。

3. 选取不连续的单元格区域

若要选取不连续的多个单元格区域，可先

选取第一个单元格区域，然后按住 Ctrl 键，再选取第二个单元格区域，然后第三个，直到所有单元格区域都选取好后，再放开 Ctrl 键，这样就可以同时选取多个单元格区域了。

此时，最后一个选择区域的第一个单元格为白色背景，而其他选择的单元格背景为另外颜色背景（一般为浅蓝色）。图 3.12 所示为选中 A2：A4 和 B1：D1 单元格区域。在此，先选中 A2：A4 区域，然后按住 Ctrl 键再选中 B1：D1 区域。从图 3.12 中也可以看到，名称框中显示的是最后一次选中区域的最左上角单元格的地址，编辑栏中是该单元格的内容。

4. 选取整行或整列

要选取整行或整列，只须在行编号或列编号上单击。图 3.13 所示是选取 B 列。

B1　fx　姓名

	A	B	C	D
1	序号	姓名	物理	化学
2	1	张三	93	69
3	2	李四	65	60
4	3	王五	91	52

图 3.12　选取不连续单元格区域

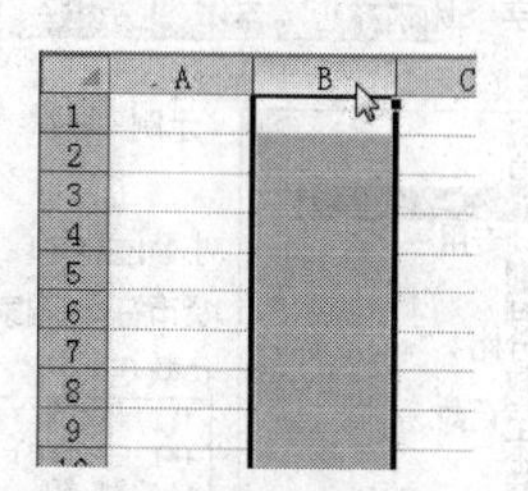

图 3.13　选取 B 列

5. 选取整张工作表

若要选取整张工作表，单击工作区最左上角的“全选”按钮即可，如图 3.14 所示。

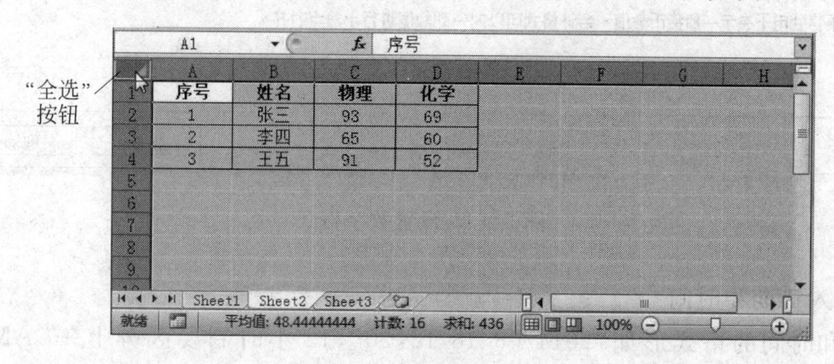

图 3.14　选取整张工作表

3.2.2　输入数据

选取某一单元格后，即可向该单元格中输入数据。单元格的内容大致可分成三类：数字、日期和时间、文字。数字一般由 0～9 及一些符号（如小数点“.”、＋、－、＄、％、…）所组成，如 15.36、－99、＄350、75％等。日期和时间与数字类似，只是包含少量的其他文字或符号，如“2012/06/10 08：30PM”、“3 月 14 日”等。文字包括中文字样、英文字母、数字的组合，不过，有时数字资料有时也会被当成文字输入，如电话号码、身份证号等。

不管是哪种类型的内容，输入方式都是一样的。首先选中要输入内容的单元格，然后输入内容，最后按 Enter 键确认，输入的内容会同时出现在编辑框内。

1. 输入数字

输入数字的长度超过11位或超出单元格的宽度时,Excel自动用科学计数法表示,因为Excel保留15位精确度。当数字长度超过15位时,Excel会将多余的数字转换为0。为了避免与日期混淆,输入分数时首先输入0加空格。若要输入货币、百分比、日期、时间等数值,应先将单元格格式设置为货币或百分比类型(右击选中"单元格"|"设置单元格格式"|"数字"选项卡,选中相应的格式,并可对具体格式进行设置,如图3.15所示)。

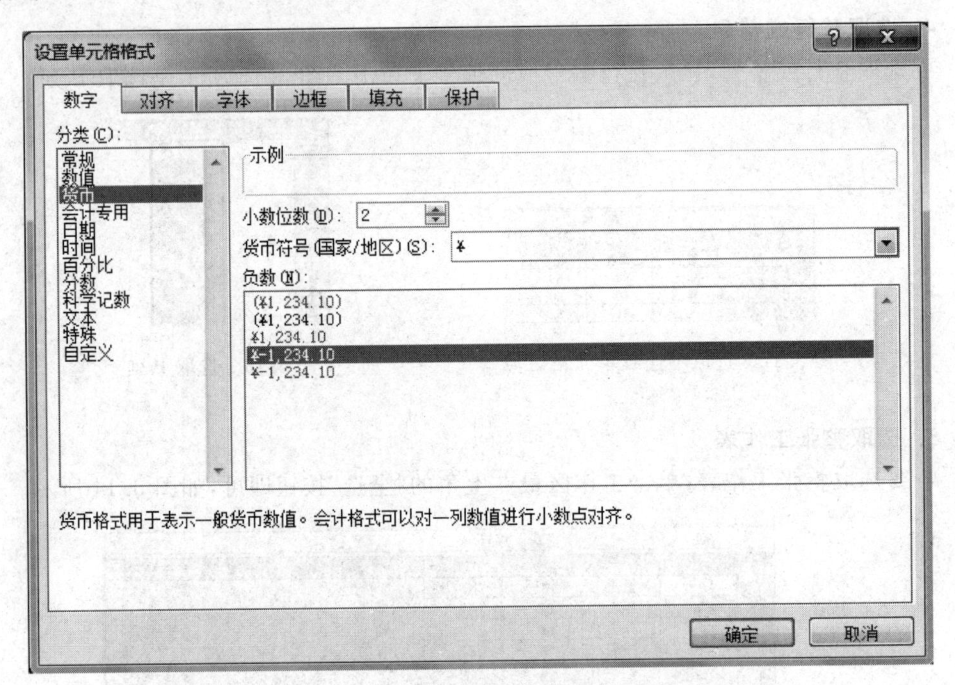

图3.15 设置数字格式

2. 输入日期和时间

日期和时间的格式形如"2014/06/18 12:20",12小时制要区分上午(AM)和下午(PM)。若要输入当前日期按Ctrl+;键,输入当前时间按Ctrl+Shift+;键。

3. 输入文字

文字是数字、空格和非数字字符的组合,默认为左对齐。输入单元格的字符串只要不被系统解释成数字、日期、时间、公式、逻辑值,就全视为文字。

若想在一个单元格内输入多行文本,可在换行时按下Alt+Enter键,此时插入点移到下一行,便能在同一单元格中继续输入下一行资料。

4. Excel 2010 支持格式

单击"开始"|"格式"|"设置单元格格式"命令,弹出"设置单元格格式"对话框。在该对话框中列出了Excel 2010单元格可输入的内容格式,如表3.1所示。

表 3.1　单元格格式种类及含义

名　　称	说　　明
常规	系统默认格式
数值	适用一般数字，可设置“小数位数”、“使用千位分隔符”、“负数”表示方式
货币	与数值类型相似，不过可以在数值前面添加货币符号
会计专用	与货币相似，还可以进行货币符号和小数点对齐显示
日期	提供多种日期格式，并提供了不同国家的日期格式
时间	提供多种时间格式，并提供了不同国家的时间格式
百分比	以百分数的形式显示单元格数值，并可以设置小数位数
科学计数	数值以科学计数法表示，可以设置小数位数
文本	任何格式数据都可以以文本类型处理
特殊	提供特殊格式的选择，如邮政编码、电话号码等
自定义	用户可以根据自己需要自定义格式

3.2.3　编辑数据

1. 修改数据

(1) 整个修改

如果整个单元格中输入的数据都错了，或者绝大部分输入错误，可以这样修改：选取要修改的单元格，将正确的数据直接输入其中。输入完成后，按 Enter 键进行确认。Excel 2010 会自动删除原有的数据，保留重新输入的数据。

(2) 修改部分数据

① 编辑栏法。选中要修改的单元格，将光标定位在编辑栏中要修改的字符位置，借助 Backspace 键或 Delete 键，将错误的字符删除，输入正确的字符，完成后按 Enter 键确认。

② 双击修改法。双击要修改的单元格，直接进入修改状态。将光标定位在要修改的字符位置，借助 Backspace 键或 Delete 键，将错误的字符删除，输入正确的字符，完成后按 Enter 键确认。

(3) 批量修改

如果发现多个单元格中同样的字符出现了错误，可以利用“替换”功能来进行批量修改。例如，要将员工基本情况登记表中的“学历”列中的“大学”修改为“本科”，操作步骤如下。

① 打开员工基本情况登记表，选中“学历”所在列，单击“开始”|“查找和选择”|“替换”命令，打开“查找和替换”对话框。

② 在“查找内容”文本框中输入“大学”，在“替换为”文本框中输入“本科”，然后单击“全部替换”按钮。

③ 完成替换后，弹出一个提示框，直接关闭该提示框和“查找和替换”对话框返回。

2. 清除数据

要清除单元格(或单元格区域)的内容，首先选取欲清除的单元格(或单元格区域)，然后按 Delete 键。或者右击该单元格或单元框区域，在弹出的快捷菜单中选择“清除内容”命令。也可以选择“开始”|“清除”|“清除内容”命令，见图 3.16。

3. 复制与粘贴

① 复制：选取了单元格后，单击“开始”|“复制”按钮。

② 粘贴：把光标定位到目标单元格区域的起始单元格，单击“开始”|“粘贴”按钮。

注意：对于文字、公式等进行复制粘贴还有不同情况，参见3.5.1小节。

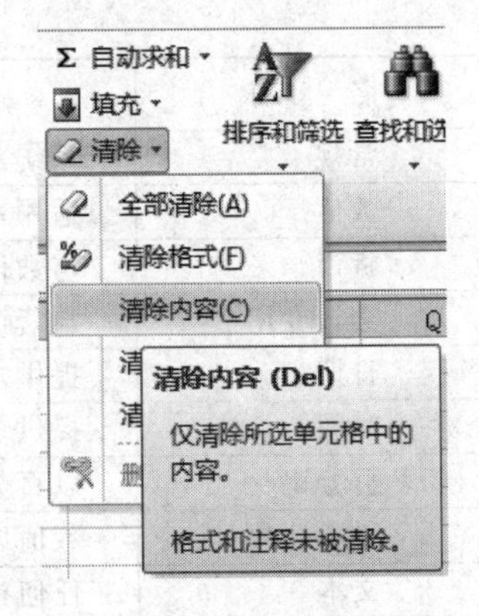

图3.16 清除单元格内容

3.2.4 快速输入

1. 从下拉列表中选择

当同一列单元格的数据类似时，Excel 2010的自动填充功能不方便使用，这时用户可以使用“从下拉列表中选择”功能来快速输入。例如，在A1到A3单元格中分别有“生产厂商”、“生产日期”、“生产地”数据，如果要继续在A4单元格输入内容，可以右击A4单元格，从弹出快捷菜单中选择“从下拉列表中选择”命令，A4单元格下会出现下拉列表，从中选择相应的数据进行填充即可，如图3.17所示。

注意：

(1) “从下拉列表中选择”功能只适用于文本数据。

(2) Excel 2010会从待输入数据的单元格往上、往下寻找文本，只要找到的单元格内有内容，就把它放到清单中，直到遇到空白单元格为止。例如，如图3.18所示，A6为待输入单元格，下拉列表中会列出“科研处”、“教务处”、“财务处”与“基建处”4个，而不会出现“人事处”和“学生处”。

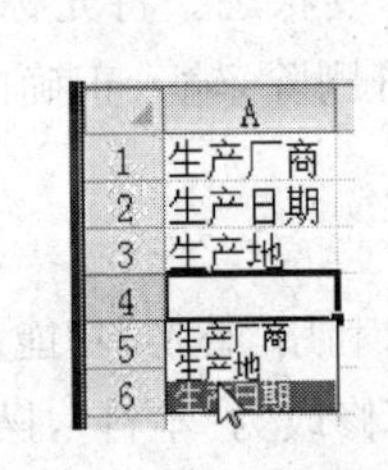

图3.17 单元格内容显示

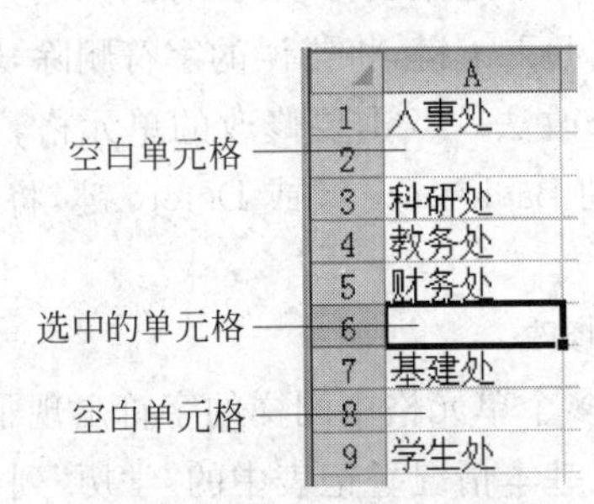

图3.18 下拉列表示例

2. 快速填满相同的资料

当用户要对连续的单元格填入相同的内容，可以选择Excel 2010的自动填充功能，该功能不仅可以填充文本，还可以建立日期、数列等具有规则性的内容。

例如，用户要在A1单元格到A5单元格输入“福州软件职业技术学院”，可以先在A1单元格内输入文本，并维持A1单元格的选中状态，然后将鼠标指针移至A1单元格黑色外框的右下角，此时鼠标指针会呈“十”形状，按住鼠标左键下拉到单元格A5，于是“福州软件职业技术学院”文本就会填充到A2单元格到A5单元格中，如图3.19所示。

在数据填充后，A5单元格旁出现了一个“自动填充选项”按钮，单击此按钮可显示下拉列表，以便用户选择填充方式。用户可以选择复制单元格、仅填充格式或者不带格式填充，如图 3.19 所示。

3. 数列填充

使用数列可以对 Excel 2010 进行快速输入，Excel 2010 支持的数列有以下 4 种。

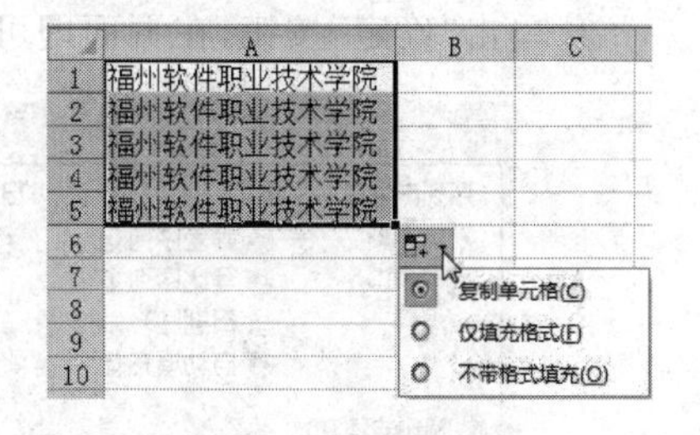

图 3.19　文本自动填充

① 等差数列：数列中相邻两数字的差相等，例如：1,3,5,7,…。

② 等比数列：数列中相邻两数字的比值相等，例如：2,4,8,16,…。

③ 日期：例如：2013/10/5、2013/10/6、2013/10/7。

④ 自动填入：自动填入数列是属于不可计算的文字数据，例如，“一月，二月，三月”、“星期一，星期二，星期三”等都是。Excel 2010 已将这类型文字数据建立成数据库，当使用自动填入数列时，就像使用一般数列一样。

(1) 等差数列填充

例如，用户要在 A1:A6 单元格中分别输入 1、2、3、4、5、6，可在 A1 和 A2 单元格分别输入 1、2，然后同时选中 A1 和 A2 单元格(A1 和 A2 外有一层粗框)，将光标移至 A1 和 A2 单元格的右下角填充控点上，当光标变成“十”形状时，按住鼠标左键不放，向下拖动至 A6 单元格，然后松开鼠标左键。

填充后，A6 单元格外又会出现“自动填充选项”按钮。与文本填充时稍有不同，如图 3.20 所示。此时，如果选中第一项“复制单元格”，则 A3:A6 的数据分别为 1、2、1、2。

(2) 等比数列填充

与等差数列不同的是，等比数列无法像等差数列以鼠标拖动填充控点的方式来使用。例如，要在 A1:A10 建立 2,4,8,…的等比数列，步骤如下。

① 在 A1 单元格中输入 2，然后选中 A1:A10 单元格区域，选择“开始”|“填充”|“系列”命令，如图 3.21 所示。

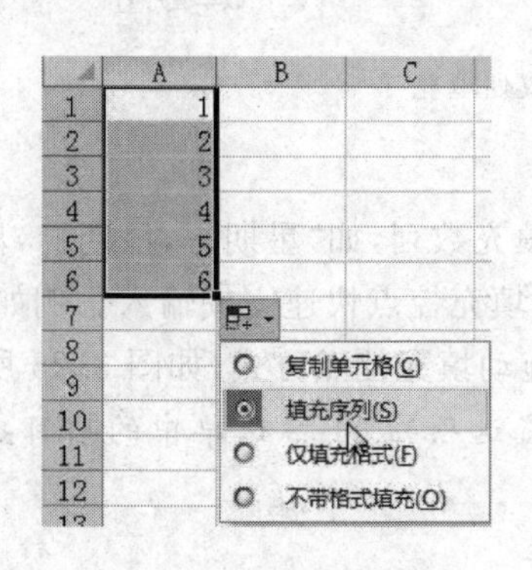

图 3.20　等差数列填充

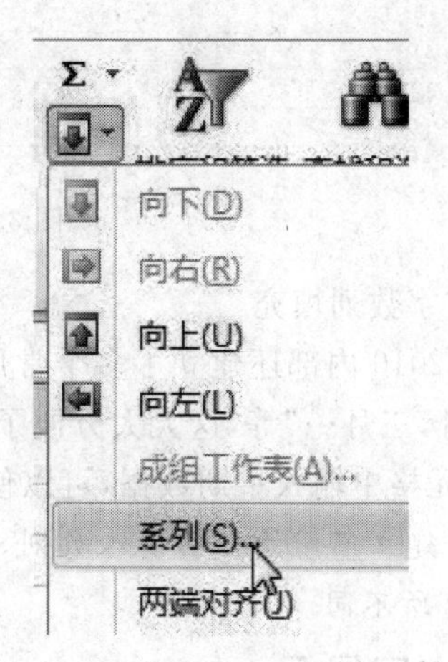

图 3.21　填充按钮

② 系统弹出“序列”对话框。在“序列产生在”区域选中“列”，在“类型”区域选中“等比序列”，在“步长值”区域填入等比倍数 2，“终止值”区域可不填，如图 3.22 所示。

③ 单击“确定”按钮，在页面即可显示等比数列，如图 3.23 所示。

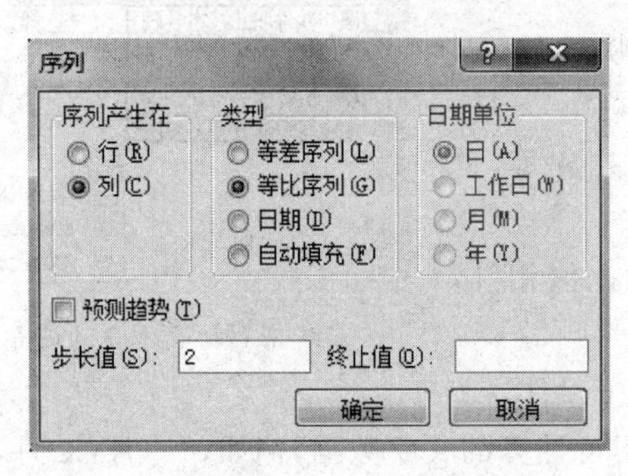

图 3.22 “序列”对话框

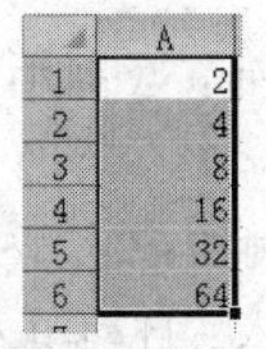

图 3.23 等比数列填充

(3) 日期数列填充

日期数列的填充与等差数列相似，使用鼠标拖动填充控点的方式实现。例如，用户要在 A1:D1 单元格输入日期数列，首先在 A1 单元格中输入起始日期，然后拖动填充至 D1 单元格。同样，在填充完毕后，D1 单元格外会出现“自动填充选项”按钮，单击会看到多出几个与日期有关的选项，如图 3.24 所示。其中，如果选择“以工作日填充”选项，则日期数列的填充会跳过星期六和星期日。

	A	B	C	D	E	F
1	2014/1/1	2014/1/2	2014/1/3	2014/1/4		

复制单元格(C)
填充序列(S)
仅填充格式(F)
不带格式填充(O)
以天数填充(D)
以工作日填充(W)
以月填充(M)
以年填充(Y)

图 3.24 日期数列填充

(4) 文字数列填充

Excel 2010 内部还建立了多个常用的自动填充数列，如“星期一，星期二，星期三…”、“一月，二月，三月…”等，这大大方便了用户使用填充控点快速完成输入。例如，用户要在 A1:A7 单元格中输入星期数据，可以使用鼠标拖动填充控点方式，如图 3.25 所示。

注意：建立不同的自动填入数列，“自动填充选项钮”下拉选单中的项目也会随数列的特性而有所不同。

3.2.5 内容显示

Excel 2010 会自动判断使用者输入的内容形式，以此决定单元格内容的显示方式。

图 3.25　文字数列填充

默认情况下，数字内容靠右对齐，文字内容则靠左对齐。如果输入的内容超过单元格宽度时，Excel 2010 将会改变内容的显示方式。当单元格宽度不足以显示所有内容时，数字内容会显示成“####”；而文字内容则会由右边相邻的单元格决定如何显示。当右邻单元格有内容时，文字资料会被截断；当右邻单元格是空白时，文字资料会跨越到右边，如图 3.26 所示。

	A	B	C	D	E	F
1	名称	单价	数量	总计	生产地	联系人
2	商品1	31	2500	####	福建省福	张三
3	商品2	45	3000	####	福建省厦	李四
4	商品3	68	2800	####	山东省济南市	
5	商品4	43	3200	####	浙江省杭州市	

E2右侧有数据

E4右侧无数据

单元格窄，数字显示成#

图 3.26　单元格内容显示

此时，只要调整单元格的宽度或在标题栏的右框线上双击就可以调整宽度，以便显示单元格内容。

3.2.6　插入式粘贴

一般情况下，在使用复制、粘贴功能时，如果被粘贴单元格上已经有数据存在，用户直接将复制的数据粘贴会覆盖原来的数据。此时，如果想保留原有数据的话，可以使用插入的方式复制。例如，图 3.27 中将 F4 单元格复制到 G4 单元格，但又要保留 G4 原有的内容，可如下操作。

(1) 复制单元格 F4，然后选中单元格 G4，如图 3.27 所示。

(2) 选择“开始”|“插入”|“插入复制的单元格”命令，如图 3.28 所示。

(3) Excel 2010 弹出“插入粘贴”对话框，选中“活动单元格下移”单选按钮，如图 3.29 所示。最后效果如图 3.30 所示，F4 单元格内容复制到 G4 单元格中，而 G4 单元格中原数据下移到 G5 单元格中。

G4 f_x 86

	A	B	C	D	E	F	G
1	序号	姓名	物理	化学	数学	英语	语文
2	1	魏峰	93	69	87	86	79
3	2	钱一	65	60	87	81	83
4	3	宋芳芳	91	52	85	68	86
5	4	郭平	97	72	80		

图 3.27 复制数据

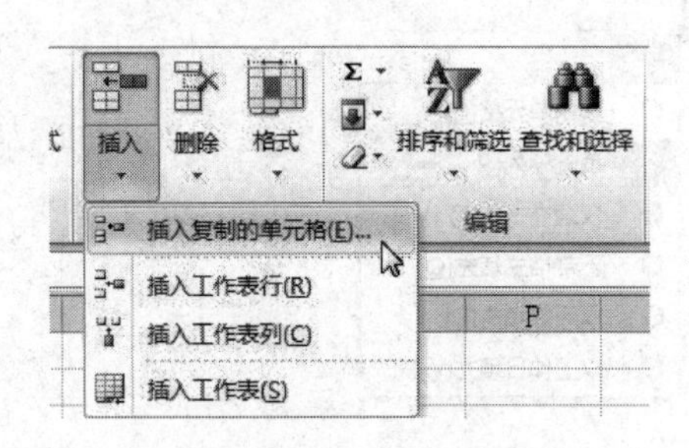

图 3.28 插入复制的单元格

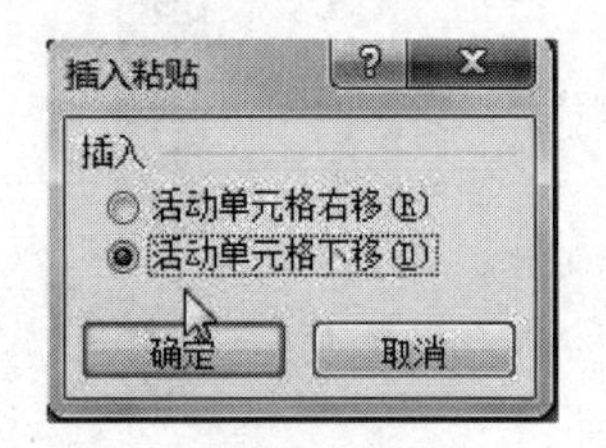

图 3.29 “插入粘贴”对话框

G4 f_x 68

	A	B	C	D	E	F	G
1	序号	姓名	物理	化学	数学	英语	语文
2	1	魏峰	93	69	87	86	79
3	2	钱一	65	60	87	81	83
4	3	宋芳芳	91	52	85	68	68
5	4	郭平	97	72	80		86

图 3.30 插入粘贴效果

3.2.7 单元格的新增与删除

1. 插入行

单击要插入位置后面的行标，选择一行单元格，右击，在弹出的快捷菜单中选择“插入”命令。或者选择“开始”|“插入”|“插入工作表行”命令，如图 3.31 所示。

2. 插入列

与插入行类似，只是选中要插入位置后面的一列。

3. 删除行/列

在要删除的行/列上右击，在弹出的快捷菜单中选择“删除”命令。或者选中要删除的行/列，选择“开始”|“删除”|“删除工作表行/列”命令，如图 3.32 所示。

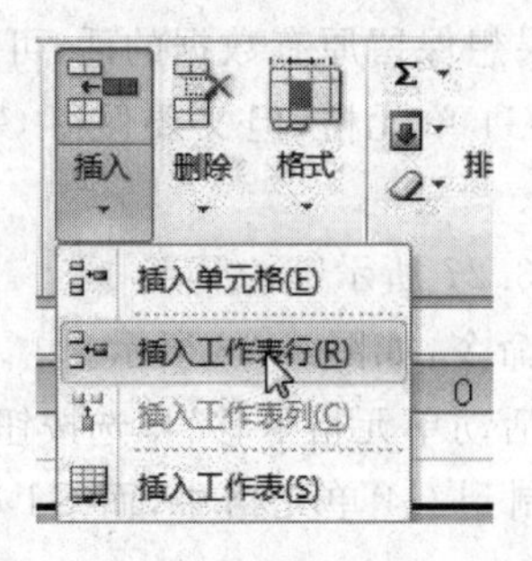

图 3.31 插入一行

图 3.32 删除一行/列

4. 新增空白单元格

选中要新增单元格的位置(可以是连续的多个单元格),右击,在弹出的快捷菜单中选择"插入"命令。或者单击"开始"|"插入"按钮,弹出"插入"对话框,选中"活动单元格下移"单选按钮,如图 3.33 所示,单击"确定"按钮。

5. 删除空白单元格

选中要删除的单元格(可以是连续的多个单元格),右击,在弹出的快捷菜单中选择"删除"命令。或者单击"开始"|"删除"按钮,弹出"删除"对话框,选中"下方单元格上移"单选按钮,如图 3.34 所示,单击"确定"按钮。

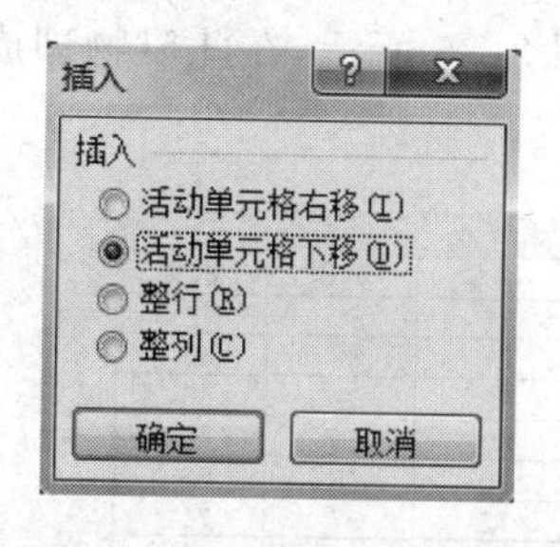

图 3.33　"插入"对话框

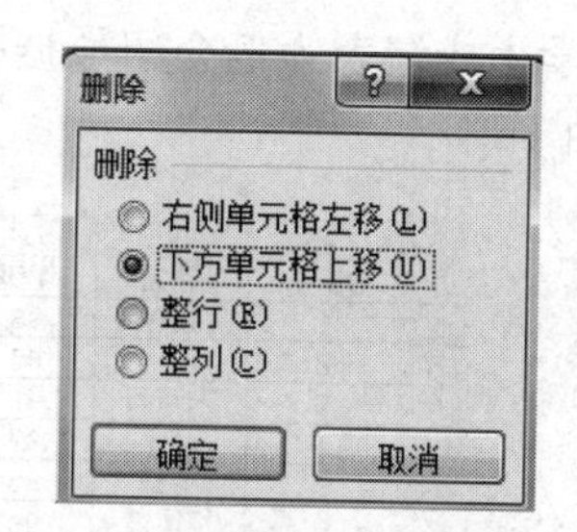

图 3.34　"删除"对话框

3.2.8　设置单元格的样式

1. 单元格样式

单元格默认的样式太过单调。如果要改变其样式,可以选取要变换样式的单元格区域,单击"开始"|"单元格样式"按钮,在下拉列表中选择喜欢的样式,如图 3.35 所示。

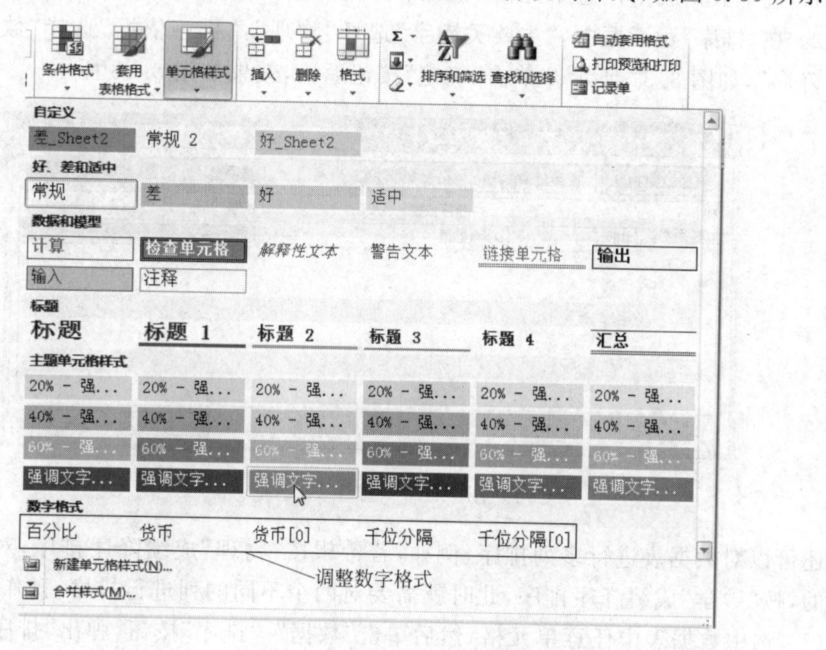

图 3.35　单元格样式

2. 为表格添加图片和背景图案

和Word类似，在Excel 2010中也可以为工作表添加背景图案。单击“页面布局”|“背景”按钮，弹出“工作表背景”对话框。在对话框中，选择要作为背景图案的图像文件，单击“确定”按钮。

3.2.9 数据排序

Excel 2010提供了多种方法对工作表区域进行排序，用户可以根据需要按行/列进行升序、降序或者自定义排序。按行排序时，数据列表中的列将被重新排列，但行保持不变；按列进行排序时，行将被重新排列，列保持不变。

本小节以学生成绩表为例介绍数据排序，如图3.36所示，在此以物理成绩为例，按降序排序，步骤如下。

	A	B	C	D	E	F	G
1	序号	姓名	物理	化学	数学	英语	语文
2	1	魏峰	93	69	87	86	79
3	2	钱一	65	60	87	81	83
4	3	宋芳芳	91	52	85	68	86
5	4	郭平	97	72	80	86	75
6	5	卫慧	85	89	80	78	86
7	6	柯风波	96	60	75	87	71
8	7	骊圆圆	51	87	56	69	58
9	8	风明	93	63	90	90	84
10	9	卿冯飞	84	60	68	86	62
11	10	李廷	69	64	90	84	71
12	11	丁当	78	61	77	77	79
13	12	姚飞婷	70	60	88	77	80
14	13	李尔	87	85	74	54	60

图3.36 学生成绩表

(1) 选中数据表中任意单元格，然后单击“数据”|“排序”按钮，弹出“排序”对话框。

(2) 在“排序”对话框中，“主要关键字”选择“物理”，“排序依据”选择“数值”，“次序”选择“降序”，如图3.37所示。单击“确定”按钮返回，效果如图3.38所示。

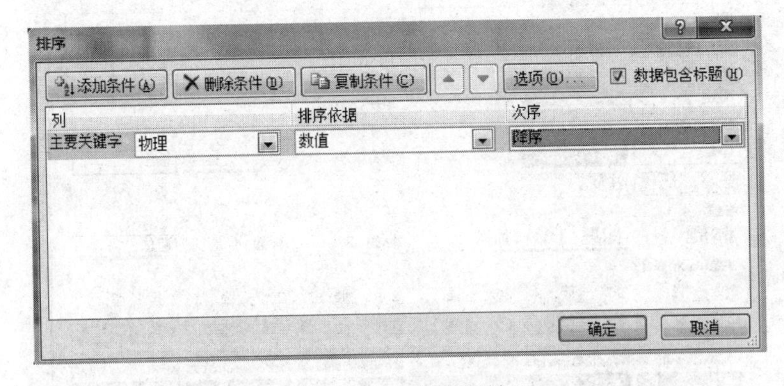

图3.37 “排序”对话框

还可以对数据表进行多列排序，例如，若希望按“物理”成绩降序排序，对“物理”成绩相同的，按“数学”成绩降序排序，此时就需要对两个不同的列进行排序，操作步骤如下。

(1) 选中数据表中任意单元格，然后单击“数据”|“排序”按钮，弹出“排序”对话框。

(2) 在“排序”对话框中，“主要关键字”选择“物理”，“排序依据”选择“数值”，“次序”

	A	B	C	D	E	F	G
1	序号	姓名	物理	化学	数学	英语	语文
2	4	郭平	97	72	80	86	75
3	6	柯风波	96	60	75	87	71
4	1	魏峰	93	69	87	86	79
5	8	风明	93	63	90	90	84
6	3	宋芳芳	91	52	85	68	86
7	13	李尔	87	85	74	54	60
8	5	卫慧	85	89	80	78	86
9	9	卿冯飞	84	60	68	86	62
10	11	丁当	78	61	77	77	79
11	12	姚飞婷	70	60	88	77	80
12	10	李廷	69	64	90	84	71
13	2	钱一	65	60	87	81	83
14	7	骊圆圆	51	87	56	69	58

图 3.38　单列排序效果

选择“降序”。单击“添加条件”按钮，对话框中显示“次要关键字”，选择“数学”，“排序依据”选择“数值”，“次序”选择“降序”，如图 3.39 所示。单击“确定”按钮，即可得到多列排序后的数据表。

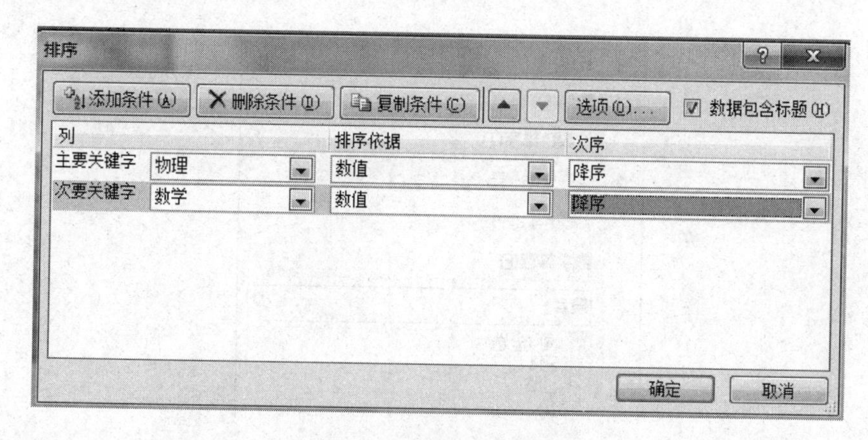

图 3.39　多列排序对话框

在 Excel 2010 中，排序条件最多可以支持 64 个关键字。

3.2.10　数据筛选

通过数据筛选可以将用户不需要的数据隐藏起来，这样便于用户对数据进行查看，Excel 2010 提供了自动筛选和高级筛选两种筛选功能。下面以学生两个学期的成绩表为例介绍数据筛选，如图 3.40 所示。

1. 自动筛选

按“学期”进行筛选，显示第一学期的学生与成绩，操作步骤如下。

(1) 选中数据表中任意单元格，然后单击“数据”|“筛选”按钮，则原来列表的标题右侧会出现下拉箭头，如图 3.41 所示。

(2) 单击“学期”标题右侧的下拉箭头，从下拉列表中选择希望显示的特定行信息。在此，只选中“1”(第一学期)，如图 3.42 所示，Excel 2010 会自动筛选出包含这个特定行信息的全部数据，效果如图 3.43 所示。

	A	B	C	D	E	F
1	姓名	学期	物理	化学	数学	英语
2	魏峰	1	93	69	87	86
3	魏峰	2	90	73	89	90
4	钱一	1	65	60	87	81
5	钱一	2	70	61	88	83
6	宋芳芳	1	91	52	85	68
7	宋芳芳	2	94	58	83	69
8	郭平	1	97	72	80	86
9	郭平	2	98	68	84	89
10	郭礼	1	89	80	78	86
11	郭礼	2	86	84	73	84

图 3.40　学生两学期成绩表

	A	B	C	D	E	F
1	姓名	学期	物理	化学	数学	英语
2	魏峰	1	93	69	87	86

图 3.41　添加筛选按钮

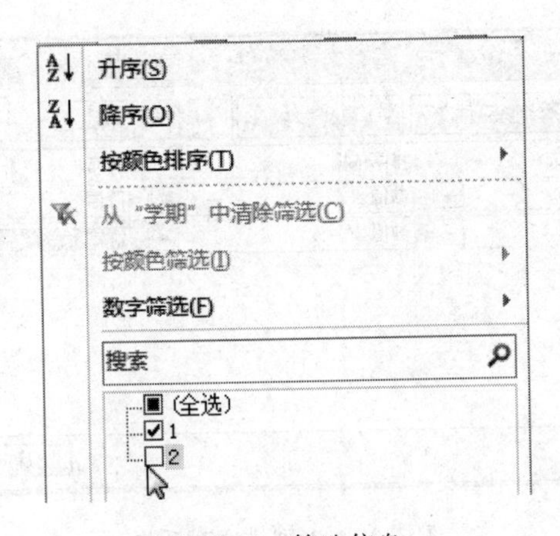

图 3.42　筛选信息

	A	B	C	D	E	F
1	姓名	学期	物理	化学	数学	英语
2	魏峰	1	93	69	87	86
4	钱一	1	65	60	87	81
6	宋芳芳	1	91	52	85	68
8	郭平	1	97	72	80	86
10	郭礼	1	89	80	78	86

图 3.43　筛选效果

2. 高级筛选

如果所需条件比较多，可以使用"高级筛选"来进行。在此要筛选出第一学期物理成绩大于 90 分的学生与成绩，操作步骤如下。

(1) 设置条件区域，第一行输入筛选的列标题，在第二行输入条件，如图 3.44 所示。

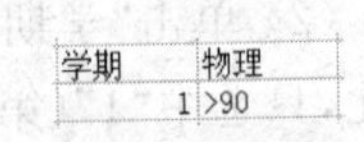

学期	物理
1	>90

图 3.44　条件区域

(2) 选中数据区域中的任意单元格，然后单击"数据"|"高级"

按钮，Excel 2010 弹出“高级筛选”对话框。

(3) 在“高级筛选”对话框单中，选择列表区域以及条件区域，一般 Excel 2010 会自动选择列表区域。用户可以单击条件区域右侧的按钮，然后选择刚才设置的条件区域，再单击该按钮，返回“高级筛选”对话框，如图 3.45 所示。单击“确定”按钮，效果如图 3.46 所示。

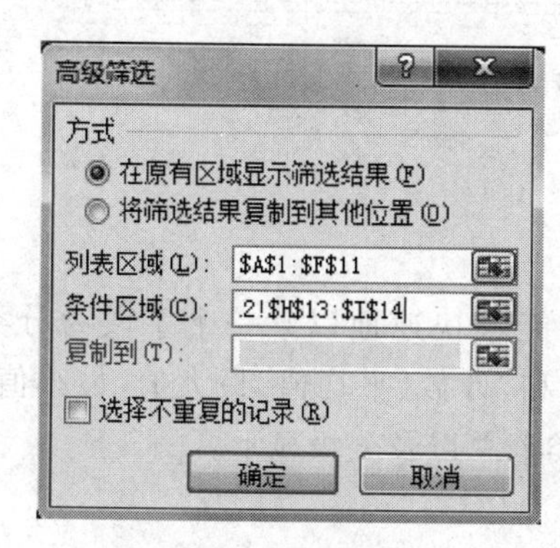

图 3.45 “高级筛选”对话框

	A	B	C	D	E	F
1	姓名	学期	物理	化学	数学	英语
2	魏峰	1	93	69	87	86
6	宋芳芳	1	91	52	85	68
8	郭平	1	97	72	80	86

图 3.46 高级筛选效果

注意：高级筛选的条件区域应该至少有两行，这里的列标题一定要与数据清单中的列标题完全一样才行。在条件区域的筛选条件的设置中，同一行上的条件认为是“与”条件，而不同行上的条件认为是“或”条件。

3. 在筛选时使用通配符

在设置自动筛选的自定义条件时，可以使用通配符，其中问号(?)代表任意单个字符，星号(*)代表任意一组字符。

3.2.11 表对象

在 Excel 2010 中，用户可以直接将数据表格直接转换为表对象，这样就可以直接对数据表格进行排序、筛选、调整格式等操作，转换步骤如下。

(1) 在数据区选中任意单元格，单击“插入”|“表格”按钮，弹出“创建表”对话框。

(2) Excel 2010 默认会选择数据区，如果默认选择不正确，可单击按钮，然后拖动选择正确数据区域，如图 3.47 所示，单击“确定”按钮。

(3) 数据表格转换为表对象后，会自动出现筛选功能，如图 3.48 所示。

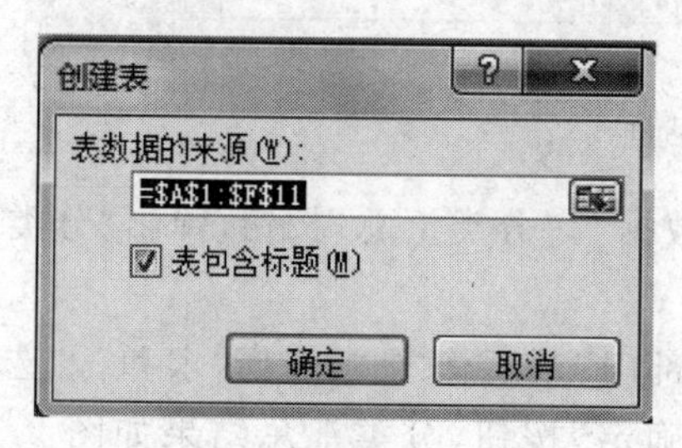

图 3.47 “创建表”对话框

	A	B	C	D	E	F
1	姓名	学期	物理	化学	数学	英语
2	魏峰	1	93	69	87	86
3	魏峰	2	90	73	89	90

图 3.48 表对象

(4) 选中转换的表对象，在“设计”菜单中，用户可以调整表的样式，图 3.49 所示。

图 3.49　表格样式

3.2.12　分类汇总与分级显示

分类汇总是 Excel 2010 中最常用的功能之一，它能够快速地以某一个字段为分类项，对数据列表中的数值字段进行各种统计计算，如求和、计数、平均值、最大值、最小值、乘积等。本小节使用如图 3.50 所示工资表来介绍分类汇总以及分级显示。

1. 创建分类汇总

在此，我们计算数据表(见图 3.50)中每个部门的员工实发工资之和，操作步骤如下。

	A	B	C	D	E	F	G
1	姓名	部门	岗位工资	奖金	加班工资	保险	实发工资
2	王霞	办公室	¥4,500.00	¥1,000.00	¥350.00	¥200.00	¥5,650.00
3	李襄沁	财务处	¥3,500.00	¥800.00	¥260.00	¥200.00	¥4,360.00
4	周美芬	办公室	¥3,500.00	¥800.00	¥300.00	¥200.00	¥4,400.00
5	朱彤宇	人事处	¥4,500.00	¥900.00	¥600.00	¥200.00	¥5,800.00
6	张秉璧	办公室	¥3,500.00	¥800.00	¥400.00	¥200.00	¥4,500.00
7	罗乐乐	财务处	¥3,500.00	¥800.00	¥400.00	¥200.00	¥4,500.00
8	沈继	人事处	¥3,500.00	¥800.00	¥380.00	¥200.00	¥4,480.00
9	吴瑕	财务处	¥3,500.00	¥800.00	¥200.00	¥200.00	¥4,300.00
10	刘枚枚	财务处	¥3,500.00	¥800.00	¥200.00	¥200.00	¥4,300.00
11	杜勇	办公室	¥3,000.00	¥700.00	¥180.00	¥200.00	¥3,680.00
12	陈皓	人事处	¥3,000.00	¥600.00	¥180.00	¥200.00	¥3,580.00

图 3.50　各部门工资表

(1) 在数据区域，单击任意单元格，然后单击“数据”|“排序”按钮，对数据按部门进行升序排序，如图 3.51 所示。

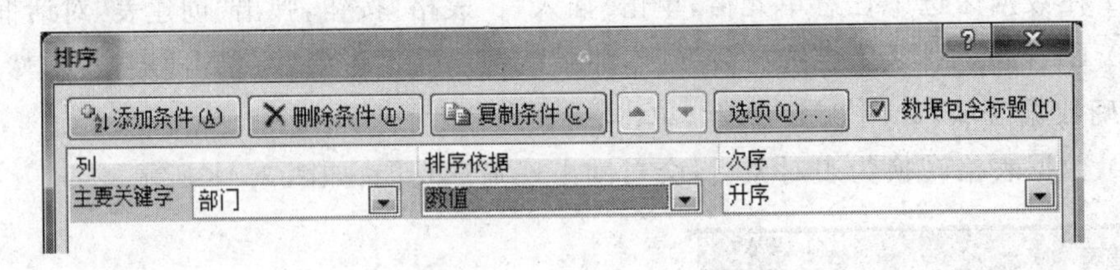

图 3.51　“排序”对话框

(2) 在数据区域，单击任意单元格，然后单击“数据”|“分类汇总”按钮，弹出“分类汇总”对话框。

(3) 在“分类汇总”对话框中，“分类字段”选择“部门”，“汇总方式”选择“求和”，“选定汇总项”选择“实发工资”，如图 3.52 所示。单击“确定”按钮，分类汇总结果如图 3.53 所示。

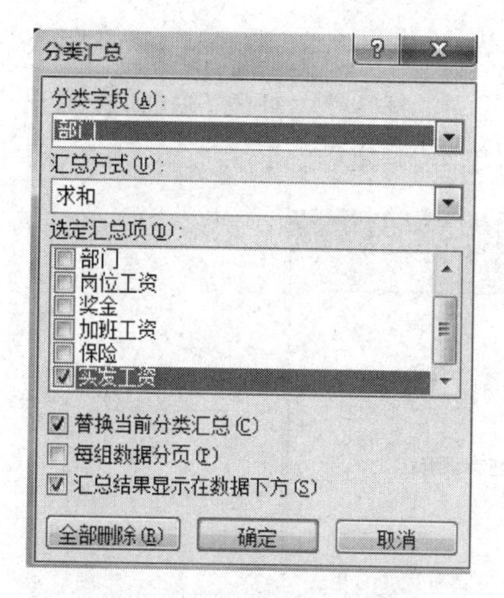

图 3.52　“分类汇总”对话框

	A	B	C	D	E	F	G
1	姓名	部门	岗位工资	奖金	加班工资	保险	实发工资
2	王霞	办公室	¥4,500.00	¥1,000.00	¥350.00	¥200.00	¥5,650.00
3	周美芬	办公室	¥3,500.00	¥800.00	¥300.00	¥200.00	¥4,400.00
4	张秉璧	办公室	¥3,500.00	¥800.00	¥400.00	¥200.00	¥4,500.00
5	杜勇	办公室	¥3,000.00	¥700.00	¥180.00	¥200.00	¥3,680.00
6		办公室 汇总					¥18,230.00
7	李襄沁	财务处	¥3,500.00	¥800.00	¥260.00	¥200.00	¥4,360.00
8	罗乐乐	财务处	¥3,500.00	¥800.00	¥400.00	¥200.00	¥4,500.00
9	吴瑕	财务处	¥3,500.00	¥800.00	¥200.00	¥200.00	¥4,300.00
10	刘枚枚	财务处	¥3,500.00	¥800.00	¥200.00	¥200.00	¥4,300.00
11		财务处 汇总					¥17,460.00
12	朱彤宇	人事处	¥4,500.00	¥900.00	¥600.00	¥200.00	¥5,800.00
13	沈继	人事处	¥3,500.00	¥800.00	¥380.00	¥200.00	¥4,480.00
14	陈皓	人事处	¥3,000.00	¥600.00	¥180.00	¥200.00	¥3,580.00
15		人事处 汇总					¥13,860.00
16		总计					¥49,550.00

图 3.53　分类汇总结果

注意：在分类汇总中数据是分级显示的，在工作表的左上角出现 1 2 3 。单击 1 ，表中就只出现总计项；单击 2 ，表中就只出现汇总的部分；单击 3 ，则显示所有的内容。

2. 复制汇总结果

当使用分类汇总后，如果对分类汇总结果直接进行复制，复制的是所有数据而非分类汇总结果。此时，可以按 Alt+；键选取当前屏幕中显示的内容，然后进行复制。

3.2.13　插入 SmartArt 及对象

1. 插入 SmartArt

SmartArt 是 Excel 2010 提供的一种新的对象，该对象可以使得用户制作更加丰富的 Excel 2010 数据表。要添加 SmartArt，单击“插入”| SmartArt 按钮，在弹出的“选择 SmartArt 图形”对话框中选择想要插入的 SmartArt 类型以及具体样式，如图 3.54 所示。

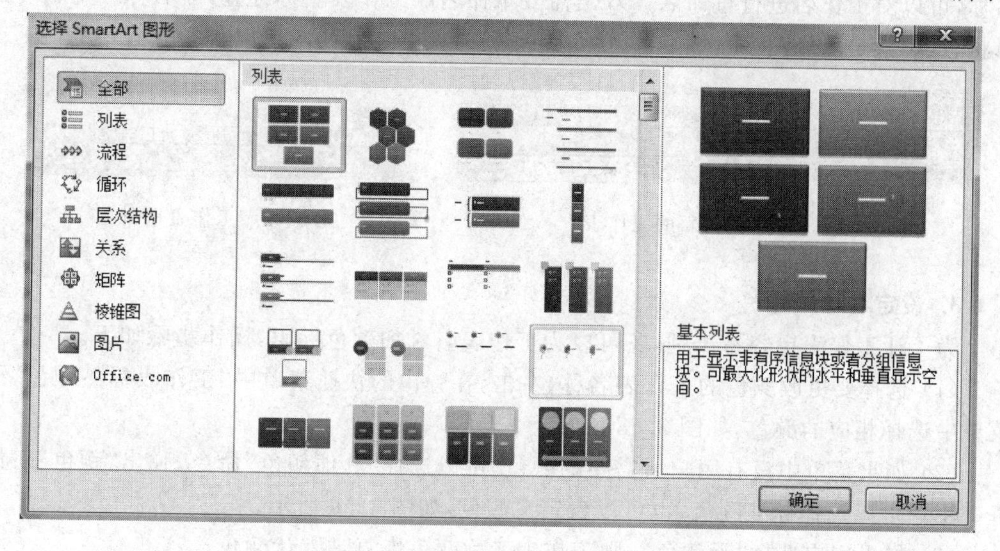

图 3.54　“选择 SmartArt 图形”对话框

2. 插入对象

还可以向 Excel 2010 中插入一个已存在的对象。单击“插入”|“对象”按钮，在弹出的“对象”对话框中选择要插入的对象，如图 3.55 所示，单击“确定”按钮。

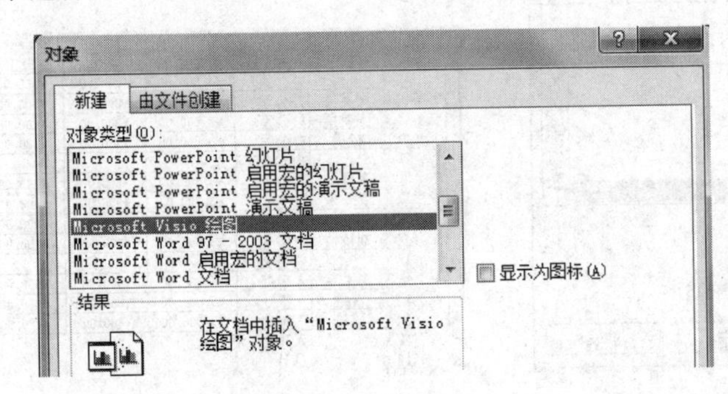

图 3.55 “对象”对话框

3.2.14 工作表操作

1. 添加与切换工作表

默认情况下，一个工作簿(文档)有 3 个工作表。如果不够用时，用户可以添加新的工作表。单击工作表右侧的“插入工作表”图标，如图 3.56 所示，Excel 2010 会自动插入新的工作表，默认名称是 Sheet4、Sheet5 等，以此类推。

对于多个工作表，用户可以选择相应的工作进行工作编辑，当前使用中的工作表名称标签背景为白色，如图 3.56 中的 Sheet2 工作表。如果想要编辑其他工作表，只要单击该工作表的名称标签即可。

2. 为工作表重命名

默认情况下，Excel 2010 中的会以 Sheet*n* 为工作表命名。如果想使用更为有意义的名称，可以对工作名进行重命名。双击需要重命名的工作表名称标签，原名称会变成可编辑状态(一般是黑底白字)，然后输入需要的名称，按 Enter 键，如图 3.57 所示。

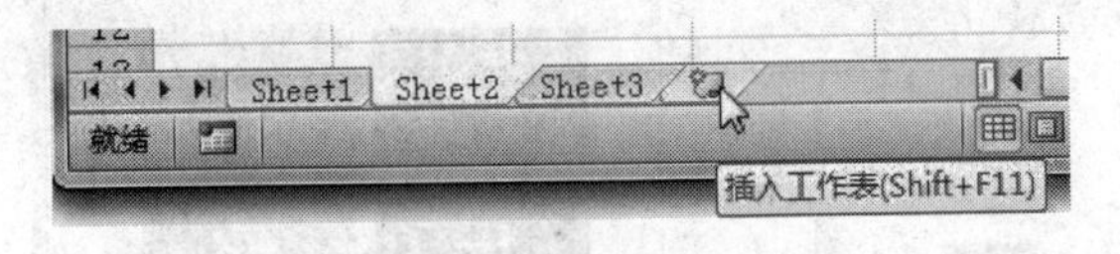

图 3.56 插入新的工作表

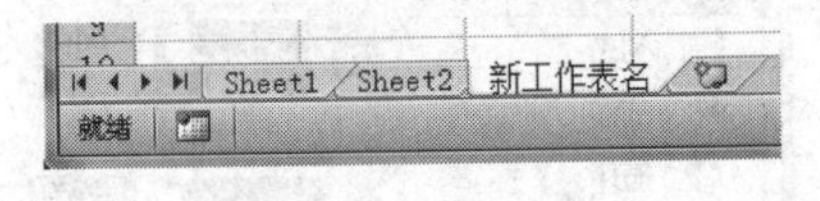

图 3.57 工作表重命名

3. 设定名称颜色

为了让工作表更容易辨别，还可以为工作表名添加颜色标识，操作步骤如下。

(1) 选择要更改颜色的工作表名称，右击，在弹出的快捷菜单中“工作表标签颜色”子菜单中选择相应的颜色，如图 3.58 所示。

(2) 如果菜单中没有用户所需要的颜色，可以选择“其他颜色”命令，弹出“颜色”对话框。用户可以选择标准颜色，也可以自定义颜色，如图 3.59 所示。

(3) 如果用户选择“无颜色”，则工作表名称颜色恢复到默认颜色。

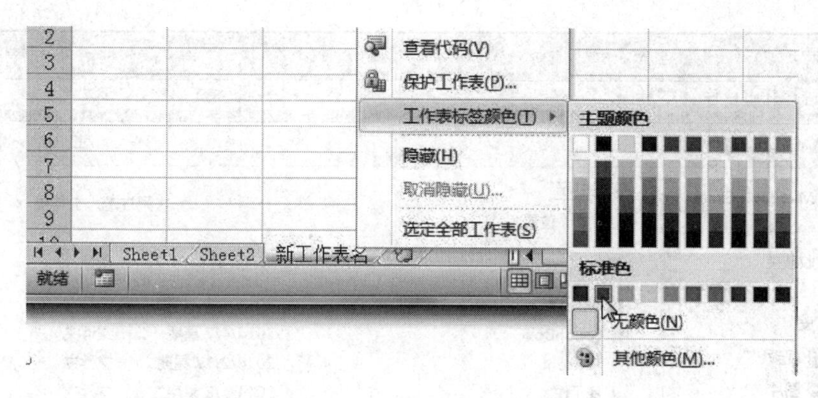

图3.58 设置工作表名称颜色

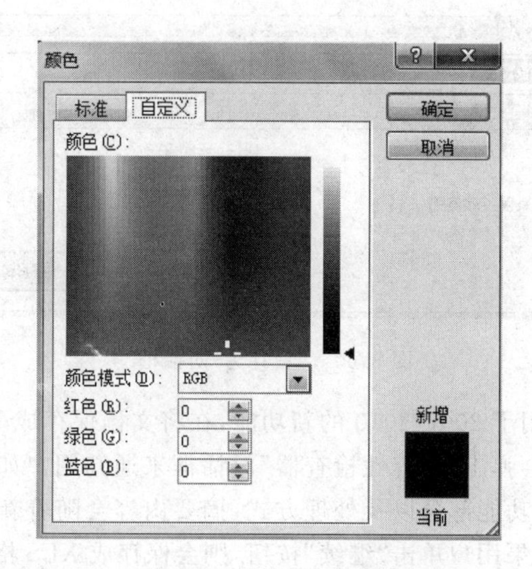

图3.59 “颜色”对话框

(4) 单击“确定”按钮,工作表名称变为已设定的颜色。

4. 删除工作表

对于不再需要的工作表,可在工作表名称标签上右击,在弹出的快捷菜单中选择“删除”命令将它删除。如果工作表中含有内容,还出现提示对话框请你确认是否要删除,避免误删了重要的工作表。

3.2.15 工作簿操作

当用户需要保存文档时,只须单击Excel 2010快速访问工具栏中的按钮,也可以选择“文件”|“保存”命令。当文档是第一次存储时,Excel 2010会弹出“另存为”对话框,在对话框中,用户可以设置保存路径以及输入文件名,如图3.60所示。

默认情况下,Excel 2010文档的扩展名是.xlsx,但此格式不能在Excel 2003等低版本的Excel中打开,此时要将文档保存成 *.xls格式,可在“另存为”对话框中,在“保存类型”下拉列表框中选择“Excel 97-2003工作簿”选项,然后设置好保存路径和文档名即可。

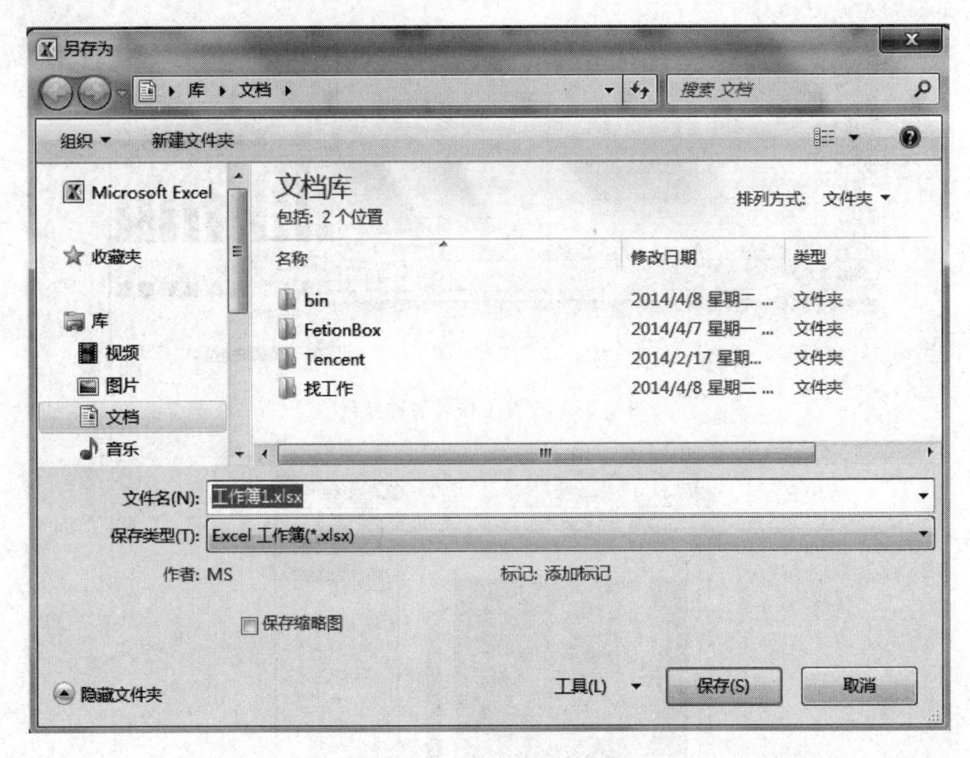

图 3.60 “另存为”对话框

另外，若文件中使用了 2007/2010 的新功能，在将文档保存成 Excel 97/2003 工作簿的 XLS 格式时，Excel 会弹出“兼容性检查器”对话框来通知用户如何储存这些部分。对话框摘要部分显示了新功能部分以及处理方式，摘要内容会随着新功能的不同而有所改变，如图 3.61 所示。如果用户单击“继续”按钮，则会保存成 XLS 格式的文档。

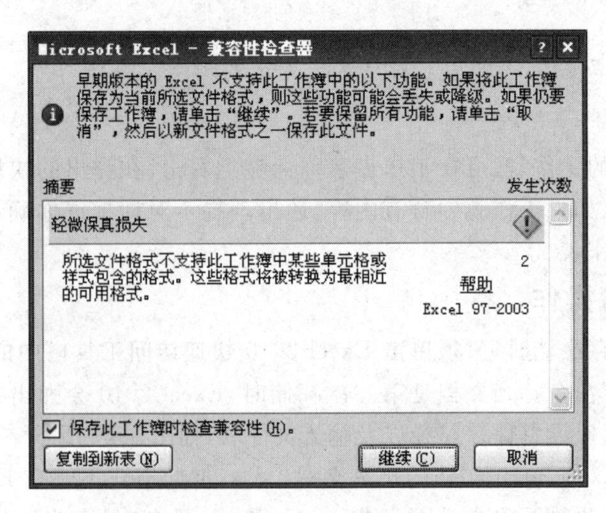

图 3.61 兼容性检查器

注意：

(1) 如果用户使用了 2007/2010 的新功能，建议用户将文档存储成 *.xls 格式前，先存储一份 XLSX 文档。

(2) 若想要保留原来的文档，又要储存新的修改内容，可以选择“文件”|“另存为”命令，以另一个文档名来保存。

3.3　公式与函数

3.3.1　相对地址与绝对地址

单元格地址有两种：相对地址与绝对地址。在公式中，相对地址会随着公式位置的改变而改变；而绝对地址则不管公式在什么地方，它永远指向同一个单元格；还有一种混合地址，它是将相对地址和绝对地址混合应用。

1. 相对地址

这种方式的单元格地址引用，会因为公式所在的单元格位置的变化而发生对应的变化，相对地址的表示格式是“＜列号＞＜行号＞”，如 A1、A2、B1、B2 等。公式中的相对地址引用会根据公式的位置而发生变化。例如，单元格 A1 和 A2 中的数据分别是 10 和 20，如果在 B1 单元格中输入“＝A1”(公式，参见 3.3.2 小节)，则使用相对地址引用了 A1 单元格，复制 B1 单元格，然后粘贴到 B2 单元格(公式复制，参见 3.5.1 小节)，B2 中的内容就变成 20，其中的公式会变成“＝A2”，相对地址引用变成了 A2 单元格；复制 B1 单元格，然后粘贴到单元格 C1，C1 中的内容变成 10，其中的公式会变成“＝B1”，相对地址引用变成了 B1 单元格，如图 3.62 所示。也就是，相对地址在公式复制中，横向复制变列号，纵向复制变行号。

2. 绝对地址

这种方式的单元格地址引用，地址不会因为公式所在的单元格位置的变化而发生变化，绝对地址的表示格式是“＄＜列号＞＄＜行号＞”，如＄A＄1，＄A＄2，＄B＄1，＄B＄2 等。公式中的绝对地址引用不会根据公式的位置而发生变化。例如，单元格 A1 和 A2 中的数据分别是 10 和 20，如果在 B1 单元格中输入“＝＄A＄1”，则使用绝对地址引用了 A1 单元格。复制 B1 单元格，然后粘贴到 B2 单元格，B2 中的内容就变成 10，其中的公式变成“＝＄A＄1”，绝对地址引用还是 A1 单元格。复制 B1 单元格，然后粘贴到单元格 C1，C1 中的内容变成 10，其中的公式变成“＝＄A＄1”，绝对地址引用依然是 A1 单元格，如图 3.63 所示。也就是，单元格 B1 中的公式“＝＄A＄1”使用绝对地址引用了 A1 单元格，该公式复制到任何位置都是“＝＄A＄1”，其引用的都是 A1 单元格。

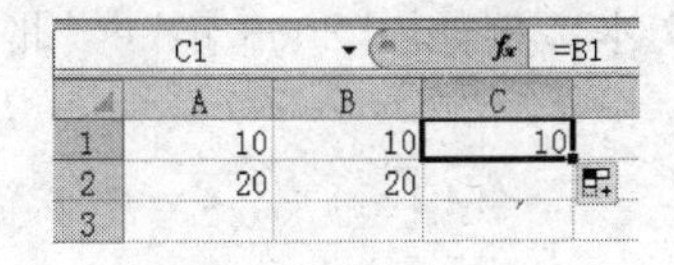

图 3.62　相对地址

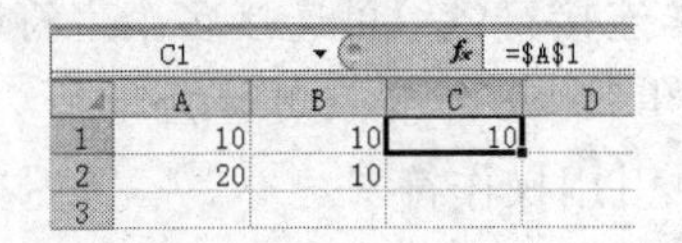

图 3.63　绝对地址

3. 混合地址

如果需要固定某列而变化某行，或是固定某行而变化某列的引用时，则采用混合引用地址，其表示格式是“$＜列号＞＜行号＞”或“＜列号＞$＜行号＞”，如$A1，$A2，B$1，B$2等。公式中的混合地址引用会根据公式的地址而决定是否变化。

例如，单元格A1和A2中的数据分别是10和20，如果在B1单元格中输入“=$A1”，则使用混合地址引用了A1单元格。复制B1单元格，然后粘贴到B2单元格，B2中的内容就变成20，其中的公式会变成“=$A2”，混合地址引用变成了A2单元格。复制B1单元格，然后粘贴到单元格C1，C1中的内容变成10，其中的公式会变成“=$A1”，混合地址引用是A1单元格，如图3.64所示。也就是，形如“$＜列号＞＜行号＞($A1)”的混合引用“纵变行号横不变”。

在B1单元格中输入“=A$1”，变化则恰好相反。将单元格B1复制到B2单元格时，混合地址不变。将该公式复制到C1时，混合地址将变为B$1，如图3.65所示。也就是，形如“＜列号＞$＜行号＞(B$1)”的混合引用“横变列号纵不变”。

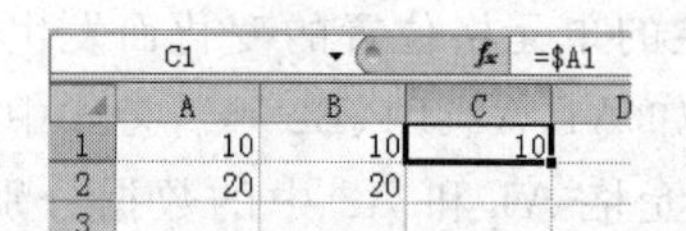

图3.64 混合地址1

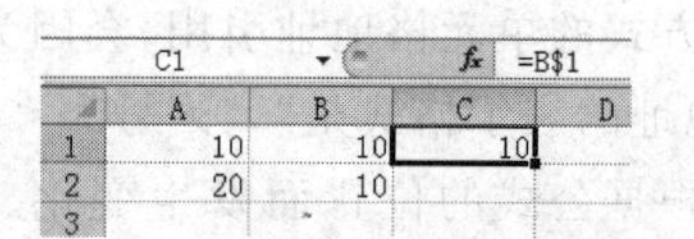

图3.65 混合地址2

3.3.2 创建公式

Excel 2010公式是工作表中进行数值计算的等式，公式以“=”开始，通常包括常量、单元格引用和运算符等元素。但在实际应用中，公式还可以使用数组、Excel函数或名称(命名公式)来进行运算。

其中，常量是不会发生变化的值；运算符是一个标记或符号，指定表达式内执行的计算的类型，一般有算术、比较、引用运算符等。

1. 运算符

(1) 算术运算符(6个)

算术运算符的作用是完成基本的数学运算，包括加(+)、减(-)、乘(*)、除(/)、百分数(%)和乘方(^)。

(2) 比较操作符(6个)

比较运算符的作用是可以比较两个值，结果为一个逻辑值，是TRUE或是FALSE，包括等于(=)、大于(＞)、小于(＜)、大于等于(＞=)、小于等于(＜=)和不等于(＜＞)。

(3) 文本连接符(1个)

文本连接符(&)可连接多个字符串以产生一长文本。例如："2008年"&"北京奥运会"就产生"2008年北京奥运会"。

(4) 引用操作符

引用操作符有以下3个。

① 冒号(:)——连续区域运算符，对两个引用之间(包括两个引用在内)的所有单元

格进行引用。如 SUM(B5:C10)用于计算 B5 到 C10 的连续 12 个单元格中数值之和。

② 逗号(,)——联合操作符,可将多个引用合并为一个引用。如 SUM(B5:B10,D5:D10)计算 B5 到 B10,D5 到 D10 共 12 个单元格中数值之和。

③ 空格——取多个引用的交集为一个引用,该操作符在取指定行和列数据时很有用。如 SUM(B5:B10 A6:C8),计算 B6 到 B8 三个单元格之和。

2. 运算顺序

如果公式中同时用到多个运算符,Excel 2010 将按表 3.2 所示的顺序进行运算。如果公式中包含相同优先级的运算符,如公式"＝A1 * A2/A3"中同时包含乘法和除法运算符,则 Excel 2010 将从左到右进行计算。如果要修改计算的顺序,可以将公式需要首先计算的部分括在圆括号内。例如,在公式"＝(B4＋25)/SUM(D5:F5)"中,先是强制计算 B4＋25,然后再除以单元格区域 D5:F5 数值的和。

表 3.2　运算符优先级

运　算　符	说　明
:(冒号)　空格　,(逗号)	引用运算符
－(负号)	负数(如－1)
%	百分比
^	乘方
*　/	乘和除
＋　－	加和减
&	文本连接符
＝　<　>　<=　>=　<>	比较运算符

3. 输入公式

单元格中不论输入公式还是函数,都必须以"＝"开始。例如,对图 3.66 中"日常收支明细"工作表进行"小计"列计算,计算公式为"小计＝数量×价格",公式的构造步骤如下。

(1) 在 E3 单元格中输入"＝C3 * D3",相关单元格会以不同的外框显示,如图 3.66 所示。

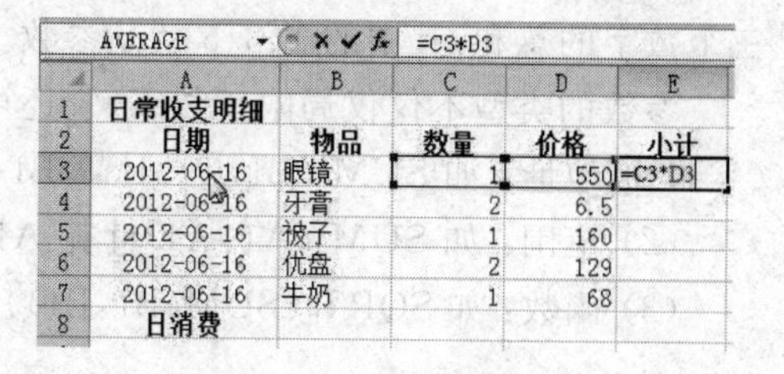

图 3.66　输入公式

(2) 公式输入后,按 Enter 键完成公式构造。

(3) 将鼠标指针指向放在 E3 单元格右下角填充控点处,此时光标呈"✚"形状,按住鼠标左键往下拖动到 E7 单元格,如图 3.67 所示,松开鼠标左键后自动完成对 E3 单元格公式的复制。

4. 自动更新结果

公式的计算结果会随着单元格内容的变动而自动更新。以上例来说,假设当公式创建好以后,发现"眼镜"的数量少了一个,因此将单元格 C3 的值改成 2,E3 单元格中的计算结果立即从 550 更新为 1100,如图 3.68 所示。

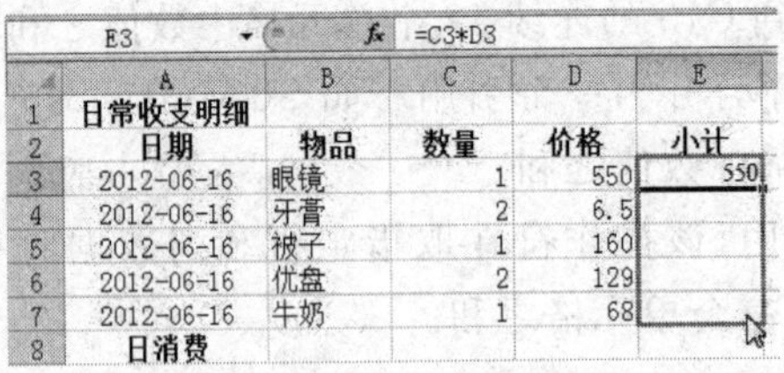

E3 =C3*D3

	A	B	C	D	E
1	日常收支明细				
2	日期	物品	数量	价格	小计
3	2012-06-16	眼镜	1	550	550
4	2012-06-16	牙膏	2	6.5	
5	2012-06-16	被子	1	160	
6	2012-06-16	优盘	2	129	
7	2012-06-16	牛奶	1	68	
8	日消费				

图 3.67 利用填充控点进行公式复制

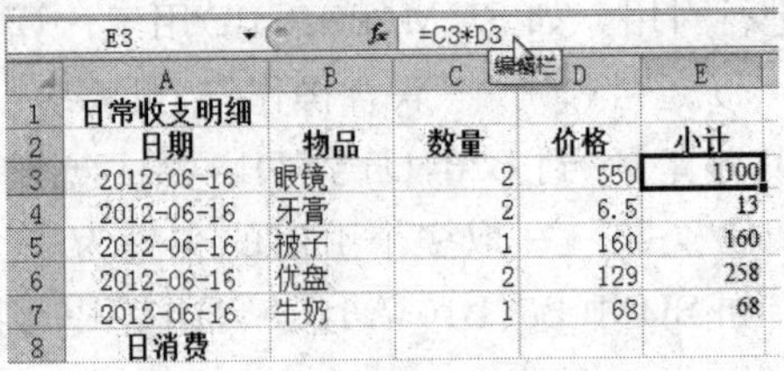

E3 =C3*D3 编辑栏

	A	B	C	D	E
1	日常收支明细				
2	日期	物品	数量	价格	小计
3	2012-06-16	眼镜	2	550	1100
4	2012-06-16	牙膏	2	6.5	13
5	2012-06-16	被子	1	160	160
6	2012-06-16	优盘	2	129	258
7	2012-06-16	牛奶	1	68	68
8	日消费				

图 3.68 自动更新结果

提示：

(1) 输入公式时，也可选中 E3 单元格，然后在编辑栏中输入“＝C3 * D3”，然后单击编辑栏左侧的✔按钮。

(2) 如果在多个单元格使用相同的公式，用户不必逐个编辑公式，这是因为公式具有可复制性，用户可以通过复制、粘贴或拖动填充控点进行公式的复制。

3.3.3 使用函数

Excel 函数是 Excel 根据各种需要，内部预先设计好的运算公式，可以节省用户自行设计公式的时间。函数可以简化和缩短工作表中的公式，尤其在用公式执行很长或复杂的计算时，Excel 函数也常被人们称为“特殊公式”，其最终返回结果为值。

1. 函数的格式

每个函数都包含 3 个部分：函数名称、参数和一对小括号，其一般格式如下。

```
FunctionName(参数 1,参数 2,…)
```

其中，参数是可选的，例如函数 SUM(A1,A2)带参数，函数 NOW()不带参数。在此，我们以取和函数 SUM 来进行说明。

(1) 函数名称：SUM，函数名称不区分大小写，它决定了函数的功能和用途。

(2) 小括号：用来括住参数，即使有些函数没有参数，小括号还是不可以省略。

(3) 参数：函数计算时所必须使用的数据，例如，SUM(1,3,5)即表示要计算 1、3、5 三个数字的总和，其中的 1、3、5 就是参数。

参数的类型不仅仅局限于数字，它还可以是以下 3 种类型。

(1) 地址：如 SUM (B1,C3)计算 B1 和 C3 单元格的值的和。

(2) 范围：如 SUM (A1:A4)计算 A1:A4 单元格区域范围的值的和。

(3) 函数：如 SQRT (SUM(B1:B4))先求出 B1:B4 范围的值的和之后，再开平方根。

2. 常用函数

Excel 函数分为 11 类，分别是数据库函数、日期与时间函数、工程函数、财务函数、信息函数、逻辑函数、查询和引用函数、数学和三角函数、统计函数、文本函数以及用户通过 Visual Basic 编辑器创建的自定义函数。下面对常用函数和使用进行简要介绍。

(1) 求和函数 SUM

格式：SUM(number1,number2,…)。

功能：返回参数对应的数值的和。

(2) 求平均值函数 AVERAGE

格式：AVERAGE(number1,number2,…)。

功能：返回参数对应的数值的平均值。

(3) 求最大值函数 MAX、最小值函数 MIN

格式：MAX(number1,number2,…),MIN(number1,number2,…)。

功能：返回参数对应的数值的最大值、最小值。

(4) 四舍五入函数 ROUND

格式：ROUND(number,num_digits)。

功能：返回参数 number 按指定位数 num_digits 的四舍五入值。如果 num_digits=0,则四舍五入到整数；如果 num_digits<0,则四舍五入到整数部分,如 ROUND(3854,-1)=3850。

(5) 根据条件计数函数 COUNTIF

格式：COUNTIF(range,criteria)。

功能：统计给定区域 range 内满足条件 criteria 的单元格数目。其中条件 criteria 可以是数字、表达式或文本。

(6) 条件函数 IF

格式：IF(logical_test,value_if_true,value_if_false)。

功能：根据条件 logical_test 的取值返回不同值。如果条件 logical_test 为 TRUE,则返回 value_if_true 值；如果条件 logical_test 为 FALSE,则返回 value_if_false 值。

3. 函数输入

单独使用函数时,必须以等号“=”开始。下面的讲解中,我们使用 SUM 函数作示例。如图 3.69 所示,在此计算日消费数,也就是对 E3:E7 单元格的值求加和,得到的结果填充到 E8 单元格中。

(1) 使用函数栏输入

① 选中存放计算结果的 E8 单元格,并在其中输入“=”,此时,原来的地址栏变成函数栏。单击函数栏右侧的下拉按钮,在函数列表中选择 SUM 函数,如图 3.70 所示。

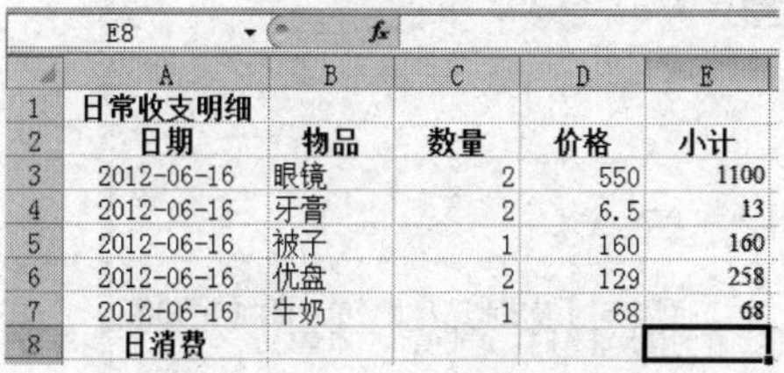

E8　fx

	A	B	C	D	E
1	日常收支明细				
2	日期	物品	数量	价格	小计
3	2012-06-16	眼镜	2	550	1100
4	2012-06-16	牙膏	2	6.5	13
5	2012-06-16	被子	1	160	160
6	2012-06-16	优盘	2	129	258
7	2012-06-16	牛奶	1	68	68
8	日消费				

图 3.69　日消费总和

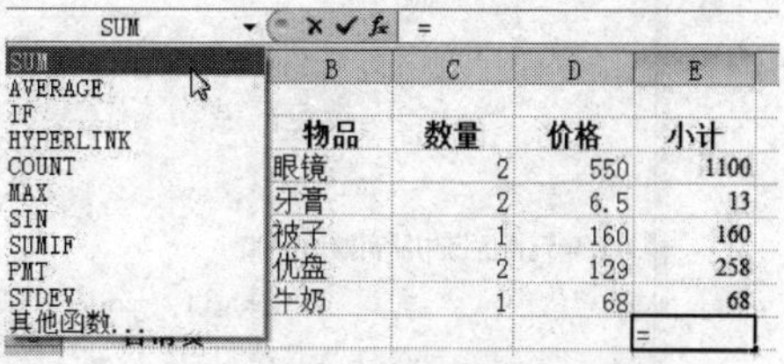

SUM　× ✓ fx　=

SUM
AVERAGE
IF
HYPERLINK
COUNT
MAX
SIN
SUMIF
PMT
STDEV
其他函数...

B	C	D	E
物品	数量	价格	小计
眼镜	2	550	1100
牙膏	2	6.5	13
被子	1	160	160
优盘	2	129	258
牛奶	1	68	68
			=

图 3.70　函数栏下拉列表

② 弹出“函数参数”对话框,如图 3.71 所示。在对话框中,先按下 Number 1 右侧的按钮,将“函数参数”对话框折叠起来,再从工作表中选取 E3:E7 作为函数参数,如图 3.72 所示。

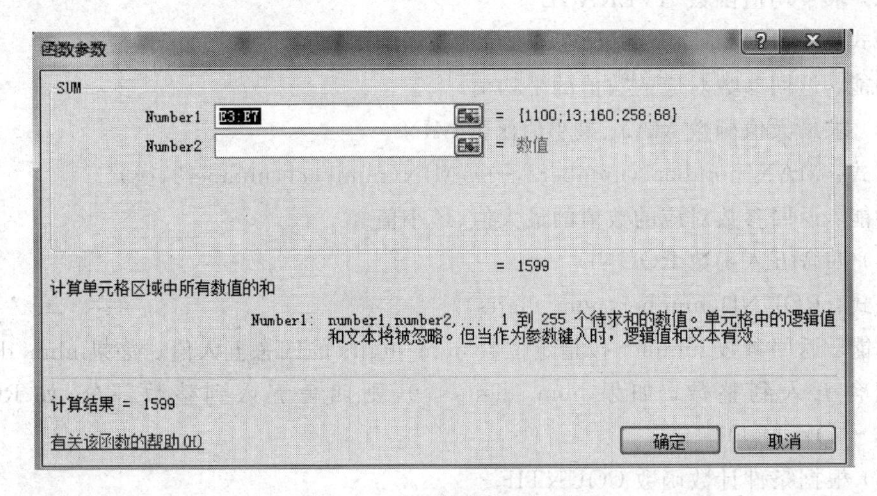

图 3.71 “函数参数”对话框

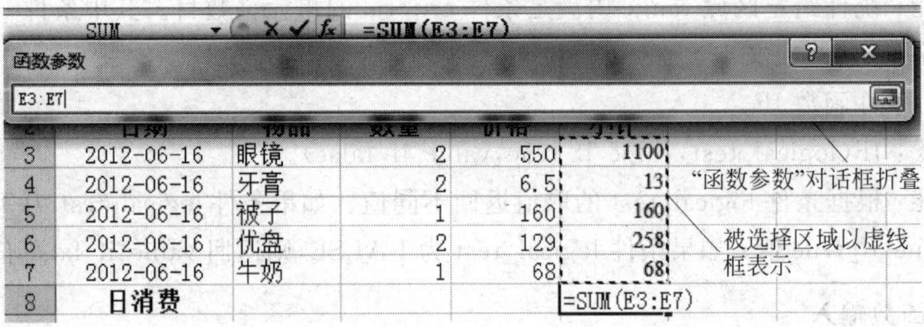

图 3.72 选定区域

③ 单击被折叠起来的“函数参数”对话框最右侧的按钮，再度将对话框展开，对话框中会显示选定的参数，以及计算结果，如图 3.73 所示。

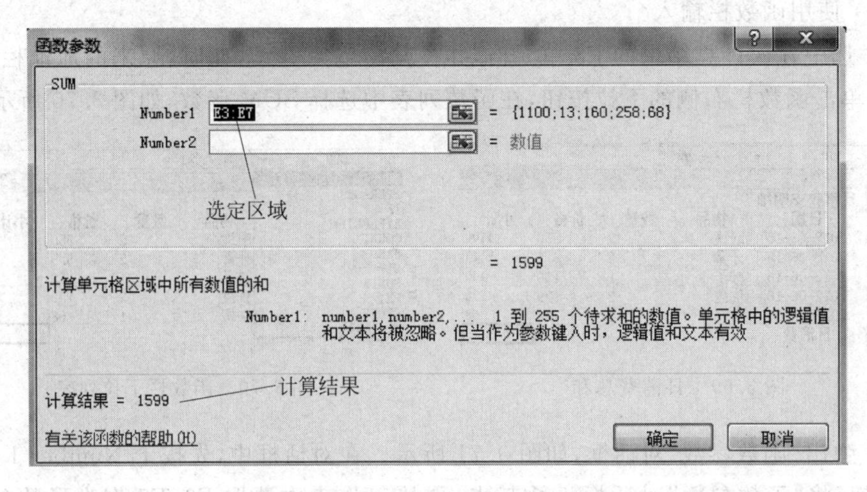

图 3.73 重新展开“函数参数”对话框

④ 单击“确定”按钮，关闭“函数参数”对话框，计算结果会出现在 E8 单元格中，如图 3.74 所示。

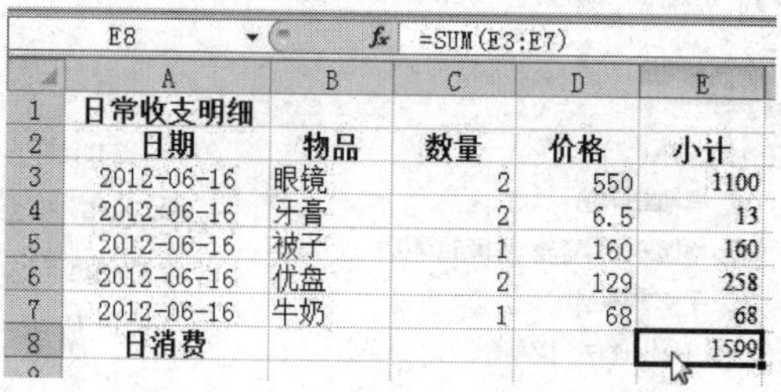

图 3.74　计算结果

注意：

① 函数栏列表中只显示最近用过的 10 个函数，若在列表中找不到需要的函数，可选择“其他函数”选项，打开“插入函数”对话框来寻找需要的函数(稍后说明)。

② 在对 Number 1(或 Number 2 等)选取参数空间时，除了用鼠标选择区域外，也可以由用户自行输入单元格区域。

(2) 使用自动显示的函数列表输入

若已经知道要使用的函数，用户还有更方便的输入方法。例如，要输入 SUM 函数，直接在单元格内输入“=”，再输入函数的第 1 个字母 S，单元格下方就会列出 S 开头的函数。如果还没出现需要的函数，再继续输入第 2 个字母 U，等需要的函数出现后，用鼠标双击函数就会自动输入单元格内了，然后手动输入参数，按 Enter 键即可，如图 3.75 所示。

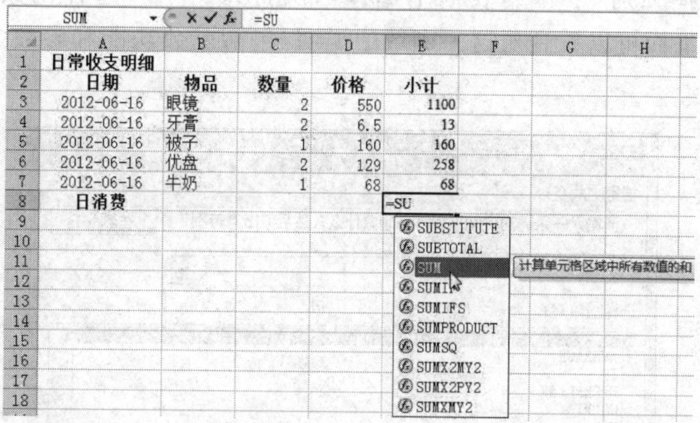

图 3.75　公式自动下拉列表

注意：如果输入函数的首字母后没有出现函数列表，可选择“文件”|“选项”命令，打开“Excel 选项”对话框，在“公式”选项卡的右侧查看是否已选中“公式记忆式键入”复选框，如图 3.76 所示。

(3) 使用函数向导输入

① 将光标定位到 E8 单元格，单击“公式”|“插入函数”按钮 fx，弹出“插入函数”对

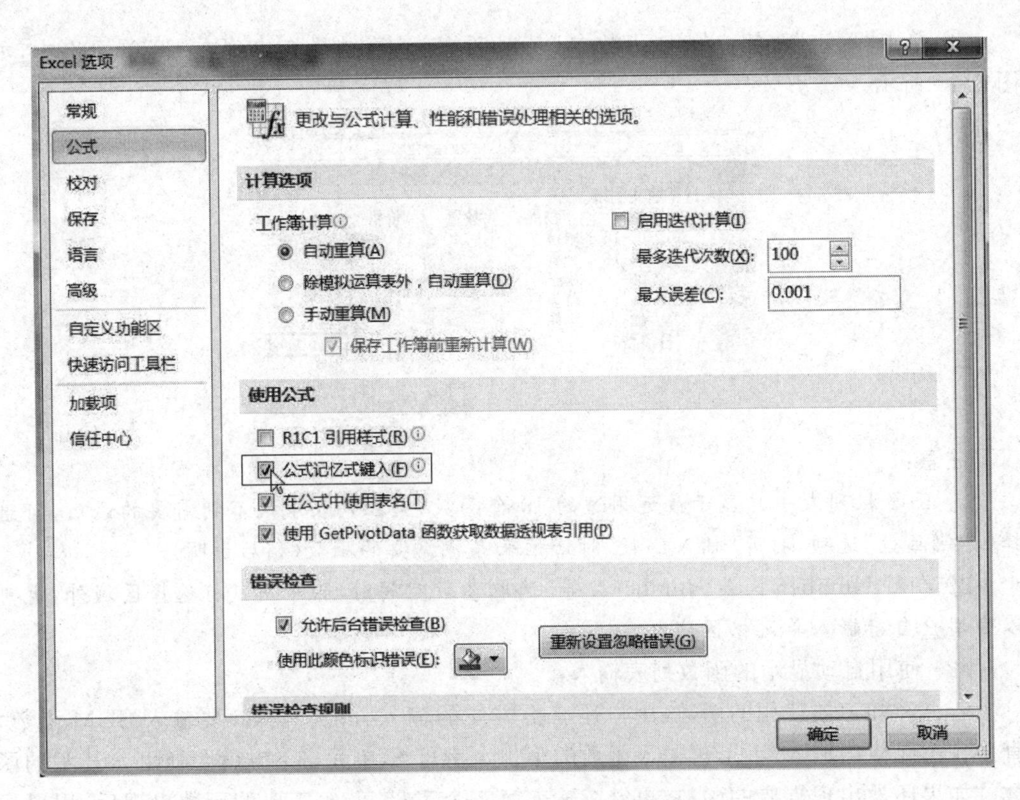

图 3.76 “公式记忆式键入”选项

话框。

② 在“或选择类别”下拉列表框中选择“常用函数”，在“选择函数”列表框中选择SUM(在列表框下面可以看到对这一函数的说明，包括函数功能和参数含义)，如图 3.77 所示。

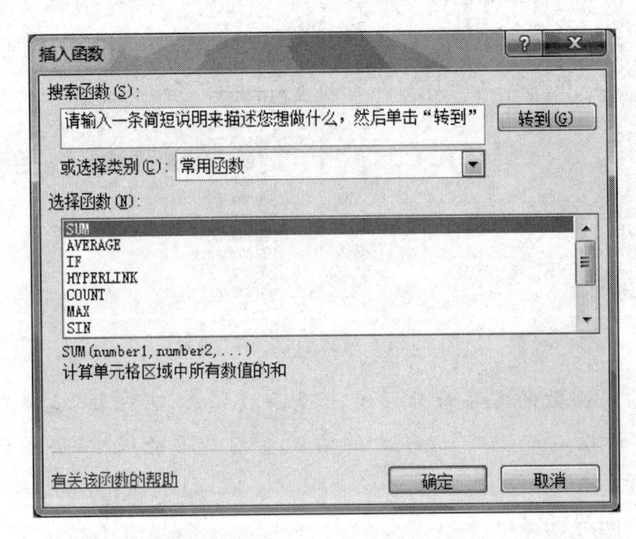

图 3.77 “插入函数”对话框

③ 单击“确定”按钮，弹出“函数参数”对话框，后续操作参见“(1)使用函数栏输入”部分。

(4) 其他方式

① 在 Excel 2010 的“公式”功能区中有很多类型的函数可供选择。当用户使用函数时，可以按类型从中进行查找，如图 3.78 所示。

图 3.78　Excel 函数

② 在“开始”功能区中有一个添加函数按钮，可让用户快速输入常用函数，如图 3.79 所示。例如，选取 E8 单元格，单击该按钮选择 SUM 函数，Excel 2010 还会自动替用户选定参数区域(用户可以拖动鼠标自行修改)，最后按 Enter 键。

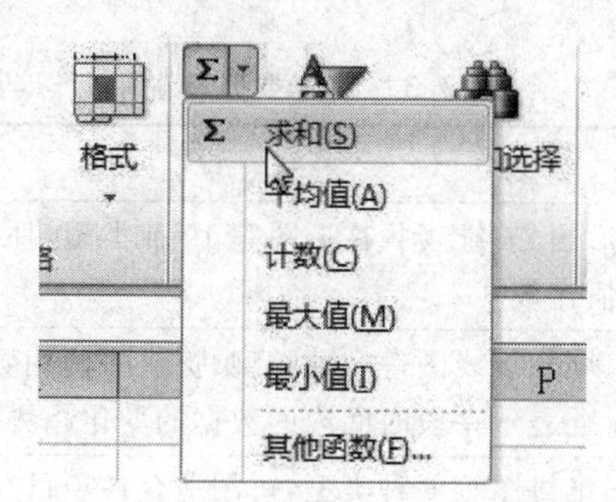

图 3.79　快速添加函数按钮

3.4　使用图表

图表是图形化的数据，它由点、线、面等图形与数据文件按特定的方式而组合而成。一般情况下，当使用 Excel 2010 工作表内的数据制作图表时，生成的图表也存放在工作表中。图表是 Excel 2010 的重要组成部分，具有直观形象、双向联动、二维坐标等特点。本节主要介绍 Excel 2010 图表的使用。

3.4.1　图表类型

Excel 2010 内建了多达 70 余种的图表样式，方便用户创建美观和专业的图表对象。在 Excel 2010 中，打开“插入”功能区，在图表区中即可看到内嵌的图表类型。单击每种图表类型按钮，可以打开该类型图表下拉列表，用户可以从该下拉列表中选择具体的图表类型，如图 3.80 所示。

表 3.3 介绍了 Excel 2010 中常见的图表类型，用户可以根据自己的需求来选择行当的图表。

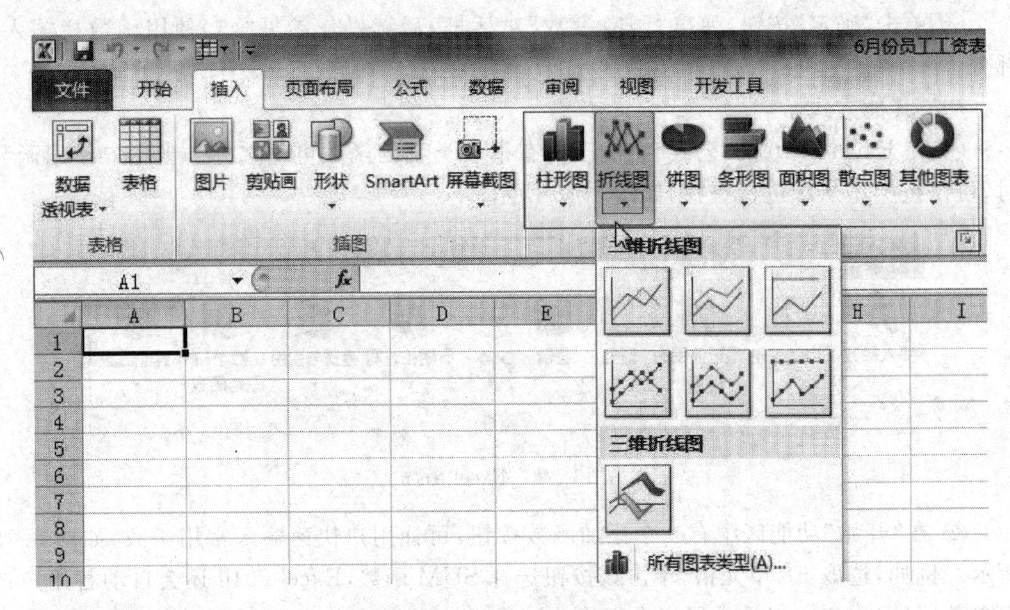

图 3.80 内嵌图表类型

表 3.3 图表类型及说明

图表类型	说 明
柱形图	包括簇状柱形图、三维簇状柱形图等 19 种类型，柱形图适合用来表示数据间的差异变化和数值比较
折线图	包括折线图、堆积折线图等 7 种类型，折线图使用数据点状做标记，再以直线将各点连接，它适合表示一段时间内的数据的变化趋势
饼图	包括饼图、三维饼图等 6 种类型，饼图适合各项目在全体数据中所占比例
条形图	包括簇状条形图、三维簇状条形图等 15 种类型，条形图主要是强调各项目之间的比较，不强调时间
面积图	包括面积图、堆积面积图等 6 种类型，用以显示每一数值所占大小随时间或类别而变化的趋势线
XY 散点图	包括仅带数据标记的散点图、带直线的散点图等 5 种类型，将数据数以点的方式表示，该图适合显示 2 组或是多组资料数值之间的关联
股价图	包括盘高—盘低—收盘图、成交量—盘高—盘低—收盘图等 4 种类型，股价图是用在说明股价的波动
曲面图	包括三维曲面图、曲面图(俯视框架图)等 4 种类型，以两个不同的维度来显示数据的趋势曲线
圆环图	包括圆环图和分离型圆环图两种类型，与饼图类似，但圆环图可以包含多种数据比较数列，而饼图只能包含一种数列
气泡图	包括气泡图和三维气泡图两种类型，利用散布点的方式来表示数据点的大小差异，与散点图类似，不过气泡图是比较 3 组数值
雷达图	包括雷达图、填充雷达图等 3 种类型，以中心为原点并显示数据与中心偏离的情形

3.4.2　图表组成

图表由多个元素组成，虽然不同的图表类型其组成元素多少会有些差异，但大部分是相同的，下面以柱形图为例来说明图表的组成元素，如图 3.81 所示。

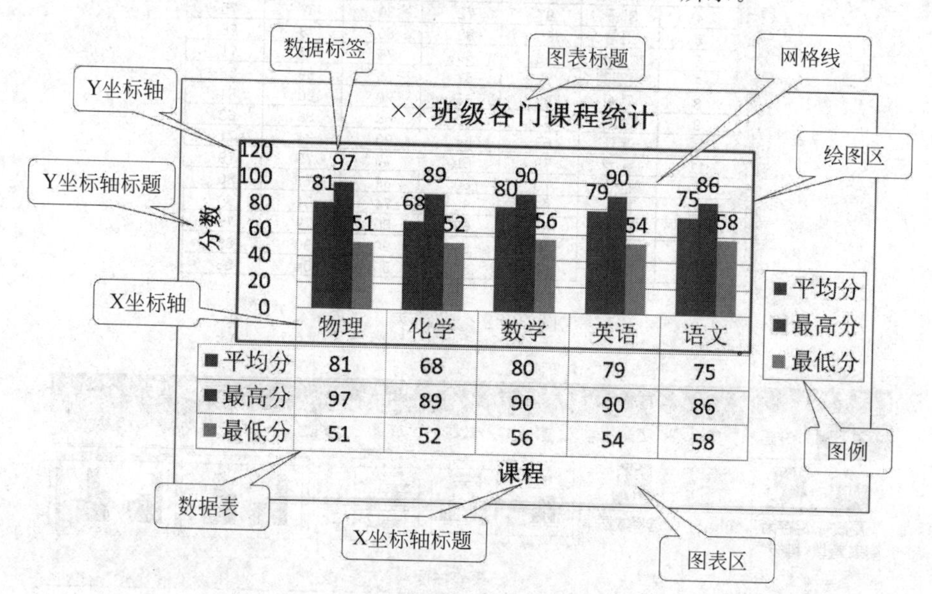

	物理	化学	数学	英语	语文
平均分	81	68	80	79	75
最高分	97	89	90	90	86
最低分	51	52	56	54	58

图 3.81　图表的组成元素

（1）图表标题：整个图表的标识名称。

（2）图表区：整个图表以及所涵盖的所有项目。

（3）绘图区：图表显示的区域，包含图形本身、类别名称、坐标轴等区域。

（4）数据表：绘制图形的所依据的数据表。

（5）图例：辨识图表中各组数据系列的说明。图例内还包括图例项标识、图例项目。图例项目是指与图例符号对应的资料数列名称，图例项标识代表数据系列的图样。

（6）坐标轴与网格线：平面图表通常有两个坐标轴——X 坐标轴和 Y 坐标轴；立体图表上则有 3 坐标轴——X、Y、Z 坐标轴。但并不是每种图表都有坐标轴，例如饼图就没有坐标轴。Y 坐标轴通常是垂直轴，包含数值资料；X 坐标轴通常为水平轴，包含类别。由坐标轴的刻度记号向上或向右延伸到整个绘图区的直线便是所谓的网格线。显示网格线比较容易察看图表上数据点的实际数值。

3.4.3　创建图表

本书使用图 3.82 中的成绩表数据，为各门课程的平均分、最高分、最低分做簇状柱形图。

1. 添加图表框

选中工作表中任意一个单元格，选择“插入”|柱形图|“二维柱形图”|“簇状柱形图”，弹出空白的图表框。此时 Excel 2010 功能区会出现“图表工具”功能区，用户可以该工具对图表进行各项美化、编辑工作，如图 3.83 所示。

	A	B	C	D	E	F	G
1	序号	姓名	物理	化学	数学	英语	语文
2	1	魏峰	93	69	87	86	79
3	2	钱一	65	60	87	81	83
4	3	宋芳芳	91	52	85	68	86
5	4	郭平	97	72	80	86	75
6	5	卫慧	85	89	80	78	86
7	6	柯风波	96	60	75	87	71
8	7	骊圆圆	51	87	56	69	58
9	8	风明	93	63	90	90	84
10	9	卿冯飞	84	60	68	86	62
11	10	李廷	69	64	90	84	71
12	11	丁当	78	61	77	77	79
13	12	姚飞婷	70	60	88	77	80
14	13	李尔	87	85	74	54	60
15		平均分	81	68	80	79	75
16		最高分	97	89	90	90	86
17		最低分	51	52	56	54	58

图 3.82 成绩表

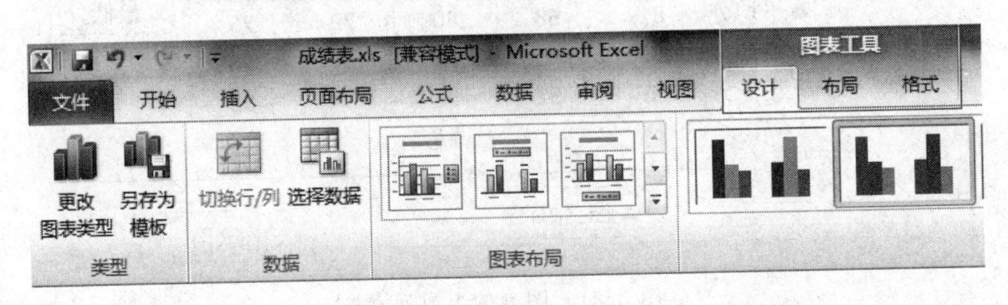

图 3.83 图表工具

2. 添加数据源

选中空白的图表框,单击“图表工具”|“设计”|“选择数据”按钮,弹出“选择数据源”对话框,如图 3.84 所示。在该对话框中,在“图表数据区域”文本框中输入单元格区域 B15:G17(可以使用鼠标选中)。

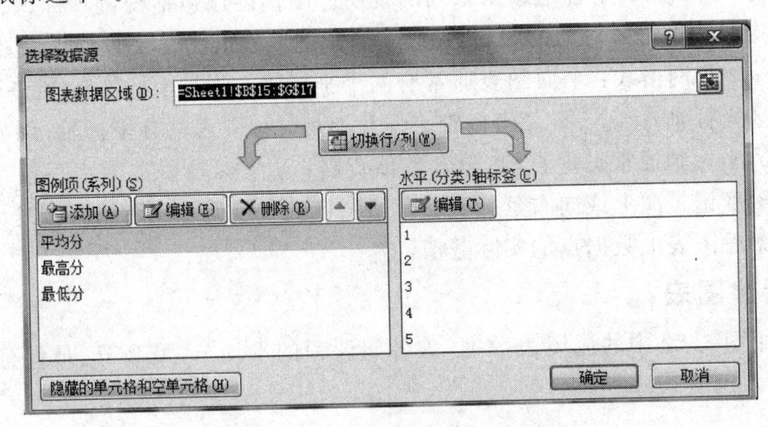

图 3.84 “选择数据源”对话框

3. 修改横轴标签

在图 3.84 中的“水平(分类)轴标签”区域中,单击“编辑”按钮,弹出“轴标签”对话框。

然后在“轴标签区域”文本框中输入 C1:G1(即工作表表头“物理”、“化学”、“数学”、“英语”、“语文”单元格),如图 3.85 所示。单击“确定”按钮关闭“轴标签”对话框,在“选择数据源”对话框中单击“确定”按钮关闭对话框,则图表框将呈现已选择的数据图表。

4. 添加图表标题

选中图表框,选择“图表工具”|“布局”|“图表标题”|“图表上方”命令,图表框上方会出现图表的标题,在其中输入图表的标题为“××班级各门课程统计”,如图 3.86 所示。

图 3.85　“轴标签”对话框

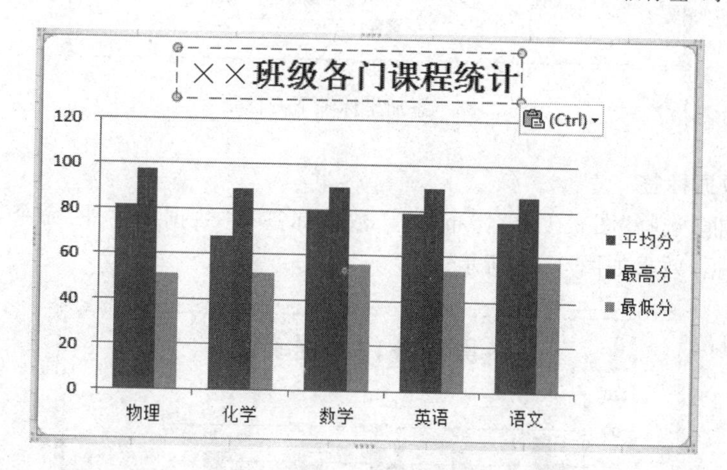

图 3.86　输入图表标题

5. 添加坐标轴标题

选中图表框,选择“图表工具”|“布局”|“坐标轴标题”|“主要横坐标轴标题”|“坐标轴下方标题”命令,如图 3.87 所示。在图表框内会出现横轴坐标标题框,将其内容改为“课程”。同样,以类似的方式添加纵轴坐标标题,将其内容设置为“分数”,此时的效果如图 3.88 所示。

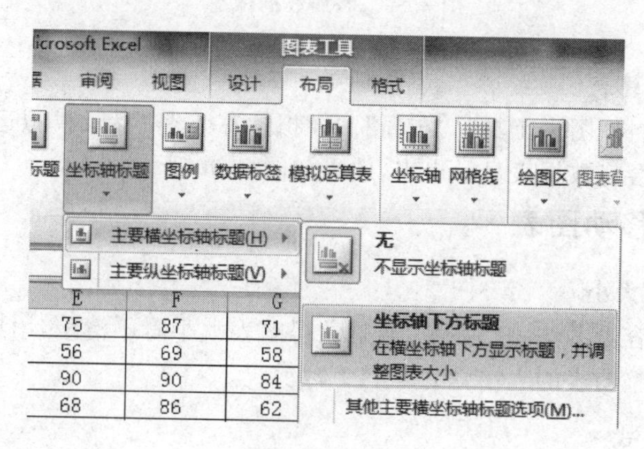

图 3.87　选择“坐标轴下方标题”命令

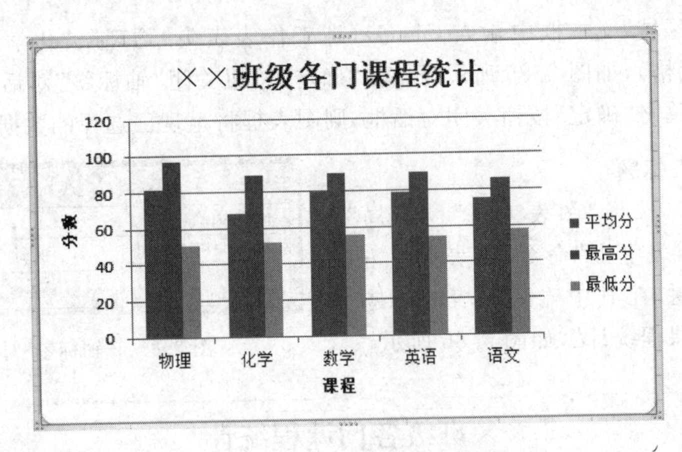

图 3.88　添加坐标轴下方标题

6. 显示数据标签

选中图表框，选择“图表工具”|“布局”|“数据标签”|“数据标签外”命令，图表框会显示出柱状图数据，效果如图 3.89 所示。

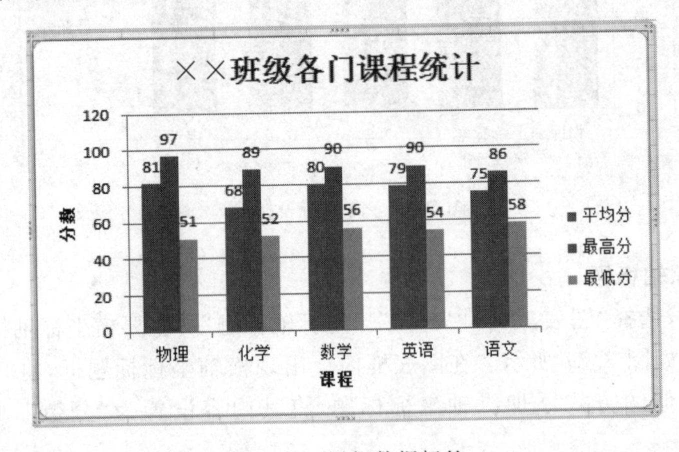

图 3.89　添加数据标签

7. 显示模拟运算表

选中图表框，选择“图表工具”|“布局”|“模拟运算表”|“显示模拟运算表和图例项标示”命令，图表框中会将数据表显示出来，效果如图 3.90 所示。

3.4.4 调整与移动图表

1. 调整图表的大小

如果图表的内容没办法完整显示，或是觉得图表太小看不清楚，用户可以拖曳图表对象周围的控点来调整图表的大小，如图 3.91 所示。

2. 调整字体格式

如果要修改图表上的文字格式（例如图表标题、图例等的字体），可以先选取要调整的文字，并打开“开始”功能区，通过“字体”组的功能来调整字体格式，如图 3.92 所示。

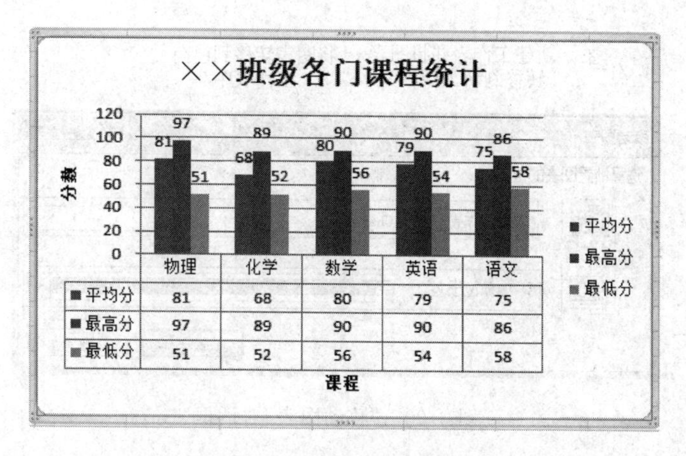

图 3.90　显示模拟运算表

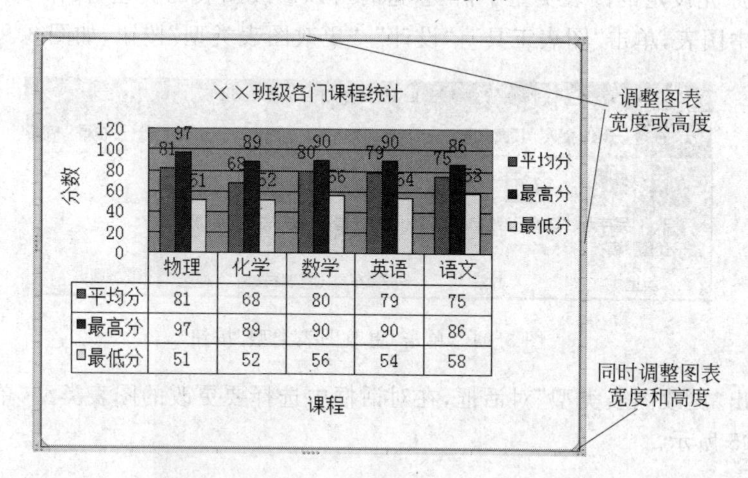

图 3.91　调整图表大小

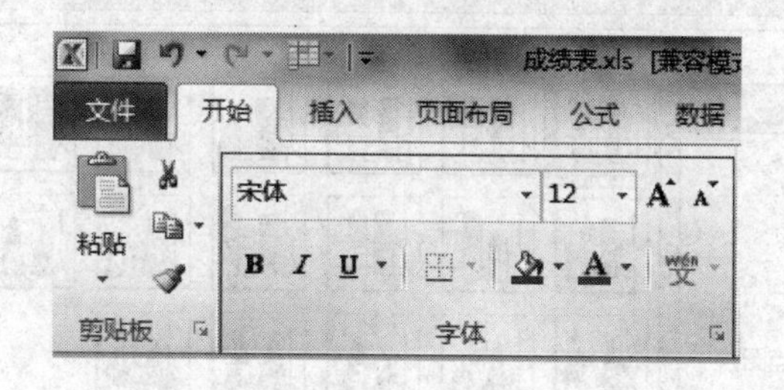

图 3.92　调整字体格式

3. 将图表建立在新工作表中

如果要将图表移动到其他工作表中，可以选中图表框，单击“图表工具”|“设计”|“移动图表”按钮，弹出“移动图表”对话框，如图 3.93 所示。用户可以按自己需求移动图表。

3.4.5　修改图表

1. 修改图表类型

每一种图表类型都有自己的特色，所表达的重点也不尽相同。当图表建立好以后，如

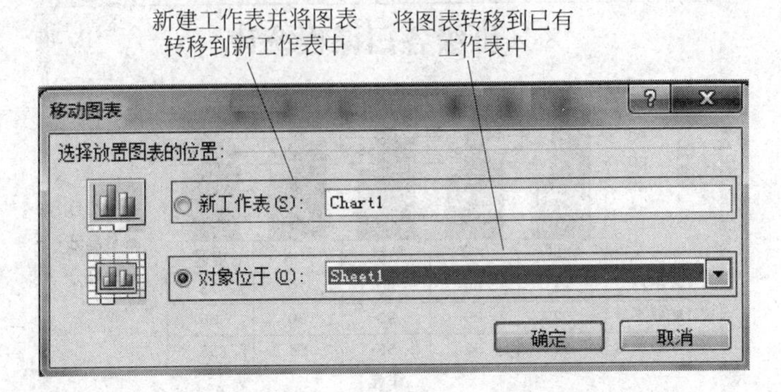

图 3.93 “移动图表”对话框

果用户觉得原先设定的图表类型不恰当,这时可以修改图表的类型,操作步骤如下。

(1) 选中图表,单击“图表工具”|“设计”,“更改图表类型”按钮,如图 3.94 所示。

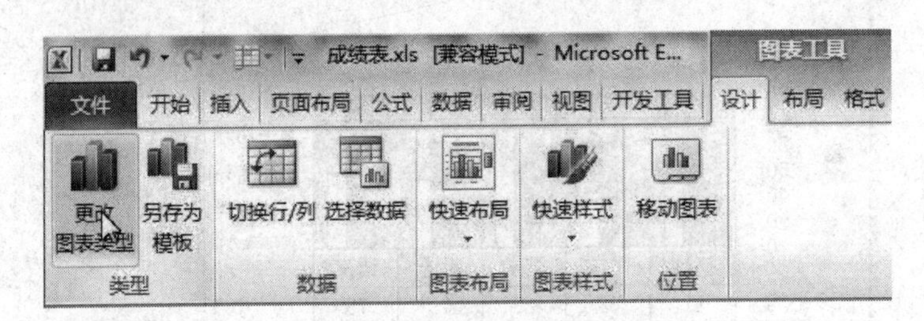

图 3.94 单击“更改图表类型”按钮

(2) 弹出“更改图表类型”对话框,在对话框中选择要更改的图表类型,单击“确定”按钮,如图 3.95 所示。

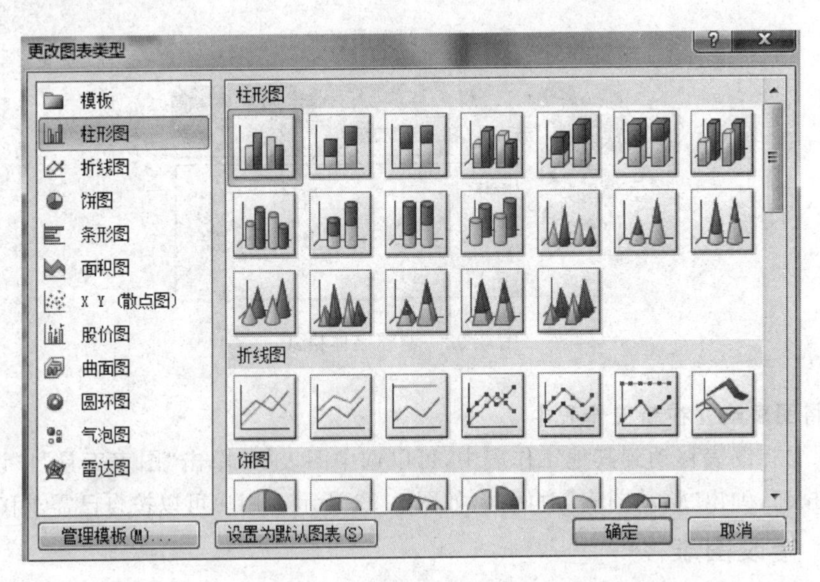

图 3.95 “更改图表类型”对话框

2. 修改图表数据

在建立好图表之后，如果要修改图表的数据范围，可参考 3.4.3 小节添加数据源。

3.5　其他应用

3.5.1　复制与剪切对公式的影响

在 Excel 2010 中复制或剪切单纯的文字、数字单元格时还算简单，但是要复制或剪切含有公式的单元格时，便要根据所选择情况而定。本小节就来解析复制与剪切对公式的影响。

1. 复制对公式的影响

将公式复制、粘贴到另一单元格后，Excel 2010 会自动将粘贴的公式调整为该区域相关的相对地址，如果复制、粘贴的公式仍然要参照到原来的单元格地址，该公式应该使用绝对地址。例如，图 3.96 中 F2 中的公式计算 B2 到 E2 的和，将其复制、粘贴到 G2 中后，公式求和的区域发生变化，如图 3.97 所示。

F2　fx =SUM(B2:E2)　—计算B2到E2的和

	A	B	C	D	E	F
1	姓名	物理	化学	数学	英语	总分
2	魏峰	93	69	87	86	335
3	钱一	65	60	87	81	293
4	宋芳芳	91	52	85	68	296
5	郭平	97	72	80	86	335

图 3.96　原始公式

G2　fx =SUM(C2:F2)　—计算C2到F2的和

	A	B	C	D	E	F	G
1	姓名	物理	化学	数学	英语	总分	
2	魏峰	93	69	87	86	335	577
3	钱一	65	60	87	81	293	
4	宋芳芳	91	52	85	68	296	
5	郭平	97	72	80	86	335	

图 3.97　复制公式效果

2. 剪切对公式的影响

（1）将公式剪切、粘贴到另一单元格后，公式中的地址不会随着粘贴区域的地址而调整，所以公式仍然会引用原来的单元格地址。例如，图 3.96 中，F2 中的公式计算 B2 到 E2 的和，将其剪切、粘贴到 G2 中后，公式求和的区域没有发生变化，如图 3.98 所示。

G2　fx =SUM(B2:E2)　—公式引用地址没变化

	A	B	C	D	E	F	G
1	姓名	物理	化学	数学	英语	总分	
2	魏峰	93	69	87	86		335
3	钱一	65	60	87	81	293	
4	宋芳芳	91	52	85	68	296	
5	郭平	97	72	80	86	335	

图 3.98　剪切公式效果

(2) 如果从公式引用的单元格范围内，剪切出其中一个单元格，则公式引用的单元格范围不变。图 3.96 中 F2 中的公式计算 B2 到 E2 的和，将 C2 单元格剪切、粘贴到 G2 中后，公式求和的区域没有发生变化，如图 3.99 所示。

F2 =SUM(B2:E2) ——公式引用地址没变化

	A	B	C	D	E	F	G
1	姓名	物理	化学	数学	英语	总分	
2	魏峰	93		87	86	266	69
3	钱一	65	60	87	81	293	
4	宋芳芳	91	52	85	68	296	
5	郭平	97	72	80	86	335	

图 3.99 剪切单元格对公式影响

(3) 如果将公式引用的单元格范围所有单元格剪切到别处，公式的引用地址会跟着调整到新地址。图 3.96 中 F2 中的公式计算 B2 到 E2 的和，将 B2：E2 单元格范围剪切、粘贴到 B6：E6 中后，公式求和的区域也变成了新的地址，但计算结果没有变化，如图 3.100 所示。

F2 =SUM(B6:E6) ——引用地址变化，值没变

	A	B	C	D	E	F
1	姓名	物理	化学	数学	英语	总分
2	魏峰					335
3	钱一	65	60	87	81	293
4	宋芳芳	91	52	85	68	296
5	郭平	97	72	80	86	335
6		93	69	87	86	

图 3.100 剪切全部引用范围单元格对公式的影响

3.5.2 选择性粘贴

单元格中含有多种信息，如带有公式的单元格就含有公式以及计算结果的数值，这些都称为单元格的属性。下面介绍选择性粘贴单元格属性。例如，数据如图 3.101 所示，要将 F2 单元格的公式及数值属性，分别复制到 F3 及 F4 单元格。

F2 =SUM(B2:E2)

	A	B	C	D	E	F
1	姓名	物理	化学	数学	英语	总分
2	魏峰	93	69	87	86	335
3	钱一	65	60	87	81	
4	宋芳芳	91	52	85	68	
5	郭平	97	72	80	86	

图 3.101 复制公式单元格

(1) 复制单元格 F2，单元格具有公式与数值两个属性。

(2) 选中单元格 F3，单击“开始”|“粘贴”|“公式”按钮，表示要粘贴公式属性，如图 3.102 所示。

(3) 以同样的方式，选中单元格 F4，单击“开始”|“粘贴”|“数值”按钮，表示要粘贴数值属性。

(4) F3 及 F4 单元格分别粘贴了 F2 单元格的公式和数值，最终效果如图 3.103 所示。

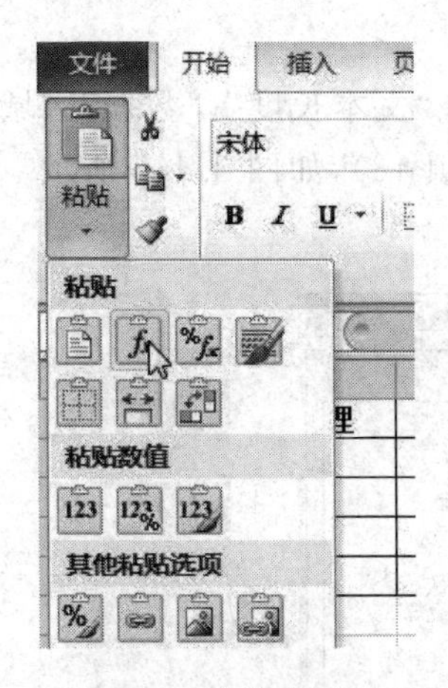

图 3.102 粘贴选项列表

F2 335

	A	B	C	D	E	F
1	姓名	物理	化学	数学	英语	总分
2	魏峰	93	69	87	86	335
3	钱一	65	60	87	81	293
4	宋芳芳	91	52	85	68	335
5	郭平	97	72	80	86	

图 3.103 选择性粘贴效果

3.5.3 冻结拆分编辑窗格

1. 冻结窗格

冻结窗格可以使工作表滚动时仍可见特定的行或列,操作步骤如下。

(1) 要锁定行,则选择其下方要出现拆分的行; 要锁定列,则选择其右侧要出现拆分的列; 要同时锁定行和列,则单击其下方和右侧要出现拆分的单元格。

(2) 选择“视图”|“冻结窗格”|“冻结拆分窗格”命令。当冻结窗格时,“冻结窗格”命令更改为“取消冻结窗格”命令,可以取消对行或列的锁定。

2. 拆分窗格

拆分窗格可以锁定单独工作表区域中的行或列,操作步骤如下。

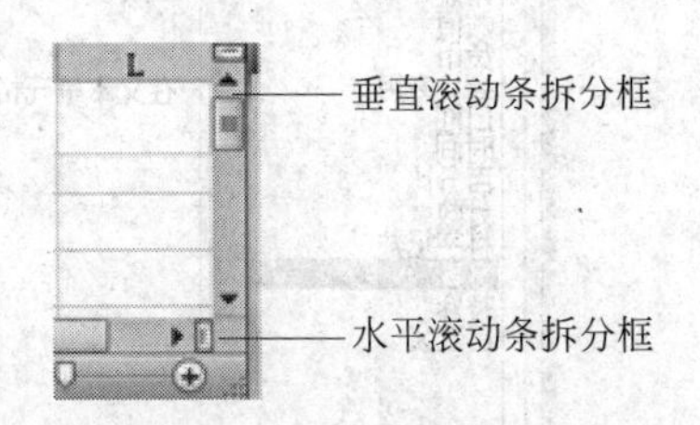

图 3.104 拆分框

(1) 鼠标指针指向垂直滚动条顶端或水平滚动条右端的拆分框,如图 3.104 所示。

(2) 当指针变为拆分指针 ≑ 或 ⫲ 时,将拆分框向下或向左拖至所需的位置。

(3) 要取消拆分,请双击分割窗格的拆分条的任何部分。

3.5.4 数据有效性

利用“数据”功能区的“数据有效性”组中的功能可以控制输入数据的类型和范围等,也可以快速、准确地输入数据。例如,输入身份证号时容易出错,数据有效性功能可以在一定程度上防止或避免错误的发生。本小节以限定数据长度和设置数据下拉菜单为例介绍数据有效性的设置方法。

1. 限定数据长度

(1) 选定要输入数据的区域,如某一列。

(2) 单击“数据”|“数据有效性”按钮(不需打开下拉列表),Excel 2010 弹出“数据有

效性”对话框。

(3) 在对话框中,选择“设置”选项卡,“允许”区域选择“文本长度”,“数据”区域选择“等于”,“长度”区域填写要限定的长度(比如身份证号就填 18),如图 3.105 所示。单击“确定”按钮返回。

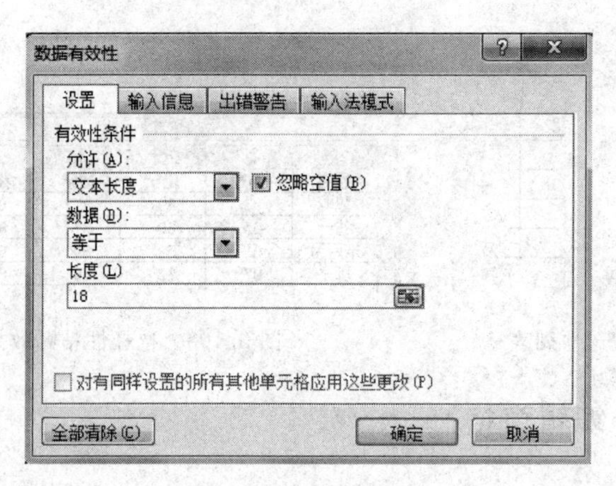

图 3.105 设置文本长度

(4) 如要输入的数据是数字,则单元格会对较长数据以科学记数法的形式出现(如身份证号)。此时,要设置单元格的格式为“文本”,如图 3.106 所示。

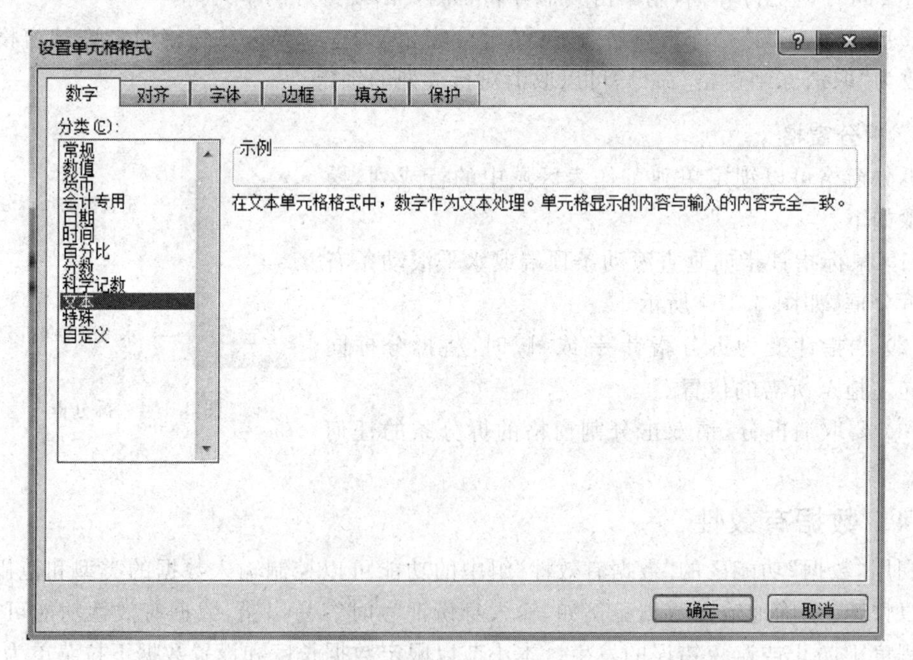

图 3.106 “设置单元格格式”对话框

2. 设置下拉菜单

(1) 选定要设定下拉菜单的区域,如某一列。

(2) 单击“数据”|“数据有效性”按钮(不需打开下拉列表),Excel 2010 弹出“数据有

效性”对话框。

(3) 在对话框中,选择“设置”选项卡,“允许”区域选择“序列”,“来源”区域填写下拉菜单的项,各项间以英文逗号分隔,如图 3.107 所示。

单击“确定”按钮返回,最终效果如图 3.108 所示。

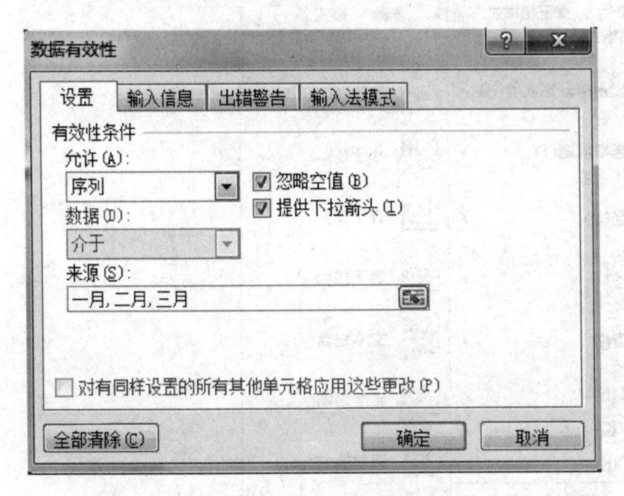

图 3.107 序列设置

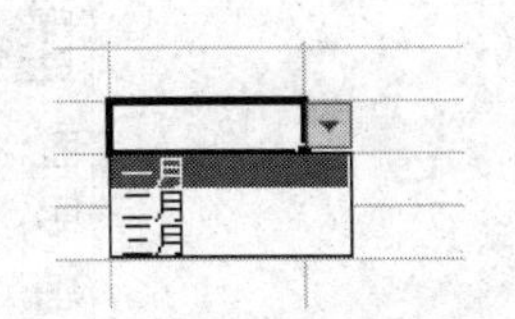

图 3.108 下拉菜单效果

3. 数据有效性的出错信息

在“数据有效性”对话框中,打开“出错警告”选项卡,在“样式”区域可以看到数据有效性的出错信息,包括“停止”,“警告”,“信息”,如图 3.109 所示。

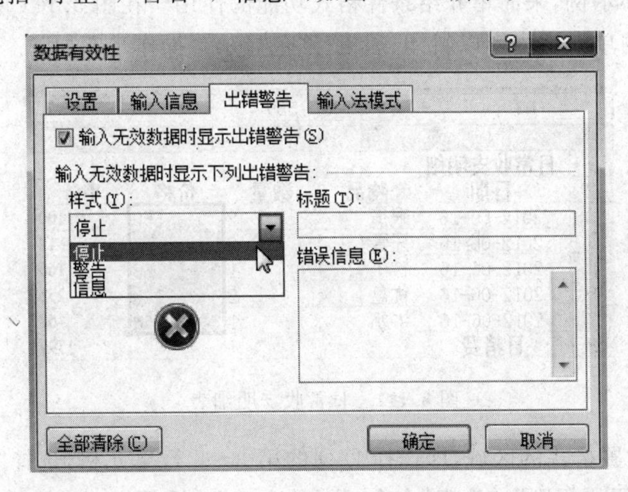

图 3.109 数据有效性出错信息

3.5.5 条件格式

当工作表中的数据量很大时,难以寻找出所需的数据项目,此时可以考虑使用条件格式功能,让某些符合用户所设条件的数据强调显示或个性化显示,例如可以将购买数量大于 100 的商品名称显示为红色等。

Excel 2010 提供了大量的条件格式功能，具有许多种数据设定规则与视觉效果，如图 3.110 所示，用户可以在“开始”功能区的“条件格式”子菜单中查看。

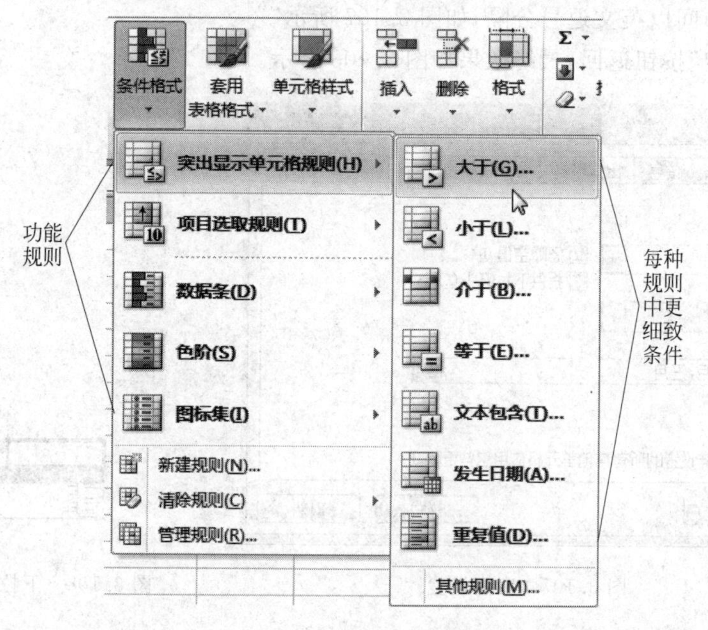

图 3.110 条件格式总览

1. 新建条件格式

下面以一个小示例，来简单介绍条件格式功能的使用。在图 3.111 所示的工作表中，将价格大于 100 的单元格内容以斜体、加粗、红色显示。操作步骤如下。

D3 fx 550

	A	B	C	D	E
1	日常收支明细				
2	日期	物品	数量	价格	小计
3	2012-06-16	眼镜	2	550	1100
4	2012-06-16	牙膏	2	6.5	13
5	2012-06-16	被子	1	160	160
6	2012-06-16	优盘	2	129	258
7	2012-06-16	牛奶	1	68	68
8	日消费				1599

图 3.111 日常收支明细表

(1) 选择要设置格式的区域，即选择 D 列的第 3～7 行单元格，选择“开始”|“条件格式”|“突出显示单元格规则”|“大于”命令，弹出“大于”对话框。

(2) 在对话框中，在左面的文本框中输入 100，在右面的“设置为”下拉列表框中选择“自定义格式”选项，如图 3.112 所示。如果用户对显示样式没有特别需要，可以直接选择在预设的显示样式。

(3) 弹出“设置单元格格式”对话框，打开“字体”选项卡，“字形”选择“加粗倾斜”，“颜色”选择“红色”，如图 3.113 所示，单击“确定”按钮。

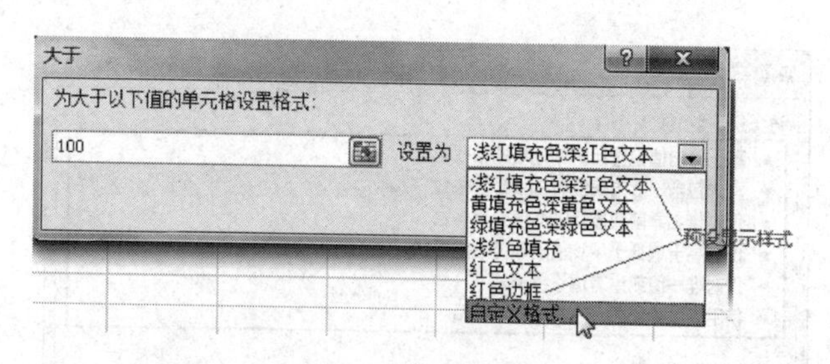

图 3.112　“大于”对话框

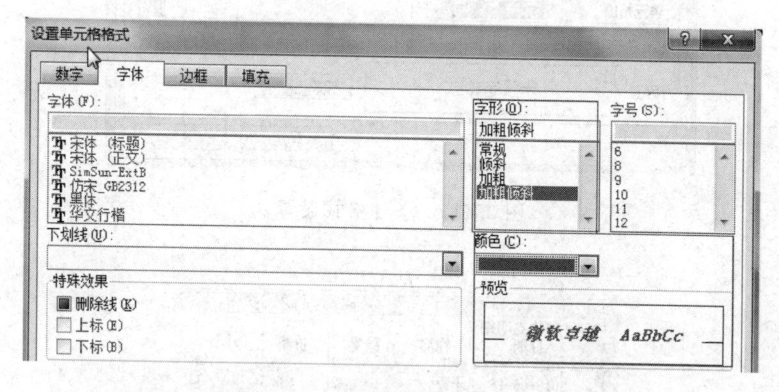

图 3.113　“设置单元格格式”对话框

(4) 在“大于”对话框中,单击“确定”按钮,效果如图 3.114 所示。

用户也可以自定义规则,操作步骤如下。

(1) 选择要设置格式的区域,即选择 D 列的第 3~7 行单元格,选择“开始”|“条件格式”|“新建规则”命令,弹出“新建格式规则”对话框。

(2) 在“选择规则类型”列表框中选择“只为包含以下内容的单元格设置格式”;在“编辑规则说明”区域中设置“单元格值大于 100”,如图 3.115 所示。

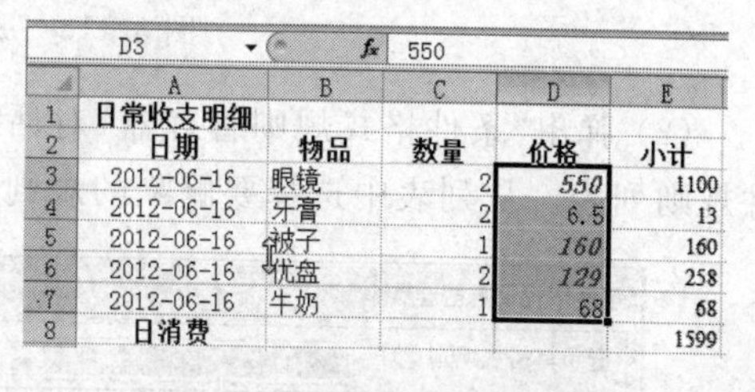

D3　f_x　550

	A	B	C	D	E
1	日常收支明细				
2	日期	物品	数量	价格	小计
3	2012-06-16	眼镜	2	550	1100
4	2012-06-16	牙膏	2	6.5	13
5	2012-06-16	被子	1	160	160
6	2012-06-16	优盘	2	129	258
7	2012-06-16	牛奶	1	68	68
8	日消费				1599

图 3.114　条件格式显示效果

(3) 单击“格式”按钮,在弹出的“单元格格式”对话框中,选择“字体”选项卡。将“字形”设置为“加粗倾斜”,将“颜色”设置为“红色”。单击“确定”按钮,效果如图 3.114 所示。

注意:当用户在数据表中加入条件格式后,若在选取的数据范围内修改了数值,结果也会立即变更。例如,将 D7 单元格内容更改为 110(符合条件格式),则该单元格也变为斜体红色加粗,如图 3.116 所示。

2. 删除条件格式

在工作表中加入条件格式后,用户可以根据自身的需求删除不必要的条件格式,操作步骤如下。

(1) 选取含有格式化条件的单元格区域(如上例中的 D3:D7),选择“开始”|“条件格式”|“管理规则”命令。

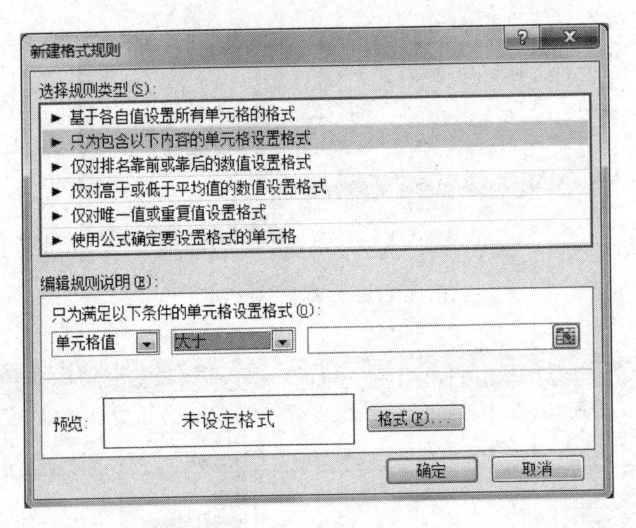

图 3.115　条件格式设置

D7　fx　110

	A	B	C	D	E
1	日常收支明细				
2	日期	物品	数量	价格	小计
3	2012-06-16	眼镜	2	550	1100
4	2012-06-16	牙膏	2	6.5	13
5	2012-06-16	被子	1	160	160
6	2012-06-16	优盘	2	129	258
7	2012-06-16	牛奶	1	110	110
8	日消费				1641

原内容为68

图 3.116　更改数据自动显示

(2) 弹出“条件格式规则管理器”对话框，在对话框中会列出该区域已设置的所有条件规则列表。从列表中选择要删除的规则，单击“删除规则”按钮，如图 3.117 所示。

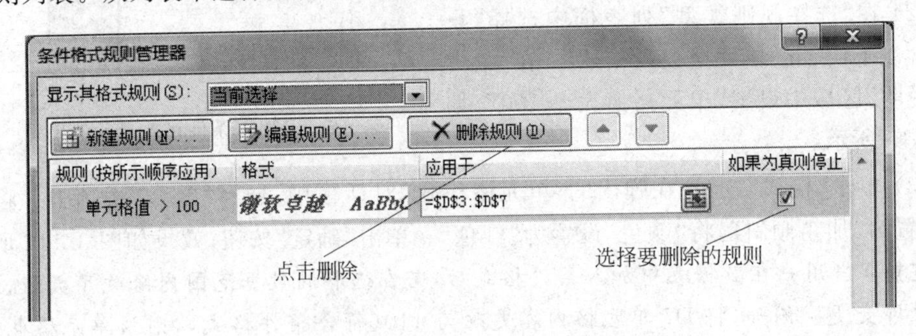

图 3.117　条件格式规则管理器

(3) 如果想一次删除所有的条件，先选取设置规则的单元格范围，打开“开始”|“条件格式”|“清除规则”子菜单，如图 3.118 所示，然后根据用户自身的需要选取“清除所选单元格的规则”或“清除整个工作表的规则”命令。前者只是删除所选单元格中设置的所有条件格式；后者是删除工作表所设置的条件格式，而不单是所选单元格区域中的，所以使用后者时不需要先选中设置规则单元格区域。

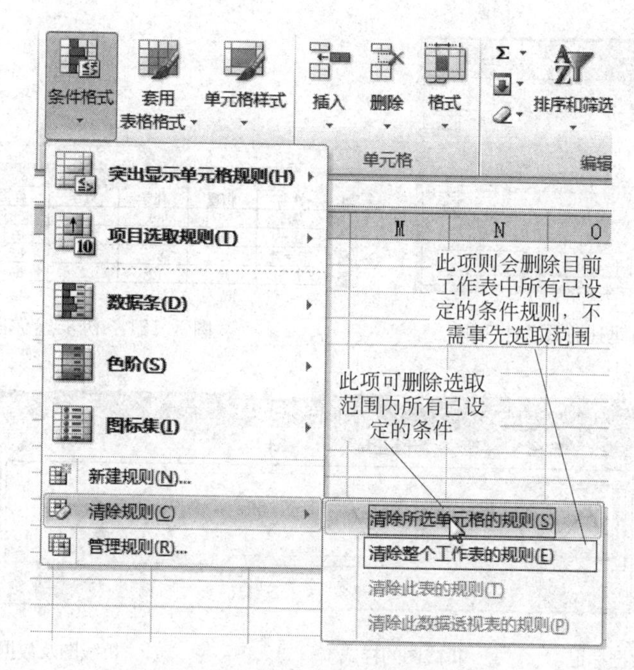

图 3.118　清除规则

3.5.6　迷你图

迷你图是可以放于单元格中的微小图表，该功能是 Excel 2010 提供的新功能，借助迷你图可以可视化地了解数据的变化状态及趋势，例如显示成绩的起伏、价格的涨跌等。迷你图可以放置于数据的附近，这样可以清楚地了解数据的变化与趋势。Excel 2010 提供了三种迷你图：折线图、柱形图以及盈亏图。

下面以学生成绩表为例，如图 3.119 所示，为每个学生的成绩画出折线迷你图，操作步骤如下。

	A	B	C	D	E	F
1	姓名	物理	化学	数学	英语	迷你图
2	魏峰	93	69	87	86	
3	钱一	65	60	87	81	
4	宋芳芳	91	52	85	68	
5	郭平	97	72	80	86	

图 3.119　学生成绩表

(1) 选中要表示的数据范围，在此为 B2：E2，然后单击“插入”|“迷你图”|“折线图”按钮。

(2) 弹出“创建迷你图”对话框。在此对话框中，“数据范围”文本框显示用户上一步选中的数据范围。单击“位置范围”右侧的按钮，为迷你图选择放置的位置，在此为 F2，如图 3.120 所示。

(3) 单击“确定”按钮，F2 单元格便出现了第一个学生各科成绩的变化，如图 3.121 所示。但现在的不方便辨认，为此要为折线图添加标记。选中 F2 单元格，会出现“迷你图工具”功能区，如图 3.122 所示。

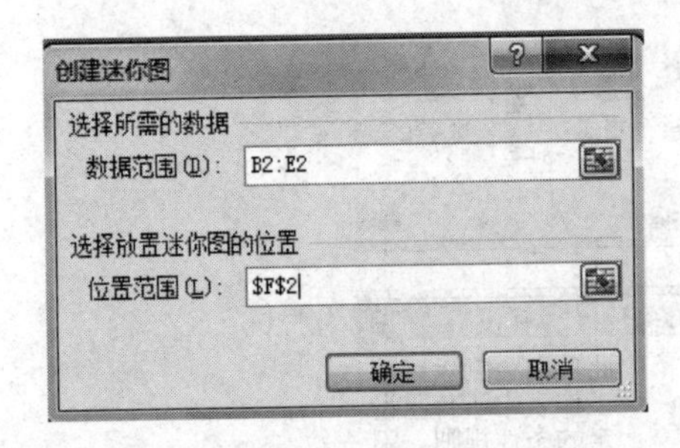

图 3.120 “创建迷你图”对话框

	A	B	C	D	E	F
1	姓名	物理	化学	数学	英语	迷你图
2	魏峰	93	69	87	86	
3	钱一	65	60	87	81	
4	宋芳芳	91	52	85	68	
5	郭平	97	72	80	86	

图 3.121 初步迷你图

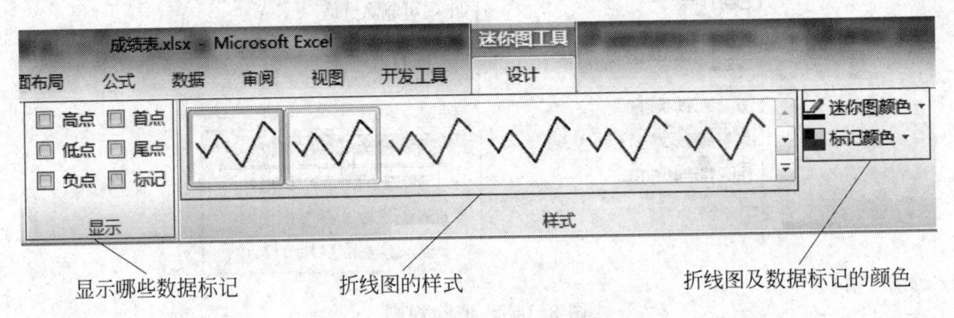

图 3.122 “迷你图工具”功能区

(4) 选中 F2 单元格，在“迷你图工具”|“显示”组中选中“标记”复选框，并设置“标记颜色”为红色。

(5) 将鼠标指针移至 F2 单元格右下角，鼠标指针变成“＋”形状，此时拖动该填充控点下拉至 F5 单元格，为其他学生数据列建立迷你图，效果如图 3.123 所示。

	A	B	C	D	E	F
1	姓名	物理	化学	数学	英语	迷你图
2	魏峰	93	69	87	86	
3	钱一	65	60	87	81	
4	宋芳芳	91	52	85	68	
5	郭平	97	72	80	86	

图 3.123 迷你图效果

注意：迷你图是 Excel 2010 提供的新功能，所以只有在 XLSX 文档下才能使用，而老版本的 XLS 文档是不能使用的。

3.5.7 自动套用格式

默认情况，“自动套用格式”按钮并不在快速访问工具栏或功能区中，所以要先将该按钮添加到快速访问工具栏或功能区中，在此将其添加到快速访问工具栏。

(1) 选择“自定义快速访问工具栏”|“其他命令”命令，如图 3.124 所示，弹出“快速访问工具栏”对话框。

(2) 在“从下列位置选择命令”下拉列表框中选择“所有命令”选项，然后在左面列表中寻找“自动套用格式”按钮，然后单击“添加”按钮，如图 3.125 所示。单击“确定”按钮，完成“自动套用格式”按钮的添加，如图 3.126 所示。

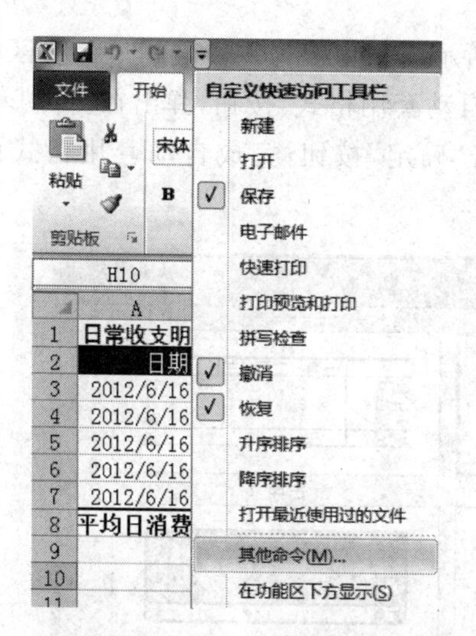

图 3.124　自定义快速访问工具栏

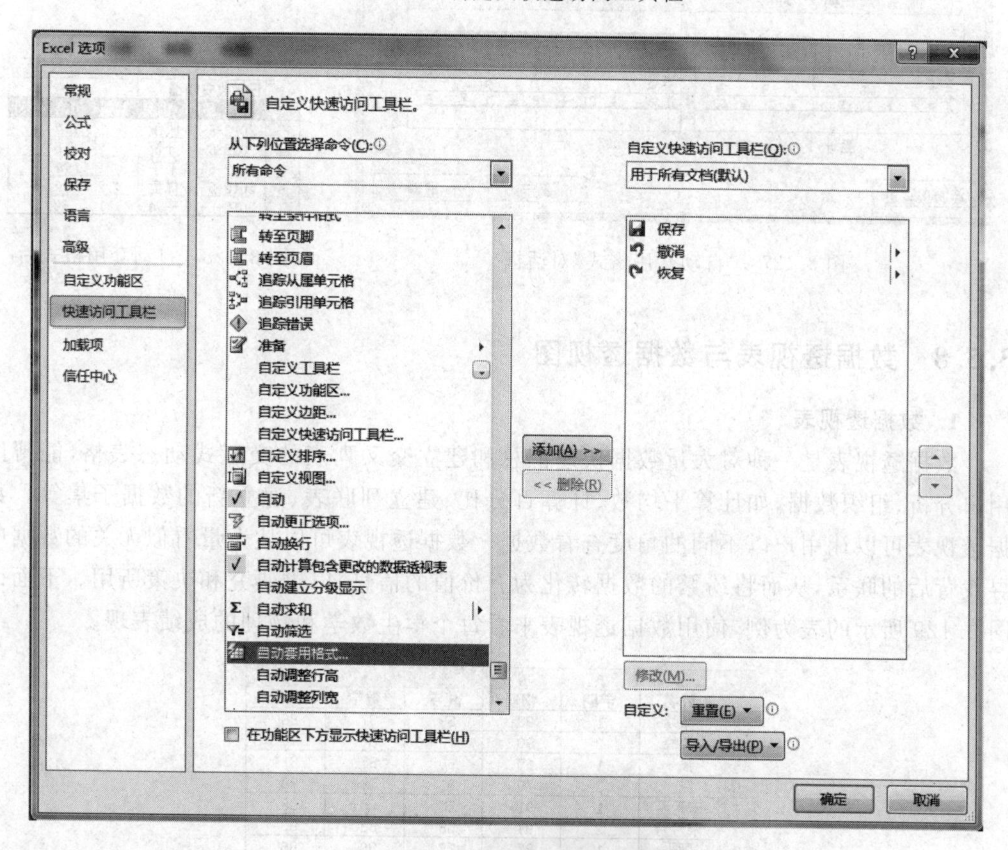

图 3.125　添加自定义按钮

图 3.126　“自动套用格式”按钮

(3) 同样以图 3.111 所示的工作表为例。选择单元格区域第 2～7 行所有非空区域，单击“快速访问工具栏”|“自动套用格式”按钮，弹出在“自动套用格式”对话框，选择“古典 2”格式(见图 3.127)。单击“确定”按钮，完成自动套用格式设置。设置效果如图 3.128 所示。

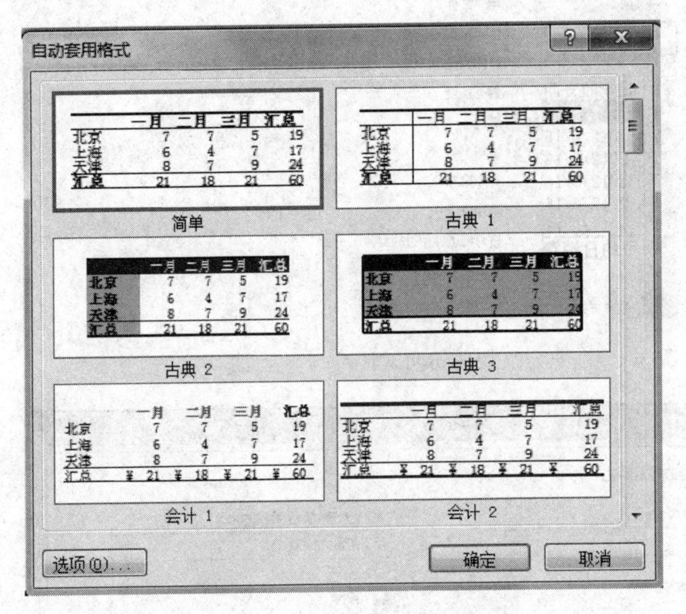

图 3.127 “自动套用格式”对话框

	A	B	C	D	E
1	日常收支明细				
2	日期	物品	数量	价格	小计
3	2012-6-16	眼镜	1	550	
4	2012-6-16	牙膏	2	6.5	
5	2012-6-16	被子	1	160	
6	2012-6-16	优盘	2	129	
7	2012-6-16	牛奶	1	68	

图 3.128 自动套用格式后的效果

3.5.8 数据透视表与数据透视图

1. 数据透视表

数据透视表是一种对大量数据快速汇总和建立交叉列表的交互式动态表格，能帮助用户分析、组织数据，如计算平均数、计算百分比、建立列联表、建立新的数据子集等。数据透视表可以让用户以不同的角度查看数据。数据透视表可以从大量看似无关的数据中寻找背后的联系，从而将纷繁的数据转化为有价值的信息，以供研究和决策所用。下面以图 3.129 所示的表为例，使用数据透视表来看每个学生数学和物理的成绩表现。

	A	B	C	D	E	F
1	姓名	学期	物理	化学	数学	英语
2	魏峰	1	93	69	87	86
3	魏峰	2	90	73	89	90
4	钱一	1	65	60	87	81
5	钱一	2	70	61	88	83
6	宋芳芳	1	91	52	85	68
7	宋芳芳	2	94	58	83	69
8	郭平	1	97	72	80	86
9	郭平	2	98	68	84	89

图 3.129 学生成绩表

(1) 单击“插入”|“数据透视表”按钮，弹出“创建数据透视表”对话框。

(2) 在“表/区域”文本框中输入数据表区域(包括姓名和标题头)，在“选择放置数据透视表的位置”下选中“新工作表”单选按钮，如图 3.130 所示。

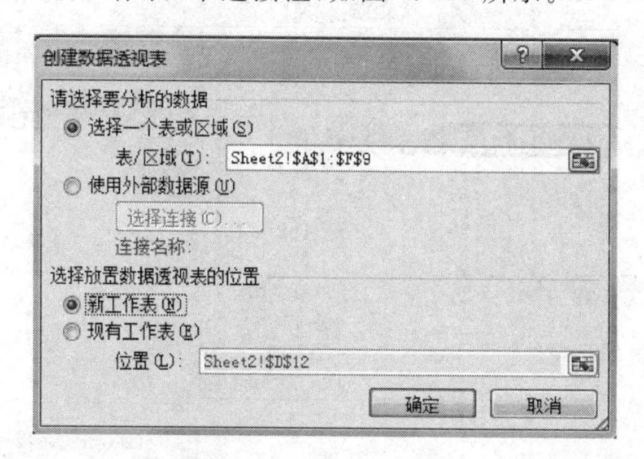

图 3.130　“创建数据透视表”对话框

(3) 单击“确定”按钮，Excel 2010 会新建一个工作表，表中出现新建数据透视表，如图 3.131 所示。在新工作表中出现“数据透视表字段列表”项，列出了用户可能需要的字段。在此，将“姓名”、“物理”、“数学”添加到左侧报表中。此时，用户就可以看到每个学生两学期物理和数学成绩的和，同样可以看到所有学生物理和数学成绩的总和，如图 3.132 所示。

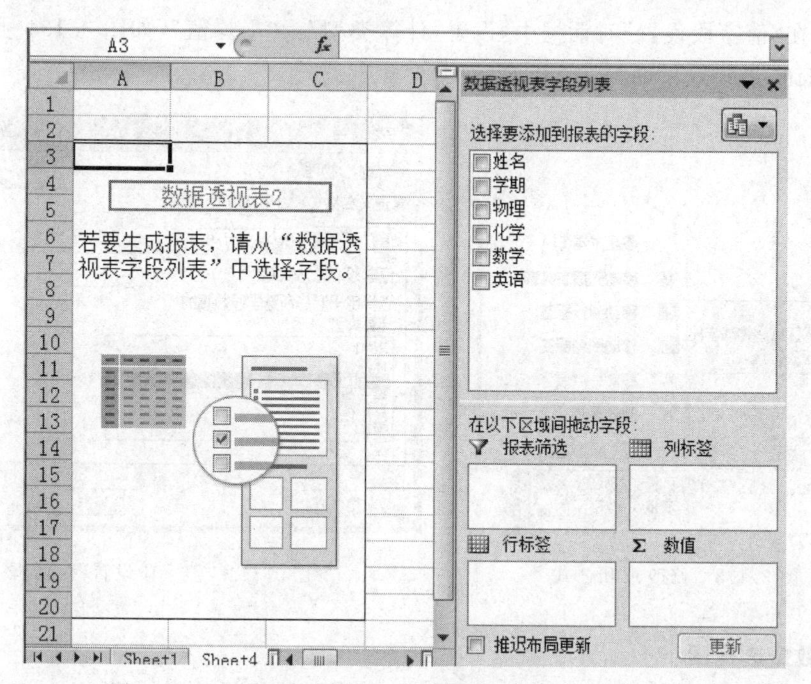

图 3.131　数据透视表空表

(4) 现在将物理成绩改成两学期的平均值。在右侧“数据透视表字段列表”下的“数值”区域中，单击“求和项：物理”选项，然后选择“值字段设置”命令，如图 3.133 所示，弹出“值字段设置”对话框。

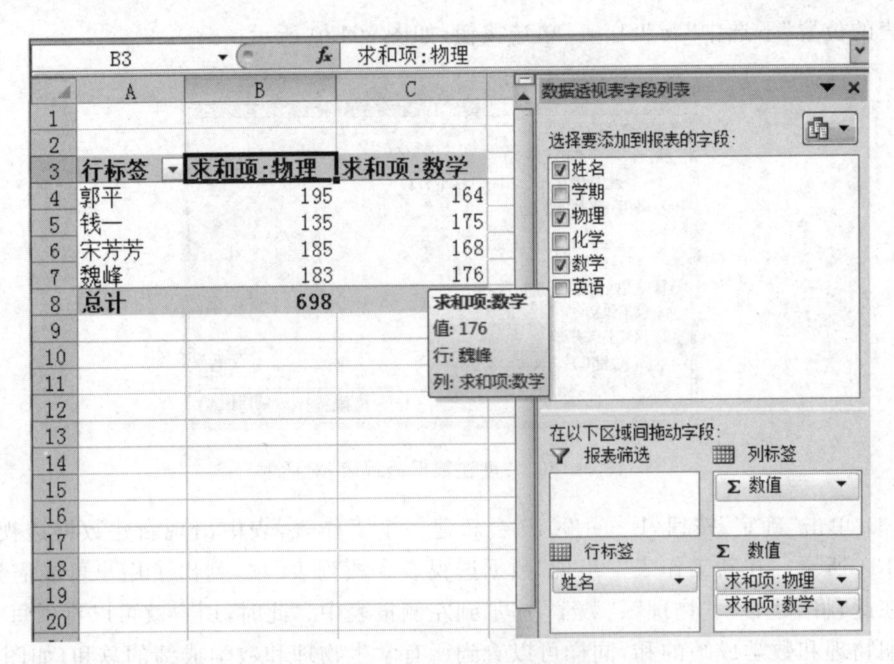

图 3.132 增加物理和数学项

(5) 在“值字段设置”对话框中,设置“计算类型”为“平均值”,如图 3.134 所示。单击“确定”按钮,最终效果如图 3.135 所示。

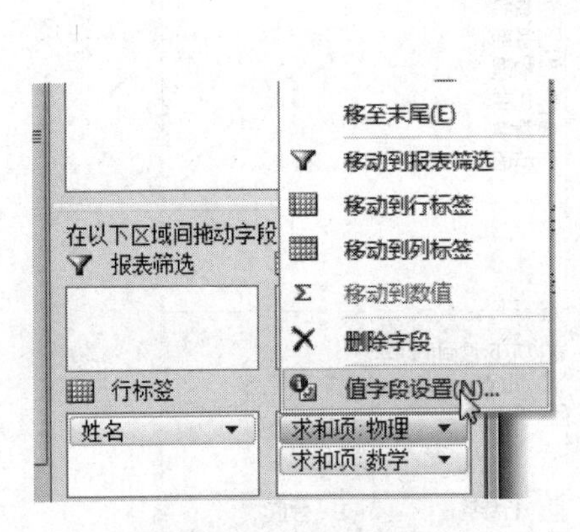

图 3.133 修改求和公式

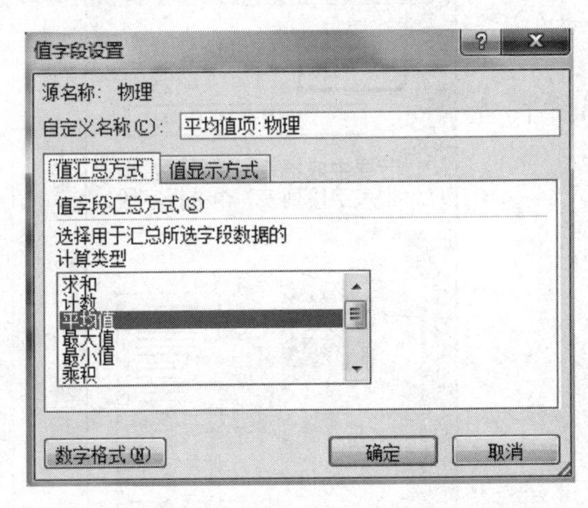

图 3.134 “值字段设置”对话框

2. 数据透视图

用户还可以根据数据透视表直接生成数据透视图,操作步骤如下。

选中数据透视表,然后单击“数据透视表工具”|“选项”|“数据透视图”按钮,在弹出的对话框中选择图表的样式后,单击“确定”按钮即可直接创建出数据透视图,如图 3.136 所示。

可以看出,数据透视表与平时常用的图表基本一致,不同的是多了“姓名”按钮,通过该按钮可以选择显示哪些数据。

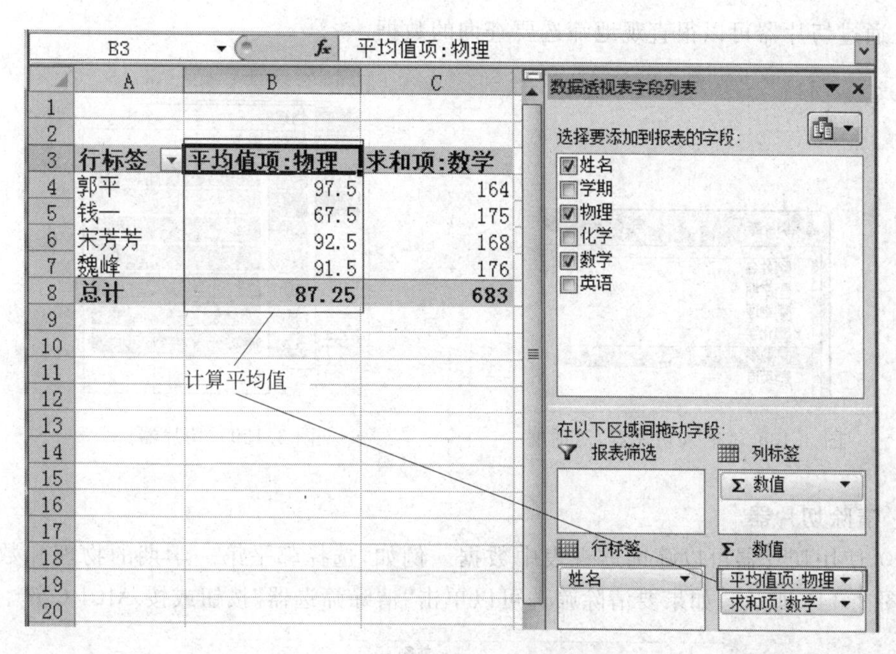

图3.135 透视表最终效果

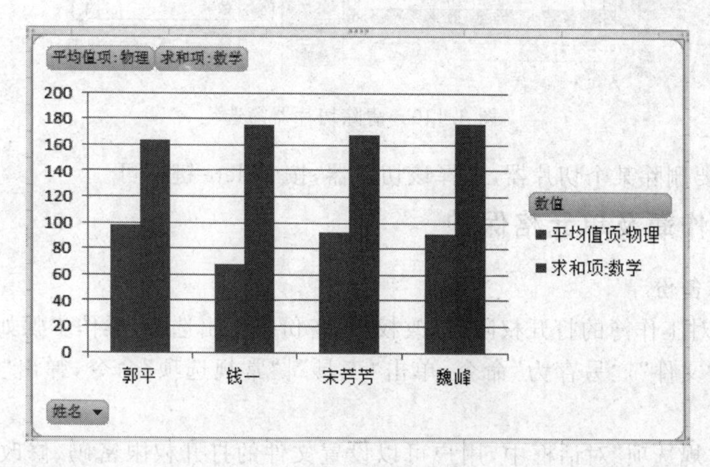

图3.136 数据透视图

3.5.9 切片器

1. 插入切片器

(1) 选择“数据透视表工具”|“选项”|“插入切片器”|“插入切片器”命令，如图3.137所示，弹出“插入切片器”对话框。

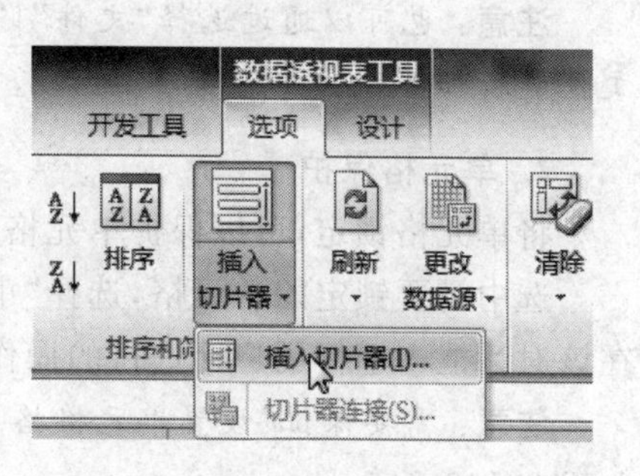

图3.137 选择“插入切片器”命令

(2) 在“插入切片器”对话框中选中“姓名”、“物理”和“数学”三个复选框，如图3.138所示。单击“确定”按钮，工作表会创建3个切片器，如图3.139

所示。通过切片器可以很直观地筛选要查询的数据。

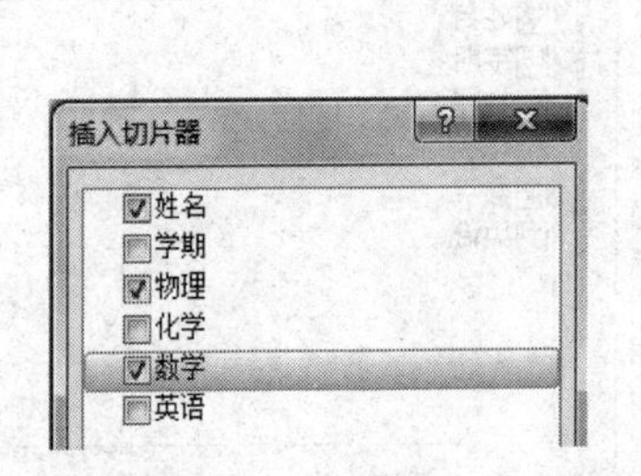

图 3.138 “插入切片器”对话框

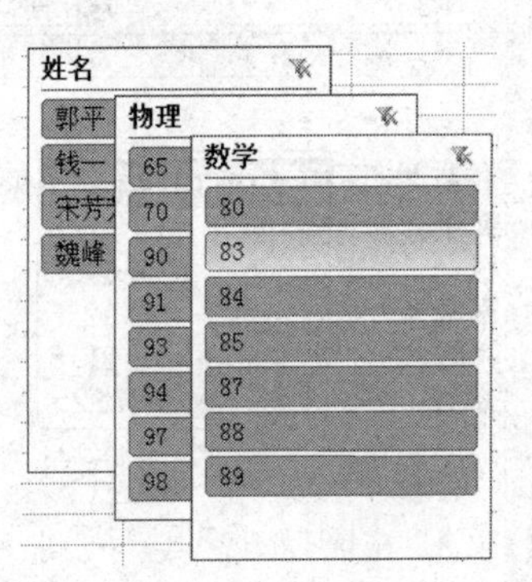

图 3.139 切片器

2. 清除切片器

(1) 使用切片器可以筛选透视表中数据。例如,选择郭平第一学期的物理和数学成绩,如图 3.140 所示。如果要清除筛选可以单击“清除筛选器”按钮或按 Alt+C 键。

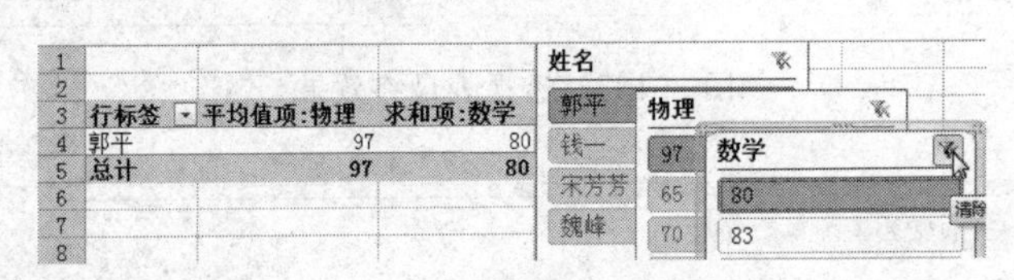

图 3.140 清除切片器筛选

(2) 如果要删除某个切片器,选择该切片器,按 Delete 键即可。

3.5.10 工作簿及单元格保护

1. 加密与备份

用户可以对工作簿的打开权限、修改权限、备份等作出选择,操作步骤如下。

(1) 选择“文件”|“另存为”命令,单击“工具”|“常规选项”命令,弹出“常规选项”对话框。

(2) 在“常规选项”对话框中,用户可以设置文件的打开权限密码、修改权限密码、设置文件只读和生成备份文件,如图 3.141 所示。

注意:也可以通过选择“文件”|“信息”|“保护工作簿”|“用密码进行加密”命令来对文件进行加密。

2. 单元格保护

将单元格锁定,可以保护单元格的内容不被改写。操作步骤如下。

选中需要锁定的单元格,选择“审阅”|“保护工作表”命令,弹出“保护工作表”对话框。在该对话框中选择用户可进行的操作,也可以设置取消保护密码,如图 3.142 所示。

注意:需要保证“设置单元格格式”对话框的“保护”选项卡中,选中“锁定”复选框,如图 3.143 所示。

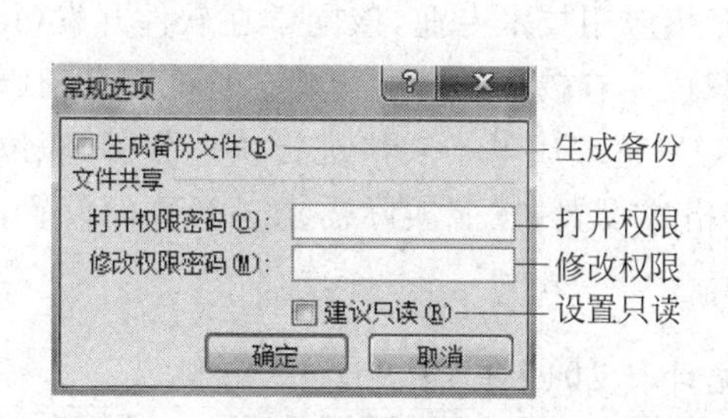

图 3.141　“常规选项”对话框

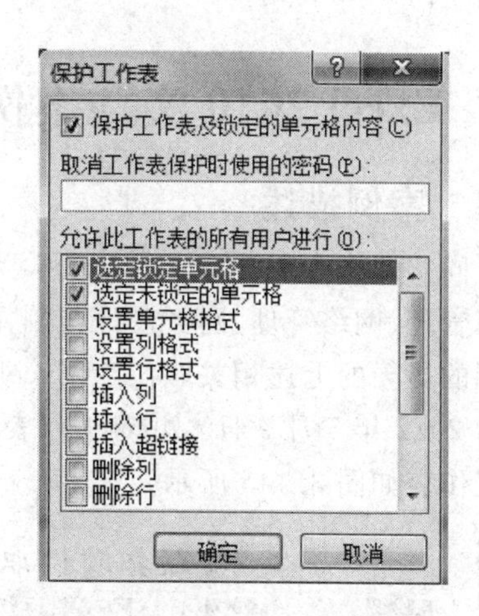

图 3.142　“保护工作表”对话框

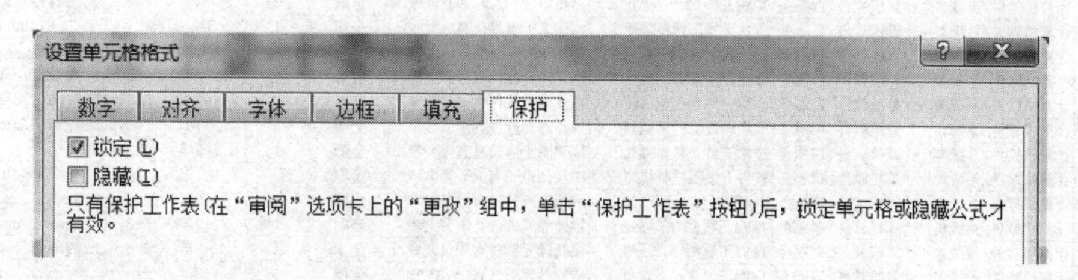

图 3.143　保护选项锁定功能

3. 保护工作簿结构

为了保护工作簿结构，以免被删除、移动、隐藏、取消隐藏、重命名工作表等操作，可以对工作簿进行保护。操作步骤如下：

选择“审阅”|“保护工作簿”命令(或者选择“文件”|“信息”|“保护工作簿”|“保护工作簿结构”命令)，弹出“保护结构和窗口”对话框。选中“结构”复选框可以保护工作簿的结构；选中“窗口”复选框可以保护工作簿窗口不被移动、缩放、隐藏、取消隐藏或关闭，如图 3.144 所示。

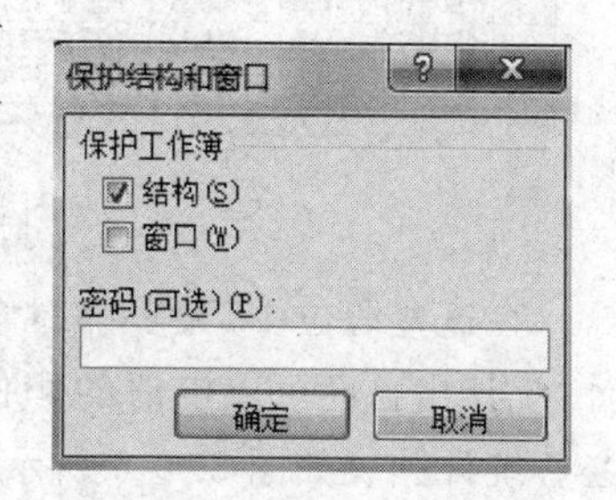

图 3.144　“保护结构和窗口”对话框

4. 隐藏公式

将自己制作的工作簿发送给别人后，如果不想让其他用户看到并编辑已有公式，可在共享之前，将包含公式的单元格设置为隐藏，并保护工作表。操作步骤如下。

(1) 选定要隐藏的公式所在的单元格区域，右击，在弹出的快捷菜单中选择“设置单元格格式”命令，打开“保护”选项卡，选中“隐藏”复选框，单击“确定”按钮。

(2) 对工作表进行保护的操作参见“单元格保护”部分。

3.5.11　其他功能

其他功能如单元格格式中对齐、字体、边框设置、页面格式设置等在下一节的案例中有详细的介绍，读者可以在学习案例的过程中掌握这些功能。

3.6 Excel 2010 实践案例 1——就业职位统计表制定

3.6.1 案例描述

王同学即将毕业于某职业技术学院计算机应用技术专业,该同学在软件开发(Java)、数据库管理、网络管理、网页设计与制作等职位上有较强的就业优势。他把智联招聘网上搜索到的当天的上述相关职位在 Excel 2010 里整理成电子表格进行统计分析(职位统计时间为 2012 年 5 月 9 日),并对工作表进行格式设置,按照实际需求进行页面设置,整理后的工作表如图 3.145 所示。

1	智联招聘IT职位统计(2012年5月9日)									
2	职业类别	行业类别	职位名称	工作地点	招聘单位	低学历要	工作性质	招聘人数	工作经验	联系方式
3	计算机软件/系统集	计算机软件 IT服务 (	资深实施工程师	福州	福州特力惠电子有限	本科	全职	1	5年以上	linzh007@163.com
4	计算机软件/系统集	计算机软件 IT服务	JAVA软件工程师	福州-鼓楼	北京平强软件有限公	大专	全职	8	1-3年	
5	计算机软件/系统集	计算机软件 IT服务	实施工程师	福州	嘉和新仪(北京)科技	大专	全职	若干	不限	www.bjgoodwillcis.com
6	计算机软件/系统集	计算机软件 IT服务	后台开发工程师	福州	福建掌上世界信息技	大专	全职	1	不限	87430066
7	计算机软件/系统集	计算机软件 IT服务	java开发人员	福州	福州鼎元软件有限公	大专	全职	8	1-4年	fzdyschr@gmail.com
8	计算机软件/系统集	计算机软件 IT服务	android java	福州	福州鼎元软件有限公	大专	全职	2	1-2年	fzdyschr@gmail.com
9	计算机软件/系统集	计算机软件 IT服务	et软件中级工程	福州	福州鼎元软件有限公	大专	全职	31	1-2年	fzdyschr@gmail.com
10	计算机软件/系统集	计算机软件 IT服务	中级研发工程师	福州	福州鼎元软件有限公	大专	全职	3	不限	fzdyschr@gmail.com
11	计算机软件/系统集	计算机软件 IT服务	技术支持(数据	福州	福建博士通信息有限	大专	全职	1	1-2年	6529882@qq.com
12	计算机软件/系统集	计算机软件 IT服务	软件开发工程师	福州-鼓楼	中星微电子有限公司	本科	全职	若干	1-3年	68944075
13	计算机软件/系统集	计算机软件 IT服务	web前端JAVA开	福州	福州鼎元软件有限公	大专	全职	1	1-2年	fzdyschr@gmail.com
14	计算机软件/系统集	计算机软件 IT服务	JAVA工程师(Li	福州	福州鼎元软件有限公	大专	全职	1	1-2年	fzdyschr@gmail.com
15	计算机软件/系统集	计算机软件 IT服务	JAVA工程师	福州	福州鼎元软件有限公	大专	全职	1	1-2年	fzdyschr@gmail.com
16	计算机软件/系统集	计算机软件 IT服务	JAVA开发者	福州	福州鼎元软件有限公	大专	全职	1	1-2年	fzdyschr@gmail.com
17	计算机软件/系统集	计算机软件 IT服务	资讯员	福州	福建三特股份有限公	大专	全职	1	1年以上	0591-88036081
18	计算机软件/系统集	计算机软件 IT服务	信息管理员	福州	福建星网锐捷通讯股	本科	全职	1	1-3年	campus@star-net.cn
19	计算机软件/系统集	计算机软件 IT服务	网络管理员	福州-鼓楼	福州中旭网络技术有	大专	全职	1	1年以下	
20	计算机软件/系统集	计算机软件 IT服务	IT网管	福州	中诺(福建)数码信息	大专	全职	1	1-3年	fzhr@941in.com
21	计算机软件/系统集	计算机软件 IT服务	信息安全员/网	福州	牛犊八八(福州)网络	不限	全职	1	1-3年	www.niudu88.com
22	计算机软件/系统集	计算机软件 IT服务	网管	福州	福建省三奥信息科技	大专	全职	若干	1-3年	0591-87674730转801
23	计算机软件/系统集	计算机软件 IT服务	定价专员(建银	福州-鼓楼	福州网盈数码科技有	大专	全职	若干	不限	0591-87551785
24	计算机软件/系统集	计算机软件 IT服务	服务器管理员	福州	贝斯通国际有限公司	大专	全职	1	1-3年	http://www.hkbestong.
25	计算机软件/系统集	计算机软件 IT服务	网络信息管理员	福州-台江	长沙搜门面网络科技	大专	全职	1	1-3年	0591-87868646
26	计算机软件/系统集	计算机软件 IT服务	技术支持工程师	福州	福建都市传媒股份有	大专	全职	若干	1-3年	hr@baishi365.com
27	计算机软件/系统集	计算机软件 IT服务	网站编辑(实习	福州-鼓楼	福州网域网传媒有限	不限	全职	若干	不限	0591-83755135
28	计算机软件/系统集	计算机软件 IT服务	网页设计/网站	福州	宏源大成(福州)电子	本科	全职	若干	不限	http://www.chinagvt.c

就业职位统计表

图 3.145 用 Excel 2010 统计职位信息

在这些职位中,大多都对学历要求作了限制,因此王同学对"最低学历要求"作了统计,统计出自己可以申请的职位数占总职位数的比重较大,对专业的就业前景充满了信心。统计图表如图 3.146 所示。

3.6.2 搜索职位信息

(1) 用 IE 浏览器打开智联招聘网(http://www.zhaopin.com)站点首页,通过站点导航中进入"职位搜索"页面。

(2) 在"职位搜索"页面进行 IT 行业的软件开发(Java)、数据库管理、网络管理、网页设计与制作共 4 类职位搜索。进行软件开发(Java)职位搜索时,设置"职位类别"为"计算机软件/系统集成","行业类别"选择"计算机软件+互联网/电子商务","工作地点"为"福州","发布时间"是"今天"。因为该同学擅长 Java 程序程语言,因此关键词设置为"Java",如图 3.147 所示。其他选择方式如图 3.148~图 3.150 所示。

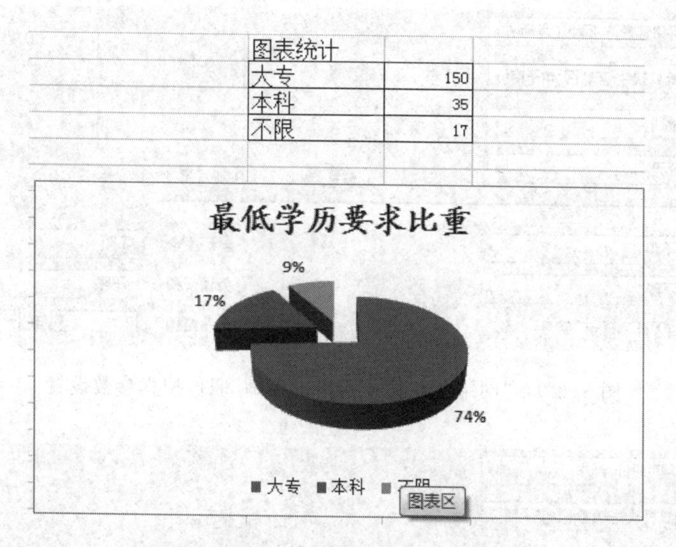

图表统计	
大专	150
本科	35
不限	17

图 3.146　统计图表

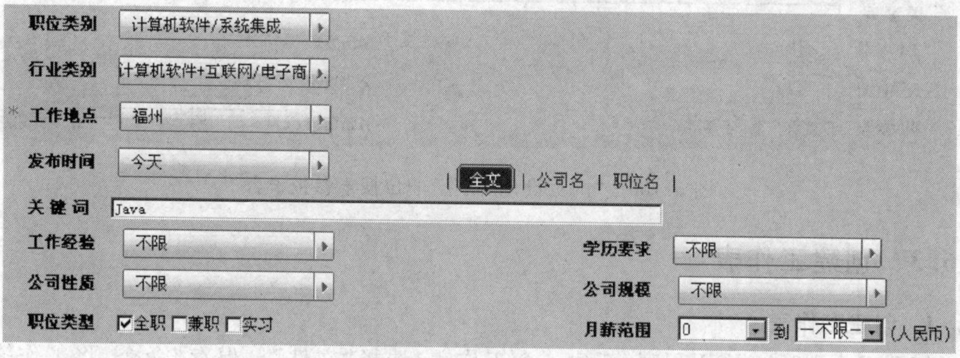

职位类别　计算机软件/系统集成
行业类别　计算机软件+互联网/电子商
工作地点　福州
发布时间　今天
全文 | 公司名 | 职位名
关 键 词　Java
工作经验　不限　　学历要求　不限
公司性质　不限　　公司规模　不限
职位类型　☑全职 □兼职 □实习　　月薪范围　0 到 -不限- (人民币)

图 3.147　“计算机软件/系统集成”职位搜索参数设置

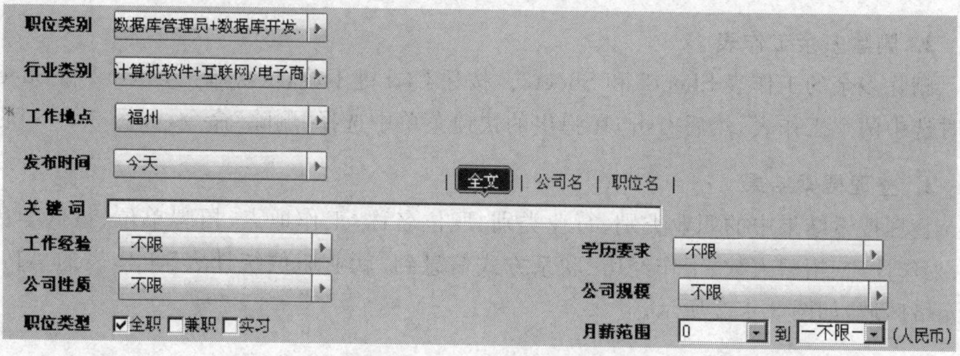

职位类别　数据库管理员+数据库开发.
行业类别　计算机软件+互联网/电子商
工作地点　福州
发布时间　今天
全文 | 公司名 | 职位名
关 键 词
工作经验　不限　　学历要求　不限
公司性质　不限　　公司规模　不限
职位类型　☑全职 □兼职 □实习　　月薪范围　0 到 -不限- (人民币)

图 3.148　“数据库管理＋数据库开发工程师”职位搜索参数设置

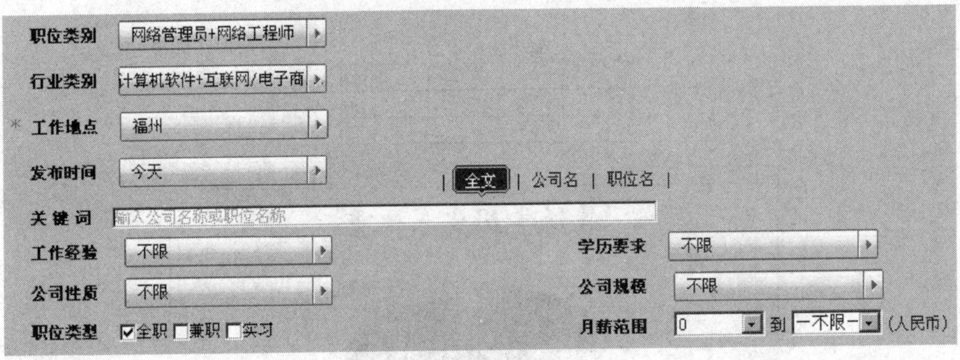

图 3.149 “网络管理员+网络工程师”职位搜索参数设置

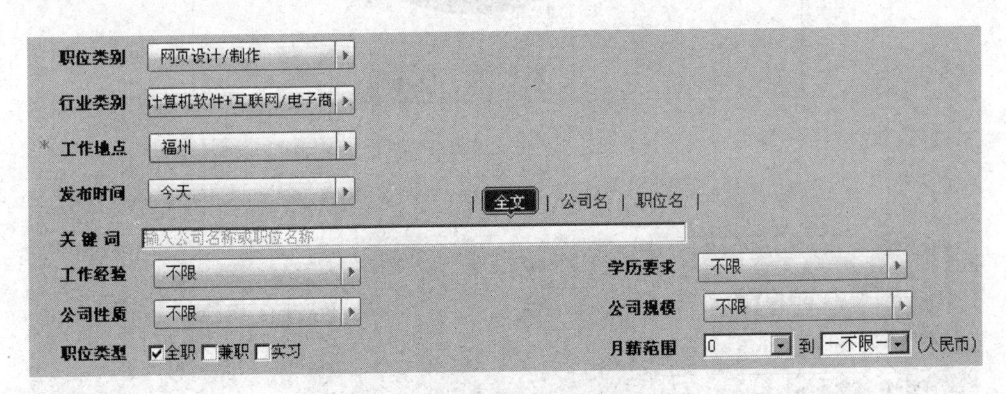

图 3.150 “网页设计/制作”职位搜索参数设置

3.6.3 创建工作表

1. 创建工作表

打开 Excel 2010 应用程序,新建一个工作表,选择“文件”|“保存”命令,将工作簿命名为“就业职位统计表”。然后双击工作表标签 Sheet1,将工作表标签更名为“就业职位统计表”。

2. 删除多余工作表

删除多余的工作表 Sheet2 和 Sheet3。按住 Ctrl 键不放,依次单击 Sheet2 和 Sheet3,同时选中两个工作表,然后右击,在弹出的快捷菜单中选择“删除”命令,如图 3.151 所示。

3. 整理搜索结果

整理搜索结果中的职业类别、行业类别、职位名称、工作地点、招聘单位、最低学历要求、工作性质、招聘人数、工作经历、联系方式信息到“就业职位统计表”工作表的 A1:J67 单元格区域,如图 3.152 所示。

4. 使表格内容完整

利用填充控点完成表格内容填充。选中单元格 A2,将光标指向单元格 A2 右下角填充控点处,当光标呈“+”形状时,按下鼠标左键并拖动到 A67 单元格后放开,完成 A3:

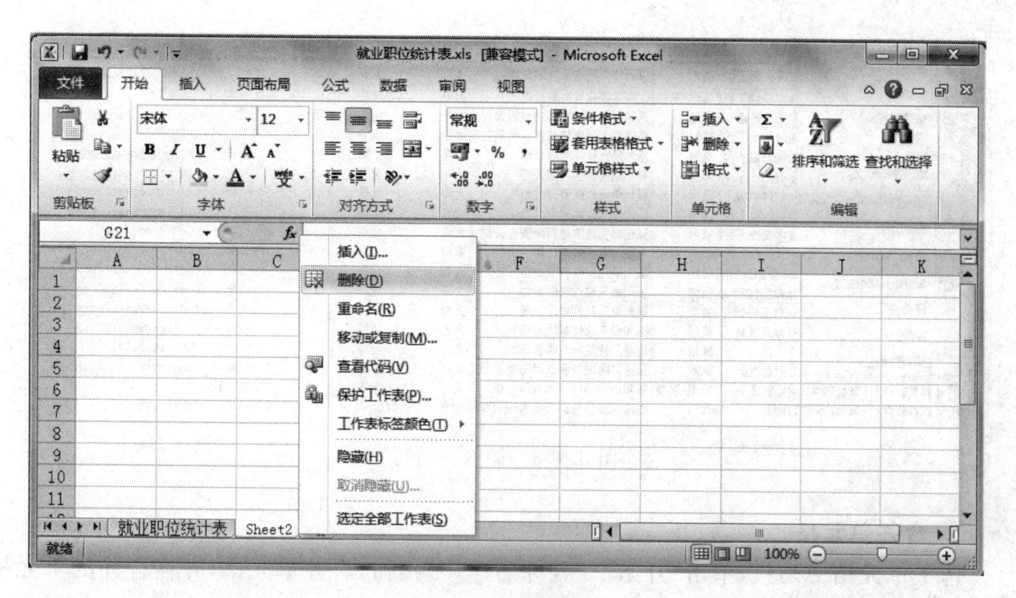

图 3.151　删除工作表

	A	B	C	D	E	F	G	H	I	J
1	职业类别	行业类别	职位名称	工作地点	招聘单位	最低学历要求	工作性质	招聘人数	工作经历	联系方式
2	计算机软件/	计算机软件	资深实施工程	福州	福州特力惠电子有限公司	本科	全职	1	5年以上	linzh007@163.com
3			JAVA软件工程	福州-鼓楼	北京平强软件有限公司	大专	全职	8	1-3年	
4			实施工程师	福州	嘉和新仪(北京)科技有限公司	大专	全职	若干	不限	www.bjgoodwillcis.com
5			后台开发工程	福州	福建掌上世界信息技术有限公司	大专	全职	1	不限	87430066
6			java开发人员	福州	福州鼎元软件有限公司	大专	全职	8	1-4年	fzdyschr@gmail.com
7			android java	福州	福州鼎元软件有限公司	大专	全职	2	1-2年	fzdyschr@gmail.com
8			et软件中级工	福州	福州鼎元软件有限公司	大专	全职	31	1-2年	fzdyschr@gmail.com
9			中级研发工程	福州	福州鼎元软件有限公司	大专	全职	3	不限	fzdyschr@gmail.com
10			技术支持（数	福州	福建博士通信息有限责任公司	大专	全职	1	1-2年	6529882@qq.com
11			软件开发工程	福州-鼓楼	中星微电子有限公司	本科	全职	若干	1-3年	68944075
12			web前端JAVA开	福州	福州鼎元软件有限公司	大专	全职	1	1-2年	fzdyschr@gmail.com
13			JAVA工程师(L	福州	福州鼎元软件有限公司	大专	全职	1	1-2年	fzdyschr@gmail.com
14			JAVA工程师	福州	福州鼎元软件有限公司	大专	全职	1	1-2年	fzdyschr@gmail.com
15			JAVA开发者	福州	福州鼎元软件有限公司	大专	全职	1	1-2年	fzdyschr@gmail.com
16			资讯员	福州	福建三特股份有限公司	大专	全职	1	1年以上	0591-88036081
17			信息管理员	福州	福建星网锐捷通讯股份有限公司	本科	全职	1	1-3年	campus@star-net.cn
18			网络管理员	福州-鼓楼	福州中旭网络技术有限公司	大专	全职	1	1年以下	
19			IT网管	福州	中诺(福建)数码信息有限公司	大专	全职	1	1-3年	fzhr@941in.com
20			信息安全员/网	福州	牛犊八八(福州)网络技术有限公	不限	全职	1	1-3年	www.niudu88.com
21			网管	福州	福建省三奥信息科技股份有限公	大专	全职	若干	1-3年	0591-87674730转801
22			定价专员（建	福州-鼓楼	福州网盈数码科技有限公司	大专	全职	若干	不限	0591-87551785
23			服务器管理员	福州	贝斯通国际有限公司	大专	全职	1	1-3年	http://www.hkbestong.com/
24			网络信息管理	福州-台江	长沙搜门面网络科技有限公司	大专	全职	1	1-3年	0591-87868646
25			技术支持工程	福州	福建都市传媒股份有限公司	大专	全职	若干	1-3年	hr@baishi365.com
26			网站编辑(实习	福州-鼓楼	福州网域网传媒有限公司	不限	全职	若干	不限	0591-83755135

图 3.152　初步的工作表

A67 对 A2 单元格内容的复制。同样操作，完成 B3:B67 对 B2 单元格内容的复制，使得表格内容完整。

3.6.4　绘制标题信息

1. 添加空白行

把光标指向行标 1，此时光标呈“➡”形状，单击选中第一行。然后右击，在弹出的快捷菜单中选择“插入”命令，如图 3.153 所示，这样就在原来第一行前插入了空白行。

剪切(T)
复制(C)
粘贴选项:
选择性粘贴(S)...
插入(I)
删除(D)
清除内容(N)
设置单元格格式(F)...
行高(R)...
隐藏(H)
取消隐藏(U)

	职业类别	行业类别	职位名称	工作地点	招聘单位	最低学历要求	工作性质	招聘人数	工作经历	联系方式
2			资深实施工程师	福州	福州特力惠电子有限公司	本科	全职	1	5年以上	linzh007@163.com
3			JAVA软件工程师	福州-鼓楼	北京平强软件有限公司	大专	全职	8	1-3年	
4			实施工程师	福州	嘉和新仪(北京)科技有限公司	大专	全职	若干	不限	www.bjgoodwillcis.com
5			后台开发工程师	福州	福建掌上世界信息技术有限公司	大专	全职	1	不限	87430066
6			java开发人员	福州	福州鼎元软件有限公司	大专	全职	8	1-4年	fzdyschr@gmail.com
7			android java	福州	福州鼎元软件有限公司	大专	全职	2	1-2年	fzdyschr@gmail.com
8			et软件中级工程	福州	福州鼎元软件有限公司	大专	全职	31	1-2年	fzdyschr@gmail.com
9			中级研发工程师	福州	福州鼎元软件有限公司	大专	全职	3	不限	fzdyschr@gmail.com
10			技术支持(数	福州	福建博士通信息有限责任公司	大专	全职	1	1-2年	6529882@qq.com
11			软件开发工程师	福州-鼓楼	中星微电子有限公司	本科	全职	若干	1-3年	68944075
12			web前端JAVA开	福州	福州鼎元软件有限公司	大专	全职	1	1-2年	fzdyschr@gmail.com
13			JAVA工程师(L	福州	福州鼎元软件有限公司	大专	全职	1	1-2年	fzdyschr@gmail.com
14			JAVA工程师	福州	福州鼎元软件有限公司	大专	全职	1	1-2年	fzdyschr@gmail.com
15			JAVA开发者	福州	福州鼎元软件有限公司	大专	全职	1	1-2年	fzdyschr@gmail.com
16			资讯员	福州	福建三特股份有限公司	大专	全职	1	1年以上	0591-88036081
17			信息管理员	福州	福建星网锐捷通讯股份有限公司	本科	全职	1	1-3年	campus@star-net.cn
18	计算机软件/	计算机软件	网络管理员	福州-鼓楼	福州中旭网络技术有限公司	大专	全职	1	1年以下	
19	计算机软件/	计算机软件	IT网管	福州	中诺(福建)数码信息有限公司	大专	全职	1	1-3年	fzhr@941in.com

图 3.153　插入空白行

2. 合并单元格

选中单元格 A1:J1,单击“开始”|“合并后居中”按钮,合并单元格,并在合并的单元格内输入“智联招聘 IT 职位统计(2012 年 5 月 9 日)”。

3. 调整格式

选中单元格 A1,设置“字体”为“楷体_GB2312”,“字形”为“加粗”,“字号”为 20,效果如图 3.154 所示。

	A	B	C	D	E	F	G	H	I	J
1	智联招聘IT职位统计(2012年5月9日)									
2	职业类别	行业类别	职位名称	工作地点	招聘单位	最低学历要求	工作性质	招聘人数	工作经历	联系方式
3	计算机软件/	计算机软件	资深实施工程师	福州	福州特力惠电子有限公司	本科	全职	1	5年以上	linzh007@163.com
4	计算机软件/	计算机软件	JAVA软件工程师	福州-鼓楼	北京平强软件有限公司	大专	全职	8	1-3年	
5	计算机软件/	计算机软件	实施工程师	福州	嘉和新仪(北京)科技有限公司	大专	全职	若干	不限	www.bjgoodwillcis.cc
6	计算机软件/	计算机软件	后台开发工程师	福州	福建掌上世界信息技术有限公司	大专	全职	1	不限	87430066
7	计算机软件/	计算机软件	java开发人员	福州	福州鼎元软件有限公司	大专	全职	8	1-4年	fzdyschr@gmail.com
8	计算机软件/	计算机软件	android java	福州	福州鼎元软件有限公司	大专	全职	2	1-2年	fzdyschr@gmail.com
9	计算机软件/	计算机软件	et软件中级工程	福州	福州鼎元软件有限公司	大专	全职	31	1-2年	fzdyschr@gmail.com
10	计算机软件/	计算机软件	中级研发工程师	福州	福州鼎元软件有限公司	大专	全职	3	不限	fzdyschr@gmail.com
11	计算机软件/	计算机软件	技术支持(数	福州	福建博士通信息有限责任公司	大专	全职	1	1-2年	6529882@qq.com
12	计算机软件/	计算机软件	软件开发工程师	福州-鼓楼	中星微电子有限公司	本科	全职	若干	1-3年	68944075
13	计算机软件/	计算机软件	web前端JAVA开	福州	福州鼎元软件有限公司	大专	全职	1	1-2年	fzdyschr@gmail.com

图 3.154　设置标题格式

3.6.5　美化表体

(1) 选中单元格区域 A2:J68,右击,在弹出的快捷菜单中选择“设置单元格格式”命令,弹出“设置单元格格式”对话框。

(2) 设置单元格对齐格式。在“设置单元格格式”对话框中,选择“对齐”选项卡。在“水平对齐方式”下拉列表框中选择“居中”,在“垂直对齐”下拉列表框中选择“居中”,选中“文本控制”选项组中的“自动换行”复选框,如图 3.155 所示。

(3) 设置单元格边框格式。在“设置单元格格式”对话框中,选择“边框”选项卡,在“样式”列表框中选择一个较粗的线条样式,在“预置”选项组中单击“外边框”按钮。然后在“样式”列表框中选择一个较细的线条样式,在“预置”选项组中单击“内部”按钮,如图 3.156 所示。单击“确定”按钮,完成表体格式设置,返回工作表。

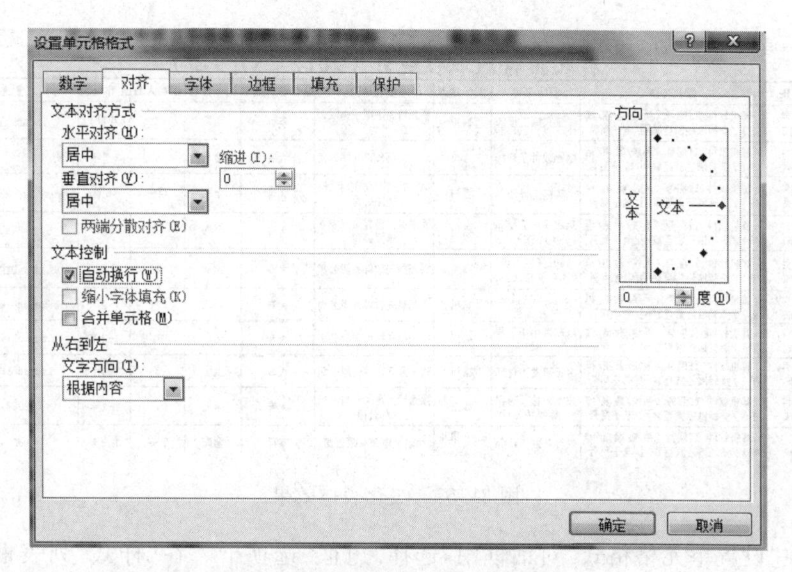

图 3.155　设置单元格对齐格式

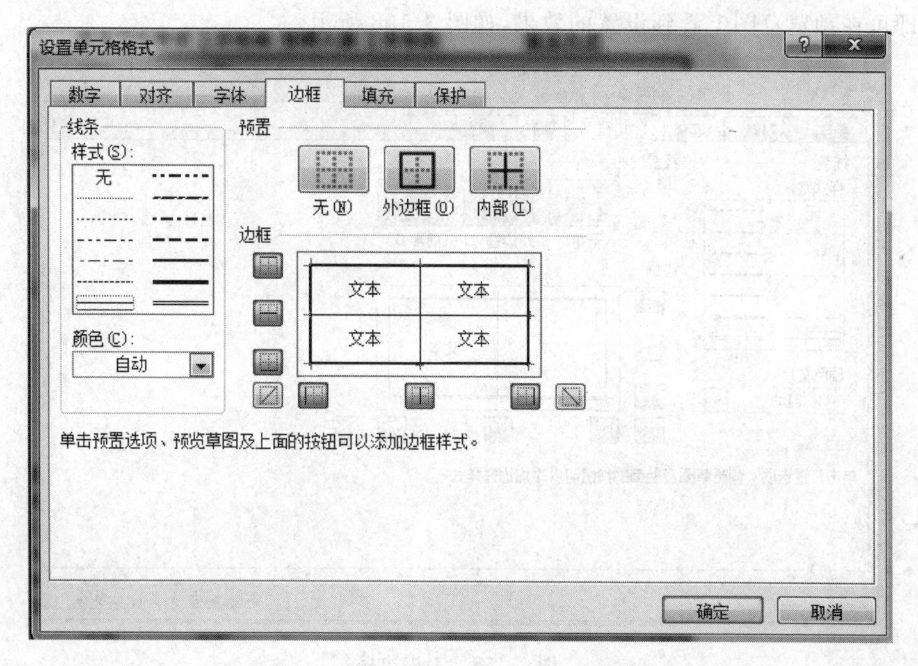

图 3.156　设置表体单元格边框格式

（4）适当调节单元格宽度。例如，“职位名称”内容较多，把光标放在 C、D 列之间，光标呈✛状态，按下鼠标左键拖动到适当位置，就可以调整 C 列宽度。同样操作，可以调节其他列的宽度或某一行的高度，最终效果如图 3.157 所示。

3.6.6　设置表头

（1）选中单元格 A2:J2，右击，在弹出的快捷菜单中选择“设置单元格格式”命令，弹开“设置单元格格式”对话框。

职业类别	行业类别	职位名称	工作地点	招聘单位	最低学历要求	工作性质	招聘人数	工作经历	联系方式
智联招聘IT职位统计（2012年5月9日）									
计算机软件/系统集成	计算机软件 IT服务（系统/数据/维护）/多领域经营互联网/电子商务	资深实施工程师	福州	福州特力惠电子有限公司	本科	全职	1	5年以上	linzh007@163.com
计算机软件/系统集成	计算机软件 IT服务（系统/数据/维护）/多领域经营互联网/电子商务	JAVA软件工程师	福州-鼓楼区	北京平强软件有限公司	大专	全职	8	1-3年	
计算机软件/系统集成	计算机软件 IT服务（系统/数据/维护）/多领域经营互联网/电子商务	实施工程师	福州	嘉和新仪(北京)科技有限公司	大专	全职	若干	不限	www.bjgoodwillcis.com
计算机软件/系统集成	计算机软件 IT服务（系统/数据/维护）/多领域经营互联网/电子商务	后台开发工程师（J2EE）	福州	福建掌上世界信息技术有限公司	大专	全职	1	不限	87430066
计算机软件/系统集成	计算机软件 IT服务（系统/数据/维护）/多领域经营互联网/电子商务	java开发人员（电信方面）	福州	福州鼎元软件有限公司	大专	全职	8	1-4年	fzdyschr@gmail.com
计算机软件/系统集成	计算机软件 IT服务（系统/数据/维护）/多领域经营互联网/电子商务	android java开发人员	福州	福州鼎元软件有限公司	大专	全职	2	1-2年	fzdyschr@gmail.com
计算机软件/系统集成	计算机软件 IT服务（系统/数据/维护）/多领域经营互联网/电子商务	et软件中级工程一职	福州	福州鼎元软件有限公司	大专	全职	31	1-2年	fzdyschr@gmail.com
计算机软件/系统集成	计算机软件 IT服务（系统/数据/维护）/多领域经营互联网/电子商务	中级研发工程师	福州	福州鼎元软件有限公司	大专	全职	3	不限	fzdyschr@gmail.com
计算机软件/系统集成	计算机软件 IT服务（系统/数据/维护）/多领域经营互联网/电子商务	技术支持（数据库维护）	福州	福建博士通信息有限责任公司	大专	全职	1	1-2年	6529882@qq.com
计算机软件/系统集成	计算机软件 IT服务（系统/数据/维护）/多领域经营互联网/电子商务	软件开发工程师	福州-鼓楼区	中星微电子有限公司	本科	全职	若干	1-3年	68944075

图 3.157 美化表体效果

(2) 在“设置单元格格式”对话框中，选择“边框”选项卡。在“样式”列表框中选择双线“”线条样式，在“边框”选项组中单击下方的按钮，即可在预览草图上看到设置的效果，如图 3.158 所示。

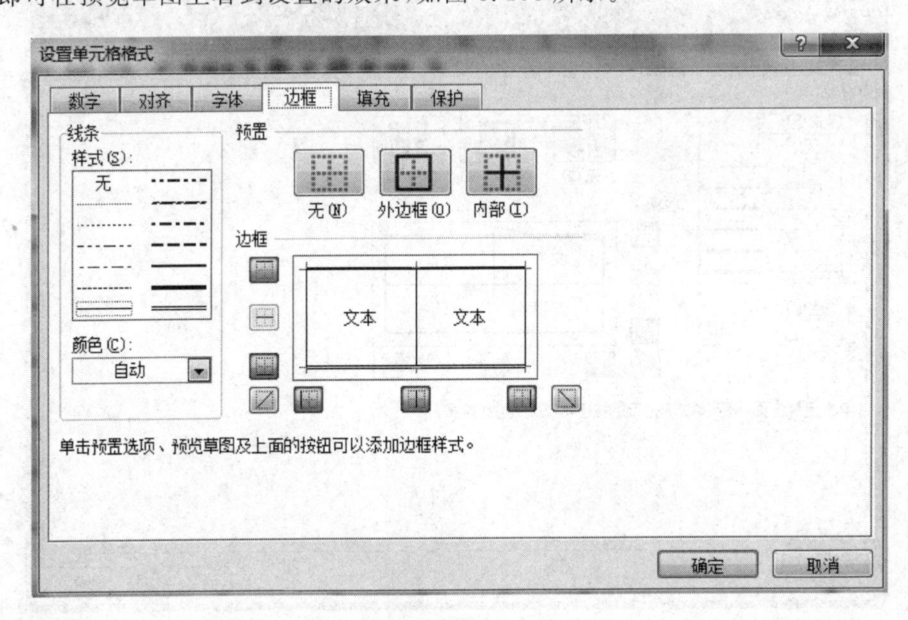

图 3.158 表头边框

(3) 在“设置单元格格式”对话框中，选择“填充”选项卡，在“背景色”选项组中选择浅灰颜色。

(4) 单击“确定”按钮，完成表头格式设置，效果如图 3.159 所示。

3.6.7 按最低学历要求进行统计

(1) 在 C80、C81、C82、C83 单元格中分别输入“图表统计”、“大专”、“本科”、“不限”字样，并在 C81:D83 区域设置边框。

	A	B	C	D	E	F	G	H	I	J
1	智联招聘IT职位统计（2012年5月9日）									
2	职业类别	行业类别	职位名称	工作地点	招聘单位	最低学历要求	工作性质	招聘人数	工作经历	联系方式
3	计算机软件/系统集成	计算机软件 IT服务（系统/数据/维护）/多领域经营互联网/电子商务	资深实施工程师	福州	福州特力惠电子有限公司	本科	全职	1	5年以上	linzh007@163.com
4	计算机软件/系统集成	计算机软件 IT服务（系统/数据/维护）/多领域经营互联网/电子商务	JAVA软件工程师	福州-鼓楼区	北京平强软件有限公司	大专	全职	8	1-3年	
5	计算机软件/系统集成	计算机软件 IT服务（系统/数据/维护）/多领域经营互联网/电子商务	实施工程师	福州	嘉和新仪(北京)科技有限公司	大专	全职	若干	不限	www.bjgoodwillcis.com
6	计算机软件/系统集成	计算机软件 IT服务（系统/数据/维护）/多领域经营互联网/电子商务	后台开发工程师（J2EE）	福州	福建掌上世界信息技术有限公司	大专	全职	1	不限	87430066
7	计算机软件/系统集成	计算机软件 IT服务（系统/数据/维护）/多领域经营互联网/电子商务	java开发人员（电信方面）	福州	福州鼎元软件有限公司	大专	全职	8	1-4年	fzdyschr@gmail.com
8	计算机软件/系统集成	计算机软件 IT服务（系统/数据/维护）/多领域经营互联网/电子商务	android java开发人员	福州	福州鼎元软件有限公司	大专	全职	2	1-2年	fzdyschr@gmail.com
9	计算机软件/系统集成	计算机软件 IT服务（系统/数据/维护）/多领域经营互联网/电子商务	et软件中级工程一职	福州	福州鼎元软件有限公司	大专	全职	31	1-2年	fzdyschr@gmail.com
10	计算机软件/系统集成	计算机软件 IT服务（系统/数据/维护）/多领域经营互联网/电子商务	中级研发工程师	福州	福州鼎元软件有限公司	大专	全职	3	不限	fzdyschr@gmail.com
11	计算机软件/系统集成	计算机软件 IT服务（系统/数据/维护）/多领域经营互联网/电子商务	技术支持（数据库维护）	福州	福建博士通信息有限责任公司	大专	全职	1	1-2年	6529882@qq.com
12	计算机软件/系统集成	计算机软件 IT服务（系统/数据/维护）/多领域经营互联网/电子商务	软件开发工程师	福州-鼓楼区	中星微电子有限公司	本科	全职	若干	1-3年	68944075

图 3.159　设置表头边框格式

(2) 统计“最低学历要求”为“大专”的人数。H 列人数不明确的(单元格值为“若干”)按照招聘 3 人进行统计。在 D81 单元格中输入公式“=SUM(IF((F3:F68)="大专",IF((H3:H68)="若干",3,H3:H68)))”,按 Ctrl+Shift+Enter 键得到统计数据。

(3) 统计“最低学历要求”为“本科”的人数。在 D82 单元格中输入公式“=SUM(IF((F3:F68)="本科",IF((H3:H68)="若干",3,H3:H68)))”,按 Ctrl+Shift+Enter 键得到统计数据。

(4) 统计“最低学历要求”为“不限”的人数。在 D83 单元格中输入公式“=SUM(IF((F3:F68)="不限",IF((H3:H68)="若干",3,H3:H68)))”,按 Ctrl+Shift+Enter 键得到统计数据。结果如图 3.160 所示。

图表统计	
大专	150
本科	35
不限	17

图 3.160　按学历统计

(5) 分析各学历人才需求在就业岗位中的比重。

① 在表格下选中任意单元格,单击“插入”|“饼图”|“三维饼图”|“分离型三维饼图”按钮,工作表中会出现空白的图表框,工具栏中会出现“图表工具”功能区。

② 添加数据源。选中空白的图表框,单击“图表工具”|“设计”|“选择数据”按钮,弹出“选择数据源”对话框,如图 3.161 所示。在“图表数据区域”文本框中设置单元格区域为“C81:D83”。

③ 单击“确定”按钮,图表框中会根据选中的数据显示相应的图表。

④ 添加图表标题。选中图表框,选择“图表工具”|“布局”|“图表标题”|“图表上方”命令,图表框中会出现图表的标题。在其中输入图表的标题为“最低学历要求比重”,并将“字体”设置为楷体,“颜色”设置为深蓝色,“字形”设置为“加粗”,“字号”设置为 20,效果如图 3.162 所示。

⑤ 修改图例位置。选中图表框,选择“图表工具”|“布局”|“图例”|“在底部显示图例”命令,效果如图 3.163 所示。

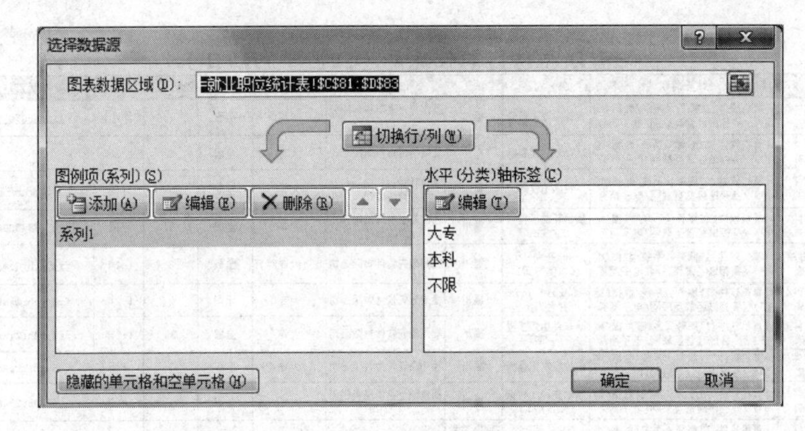

图 3.161 数据源选择

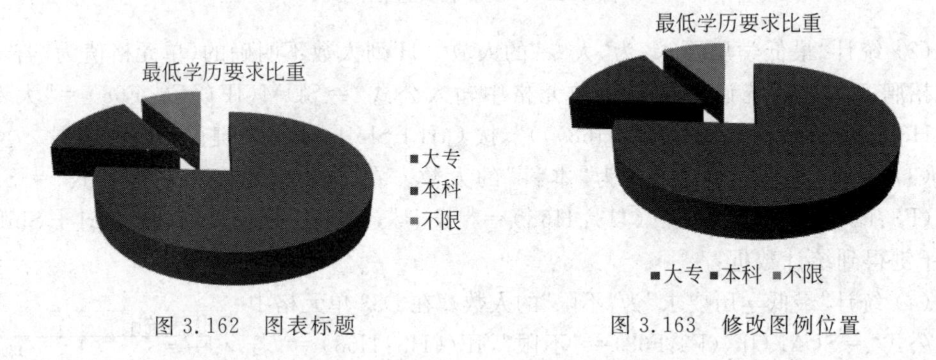

图 3.162 图表标题　　　　图 3.163 修改图例位置

⑥ 显示数据标签。选中图表框,选择"图表工具"|"布局"|"数据标签"|"其他数据标签选项"命令,弹出"设置数据标签格式"对话框。打开"标签选项"选项卡,在"标签包括"区域选中"百分比"复选框,消除"值"复选框。在"标签位置"区域选中"数据标签外"单选按钮,如图 3.164 所示。单击"确定"按钮,效果如图 3.165 所示。

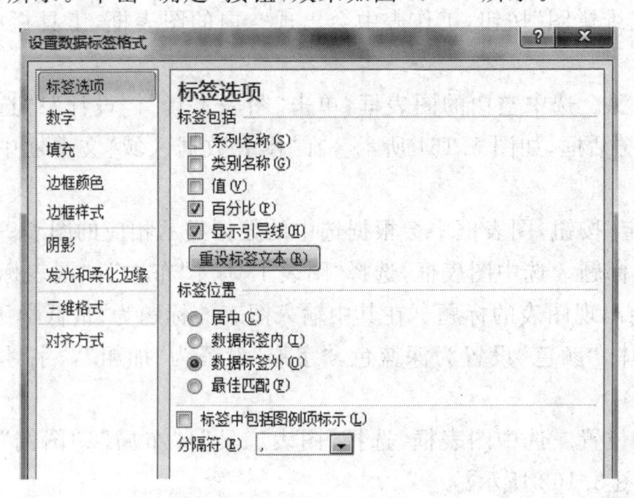

图 3.164 显示数据标签设置

⑦ 调整图表大小，并拖动图表，把图表放置在 B86:E97 区间中。

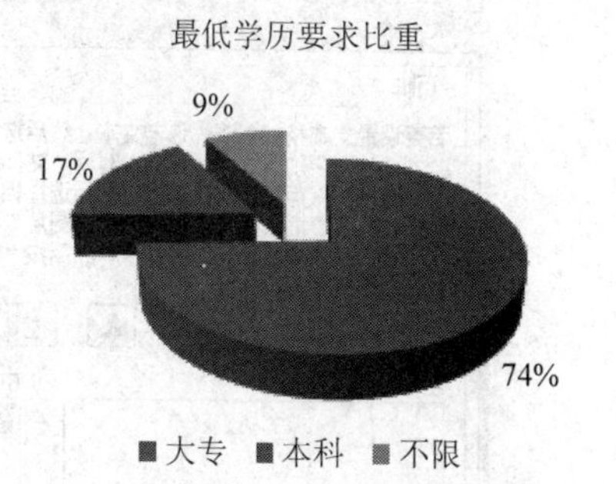

图 3.165　显示数据标签效果

3.6.8　设置页面格式

(1) 打开“页面设置”对话框。在“页面布局”功能区中单击“页面设置”组右下角的按钮，弹出“页面设置”对话框。

(2) 设置页面。在“页面设置”对话框中，选择“页面”选项卡，在“方向”区域中选中“横向”单选按钮，在“纸张大小”下拉列表框中选择 A4，如图 3.166 所示。

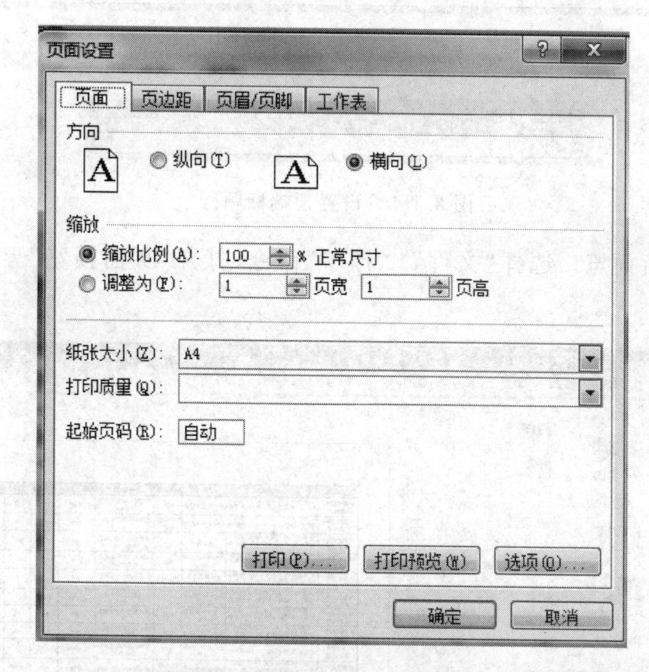

图 3.166　设置页面方向和纸张大小

(3) 设定页脚。选择“页眉/页脚”选项卡，在“页脚”下拉列表框中选择“第 1 页，共?页”选项，然后单击“自定义页脚”按钮，打开“页脚”对话框。

(4) 自定义页脚。在“页脚”对话框中最右侧的文本框中输入“韩××制定”，然后选中该段文本，单击 A 按钮，在弹出的对话框中设置“字体大小”为 9，再将中间文本框内的页码字体大小也设置为 9。设置后效果如图 3.167 所示。

(5) 在“页脚”对话框中，单击“确定”按钮，完成页脚文字设置。

(6) 在“页面设置”对话框中，选择“工作表”选项卡。单击“顶端标题行”右侧的按钮，光标定位到弹出的“页面设置-顶端标题行”文本框时，选择第二行文字，如图 3.168 所示。再单击按钮，回到“页面设置”对话框。

(7) 在“页面设置”对话框中，单击“确定”按钮，完成初步设置。

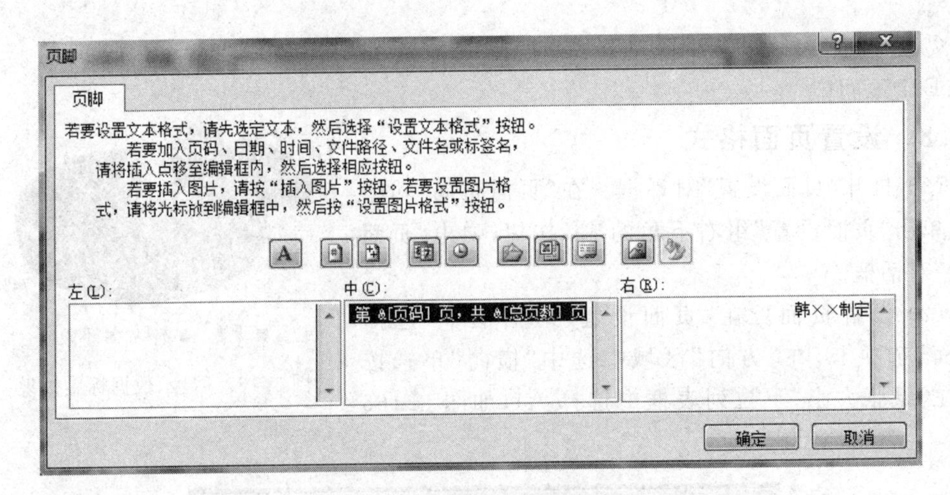

图 3.167　设置页脚文字

图 3.168　设置顶端标题行

(8) 进行页面预览。选择“文件”|“打印”命令，打开“页面预览”界面，如图 3.169 所示。

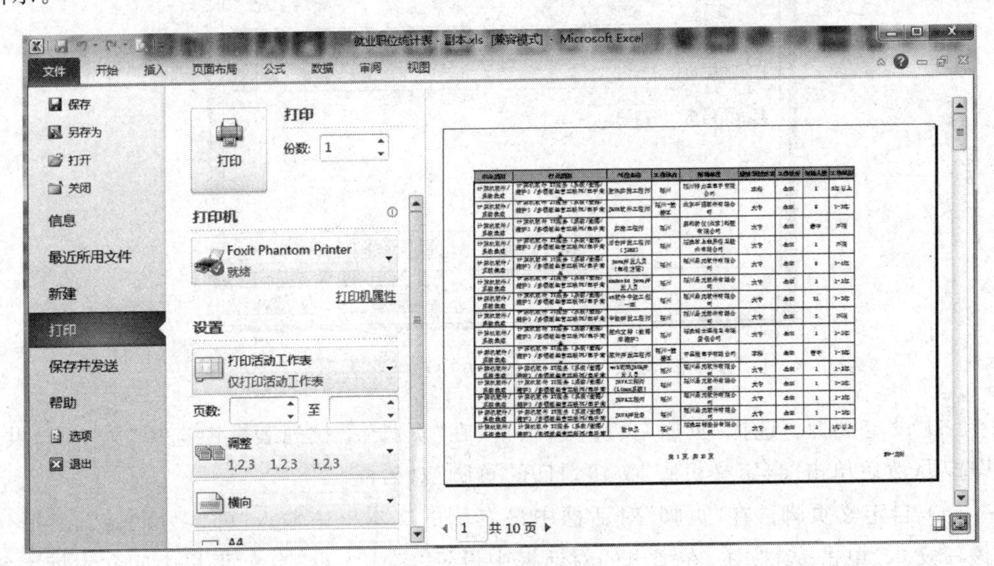

图 3.169　页面预览

(9) 调整页边距。在预览界面中，发现第 J 列(“联系方式”列)未能显示在页面中。在预览窗口中，单击右下角的“页边距”图标，在预览图上会出现页边距线，通过拖动页边距线来调整左边和右边的页边距，直至“联系方式”列出现，如图 3.170 所示。

(10) 完成页边距设置后，可以利用底端的按钮进行“下一页”或“上一页”翻页预览，也可以通过右端的滚动条进行翻页预览。设置完成后，单击“关闭”按钮，返回工作表。

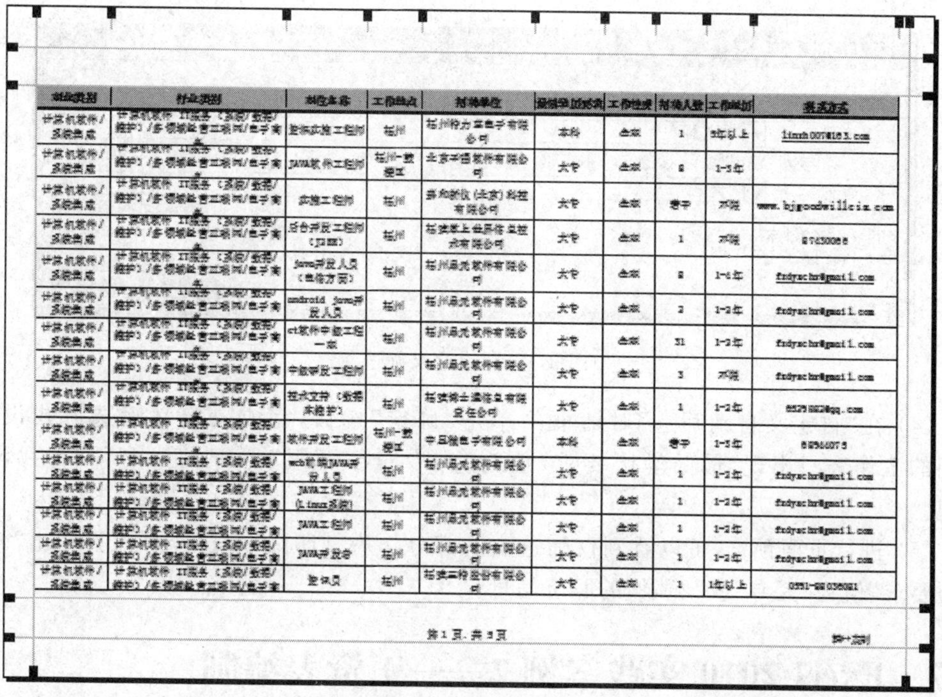

图 3.170　调整页边距

3.6.9　进行有选择的打印

王同学希望打印“最低学历要求”为“大专”或“不限”的职位信息，这些职位他是可以申请的，操作步骤如下。

(1) 将光标定位到“就业职位统计表”工作表的任何一个单元格，单击“数据”|“筛选”按钮，在第 2 行上出现下拉列表框的标志 ▼，如图 3.171 所示。

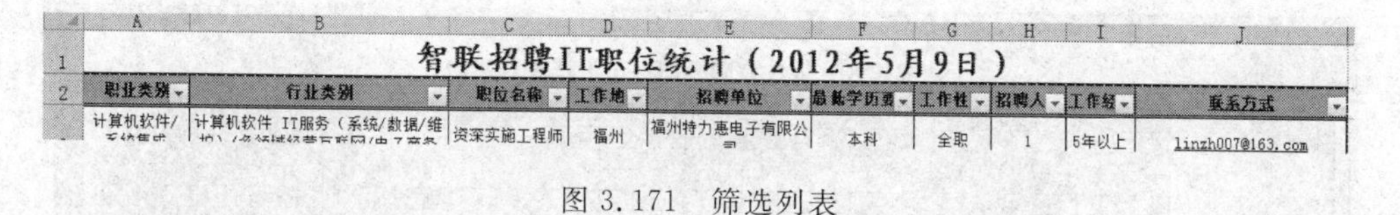

	A	B	C	D	E	F	G	H	I	J
1	智联招聘IT职位统计（2012年5月9日）									
2	职业类别	行业类别	职位名称	工作地	招聘单位	最低学历要	工作性	招聘人	工作经	联系方式
3	计算机软件/系统集成	计算机软件 IT服务（系统/数据/维护）/多领域经营/互联网/电子商务	资深实施工程师	福州	福州特力惠电子有限公司	本科	全职	1	5年以上	linzh007@163.com

图 3.171　筛选列表

(2) 单击“最低学历要求”右侧的下拉列表框，在下面的复选框中选择要保留的项，在此选中“不限”和“大专”选项，如图 3.172 所示。也可以使用自定义筛选，选择“文本筛选”|“自定义筛选”选项，弹出“自定义自动筛选”对话框，如图 3.173 所示。

(3) 在“自定义自动筛选”对话框中设置筛选条件。在“最低学历要求”左边下拉列表框中选择“等于”，右边下拉列表框中选择“不限”。选中“或”单选按钮。接着在下面左边的下拉列表框中选择“等于”，在右边下拉列表框中选择“大专”，如图 3.173 所示。

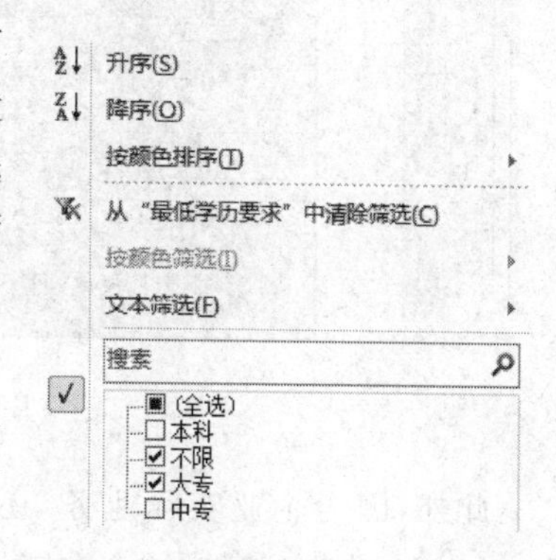

图 3.172　筛选“最低学历要求”

图 3.173 自定义筛选

(4) 在"自定义自动筛选"对话框中单击"确定"按钮,完成自定义筛选方式设置。得到的工作表只出现"最低学历要求"值为"大专"或"不限"的行,而"本科"行并没有出现。

(5) 进行页面预览,可以看到仅筛选出的部分作为打印区域,这样可以打印出"最低学历要求"值为"大专"或"不限"的职位信息。

3.7 Excel 2010 实践案例 2——工资表编制

3.7.1 案例描述

Microsoft Excel 2010 凭借着其强大的数据管理功能,获得了现今许多单位财会人员、办公人员的喜爱,他们喜欢用 Excel 2010 制作打印本单位员工工资表、工资条或各类统计表。本案例是使用 Excel 2010 制作"福建××软件有限公司员工工资表(6 月份)",工资表除了列出各位员工的工资外,还要进行排序、筛选、分类汇总、加密等操作,如图 3.174 所示。

福建××软件有限公司员工工资表(6月份)

员工编号	姓名	部门	职务	岗位工资	加班工资	应发金额	请假扣款	失业保险	医疗保险	养老保险	应税金额	个人所得税	实发金额
10	杜勇	销售部	业务员	¥3,000.00	¥180.00	¥3,180.00	¥0.00	¥30.00	¥60.00	¥42.00	¥0.00	¥0.00	¥3,048.00
11	陈皓	销售部	业务员	¥3,000.00	¥180.00	¥3,180.00	¥0.00	¥30.00	¥60.00	¥42.00	¥0.00	¥0.00	¥3,048.00
	销售部 汇总												¥6,096.00
	销售部 平均值												¥3,048.00
1	王霞	网络集成部	部门经理	¥4,500.00	¥350.00	¥4,850.00	¥70.00	¥45.00	¥90.00	¥63.00	¥1,152.00	¥34.56	¥4,547.44
3	周美芬	网络集成部	工程师	¥3,500.00	¥300.00	¥3,800.00	¥0.00	¥35.00	¥70.00	¥49.00	¥146.00	¥4.38	¥3,641.62
2	李翼沁	网络集成部	工程师	¥3,500.00	¥260.00	¥3,760.00	¥0.00	¥35.00	¥70.00	¥49.00	¥106.00	¥3.18	¥3,602.82
	网络集成部 汇总												¥11,791.88
	网络集成部 平均值												¥3,930.63
4	朱彤宇	软件开发部	项目经理	¥4,500.00	¥600.00	¥5,100.00	¥0.00	¥45.00	¥90.00	¥63.00	¥1,402.00	¥42.06	¥4,859.94
5	张秉璧	软件开发部	程序员	¥3,500.00	¥400.00	¥3,900.00	¥0.00	¥35.00	¥70.00	¥49.00	¥246.00	¥7.38	¥3,738.62
6	罗乐乐	软件开发部	程序员	¥3,500.00	¥400.00	¥3,900.00	¥0.00	¥35.00	¥70.00	¥49.00	¥246.00	¥7.38	¥3,738.62
7	沈继	软件开发部	程序员	¥3,500.00	¥380.00	¥3,880.00	¥0.00	¥35.00	¥70.00	¥49.00	¥226.00	¥6.78	¥3,719.22
	软件开发部 汇总												¥16,056.40
	软件开发部 平均值												¥4,014.10
9	刘枚枚	软件测试部	工程师	¥3,500.00	¥200.00	¥3,700.00	¥0.00	¥35.00	¥70.00	¥49.00	¥46.00	¥1.38	¥3,544.62
8	吴琚	软件测试部	工程师	¥3,500.00	¥200.00	¥3,700.00	¥50.00	¥35.00	¥70.00	¥49.00	¥46.00	¥1.38	¥3,494.62
	软件测试部 汇总												¥7,039.24
	软件测试部 平均值												¥3,519.62
	总计												¥40,983.52
	总计平均值												¥3,725.77

图 3.174 制作完成的工作表

此外,因为企业实际业务,还需要把工资表制作成工资条发给每位员工,我们利用 Excel 2010 的"宏"完成这个功能,制作的工资条效果如图 3.175 所示。

	A	B	C	D	E	F	G	H	I	J	K	L	M	N	O
1															
2		福建××软件有限公司员工工资表(6月份)													
3		员工编号	姓名	部门	职务	岗位工资	加班工资	应发金额	请假扣款	失业保险	医疗保险	养老保险	应税金额	个人所得税	实发金额
4		1	王霞	网络集成部	部门经理	¥4,500.00	¥350.00	¥4,850.00	¥70.00	¥45.00	¥90.00	¥63.00	¥1,152.00	¥34.56	¥4,547.44
5		员工编号	姓名	部门	职务	岗位工资	加班工资	应发金额	请假扣款	失业保险	医疗保险	养老保险	应税金额	个人所得税	实发金额
6		2	李襄沁	网络集成部	工程师	¥3,500.00	¥260.00	¥3,760.00	¥0.00	¥35.00	¥70.00	¥49.00	¥106.00	¥3.18	¥3,602.82
7		员工编号	姓名	部门	职务	岗位工资	加班工资	应发金额	请假扣款	失业保险	医疗保险	养老保险	应税金额	个人所得税	实发金额
8		3	周美芬	网络集成部	工程师	¥3,500.00	¥300.00	¥3,800.00	¥0.00	¥35.00	¥70.00	¥49.00	¥146.00	¥4.38	¥3,641.62
9		员工编号	姓名	部门	职务	岗位工资	加班工资	应发金额	请假扣款	失业保险	医疗保险	养老保险	应税金额	个人所得税	实发金额
10		4	朱彤宇	软件开发部	项目经理	¥4,500.00	¥600.00	¥5,100.00	¥0.00	¥45.00	¥90.00	¥63.00	¥1,402.00	¥42.06	¥4,859.94
11		员工编号	姓名	部门	职务	岗位工资	加班工资	应发金额	请假扣款	失业保险	医疗保险	养老保险	应税金额	个人所得税	实发金额
12		5	张秉璧	软件开发部	程序员	¥3,500.00	¥400.00	¥3,900.00	¥0.00	¥35.00	¥70.00	¥49.00	¥246.00	¥7.38	¥3,738.62
13		员工编号	姓名	部门	职务	岗位工资	加班工资	应发金额	请假扣款	失业保险	医疗保险	养老保险	应税金额	个人所得税	实发金额
14		6	罗乐乐	软件开发部	程序员	¥3,500.00	¥400.00	¥3,900.00	¥0.00	¥35.00	¥70.00	¥49.00	¥246.00	¥7.38	¥3,738.62
15		员工编号	姓名	部门	职务	岗位工资	加班工资	应发金额	请假扣款	失业保险	医疗保险	养老保险	应税金额	个人所得税	实发金额
16		7	沈继	软件开发部	程序员	¥3,500.00	¥380.00	¥3,880.00	¥0.00	¥35.00	¥70.00	¥49.00	¥226.00	¥6.78	¥3,719.22
17		员工编号	姓名	部门	职务	岗位工资	加班工资	应发金额	请假扣款	失业保险	医疗保险	养老保险	应税金额	个人所得税	实发金额
18		8	吴瑕	软件测试部	工程师	¥3,500.00	¥200.00	¥3,700.00	¥50.00	¥35.00	¥70.00	¥49.00	¥46.00	¥1.38	¥3,494.62
19		员工编号	姓名	部门	职务	岗位工资	加班工资	应发金额	请假扣款	失业保险	医疗保险	养老保险	应税金额	个人所得税	实发金额
20		8	吴瑕	软件测试部	工程师	¥3,500.00	¥200.00	¥3,700.00	¥50.00	¥35.00	¥70.00	¥49.00	¥46.00	¥1.38	¥3,494.62
21		员工编号	姓名	部门	职务	岗位工资	加班工资	应发金额	请假扣款	失业保险	医疗保险	养老保险	应税金额	个人所得税	实发金额
22		9	刘枚枚	软件测试部	工程师	¥3,500.00	¥200.00	¥3,700.00	¥0.00	¥35.00	¥70.00	¥49.00	¥46.00	¥1.38	¥3,544.62
23		员工编号	姓名	部门	职务	岗位工资	加班工资	应发金额	请假扣款	失业保险	医疗保险	养老保险	应税金额	个人所得税	实发金额
24		10	杜勇	销售部	业务员	¥3,000.00	¥180.00	¥3,180.00	¥0.00	¥30.00	¥60.00	¥42.00	¥0.00	¥0.00	¥3,048.00
25		员工编号	姓名	部门	职务	岗位工资	加班工资	应发金额	请假扣款	失业保险	医疗保险	养老保险	应税金额	个人所得税	实发金额
26		11	陈皓	销售部	业务员	¥3,000.00	¥180.00	¥3,180.00	¥0.00	¥30.00	¥60.00	¥42.00	¥0.00	¥0.00	¥3,048.00

图 3.175　制作完成的工资条

3.7.2　创建工资表

(1) 建立工作表。新建一个工作簿,将其保存为“6 月份员工工资表. xlsx”。右击工作表标签 Sheet1,在弹出的快捷菜单中选择“重命名”命令,将工作表标签更名为“6 月份”。

(2) 设定工作表标题。选中 B2:O2 单元格,单击“开始”|“合并后居中”按钮。在合并后的单元格内输入“="福建××软件有限公司员工工资表("&MONTH("2012-6-10")&"月份)"”。然后将“字体”设置为“黑体”,将“字号”设置为 16,将“字形”设置为“加粗”,如图 3.176 所示。

D	E	F	G	H	I	J	K
福建××软件有限公司员工工资表(6月份)							

图 3.176　工资表标题格式设置

(3) 输入列标题。在 B3～O3 的单元格中分别输入“员工编号”、“姓名”、“部门”、“职务”、“岗位工资”、“加班工资”、“应发金额”、“请假扣款”、“失业保险”、“医疗保险”、“养老保险”、“应税金额”、“个人所得税”、“实发金额”作为工资表表头。

(4) 设置表头字体。选中单元格区域 B3:O3,将“字体”设置为“宋体”,将“字号”设置为 9,将“颜色”设置为白色。

(5) 设置表头对齐方式。选中单元格区域 B3:O3,使用“开始”功能区中的“对齐方式”工具,将“水平对齐”与“垂直对齐”都设为“居中”。

(6) 设置表头边框。选中单元格区域 B3:O3,右击,在弹出的快捷菜单中选择“设置单元格格式”命令,弹出“设置单元格格式”对话框。选择“边框”选项卡,分别单击“预置”区域中的“外边框”和“内部”按钮,为工资表表头设置边框。

(7) 设置表头背景。在“设置单元格格式”对话框中,选择“填充”选项卡,设置“背景色”为深蓝色。单击“确定”关闭对话框,设置效果如图 3.177 所示。

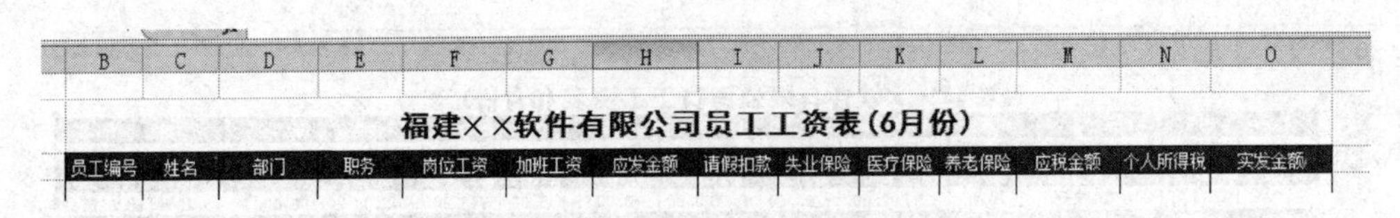

图 3.177　工资表表头格式设置效果图

3.7.3　输入表体信息

输入表体信息有以下两种方法。

1. 直接在工作表中输入

(1) 序号的输入。选择单元格 B4,在其中输入第一位员工的编号“1”。设置“字体”为“宋体”,“字号”为 10,“水平对齐方式”与“垂直对齐方式”为“居中”。把光标移到 B4 单元格右下角,此时光标呈╋形状,按住鼠标左键向下拖动到合适单元格(有多少员工就拖动多少行),随即会出现“自动填充选项”按钮。单击该按钮右下角的小三角形按钮,从列表中选择“填充序列”选项,则“员工编号”列会自动填充为“2,3,…,11”,如图 3.178 所示。

(2) 填写员工的姓名、部门、职务相关信息,并利用“开始”|“剪贴板”|“格式刷”按钮进行格式复制。选中 B4 单元格,单击“格式刷”按钮,然后将光标移至工作表的工作区,此时光标呈形状,在 C4 单元格内按下鼠标左键,拖动鼠标至 E14,这样 C4:E14 区域的单元格格式与 B4 单元格格式就一致了,如图 3.179 所示。

员工编号	姓名	部门	职务
1			
2			
3			
4			
5			
6			
7			
8			
9			
10			
11			

复制单元格(C)
填充序列(S)
仅填充格式(F)
不带格式填充(O)

图 3.178　员工编号序列填充

	A	B	C	D	E
1					
2					福建
3		员工编号	姓名	部门	职务
4		1	王霞	网络集成部	部门经理
5		2	李襄沁	网络集成部	工程师
6		3	周美芬	网络集成部	工程师
7		4	朱彤宇	软件开发部	项目经理
8		5	张秉璧	软件开发部	程序员
9		6	罗乐乐	软件开发部	程序员
10		7	沈继	软件开发部	程序员
11		8	吴琨	软件测试部	工程师
12		9	刘枚枚	软件测试部	工程师
13		10	杜勇	销售部	业务员
14		11	陈皓	销售部	业务员
15					

图 3.179　利用格式刷进行格式设置

(3) 输入工资信息。输入本工作表中的岗位工资、加班工资、请假扣款等信息。选择 F4:O14 单元格区域,右击,在弹出的快捷菜单中选择“设置单元格格式”命令,弹出“单元格格式”对话框。在该对话框中选择“数字”选项卡,在“分类”下拉列表中选择“货币”选项,并在“示例”选项区域中将“小数位数”设置为 2,“货币符号”设置为¥,单击“确定”按钮。接着利用“开始”|“字体”以及“开始”|“对齐方式”组中的工具,将“字号”设置为 10,

将“水平对齐方式”和“垂直对齐方式”都设置为“居中”。

(4) 进行表体边框设置。选中 B4:O14 单元格区域,选择“开始”|“边框”|“所有框线”命令,如图 3.180 所示,即为表体设置了边框。

(5) 调整列宽。把光标放到列标 B 上,此时光标呈 B↓ 形状。按住鼠标左键不放,拖动至列标为 O 的列,这样就选中了 B～O 列。选择“开始”|“格式”|“自动调整列宽”命令,Excel 2010 会自动根据单元格内容调整列宽,如图 3.181 所示。

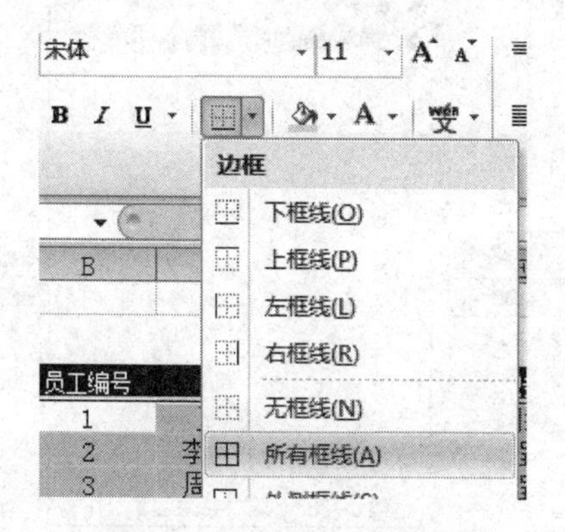

图 3.180　表体边框设置

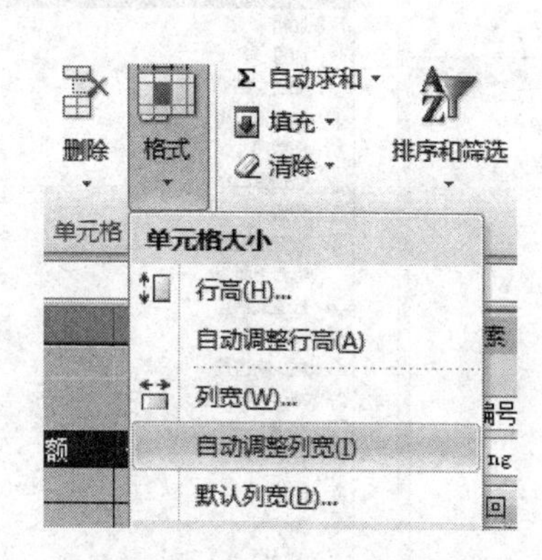

图 3.181　列宽设置

2. 利用“记录单”输入

(1) 打开“自定义快速访问工具栏”的设置菜单,选择“其他命令”选项,如图 3.182 所示,弹出“Excel 选项”对话框。

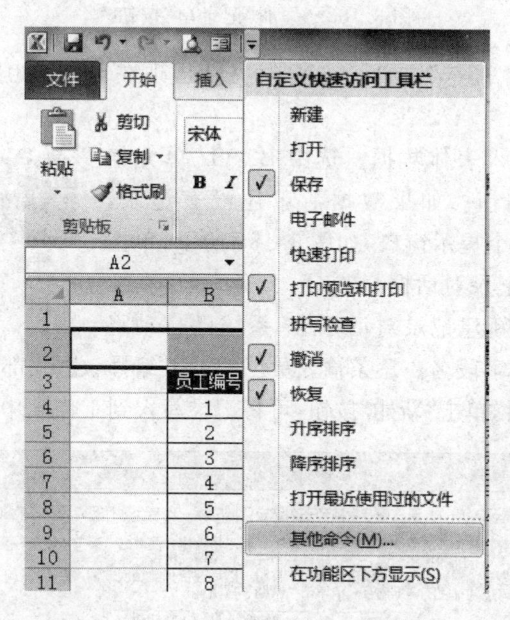

图 3.182　自定义快速访问工具栏菜单

(2) 添加“记录单”按钮。在“Excel 选项”对话框中,在“从下列位置选择命令”下拉列表框中选择“所有命令”选项,然后在下方的列表中选择“记录单”选项,如图 3.183 所示。

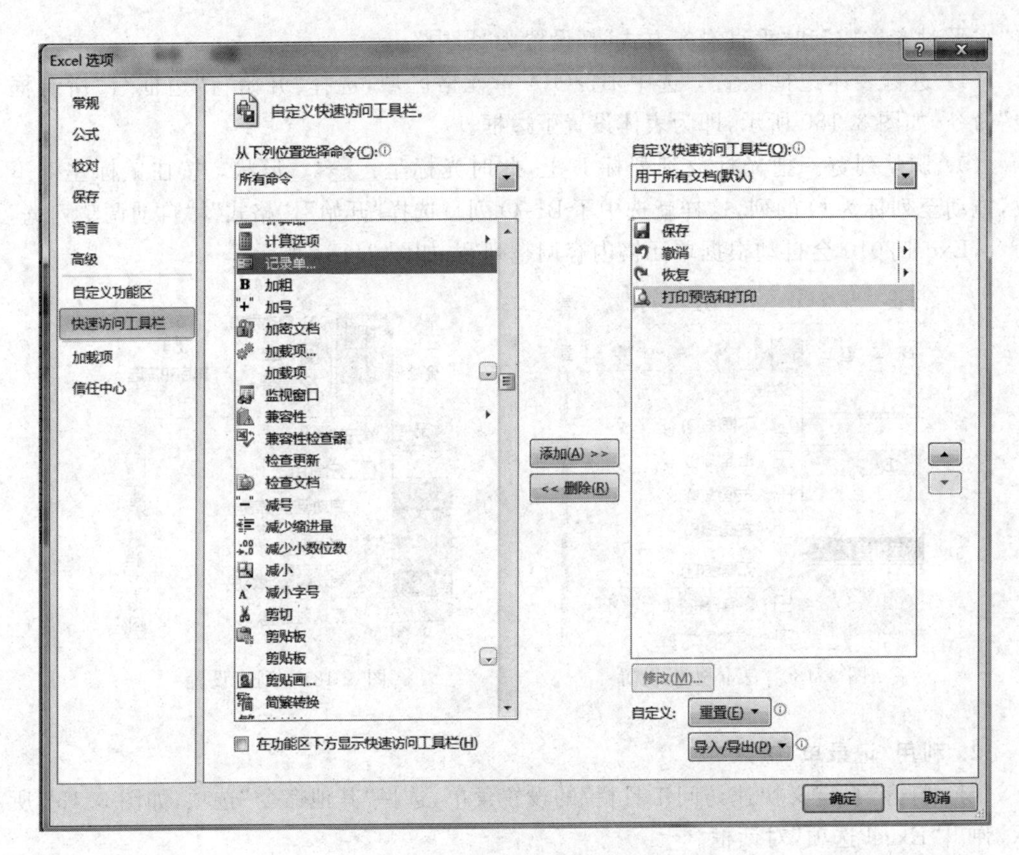

图 3.183 添加“记录单”按钮

依次单击“添加”按钮和“确定”按钮，“记录单”按钮出现在 Excel 2010 左上角，如图 3.184 所示。

(3) 利用记录单输入表体数据。选中 B2:O2 单元格区域，单击“记录单”按钮。如果数据清单还没有记录，Excel 2010 会先弹出一个提示窗口，如图 3.185 所示，单击“确定”按钮，打开新建记录对话框。

图 3.184 “记录单”按钮

(4) 输入数据。在新建记录对话框中，系统已自动将选中的表头单元格作为字段名。逐条输入员工的员工编号、姓名、部门、职务、岗位工资、加班工资、请假扣款项目后，单击“新建”按钮，可将记录写入到工作表中，如图 3.186 所示。

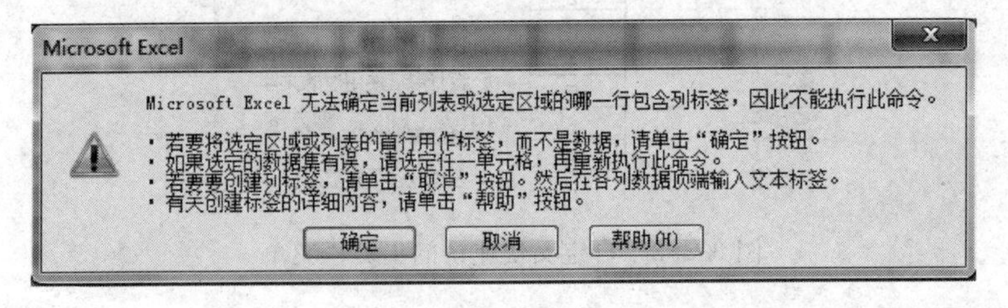

图 3.185 记录单提示窗口

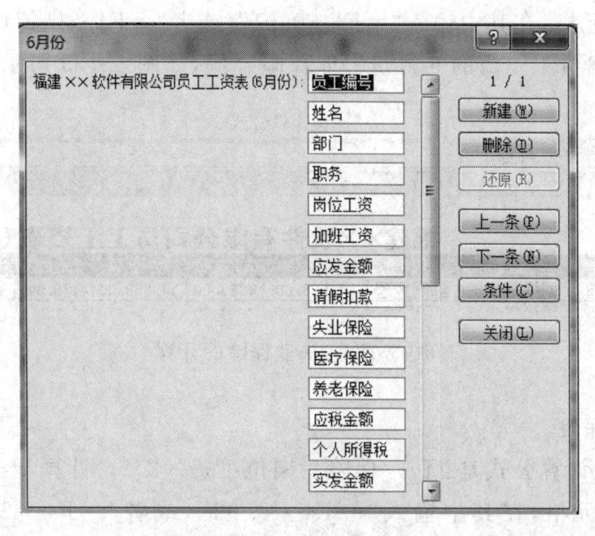

图 3.186　利用记录单输入数据

(5) 设置表体单元格格式。参照方法一步骤中的格式设置部分进行设置。

3.7.4　使用公式进行其他金额的计算

以第一位员工王霞为例,计算其应发金额、失业保险、医疗保险、养老保险、应税金额、个人所得税、实发金额各项。

1. 计算应发金额

应发金额是岗位工资与加班工资之和,其计算步骤如下。

(1) 在单元格 H4 内,选择"公式"|"自动求和"|"求和"命令,如图 3.187 所示,此时 H4 单元格内容如图 3.188 所示。然后拖动选择要进行求和的单元格区域,本例中是 F4:G4 单元格区域,也是求和公式构造时默认的选择区域,如图 3.188 所示,因而这里不需要重新选择。

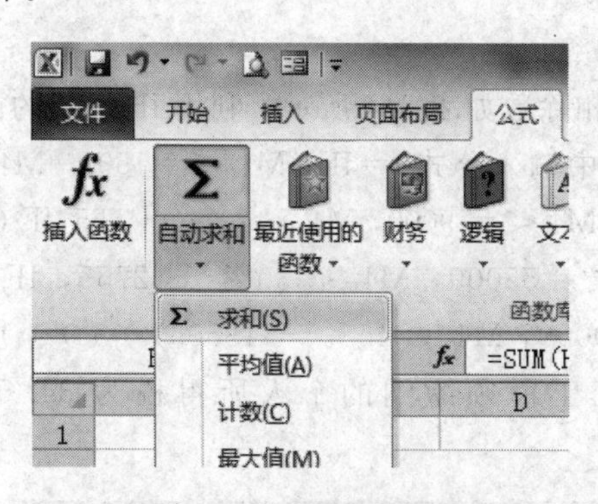

图 3.187　求和公式输入

图 3.188　应发金额的计算

(2) 单击编辑栏中的"输入"按钮 ✓ 完成应发金额计算。

2. 计算失业保险

假设失业保险计算公式是:失业保险=岗位工资×1%。计算步骤如下。

定位到 J4 单元格，在其中输入“=F4＊0.01”(或者“=F4＊1%”)，按 Enter 键，Excel 2010 会自动计算出员工王霞的 6 月份失业保险金额，如图 3.189 所示。

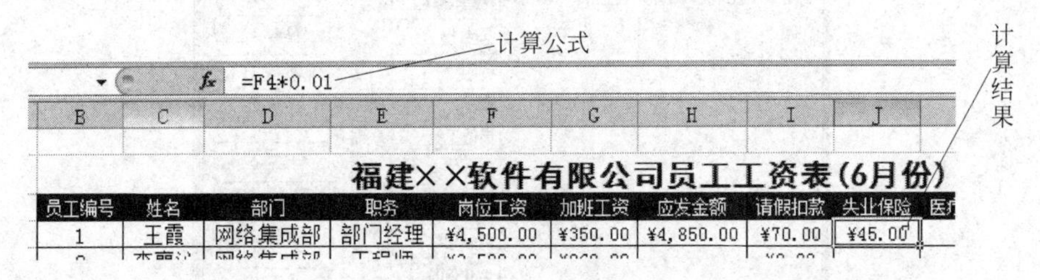

图 3.189 失业保险的计算

3. 计算医疗保险

假设医疗保险计算公式是：医疗保险=岗位工资×2%。计算步骤如下。

定位到 K4 单元格，在其中输入“=F4＊0.02”(或者“=F4＊2%”)，按 Enter 键，Excel 2010 会自动计算出员工王霞的 6 月份医疗保险金额。

4. 计算养老保险

假设“养老保险”计算公式是：养老保险=岗位工资×1.4%。计算步骤如下。

定位到 L4 单元格，在其中输入“=F4＊0.014”(或者“=F4＊1.4%”)，按 Enter 键，Excel 2010 会自动计算出员工王霞的 6 月份养老保险金额。

5. 计算应税金额

应税金额是需要缴纳个人所得税的那部分收入。假设“应税金额”公式是：应税金额=应发金额-三险(失业保险、医疗保险和养老保险)-3500。如果收入不满 3500 元，则不需要缴纳个人所得税。计算步骤如下。

定位到 M4 单元格，在其中输入“=IF(H4-SUM(J4:L4)-3500>0，H4-SUM(J4:L4)-3500，0)”，按 Enter 键，Excel 2010 会自动计算出员工王霞的 6 月份应税金额。

6. 计算个人所得税

不同的应税金额相对应的税率和速算扣除数如表 3.4 所示。利用 IF 函数的嵌套功能来实现个人所得税的计算。在单元格 N4 中输入公式“=IF (M4 <=1500, M4 ＊ 3%, IF (M4 <= 4500,M4 ＊ 10% -105, IF (M4 <= 9000, M4 ＊ 20% - 555,IF (M4 <= 35000, M4 ＊ 25% - 1005, IF (M4 <=55000, M4 ＊ 30% - 2755, IF (M4 > 80000,M4 ＊ 35% - 5505, IF(M4 > 80000, M4 ＊ 45% - 13505)))))))”，按 Enter 键，Excel 2010 会自动计算出员工王霞须缴纳的个人所得税为 34.56 元，如图 3.190 所示。

=IF(M4<=1500,M4*3%,IF(M4<=4500,M4*10%-105,IF(M4<=9000,M4*20%-555,IF(M4<=35000,M4*25%-1005,IF(M4<=55000,

福建××软件有限公司员工工资表(6月份)

员工编号	姓名	部门	职务	岗位工资	加班工资	应发金额	请假扣款	失业保险	医疗保险	养老保险	应税金额	个人所得税	实发金额
1	王霞	网络集成部	部门经理	¥4,500.00	¥350.00	¥4,850.00	¥70.00	¥45.00	¥90.00	¥63.00	¥1,152.00	¥34.56	

图 3.190 个人所得税的计算

表 3.4　税率及速算扣除数计算规则表

级数	全月应纳税所得额	税率/%	速算扣除数
1	不超过 1 500 元	3	0
2	超过 1 500 元至 4 500 元的部分	10	105
3	超过 4 500 元至 9 000 元的部分	20	555
4	超过 9 000 元至 35 000 元的部分	25	1 005
5	超过 35 000 元至 55 000 元的部分	30	2 755
6	超过 55 000 元至 80 000 元的部分	35	5 505
7	超过 80 000 元的部分	45	13 505

7. 计算实发金额

实发金额是员工在缴纳各类保险、税收等各类款项后实际发到手里的工资金额。很显然：实发金额＝应发金额－请假扣款－失业保险－医疗保险－养老保险－个人所得税。计算步骤如下。

在 O4 中输入公式"＝H4－SUM(I4:L4)－N4"，按 Enter 键，Excel 2010 会自动计算出员工王霞的实发金额为 4547.44 元。

8. 完成其他员工工资计算

因为其他员工未计算的工资分布在两个区域中，因此分两步完成。

(1) 选中 H4 单元格，向下拖动单元格右下角的填充控点，直到最后一位员工所在单元格(H14)，松开鼠标左键，完成其他员工应发金额的计算。

(2) 选中 J4:O4 单元格区域，向下拖动单元格右下角的填充控点，直到最后一位员工所在行，松开鼠标左键，完成其他员工失业保险、医疗保险、养老保险、应税金额、个人所得税、实发金额的计算，如图 3.191 所示。

B	C	D	E	F	G	H	I	J	K	L	M	N	O
福建××软件有限公司员工工资表(6月份)													
员工编号	姓名	部门	职务	岗位工资	加班工资	应发金额	请假扣款	失业保险	医疗保险	养老保险	应税金额	个人所得税	实发金额
1	王霞	网络集成部	部门经理	¥4,500.00	¥350.00	¥4,850.00	¥70.00	¥45.00	¥90.00	¥63.00	¥1,152.00	¥34.56	¥4,547.44
2	李襄沁	网络集成部	工程师	¥3,500.00	¥260.00	¥3,760.00	¥0.00	¥35.00	¥70.00	¥49.00	¥106.00	¥3.18	¥3,602.82
3	周美芬	网络集成部	工程师	¥3,500.00	¥300.00	¥3,800.00	¥0.00	¥35.00	¥70.00	¥49.00	¥146.00	¥4.38	¥3,641.62
4	朱彤宇	软件开发部	项目经理	¥4,500.00	¥600.00	¥5,100.00	¥0.00	¥45.00	¥90.00	¥63.00	¥1,402.00	¥42.06	¥4,859.94
5	张秉璧	软件开发部	程序员	¥3,500.00	¥400.00	¥3,900.00	¥0.00	¥35.00	¥70.00	¥49.00	¥246.00	¥7.38	¥3,738.62
6	罗乐乐	软件开发部	程序员	¥3,500.00	¥400.00	¥3,900.00	¥0.00	¥35.00	¥70.00	¥49.00	¥246.00	¥7.38	¥3,738.62
7	沈继	软件开发部	程序员	¥3,500.00	¥380.00	¥3,880.00	¥0.00	¥35.00	¥70.00	¥49.00	¥226.00	¥6.78	¥3,719.22
8	吴瑕	软件测试部	工程师	¥3,500.00	¥200.00	¥3,700.00	¥50.00	¥35.00	¥70.00	¥49.00	¥46.00	¥1.38	¥3,494.62
9	刘枚枚	软件测试部	工程师	¥3,500.00	¥200.00	¥3,700.00	¥0.00	¥35.00	¥70.00	¥49.00	¥46.00	¥1.38	¥3,544.62
10	杜勇	销售部	业务员	¥3,000.00	¥180.00	¥3,180.00	¥0.00	¥30.00	¥60.00	¥42.00	¥0.00	¥0.00	¥3,048.00
11	陈皓	销售部	业务员	¥3,000.00	¥180.00	¥3,180.00	¥0.00	¥30.00	¥60.00	¥42.00	¥0.00	¥0.00	¥3,048.00

图 3.191　其他员工工资的计算

3.7.5　数据排序

由于要按员工所在部门进行统计，所以需要对"部门"列进行排序。同一个部门里的员工，按"实发金额"由高到低排序。排序步骤如下。

(1) 选中除标题行外所有区域的单元格 B3:O14，选择"开始"|"排序和筛选"|"自定义排序"命令，如图 3.192 所示，弹出"排序"对话框。

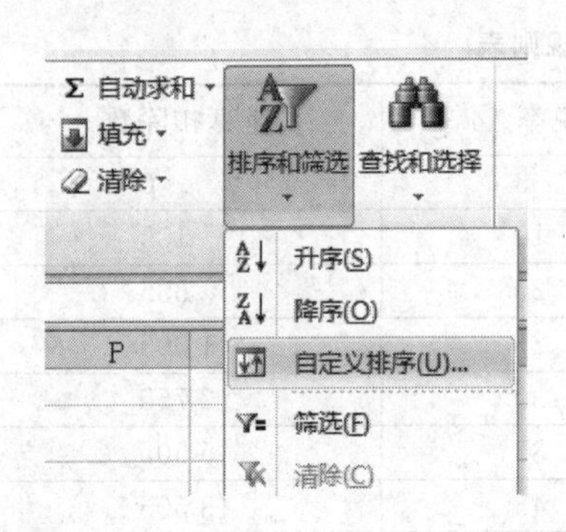

图 3.192　选择“自定义排序”命令

(2) 在“排序”对话框中，从“主要关键字”下拉列表框中选择“部门”，设置“排序依据”为“数值”，“次序”为“降序”。单击“添加条件”按钮，添加次要排序条件。从“次要关键字”下拉列表框中选择“实发金额”，设置“排序依据”为“数值”，“次序”为“降序”。选中“数据包含标题”复选框，被选中的区域中第一行(即表头行)就不会参与排序了，如图 3.193 所示。

(3) 单击“确定”按钮，完成排序，排序结果如图 3.194 所示。可以看到，首先按“部门”的字典音序降序排列，顺序为“销售部”、“网络集成部”、“软件开发部”；同一部门中，再按实发金额从高到低降序排列。

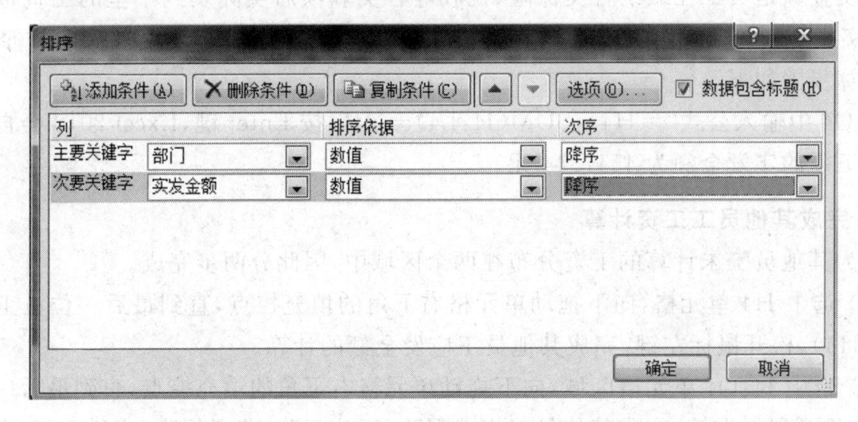

图 3.193　排序关键字的设置

福建××软件有限公司员工工资表(6月份)

员工编号	姓名	部门	职务	岗位工资	加班工资	应发金额	请假扣款	失业保险	医疗保险	养老保险	应税金额	个人所得税	实发金额
10	杜勇	销售部	业务员	¥3,000.00	¥180.00	¥3,180.00	¥0.00	¥30.00	¥60.00	¥42.00	¥0.00	¥0.00	¥3,048.00
11	陈皓	销售部	业务员	¥3,000.00	¥180.00	¥3,180.00	¥0.00	¥30.00	¥60.00	¥42.00	¥0.00	¥0.00	¥3,048.00
1	王霞	网络集成部	部门经理	¥4,500.00	¥350.00	¥4,850.00	¥70.00	¥45.00	¥90.00	¥63.00	¥1,152.00	¥34.56	¥4,547.44
3	周美芬	网络集成部	工程师	¥3,500.00	¥300.00	¥3,800.00	¥0.00	¥35.00	¥70.00	¥49.00	¥146.00	¥4.38	¥3,641.62
2	李襄沁	网络集成部	工程师	¥3,500.00	¥260.00	¥3,760.00	¥0.00	¥35.00	¥70.00	¥49.00	¥106.00	¥3.18	¥3,602.82
4	朱彤宇	软件开发部	项目经理	¥4,500.00	¥600.00	¥5,100.00	¥0.00	¥45.00	¥90.00	¥63.00	¥1,402.00	¥42.06	¥4,859.94
5	张秉鳖	软件开发部	程序员	¥3,500.00	¥400.00	¥3,900.00	¥0.00	¥35.00	¥70.00	¥49.00	¥246.00	¥7.38	¥3,738.62
6	罗乐乐	软件开发部	程序员	¥3,500.00	¥400.00	¥3,900.00	¥0.00	¥35.00	¥70.00	¥49.00	¥246.00	¥7.38	¥3,738.62
7	沈继	软件开发部	程序员	¥3,500.00	¥380.00	¥3,880.00	¥0.00	¥35.00	¥70.00	¥49.00	¥226.00	¥6.78	¥3,719.22
9	刘枚枚	软件测试部	工程师	¥3,500.00	¥200.00	¥3,700.00	¥0.00	¥35.00	¥70.00	¥49.00	¥46.00	¥1.38	¥3,544.62
8	吴瑕	软件测试部	工程师	¥3,500.00	¥200.00	¥3,700.00	¥50.00	¥35.00	¥70.00	¥49.00	¥46.00	¥1.38	¥3,494.62

图 3.194　进行数据排序后的结果

3.7.6　数据自动筛选

本例要求在工资表中实现对员工的“姓名”、“部门”、“职务”和“岗位工资”的查询。操作步骤如下。

(1) 选中 C3:F3 单元格区域，选择“开始”|“排序和筛选”|“筛选”命令，可以看到工作表中 C3:F3 列(“姓名”、“部门”、“职务”和“岗位工资”)右侧出现了下拉按钮，如图 3.195 所示。

福建××软件有限公司

员工编号	姓名	部门	职务	岗位工资	加班工资	应
10	杜勇	销售部	业务员	¥3,000.00	¥180.00	¥3,

图 3.195　筛选按钮

(2) 如果要查看“网络集成部”所有员工的工资信息，可单击 D3 单元格的下拉按钮，在下拉列表中只选中“网络集成部”(见图 3.196)得到筛选结果如图 3.197 所示。

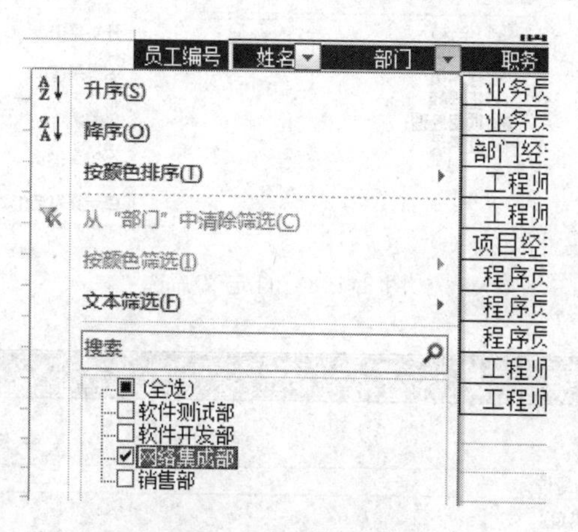

图 3.196　选择自动筛选条件

福建××软件有限公司员工工资表(6月份)

员工编号	姓名	部门	职务	岗位工资	加班工资	应发金额	请假扣款	失业保险	医疗保险	养老保险	应税金额	个人所得税	实发金额
1	王霞	网络集成部	部门经理	¥4,500.00	¥350.00	¥4,850.00	¥70.00	¥45.00	¥90.00	¥63.00	¥1,152.00	¥34.56	¥4,547.44
3	周美芬	网络集成部	工程师	¥3,500.00	¥300.00	¥3,800.00	¥0.00	¥35.00	¥70.00	¥49.00	¥146.00	¥4.38	¥3,641.62
2	李襄沁	网络集成部	工程师	¥3,500.00	¥260.00	¥3,760.00	¥0.00	¥35.00	¥70.00	¥49.00	¥106.00	¥3.18	¥3,602.82

图 3.197　选择自动筛选条件

(3) 如果要查看职务中为“经理”的员工的工资信息，可单击 E3 单元格的下拉按钮，在下拉列表中选中“项目经理”和“部门经理”，得到筛选结果。也可以在下拉列表中选择“文本筛选”|“包含”命令，如图 3.198 所示，弹出“自定义自动筛选方式”对话框。在该对话框中，在“职务”区域中左边下拉列表框中选择“包含”，在右边的下拉列表框中选择“经理”，如图 3.199 所示。单击“确定”按钮，进行自动筛选。

筛选结果将列出“职务”中包含“经理”两个字(部门经理、项目经理等)的员工的工资信息，如图 3.200 所示。

(4) 若要显示全部的记录，可单击被筛选项(本例中是 E3)右侧的图标，在其下拉列表中选中“全选”复选框或者“从‘职务’中清除筛选”命令即可，如图 3.201 所示。

3.7.7　数据分类汇总

1. 平均值汇总

(1) 选中工作表中将要进行分类汇总的单元格区域(包含标题行)，然后单击“数据”|

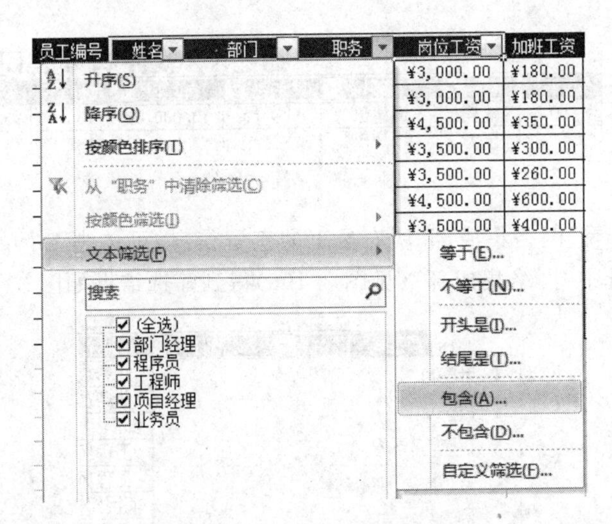

图 3.198 自定义筛选

图 3.199 自定义筛选设置

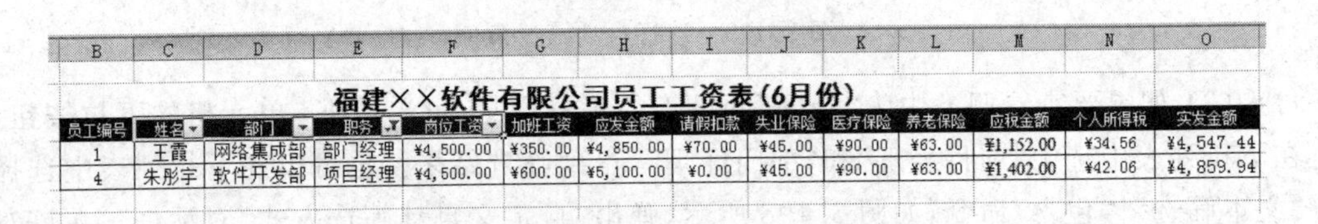

福建××软件有限公司员工工资表(6月份)

员工编号	姓名	部门	职务	岗位工资	加班工资	应发金额	请假扣款	失业保险	医疗保险	养老保险	应税金额	个人所得税	实发金额
1	王霞	网络集成部	部门经理	¥4,500.00	¥350.00	¥4,850.00	¥70.00	¥45.00	¥90.00	¥63.00	¥1,152.00	¥34.56	¥4,547.44
4	朱彤宇	软件开发部	项目经理	¥4,500.00	¥600.00	¥5,100.00	¥0.00	¥45.00	¥90.00	¥63.00	¥1,402.00	¥42.06	¥4,859.94

图 3.200 职务筛选结果

“分类汇总”按钮,弹出“分类汇总”对话框。

(2) 在“分类字段”下拉列表框中选择“部门”;在“汇总方式”下拉列表中选择“平均值”;在“选定汇总项”列表中只选中“实发金额”的复选框(要清除其他复选框);选中“替换当前分类汇总”和“汇总结果显示在数据下方”复选框(清除“每组数据分页”复选框),如图 3.202 所示。

(3) 单击“确定”按钮,即可完成部门员工“实发金额”平均值的分类汇总,结果如图 3.203 所示。

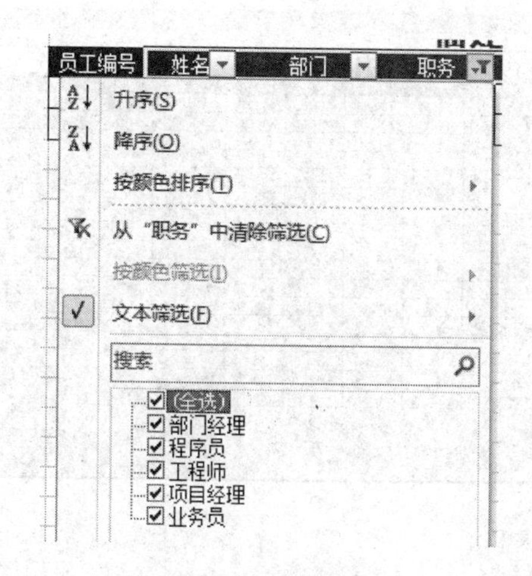

图 3.201 显示全部记录

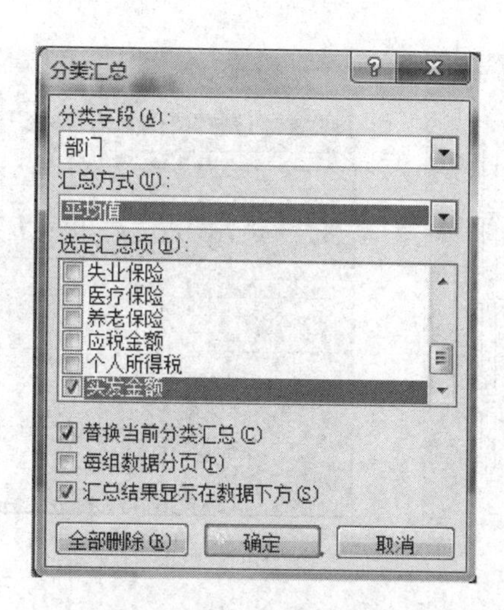

图 3.202 平均值分类汇总

福建××软件有限公司员工工资表(6月份)

员工编号	姓名	部门	职务	岗位工资	加班工资	应发金额	请假扣款	失业保险	医疗保险	养老保险	应税金额	个人所得税	实发金额
10	杜勇	销售部	业务员	¥3,000.00	¥180.00	¥3,180.00	¥0.00	¥30.00	¥60.00	¥42.00	¥0.00	¥0.00	¥3,048.00
11	陈皓	销售部	业务员	¥3,000.00	¥180.00	¥3,180.00	¥0.00	¥30.00	¥60.00	¥42.00	¥0.00	¥0.00	¥3,048.00
	销售部 平均值												¥3,048.00
1	王霞	网络集成部	部门经理	¥4,500.00	¥350.00	¥4,850.00	¥70.00	¥45.00	¥90.00	¥63.00	¥1,152.00	¥34.56	¥4,547.44
3	周美芬	网络集成部	工程师	¥3,500.00	¥300.00	¥3,800.00	¥0.00	¥35.00	¥70.00	¥49.00	¥146.00	¥4.38	¥3,641.62
2	李襄沁	网络集成部	工程师	¥3,500.00	¥260.00	¥3,760.00	¥0.00	¥35.00	¥70.00	¥49.00	¥106.00	¥3.18	¥3,602.82
	网络集成部 平均值												¥3,930.63
4	朱彤宇	软件开发部	项目经理	¥4,500.00	¥600.00	¥5,100.00	¥0.00	¥45.00	¥90.00	¥63.00	¥1,402.00	¥42.06	¥4,859.94
5	张秉璧	软件开发部	程序员	¥3,500.00	¥400.00	¥3,900.00	¥0.00	¥35.00	¥70.00	¥49.00	¥246.00	¥7.38	¥3,738.62
6	罗乐乐	软件开发部	程序员	¥3,500.00	¥400.00	¥3,900.00	¥0.00	¥35.00	¥70.00	¥49.00	¥246.00	¥7.38	¥3,738.62
7	沈继	软件开发部	程序员	¥3,500.00	¥380.00	¥3,880.00	¥0.00	¥35.00	¥70.00	¥49.00	¥226.00	¥6.78	¥3,719.22
	软件开发部 平均值												¥4,014.10
9	刘枚枚	软件测试部	工程师	¥3,500.00	¥200.00	¥3,700.00	¥0.00	¥35.00	¥70.00	¥49.00	¥46.00	¥1.38	¥3,544.62
8	吴琊	软件测试部	工程师	¥3,500.00	¥200.00	¥3,700.00	¥50.00	¥35.00	¥70.00	¥49.00	¥46.00	¥1.38	¥3,494.62
	软件测试部 平均值												¥3,519.62
	总计平均值												¥3,725.77

图 3.203 平均值分类汇总结果

2. 求和汇总

下面在平均值汇总的基础上，再按部门进行"实发金额"求和汇总，操作步骤如下。

(1) 选中工作表中将要进行分类汇总的单元格区域(包含标题行)，然后单击"数据"|"分类汇总"按钮，弹出"分类汇总"对话框。

(2) 在"分类字段"下拉列表框中选择"部门"。在"汇总方式"下拉列表框中选择"求和"。在"选定汇总项"列表框中只选中"实发金额"复选框(并清除其他复选框)。清除"每组数据分页"和"替换当前分类汇总"复选框，此时"汇总结果显示在数据下方"自动变为灰色，如图 3.204 所示。

(3) 单击"确定"按钮，即可完成部门员工"实发金额"平均值、求和的分类汇总，效果如图 3.205 所示。

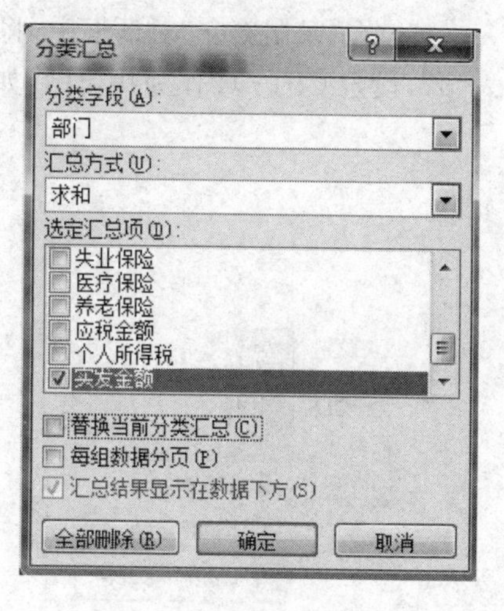

图 3.204 求和分类汇总

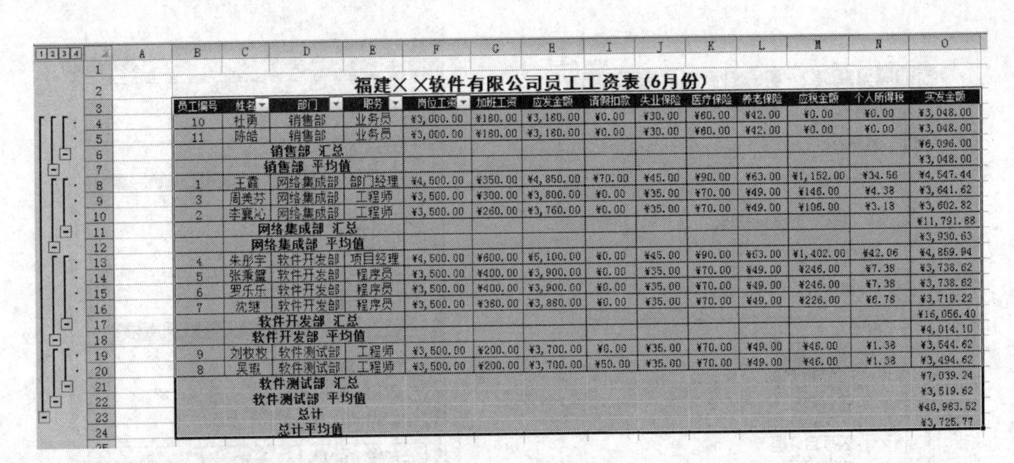

福建××软件有限公司员工工资表(6月份)

员工编号	姓名	部门	职务	岗位工资	加班工资	应发金额	请假扣款	失业保险	医疗保险	养老保险	应税金额	个人所得税	实发金额
10	杜勇	销售部	业务员	¥3,000.00	¥180.00	¥3,180.00	¥0.00	¥30.00	¥60.00	¥42.00	¥0.00	¥0.00	¥3,048.00
11	陈皓	销售部	业务员	¥3,000.00	¥180.00	¥3,180.00	¥0.00	¥30.00	¥60.00	¥42.00	¥0.00	¥0.00	¥3,048.00
	销售部 汇总												¥6,096.00
	销售部 平均值												¥3,048.00
1	王霞	网络集成部	部门经理	¥4,500.00	¥350.00	¥4,850.00	¥70.00	¥45.00	¥90.00	¥63.00	¥1,152.00	¥34.56	¥4,547.44
3	周美芬	网络集成部	工程师	¥3,500.00	¥300.00	¥3,800.00	¥0.00	¥35.00	¥70.00	¥49.00	¥146.00	¥4.38	¥3,641.62
2	李翼心	网络集成部	工程师	¥3,500.00	¥260.00	¥3,760.00	¥0.00	¥35.00	¥70.00	¥49.00	¥106.00	¥3.18	¥3,602.82
	网络集成部 汇总												¥11,791.88
	网络集成部 平均值												¥3,930.63
4	朱彤宇	软件开发部	项目经理	¥4,500.00	¥600.00	¥5,100.00	¥0.00	¥45.00	¥90.00	¥63.00	¥1,402.00	¥42.06	¥4,859.94
5	张秉鑑	软件开发部	程序员	¥3,500.00	¥400.00	¥3,900.00	¥0.00	¥35.00	¥70.00	¥49.00	¥246.00	¥7.38	¥3,738.62
6	罗乐乐	软件开发部	程序员	¥3,500.00	¥400.00	¥3,900.00	¥0.00	¥35.00	¥70.00	¥49.00	¥246.00	¥7.38	¥3,738.62
7	沈继	软件开发部	程序员	¥3,500.00	¥380.00	¥3,880.00	¥0.00	¥35.00	¥70.00	¥49.00	¥226.00	¥6.78	¥3,719.22
	软件开发部 汇总												¥16,056.40
	软件开发部 平均值												¥4,014.10
9	刘枚枚	软件测试部	工程师	¥3,500.00	¥200.00	¥3,700.00	¥0.00	¥35.00	¥70.00	¥49.00	¥46.00	¥1.38	¥3,544.62
8	吴瑕	软件测试部	工程师	¥3,500.00	¥200.00	¥3,700.00	¥50.00	¥35.00	¥70.00	¥49.00	¥46.00	¥1.38	¥3,494.62
	软件测试部 汇总												¥7,039.24
	软件测试部 平均值												¥3,519.62
	总计												¥40,983.52
	总计平均值												¥3,725.77

图 3.205　求和汇总

3.7.8　制作工资条

还需要把工资表打印成“工资条”发给每位员工，下面用 Excel 2010 的“宏”功能，自动将编制好的工作表转换为工资条。上面曾经进行过数据“排序”、“数据自动筛选”、“数据分类汇总”的步骤，在此先把工作表复原，然后再制作工作条。

(1) 删除“分类汇总”。选中工作表中将要删除分类汇总的单元格区域(包含标题和汇总信息等)，单击“数据”|“分类汇总”按钮，弹出“分类汇总”对话框，单击“全部删除”按钮。单击“确定”按钮，这样就取消了“分类汇总”。

(2) 删除“自动筛选”。单击工作表中任一个单元格，单击“数据”|“筛选”按钮，“自动筛选”功能也就被删除了。

(3) 按“员工编号”排序。单击“员工编号”列任一个单元格，选择“开始”|“排序和筛选”|“升序”命令，这样工资表中数据就按照“员工编号”升序排列。

(4) 在工资表中，选择“视图”|“宏”|“录制宏”命令，如图 3.206 所示，弹出“录制新宏”对话框。

(5) 在“录制新宏”对话框中，将“宏名”设置为“制作工资条”，在“快捷键”文本框中输入“g”，设定 Ctrl＋G 作为快捷键，如图 3.207 所示，再单击“确定”按钮返回工作表。

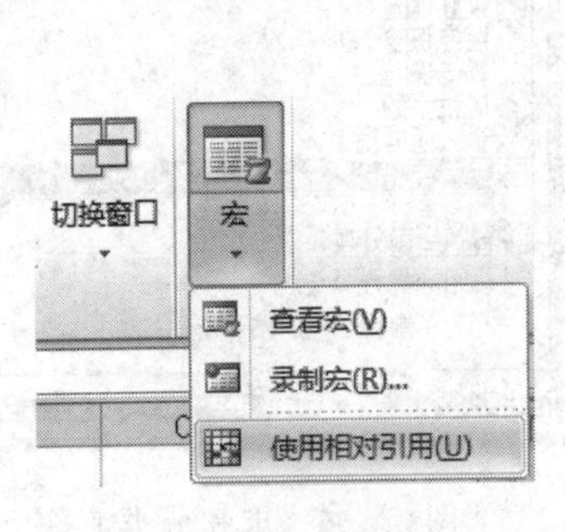

图 3.206　录制新宏

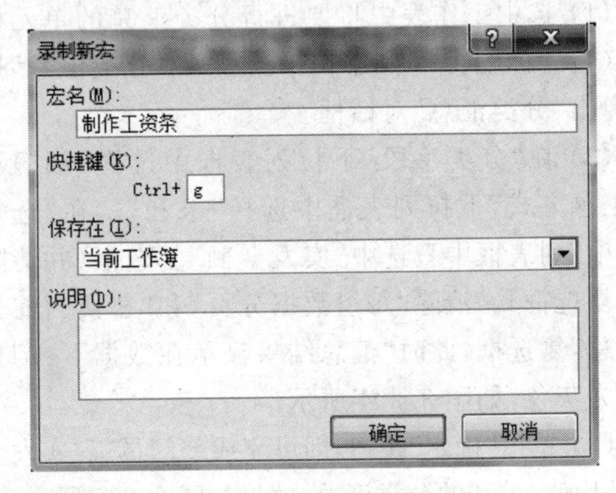

图 3.207　录制新宏对话框

(6) 选择“视图”|“宏”|“停止录制”命令，这样就完成了一个空的宏的录制。

(7) 选择“视图”|“宏”|“查看宏”命令，弹出“宏”对话框。在“位置”下拉列表框中，选择“6 月份员工工资表.xlsx”，再选择刚刚录制的“制作工资条”宏，如图 3.208 所示。然后单击“编辑”按钮，打开 Visual Basic 编辑器。

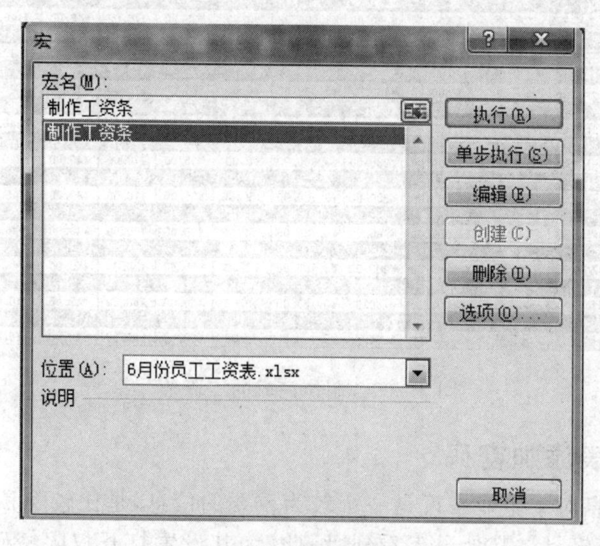

图 3.208　查看宏

(8) 在 Visual Basic 编辑器中输入如下代码。

```
Sub 制作工资条()
  Selection.CurrentRegion.Offset(2, 1).Select
  Cells(Selection.Row, Selection.Column).Select
  Range(Selection, Selection.End(xlToRight)).Select
  Selection.Copy
  ActiveCell.Offset(3, 1).Range("B2").Select
  Do Until ActiveCell = ""
    Selection.Insert Shift := xlDown
    Range(Selection, Selection.End(xlToRight)).Select
    Selection.Copy
    ActiveCell.Offset(3, 1).Range("B2").Select
  Loop
  Application.CutCopyMode = False
End Sub
```

(9) 代码输入完毕，单击 Visual Basic 编辑器中工具栏中的“视图 Microsoft Excel”按钮，返回工作表。

(10) 选中工作表中任一单元格，选择“视图”|“宏”|“查看宏”命令，弹出“宏”对话框。选中刚刚录制的“制作工作条”宏，单击“执行”按钮，完成每位员工自动添加表头的功能，效果如图 3.209 所示。

福建××软件有限公司员工工资表(6月份)

员工编号	姓名	部门	职务	岗位工资	加班工资	应发金额	请假扣款	失业保险	医疗保险	养老保险	应税金额	个人所得税	实发金额
1	王霞	网络集成部	部门经理	¥4,500.00	¥350.00	¥4,850.00	¥70.00	¥45.00	¥90.00	¥63.00	¥1,152.00	¥34.56	¥4,547.44
员工编号	姓名	部门	职务	岗位工资	加班工资	应发金额	请假扣款	失业保险	医疗保险	养老保险	应税金额	个人所得税	实发金额
2	李襄沁	网络集成部	工程师	¥3,500.00	¥260.00	¥3,760.00	¥0.00	¥35.00	¥70.00	¥49.00	¥106.00	¥3.18	¥3,602.82
员工编号	姓名	部门	职务	岗位工资	加班工资	应发金额	请假扣款	失业保险	医疗保险	养老保险	应税金额	个人所得税	实发金额
3	周美芬	网络集成部	工程师	¥3,500.00	¥300.00	¥3,800.00	¥0.00	¥35.00	¥70.00	¥49.00	¥146.00	¥4.38	¥3,641.62
员工编号	姓名	部门	职务	岗位工资	加班工资	应发金额	请假扣款	失业保险	医疗保险	养老保险	应税金额	个人所得税	实发金额
4	朱彤宇	软件开发部	项目经理	¥4,500.00	¥600.00	¥5,100.00	¥0.00	¥45.00	¥90.00	¥63.00	¥1,402.00	¥42.06	¥4,859.94
员工编号	姓名	部门	职务	岗位工资	加班工资	应发金额	请假扣款	失业保险	医疗保险	养老保险	应税金额	个人所得税	实发金额
5	张秉璧	软件开发部	程序员	¥3,500.00	¥400.00	¥3,900.00	¥0.00	¥35.00	¥70.00	¥49.00	¥246.00	¥7.38	¥3,738.62
员工编号	姓名	部门	职务	岗位工资	加班工资	应发金额	请假扣款	失业保险	医疗保险	养老保险	应税金额	个人所得税	实发金额
6	罗乐乐	软件开发部	程序员	¥3,500.00	¥400.00	¥3,900.00	¥0.00	¥35.00	¥70.00	¥49.00	¥246.00	¥7.38	¥3,738.62
员工编号	姓名	部门	职务	岗位工资	加班工资	应发金额	请假扣款	失业保险	医疗保险	养老保险	应税金额	个人所得税	实发金额
7	沈继	软件开发部	程序员	¥3,500.00	¥380.00	¥3,880.00	¥0.00	¥35.00	¥70.00	¥49.00	¥226.00	¥6.78	¥3,719.22
员工编号	姓名	部门	职务	岗位工资	加班工资	应发金额	请假扣款	失业保险	医疗保险	养老保险	应税金额	个人所得税	实发金额
8	吴瑕	软件测试部	工程师	¥3,500.00	¥200.00	¥3,700.00	¥50.00	¥35.00	¥70.00	¥49.00	¥46.00	¥1.38	¥3,494.62
员工编号	姓名	部门	职务	岗位工资	加班工资	应发金额	请假扣款	失业保险	医疗保险	养老保险	应税金额	个人所得税	实发金额
8	吴瑕	软件测试部	工程师	¥3,500.00	¥200.00	¥3,700.00	¥50.00	¥35.00	¥70.00	¥49.00	¥46.00	¥1.38	¥3,494.62
员工编号	姓名	部门	职务	岗位工资	加班工资	应发金额	请假扣款	失业保险	医疗保险	养老保险	应税金额	个人所得税	实发金额
9	刘枚枚	软件测试部	工程师	¥3,500.00	¥200.00	¥3,700.00	¥0.00	¥35.00	¥70.00	¥49.00	¥46.00	¥1.38	¥3,544.62
员工编号	姓名	部门	职务	岗位工资	加班工资	应发金额	请假扣款	失业保险	医疗保险	养老保险	应税金额	个人所得税	实发金额
10	杜勇	销售部	业务员	¥3,000.00	¥180.00	¥3,180.00	¥0.00	¥30.00	¥60.00	¥42.00	¥0.00	¥0.00	¥3,048.00
员工编号	姓名	部门	职务	岗位工资	加班工资	应发金额	请假扣款	失业保险	医疗保险	养老保险	应税金额	个人所得税	实发金额
11	陈皓	销售部	业务员	¥3,000.00	¥180.00	¥3,180.00	¥0.00	¥30.00	¥60.00	¥42.00	¥0.00	¥0.00	¥3,048.00

图 3.209 制作完成的工资条

3.7.9 为工资表添加密码

工资表中的信息对于企业来说是一个较为重要的信息，是比较隐私的信息，既不允许随意被改动，也不能轻易被其他员工看到，因此，为其设置打开权限密码是必要的。只有工资表的使用者才可以打开或修改此工作表。

(1) 选择“文件”|“信息”命令，在右侧页面中选择“保护工作簿”|“用密码进行加密”命令，如图 3.210 所示。在弹出的对话框中输入密码和重复密码，如图 3.211 所示，最后单击“确定”按钮。

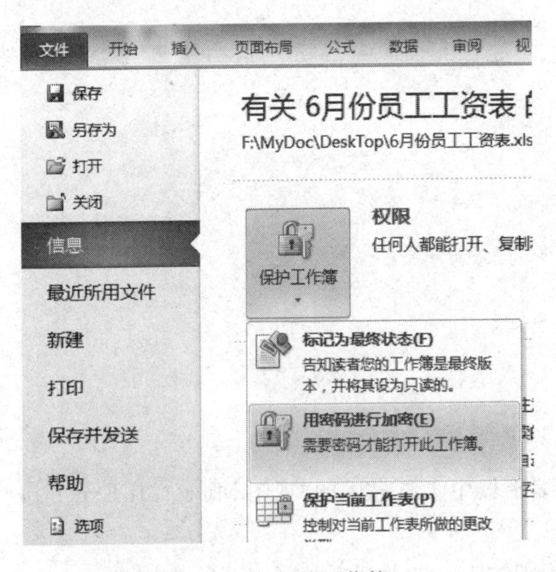

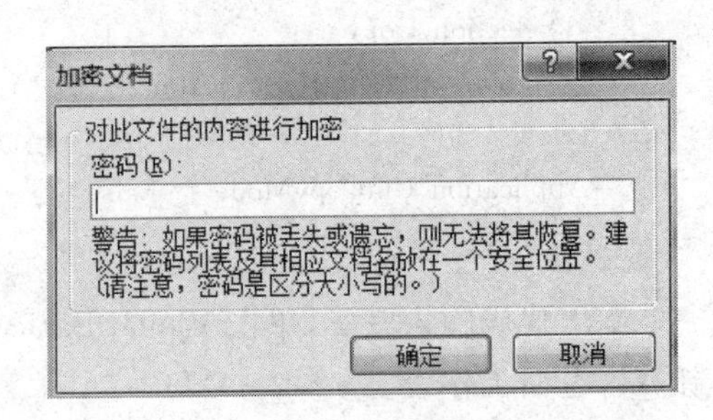

图 3.210 保护工作簿

图 3.211 输入密码

(2) 用同样的方法，单击“保护当前工作表”命令，在弹出的对话框中设置修改权限密码和重复密码，只有知道此密码的使用者才可以修改工资表的权限，如图 3.212 所示，最后单击“确定”按钮。

(3) 关闭工作簿，再次打开“6 月份员工工资表. xls”工作簿时，打开前会弹出“密码”对话框，如图 3.213 所示。输入正确的打开权限密码后，可以浏览工作表信息，否则弹出“您所提供的密码不正确”的警告对话框，无法进入工作簿。

(4) 如果还设置了“保护当前工作表”密码，则输入打开权限密码后，还会弹出一个“密码”对话框，如图 3.214 所示。如果单击“只读”按钮，则进入工作表，可以浏览工作表内信息，但不能进行工作表信息的修改；如果在“密码”文本框中输入正确的“修改权限密码”，单击“确定”按钮后进入工作表，既可以浏览工作表信息，也可以对工作表进行修改。

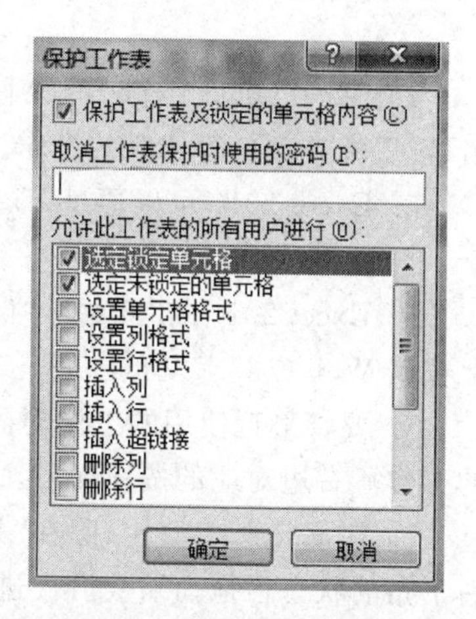

图 3.212　保护工作表密码

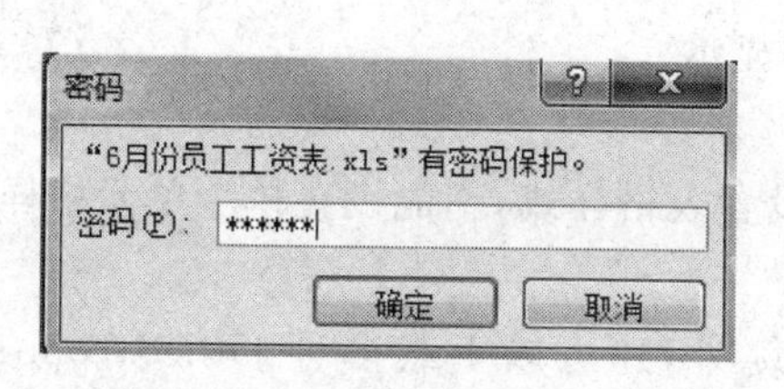

图 3.213　打开权限密码对话框

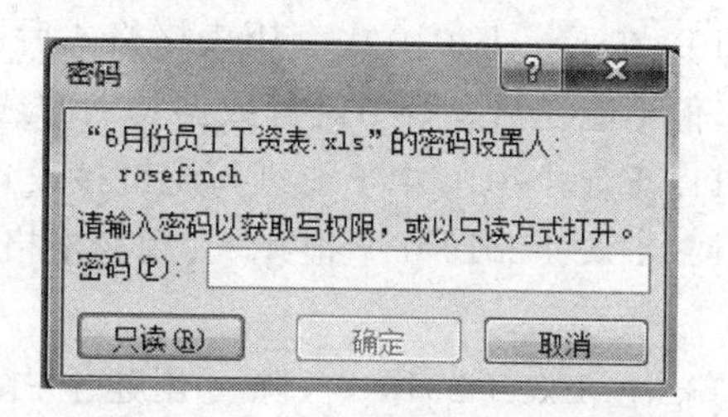

图 3.214　修改权限密码对话框

操作与练习

一、填空题

1. Excel 2010 默认保存工作簿的文件扩展名为________。

2. 在 Excel 2010 中，如果要将工作表冻结便于查看，可以用“视图”功能区的________来实现。

3. 在 Excel 2010 中新增了________功能，可选定数据在某单元格中插入迷你图，同时打开图表工具功能区进行相应的设置。

4. 在 Excel 2010 中，如果要对某个工作表重新命名，可以用“开始”功能区的________来实现。

5. 在 A1 单元格内输入 30001，然后按________键，拖动该单元格填充柄至 A8，则 A8 单元格中内容是________。

6. 一个工作簿包含多个工作表，默认有 3 个工作表，分别为________、________、________。

7. Excel 2010 中，对输入的文字进行编辑时，要在________功能区中进行。

二、判断题

1. 在 Excel 2010 中，可以更改工作表的名称和位置。　(　　)

2. 在 Excel 2010 中只能清除单元格中的内容，不能清除单元格中的格式。　(　　)

3. 在 Excel 2010 中，使用筛选功能只显示符合设定条件的数据而隐藏其他数据。（　　）

4. Excel 2010 工作表的数量可根据工作需要作适当增加或减少，并可以进行重命名、设置标签颜色等相应的操作。（　　）

5. Excel 2010 可以通过 Excel 选项自定义功能区和自定义快速访问工具栏。（　　）

6. Excel 2010 的“开始”|“保存并发送”命令，只能更改文件类型保存，不能将工作簿保存到 Web 或共享发布。（　　）

7. 要将最近使用的工作簿固定到列表，可打开“最近所用文件”子菜单，单击要固定的工作簿右边对应的按钮即可。（　　）

8. 在 Excel 2010 中，除在“视图”功能区可以进行显示比例调整外，还可以在工作簿右下角的状态栏拖动缩放滑块进行快速设置。（　　）

9. 在 Excel 2010 中，只能设置表格的边框，不能设置单元格边框。（　　）

10. 在 Excel 2010 中套用表格格式后可在“表格样式选项”中选取“汇总行”显示出汇总行，但不能在汇总行中进行数据类别的选择和显示。（　　）

11. Excel 2010 中不能进行超链接设置。（　　）

12. Excel 2010 中只能用“套用表格格式”设置表格样式，不能设置单个单元格样式。（　　）

13. 在 Excel 2010 中，除可创建空白工作簿外，还可以下载多种 Office.com 中的模板。（　　）

14. 在 Excel 2010 中，只要应用了一种表格格式，就不能对表格格式做更改和清除。（　　）

15. 运用“条件格式”中的“项目选取规划”，可自动显示学生成绩中某列前 10 名内单元格的格式。（　　）

16. 在 Excel 2010 中，后台“保存自动恢复信息的时间间隔”默认为 10 分钟。（　　）

17. 在 Excel 2010 中，当插入图片、剪贴画、屏幕截图后，功能区就会出现“图片工具”|“格式”选项卡，打开图片工具功能区面板做相应的设置。（　　）

18. 在 Excel 2010 中设置页眉和页脚，只能通过“插入”功能区中的工具来插入页眉和页脚，没有其他的操作方法。（　　）

19. 在 Excel 2010 中只要套用了表格格式，就不能消除表格格式，把表格转为原始的普通表格。（　　）

20. 在 Excel 2010 中只能插入和删除行、列，但不能插入和删除单元格。（　　）

三、单项选择题

1. 在 Excel 2010 中，默认保存后的工作簿格式扩展名是（　　）。

A. .xlsx　　B. .xls　　C. .htm　　D. .html

2. 在 Excel 2010 中，可以通过（　　）功能区对所选单元格进行数据筛选，筛选出符合要求的记录。

A. 数据　　B. 开始　　C. 插入　　D. 数据审阅

3. 以下不属于 Excel 2010 中数字分类的是(　　)。

A. 常规　　B. 货币　　C. 文本　　D. 条形码

4. 在 Excel 2010 中打印工作簿时,下面(　　)表述是错误的。

A. 一次可以打印整个工作簿

B. 一次可以打印一个工作簿中的一个或多个工作表

C. 在一个工作表中可以只打印某一页

D. 不能只打印一个工作表中的一个区域位置

5. 在 Excel 2010 中录入身份证号时,数字分类应选择(　　)格式。

A. 常规　　B. 数字(值)　　C. 科学计数　　D. 文本

6. 在 Excel 2010 中要想设置行高、列宽,应选用(　　)功能区中的"格式"子菜单中的命令。

A. 开始　　B. 插入　　C. 页面布局　　D. 视图

7. 在 Excel 2010 中,在(　　)功能区可进行工作簿视图方式的切换。

A. 开始　　B. 页面布局　　C. 审阅　　D. 视图

8. 在 Excel 2010 中套用表格格式后,会出现(　　)功能区选项卡。

A. 图片工具　　B. 表格工具　　C. 绘图工具　　D. 其他工具

四、操作题

1. 创建"家庭理财"工作表(内容如表 3.5 所示),按照题目要求完成后,用 Excel 存盘功能直接存盘。

表 3.5　家庭理财表

项　目	一月	二月	三月	四月	五月	六月
水费						
电费						
燃气费						
交通费	200	180	200	150	170	300
餐费	348	200	300	350	420	280
管理费	20	20	20	20	20	20
电话费	179	190	65	180	150	210
购物	1340	2 000	1 800	2 100	1 500	1210
其他	300	200	210	180	150	280
支出小计						
工资收入	3 500	3 500	3 500	3 500	3 500	3 500
奖金收入	1 200	1 200	1 800	2 000	2 000	2 000
其他收入	1 000	1 000	1 200	2 000	1 100	1 500
收入小计						
当月节余						
平均每月节余						

要求：

(1) 将“家庭理财”文字字体设置为华文彩云、14号、居中。

(2) 创建“数据”工作表(内容如表3.6和表3.7所示)。将“使用量记录表”设置为“经典2”格式,内容居中；将“单价表”设置为“会计2”格式,内容居中。

表3.6 使用量记录表

项　目	一月	二月	三月	四月	五月	六月
水/吨	8	10	12	10	11	9
电/度	70	80	120	70	80	120
燃气/m^3	10	15	12	10	11	13

表3.7 单价表

项　目	单　价
水(元/吨)	2.20
电(元/度)	0.40
燃气(元/m^3)	2.40

(3) 用“数据”工作表中的相关数据计算“家庭理财”工作表中的水费、电费和燃气费,计算时必须使用绝对引用。

(4) 用公式计算“家庭理财”工作表中的支出小计、收入小计和当月节余。

(5) 用函数计算“家庭理财”工作表中的“平均每月节余”。

2. 创建“气象资料表”(内容如表3.8所示),表中记录了2000年到2008年,11月7日到11月14日,某市的日最低气温。按照题目要求完成后,用Excel的保存功能直接存盘。

表3.8 气象资料表(2000—2008)

年份 日期	2000	2001	2002	2003	2007	2008	平均最低温度/℃
11月7日	−1	0	3	6	0	1	
11月8日	2	−1	3	4	1	2	
11月9日	3	2	2	3	2	0	
11月10日	2	1	1	4	3	1	
11月11日	0	−1	0	5	1	1	
11月12日	−1	0	−1	2	2	2	
11月13日	−1	−1	0	1	−1	0	
11月14日	−2	1	2	0	−1	1	
最低温度不大于1℃的天数							
供应暖气建议日期							
感觉比较温暖的年份是							

要求：

(1) 表格要有可视的边框，并将表中文字设置为宋体、10.5 磅、居中，第一列设置为文本格式。

(2) 用函数计算在 2000—2008 年间 11 月 7～14 日这 8 天的日平均最低气温(计算结果保留 2 位小数)。

(3) 用 COUNTIF 函数统计每年的这个期间日最低气温不大于 1℃的天数。

3. 用 Excel 2010 创建“销售利润表”(内容如表 3.9 所示)，按照题目要求完成后，用 Excel 的保存功能直接存盘。

表 3.9　销售利润表

销售商店	进价/元	销售价/元	销售量/台	利润/元
商店一	2 500		30	21 000
商店二		3 300	16	12 000
商店三	2 700	3 200		
商店四		3 350	40	24 000
商店五	2 700	3 300	34	
商店六	2 850		60	18 000
商店七	2 730	3 000		27 000
商店八	2 750	3 190	50	
合计				
利润				

要求：

(1) 表格要有可视的边框，并将表中的列标题设置为宋体、12 磅、加粗、居中；其他内容设置为宋体、12 磅、居中。

(2) 利用公式计算出表格中空白单元格的值，并填入相应的单元格中。

(3) 用函数计算出“合计”，并填入相应的单元格中。

(4) 用函数计算这八家店的平均利润，并填入相应的单元格中。

(5) 以销售商店和利润列为数据区域，插入簇状柱形图。

第 4 章

演示文稿制作软件 PowerPoint 2010

PowerPoint 是微软公司推出的 Office 办公套件中专门用于制作演示文稿的软件，广泛运用于各种会议、产品演示、学校教学。无论企事业单位员工工作汇报，还是教师授课，基本上都要用演示文稿辅助阐述过程，而且简洁清晰，吸引受众的注意力，从而有效地加强了演讲者与受众的沟通。

4.1 认识 PowerPoint 2010

PowerPoint 2010 主要用于幻灯片文档的制作和演示，利用它能够制作出集合文字、图片、图形、视音频等多媒体元素于一身的演示文稿。PowerPoint 2010 文稿默认扩展名为. xlsx。本节主要介绍 PowerPoint 2010 的窗口组成部分和视图分类。

4.1.1 PowerPoint 2010 窗口组成

PowerPoint 2010 工作窗口如图 4.1 所示，PowerPoint 2010 有 4 个重要组成部分：功能部分，幻灯片编辑窗格，大纲/幻灯片窗格，备注区。

1. 功能部分

功能部分整合了功能菜单和功能区两大部分，包含以前在 PowerPoint 2003 的菜单和工具栏上的命令和其他菜单项，功能部分旨在帮助您快速找到完成某任务所需的命令。

2. 幻灯片编辑窗格

该窗格显示的是当前幻灯片的内容，创建者可以根据需要进行编辑，对幻灯片进行文本的输入、编辑及格式化、图形、图片、艺术字、影片、艺术字的插入与编辑等操作，用于查看每张幻灯片的整体效果，幻灯片编辑窗格是进行幻灯片处理和操作的主要环境。

3. 大纲/幻灯片窗格

该窗格可以显示当前演示文稿中的全部幻灯片。在该窗格中通常以幻灯片为基本单位进行添加、删除、复制和移动等操作。大纲/幻灯片窗格包括两个选项卡："大纲"选项卡和"幻灯片"选项卡。

(1)"大纲"选项卡。选择"大纲"选项卡后，每张幻灯片都以大纲的形式显示，即只显示文本，而不显示图像、图形和图表等对象，并按序号显示所有幻灯片的编号、主标题、各层次

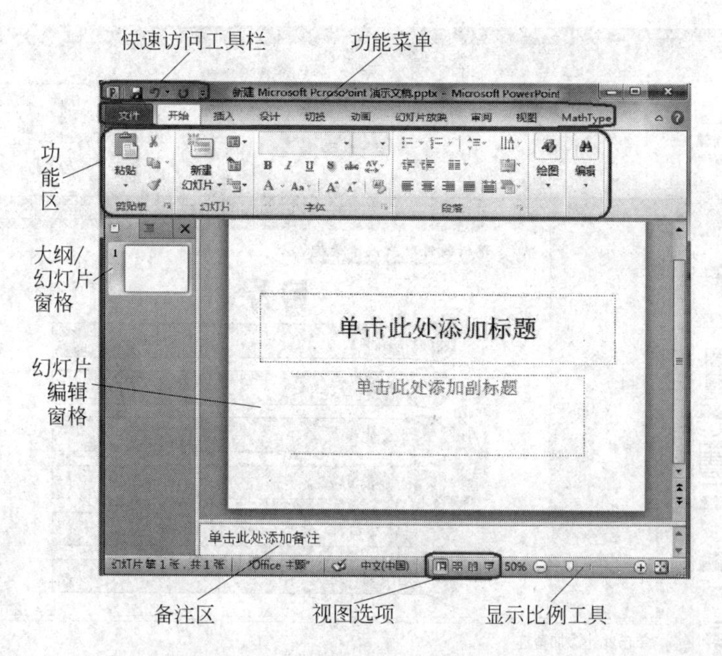

图 4.1 PowerPoint 2010 主窗口

标题及文本内容,在此视图下,用户可以从全局的角度查看演示文稿的内容和整体结构。

(2)“幻灯片”选项卡。在“幻灯片”选项卡中,每张幻灯片都以缩略图的形式显示,即只显示每张幻灯片的图片、文本、表格、图形和图表等对象的轮廓。

4. 备注区

备注区的内容可以作为制作者的备忘录。备注区在编辑时可见,在播放时不可见。备注主要是供制作者自己看的,用于写入幻灯片中没有列入的重要内容,以便于制作者演讲之前或演讲过程中查阅。每张幻灯片都可以进行备注,在备注区中,用户可以输入和编辑文字。

4.1.2 PowerPoint 2010 视图

PowerPoint 2010 能够以不同的视图方式来显示演示文稿的内容,使演示文稿易于浏览、便于编辑。它提供了普通视图、幻灯片浏览视图、阅读视图三种视图方式。默认状态下,PowerPoint 2010 是普通视图方式展示的,普通视图是主要的编辑视图,可用于撰写或设计演示文稿。

1. 普通视图

PowerPoint 2010 启动后默认进入普通视图,如图 4.2 所示。它是三窗格视图,主要模块包括大纲/幻灯片窗格、幻灯片编辑窗格和备注窗格,主要用于编辑幻灯片。

2. 幻灯片浏览视图

在幻灯片浏览视图下,按照幻灯片的序号显示演示文稿的全部幻灯片,如图 4.3 所示。在这种视图方式中,可以整体上浏览所有幻灯片的效果,并方便地进行幻灯片的复制、移动、添加、删除等操作。虽然该视图下不能直接对幻灯片内容进行编辑和修改,但可双击某个幻灯片,切换到幻灯片编辑窗口进行编辑操作。

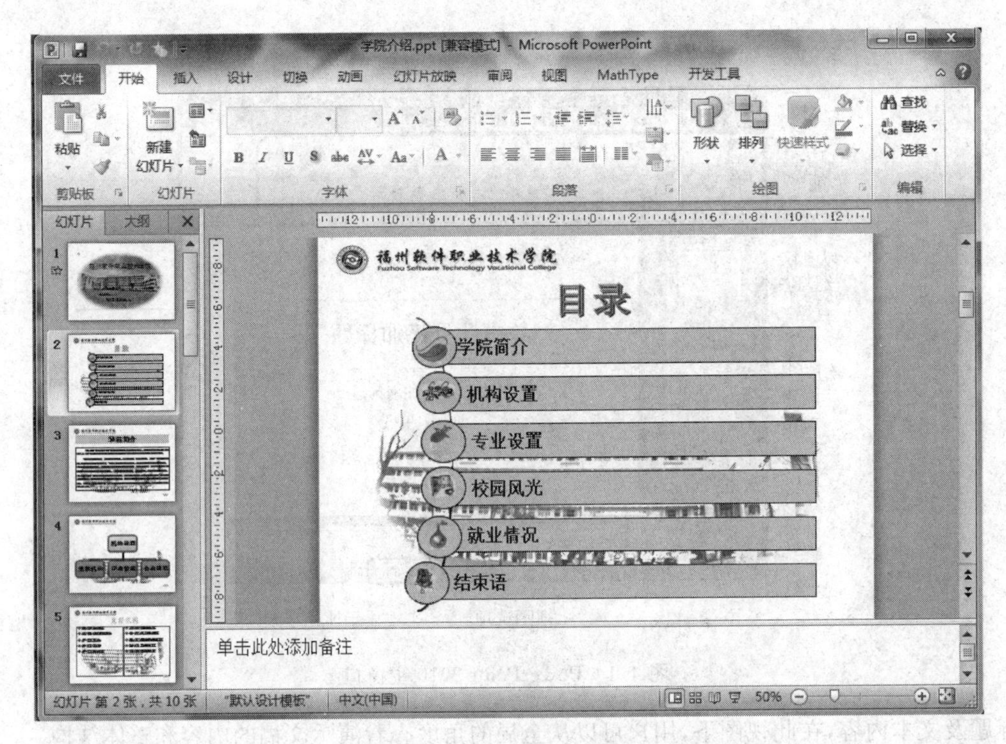

图 4.2 幻灯片普通视图

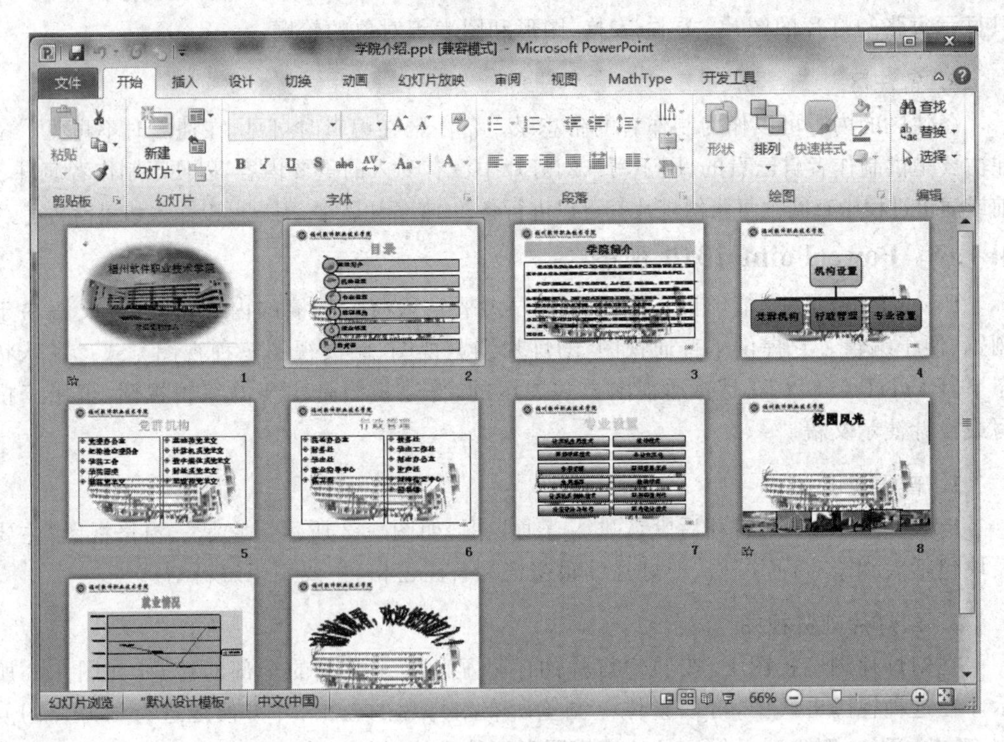

图 4.3 幻灯片浏览视图

3. 阅读视图

在此视图下，幻灯片占满整个屏幕，用户可以对所做的幻灯片放映效果进行全方位的预览，可以看到图形、时间、影片、动画元素以及将在实际放映中看到的切换效果，如图 4.4 所示。

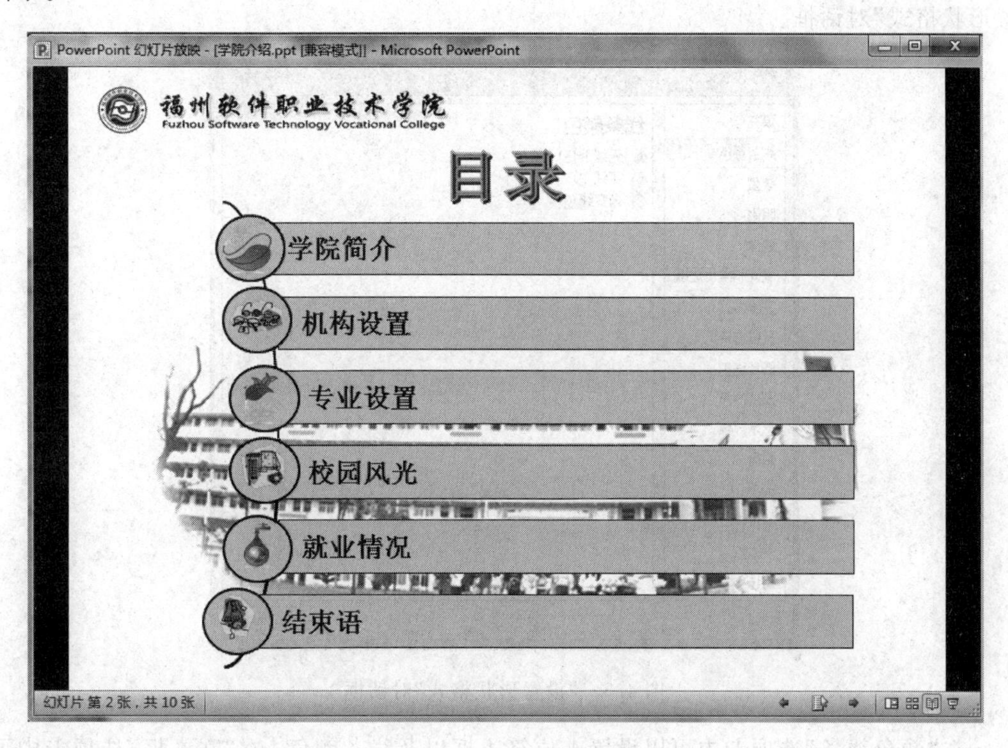

图 4.4　幻灯片阅读视图

4.2　对象及操作

1. 占位符

占位符是创建新幻灯片时出现的虚线方框，在方框中可以插入幻灯片标题、文本、图标、表格、组织结构图和剪切画等。PowerPoint 2010 有五种占位符：标题占位符、文本占位符、数字占位符、日期占位符和页脚占位符，不仅能在幻灯片中对占位符进行相关设置，还可以在母版中进行如：格式、显示和隐藏等设置。PowerPoint 2010 使用占位符来整理幻灯片中的内容，美化演示文稿。

(1) 创建占位符

新建幻灯片时，会自动带有占位符，可以在其中单击，确定插入点，录入文本或插入对象；也可以使用“开始”|“绘图”组中的“横排文本框”按钮或“竖排文本框”按钮，添加横排或竖排文本框(文本占位符)。

(2) 设置占位符尺寸

选中占位符，此时占位符四周有 8 个控制柄。移动鼠标指针到边框，当鼠标指针变成四向箭头形状时拖动，可实现占位符的移动。当鼠标指针变成两个相反方向的箭头时，拖动可以改变占位符的大小。

(3) 设置占位符格式

在占位符中右击，弹出快捷菜单，选择“设置形状格式”命令，出现如图 4.5 所示的“设置形状格式”对话框。

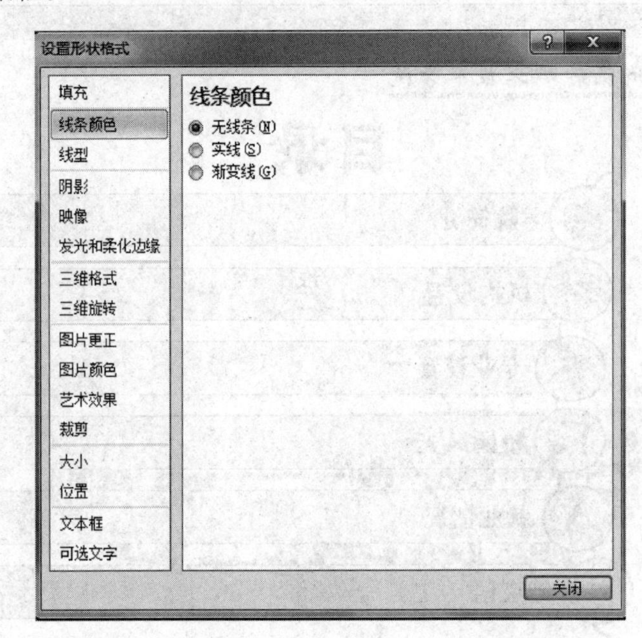

图 4.5 “设置形状格式”对话框

在“颜色线条”选项卡中可以设置占位符边框以及线条颜色；在“文本框”选项卡中可以设置对齐方式以及内边距等；在“填充”选项卡中可以设置占位符的背景。还有其他功能不再列举。

2. 新建幻灯片

默认情况下，启动 PowerPoint 2010 时，系统将自动创建一个仅包含一张幻灯片的演示文稿，我们可以通过下面三种方法，在当前演示文稿中添加新的幻灯片。

方法一：快捷键法。按 Ctrl＋M 键，即可快速添加一张空白幻灯片。

方法二：Enter 键法。在普通视图下，将光标定位在左侧的大纲/幻灯片窗格中，然后按 Enter 键，同样可以快速插入一张新的空白幻灯片。

方法三：命令法。单击“开始”|“新建幻灯片”按钮，也可以新增一张空白幻灯片。

3. 插入文本框

通常情况下，在幻灯片中添加文本时，需要通过文本框来实现，操作步骤如下。

(1) 选择“插入”|“文本框”|“横排文本框”(或“垂直文本框”)命令，如图 4.6 所示。然后在幻灯片中拖动绘制一个文本框。

(2) 在文本框中输入相应的文本。

(3) 对文本进行字体、字号和字符颜色等的设置。

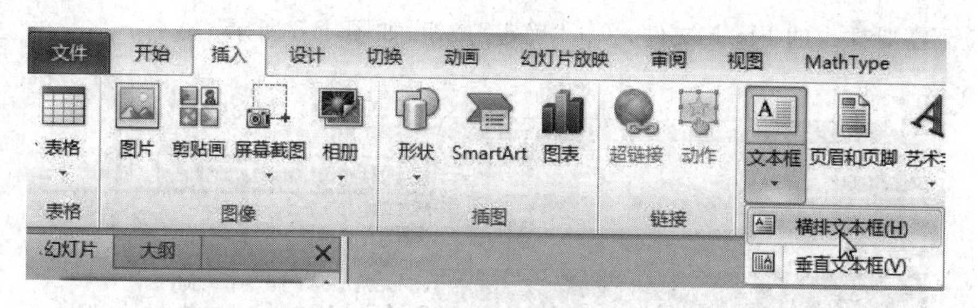

图 4.6　插入文本框

（4）调整文本框的大小，并将其定位在幻灯片的合适位置。

4. 直接输入文本

如果需要输入大量文本，可以在幻灯片中直接输入，操作步骤如下。

在普通视图下，将光标定位在大纲/幻灯片窗格中，并切换到"大纲"选项卡，然后直接输入文本字符。当输入一段文本后，按 Enter 键，则新建一张幻灯片，继续输入后面的文本。若要在按 Enter 键后仍然在原幻灯片中输入文本，只须按 Tab 键即可。此时，如果想新建一张幻灯片，按 Enter 键后，再按 Shift＋Tab 键。

5. 插入图片

向幻灯片中添加图片的步骤如下。

（1）单击"插入"|"图片"按钮，弹出"插入图片"对话框。

（2）在"插入图片"对话框中，定位到需要插入的图片文件，然后单击"插入"按钮。

（3）使用鼠标拖动的方法调整好图片的大小，并将其定位在幻灯片的合适位置上即可。

注意：在定位图片位置时，先按住 Ctrl 键再按方向键，可以实现图片的微量移动。

6. 插入音/视频

为了增加播放效果，可以为幻灯片插入音频和视频文件。插入音频的步骤如下(插入视频与之相似)。

（1）选择"插入"|"音频"|"文件中的音频"命令，弹出"插入音频"对话框，如图 4.7 所示。

（2）在"插入音频"对话框中定位到需要插入的音频文件，然后单击"确定"按钮。

注意：插入的音频文件后，在幻灯片中显示出一个小喇叭图片，为了不影响幻灯片播放效果，可以将小喇叭图片移到幻灯片边缘处。

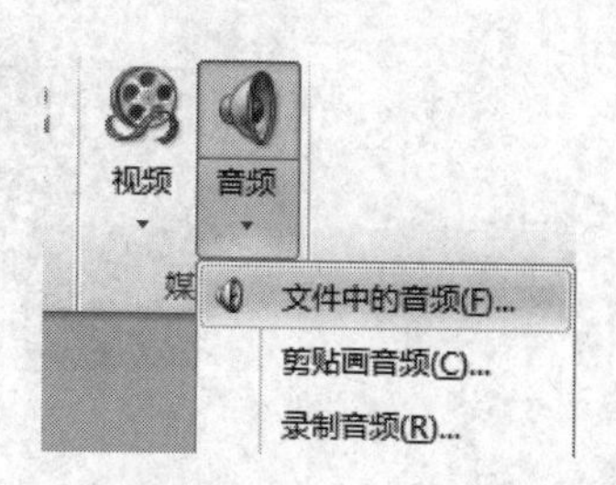

图 4.7　插入音频

7. 插入 Flash 动画

插入 Flash 动画是通过"插入视频"对话框实现的，操作步骤如下。

（1）选择"插入"|"视频"|"文件中的视频"命令，弹出"插入视频"对话框。

（2）在"插入视频"对话框中，将文件的扩展名改为 Adobe Flash Media(*.swf)，然后定位到需要插入的 Flash 文件，单击“确定”按钮，如图 4.8 所示。

图 4.8 插入 Flash 动画

注意：插入的 Flash 文件后，在幻灯片中显示出一个文件框，同时出“视频工具”功能区，其中包含了“格式”和“播放”选项卡，如图 4.9 所示。

8. 插入艺术字

PowerPoint 2010 有艺术字功能，在幻灯片中插入艺术字可以大大提高播放的美术效果，插入步骤如下。

(1) 单击“插入”|“艺术字”按钮，然后选择要添加的艺术字类型，如图 4.10 所示。

(2) 幻灯片中会出现艺术字文本框，在文本框中输入相应的文字即可。

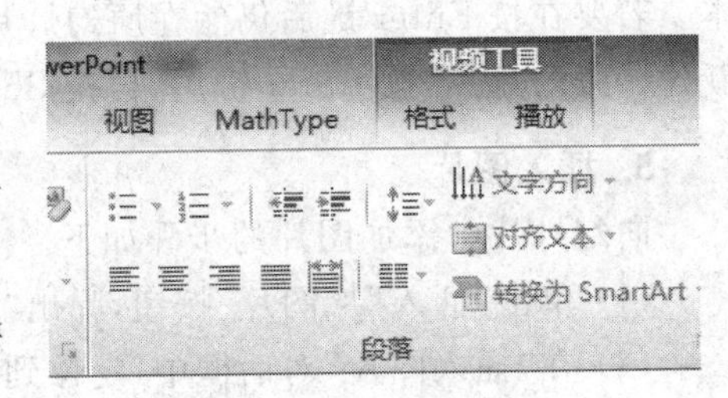

图 4.9 插入音频

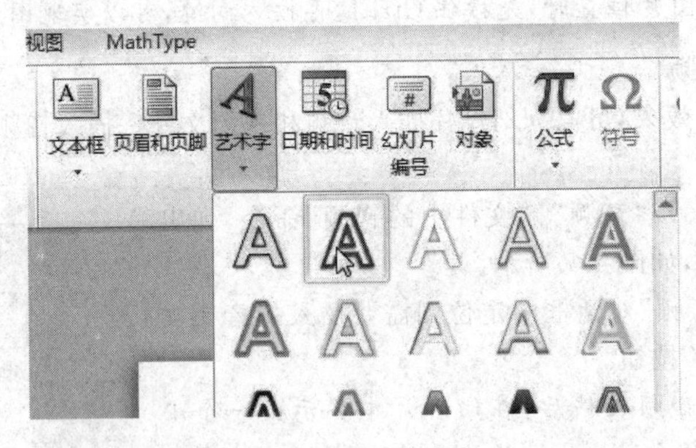

图 4.10 插入艺术字

(3) 输入艺术字字符后，PowerPoint 2010 会出现“格式”功能区，可以设置艺术字的填充、轮廓等要素，如图 4.11 所示。

(4) 使用鼠标拖动的方式调整艺术字大小，并将其定位在合适位置。

9. 绘制图形

根据需要，用户经常要在幻灯片中绘制部分图形，其基本步骤如下。

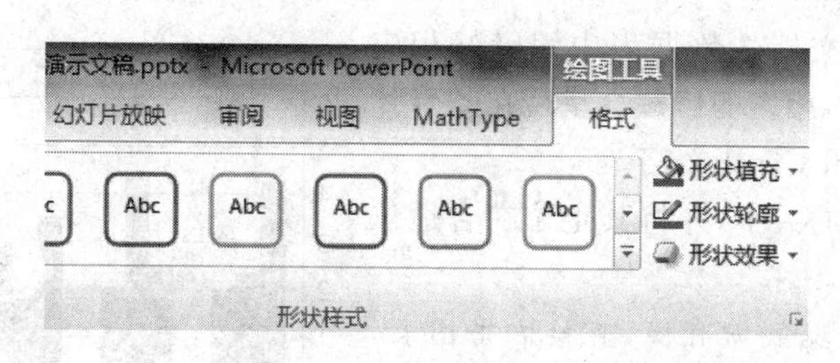

图 4.11　格式菜单

(1) 单击"插入"|"形状"按钮，弹出形状下拉列表，如图 4.12 所示。

(2) 在下拉列表中选择相应的选项(如"基本形状"中的"六边形")，然后在幻灯片中拖动绘制出相应的图形。

注意：选中相应的选项(如"矩形")，如果在拖动时同时按住 Shift 键，即可绘制出"正"的图形(如正方形)。

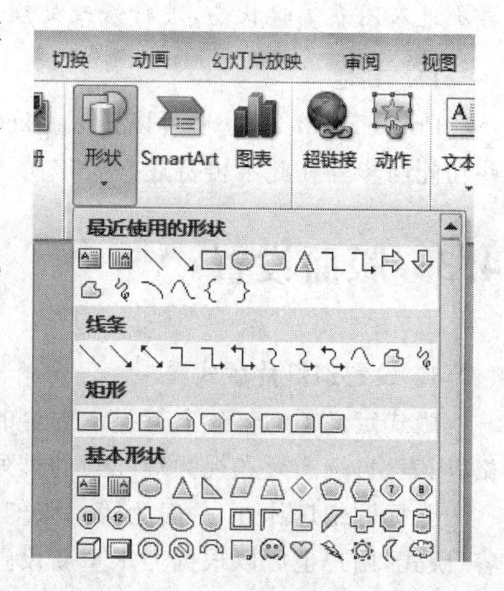

图 4.12　形状列表

10. 插入图表

利用图表，可以更加直观地演示数据的变化情况，在 PowerPoint 2010 中插入图表的步骤如下。

(1) 单击"插入"|"图表"按钮，弹出"插入图表"对话框，如图 4.13 所示。

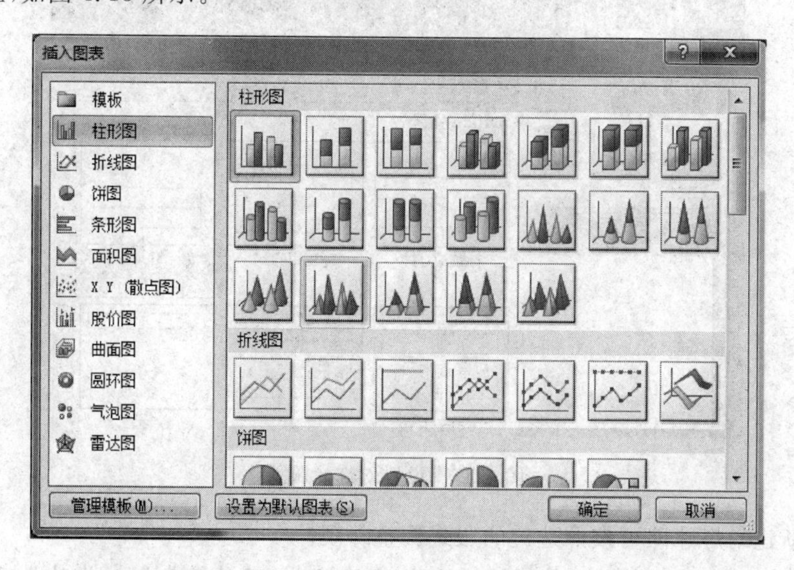

图 4.13　"插入图表"对话框

(2) 在"插入图表"对话框选择相应的图表，单击"确定"按钮，则幻灯片中出现图表，而且还打开一个 Excel 文档，进入图表编辑状态。

(3) 在 Excel 文档的数据表中编辑好相应的数据内容及标题，相应的修改会呈现在幻灯片的图表中，最后关闭 Excel 文档。

(4) 调整图表的大小，并将其定位在合适位置，如图 4.14 所示。

提示：如果发现数据有误，直接右击图表，在弹出的快捷菜单中选择"编辑数据"命令即可再次进入图表编辑状态，进行修改处理。

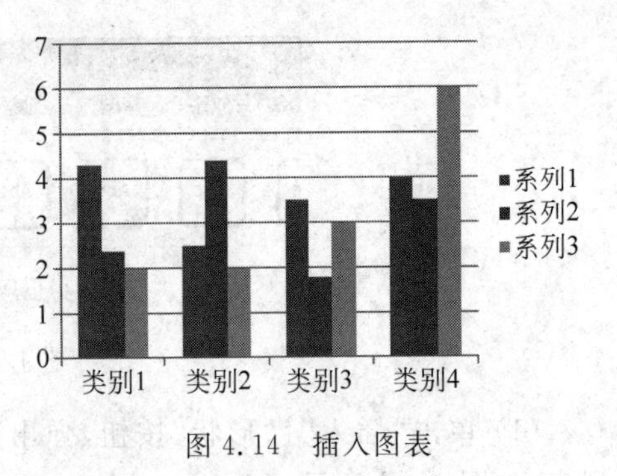

图 4.14　插入图表

11. 其他

PowerPoint 2010 还可以插入 Excel 表格、批注、其他演示文稿等，可以编辑公式，这些功能与步骤在此不再赘述。

4.3　版面设置

1. 设置幻灯片版式

版式定义了幻灯片上待显示内容的位置信息，例如标题、副标题文本、列表、图片、表格、图表、自选图形和视频等元素的排列方式，版式是幻灯片母版的组成部分。

除标题幻灯片外(一般为第一张幻灯片)，默认情况下，新建的幻灯片都是"标题和内容"版式，用户也可以根据需求重新设置幻灯片版式，操作步骤如下。

(1) 单击"开始"|"版式"按钮，然后在下拉列表中选择相应的版式，如图 4.15 所示。

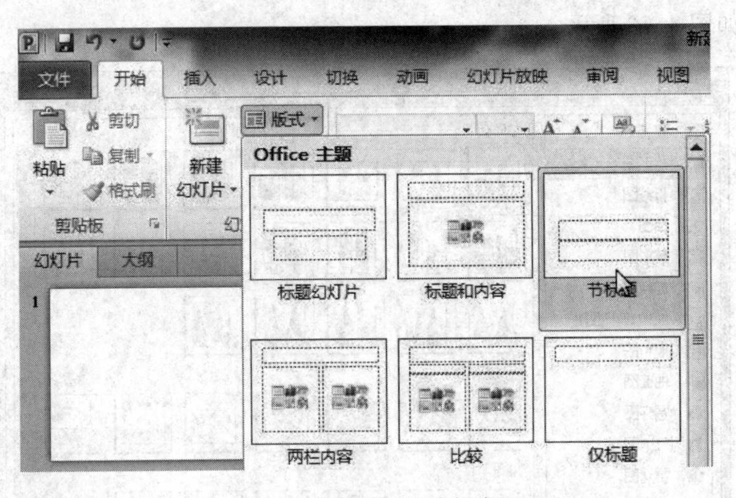

图 4.15　设置幻灯片版式

(2) 新建幻灯片即可按照选定的版式调整外观。

注意：如果只是设置某一张或几张幻灯片的版式，可以新建幻灯片时指定版式。单击"开始"|"新建幻灯片"按钮右下角三角形按钮，在弹出的下拉列表中选择相应版式即可，如图 4.16 所示。

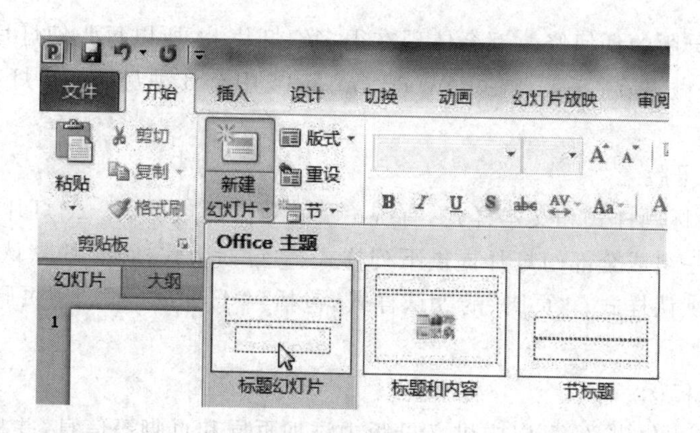

图 4.16 新建幻灯片版式

2. 设置主题方案

主题是一组格式选项，包括一组主题颜色、一组主题字体（包括标题字体和正文字体）和一组主题效果（包括线条和填充效果）。

默认情况下，新建幻灯片使用黑白幻灯片方案，用户可以根据需要使用其他方案，一般是通过应用 PowerPoint 2010 内置的主题方案来快速添加。

（1）打开“设计”功能区，在下方列表中选择相应的设计方案，如图 4.17 所示。

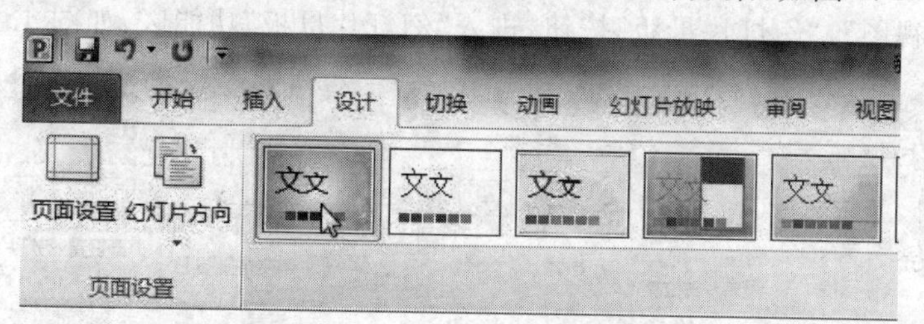

图 4.17 选择设计方案

（2）所选设计方案可以应用于所有幻灯片，也可以应用于所选定的幻灯片，用户可以在所选设计方案上右击鼠标，然后选择相应的应用方式，如图 4.18 所示。

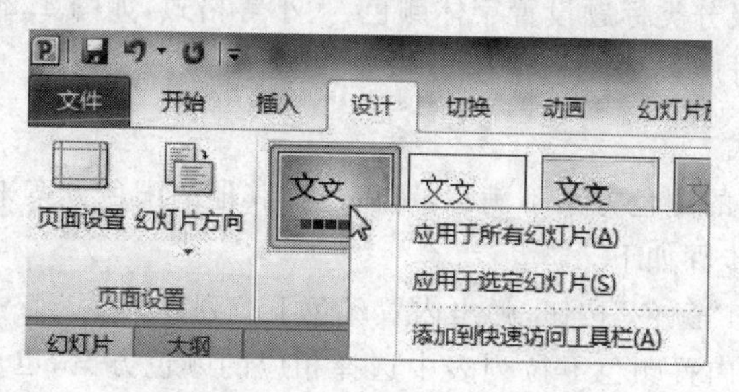

图 4.18 设计方案应用方式

3. 修改幻灯片母版

母版存储有关应用的设计模板信息的幻灯片，包括字形、占位符大小或位置、背景设计和配色方案，它是幻灯片模板的组成部分。母版是一类特殊幻灯片，它能控制基于它的所有幻灯片,对母版的任何修改都会体现在很多幻灯片上,所以每张幻灯片的相同内容我们往往用母版来做,提高效率。在 PowerPoint 2010 中有 3 种母版:幻灯片母版、讲义母板、备注母版。

(1) 幻灯片母版

该母版包含标题样式和文本样式,有统一的背景颜色或图案。幻灯片母版为除"标题幻灯片"以外的一组或全部幻灯片提供下列样式:"自动版式标题"的默认样式;"自动版式文本对象"的默认样式;"页脚"的默认样式,包括:"日期时间区"、"页脚文字区"和"页码数字区"等。

(2) 讲义母板

该母版是格式化讲义,可以向讲义母版中添加页眉和页脚等信息,并将多张幻灯片的内容提供在一张打印纸上,同时以 1、2、3、4、6、9 张幻灯片的方式打印成听众的讲义,而不需要自行将幻灯片缩小再合起来打印。

(3) 备注母版

该母版用于格式化演讲者演示文稿的备注页面,可以向备注母版中添加图形和文字,还允许重新调整幻灯片区域的大小。

以上母版最常用的是幻灯片母版,使用幻灯片母版有两个优点:一是节约设置格式的时间,二是便于整体风格的修改。修改幻灯处母版的步骤如下。

① 单击"视图"|"幻灯片母版"按钮,进入"幻灯片母板"功能区,如图 4.19 所示。

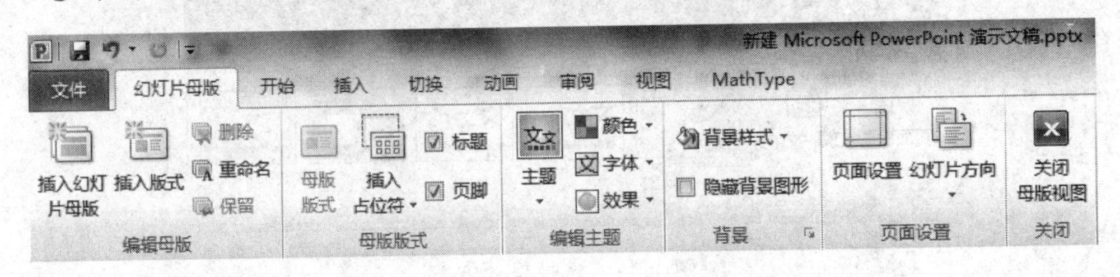

图 4.19 "幻灯片母版"功能区

② 设置版式、背景等格式。

③ 为标题和每级分类标题设置字体颜色、大小等格式,如图 4.20 所示。

④ 关闭幻灯片母版视图。

4. 设置背景样式

用户如果对当前的配色方案不满意,可以选择其他的配色方案来进行调整,并可以修改其背景样式,操作步骤如下。

(1) 单击"设计"|"颜色"按钮,弹出内置颜色下拉列表。

(2) 用户可以在内置颜色下拉列表中选择相应的颜色方案,也可以自己定义新的颜色方案,如图 4.21 所示。

(3) 如果需要修改其背景样式,可以单击"设计"|"背景样式"按钮,选择内置背景样式。也可以自定义背景样式,如图 4.22 所示。

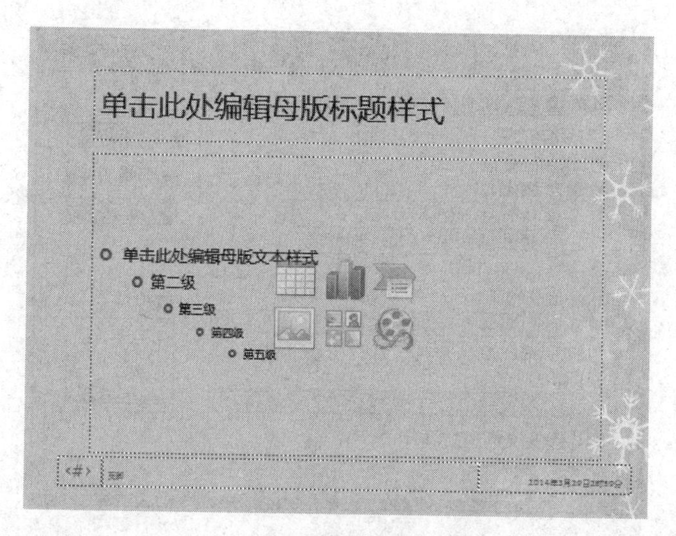

图 4.20　母版字体设置

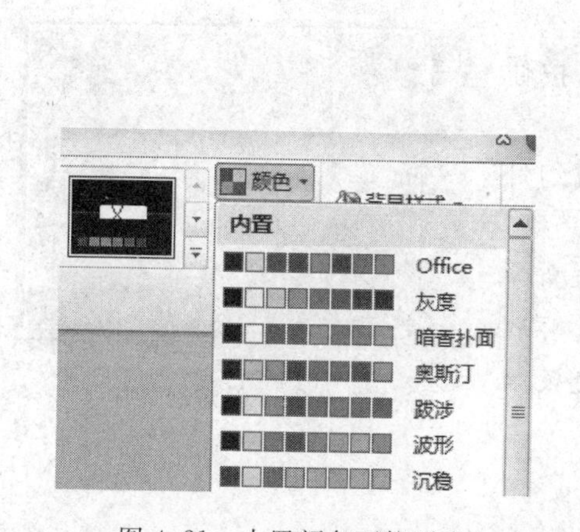

图 4.21　内置颜色下拉列表

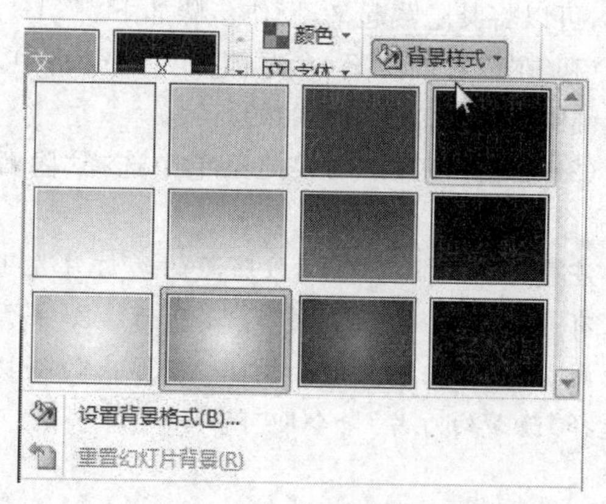

图 4.22　选择背景样式

5. 设置页眉页脚

用户可以为每张幻灯片添加类似 Word 文档的页眉或页脚，在此以添加系统日期为例，操作步骤如下。

(1) 单击“插入”|“页眉和页脚”按钮，打开“页眉和页脚”对话框。

(2) 在“页眉和页脚”对话框中，选中“日期和时间”复选框及下面的“自动更新”单选按钮，然后在下方的下拉列表框中选择一种时间格式以及语言。

(3) 选中“标题幻灯片不显示”复选框，如图 4.23 所示。

(4) 单击“全部应用”按钮返回即可。

注意：在“页眉和页脚”对话框中，选中“幻灯片编号”复选框，即可为每张幻灯片添加上编号(类似页码)。

6. 隐藏幻灯片

对于制作好的 PowerPoint 2010 文件，如果希望其中的部分幻灯片在播放时不显示

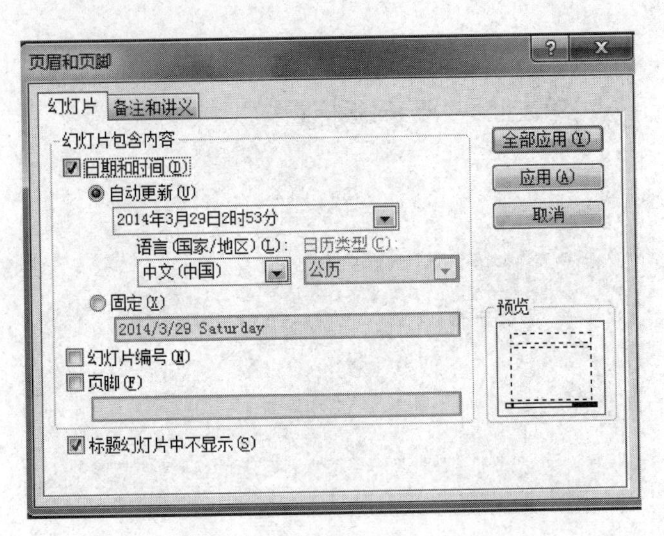

图 4.23 “页眉和页脚”对话框

出来,可以将其隐藏起来,操作步骤如下。

(1) 在普通视图下,在左侧的大纲窗格中,按住Ctrl键同时选中需要隐藏的幻灯片。

(2) 右击,在弹出的快捷菜单中选择“隐藏幻灯片”命令。

注意:在大纲窗格中,被隐藏的幻灯片左上角序号上有一条删除斜线,如图 4.24 所示。如果需要取消隐藏,只要右击相应的幻灯片,在弹出的快捷菜单中选择“隐藏幻灯片”命令即可。

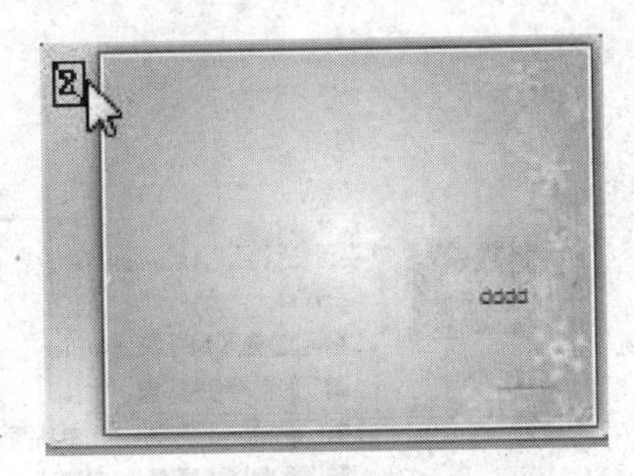

图 4.24 隐藏幻灯片

4.4 动画设置

好的幻灯片文档不仅需要在内容上设计精美,还需要有良好的动画设置,好的动画设置可以吸引用户的注意力,而且可以对内容进行一定的说明能力。PowerPoint 2010 比起之前版本提供了更加强大的动画效果。

1. “进入”动画

“进入”动画是 PowerPoint 2010 动画中最为常用的动画效果,可以实现对象逐渐淡入焦点、从旁边飞入幻灯片等效果。下面以设置“飞入”的“进入”动画为例进行介绍,操作步骤如下。

(1) 选中需要设置动画的对象,单击“动画”|“飞入”按钮,如图 4.25 所示。或者单击“动画”|“添加动画”|“进入”|“飞入”按钮,如图 4.26 所示。

(2) 单击“动画”|“效果选项”按钮,在下拉菜单中选择合适的飞入方向,如图 4.25 所示。

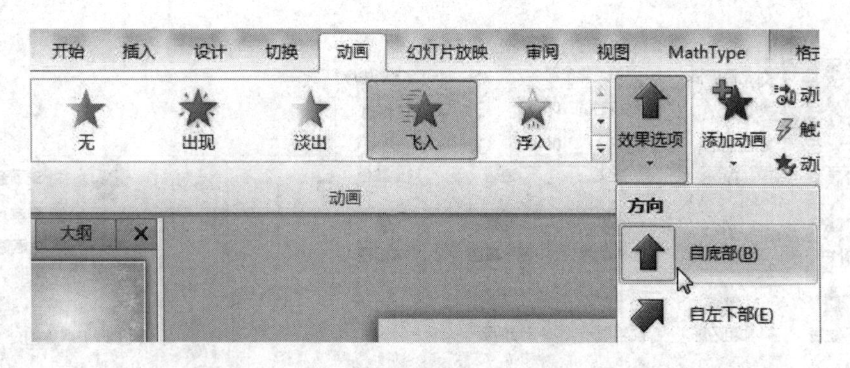

图 4.25　选择“飞入”方向

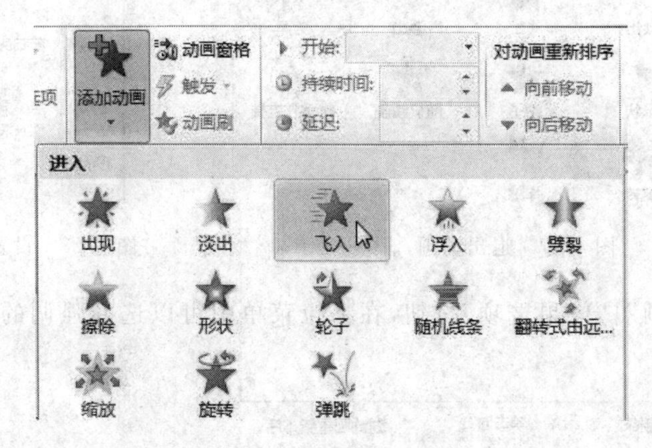

图 4.26　选择“飞入”动画

注意：如果需要设置更多的“进入”动画，可以选择“添加动画”|“更多进入效果”命令。另外，不同的“进入”动画对应的效果选项列表可能并不相同。

2. “退出”动画

既然有“进入”动画，对应的就有“退出”动画。“退出”动画是对象播放结束后如何退出的效果。下面以设置“劈裂”的强调动画为例进行介绍，操作步骤如下。

(1) 选中需要设置动画的对象，单击“动画”|“添加动画”|“退出”|“劈裂”选项，如图 4.27 所示。

(2) 单击“动画”|“效果选项”按钮，在下拉菜单中可以为动画设置退出方向和序列，如图 4.28 所示。

注意：如果需要设置更多的“退出”动画，可以选择“添加动画”|“更多退出效果”命令。另外，不同的“退出”动画对应的效果选项列表可能并不相同。

3. “强调”动画

“强调”动画的设置方式与“进入”动画类似，它是在播放幻灯片时引起用户注意的一种方式。下面以设置“跷跷板”的强调动画为例进行介绍，操作步骤如下。

(1) 选中需要设置动画的对象，选择“动画”|“添加动画”|“强调”|“跷跷板”选项，如图 4.29 所示。

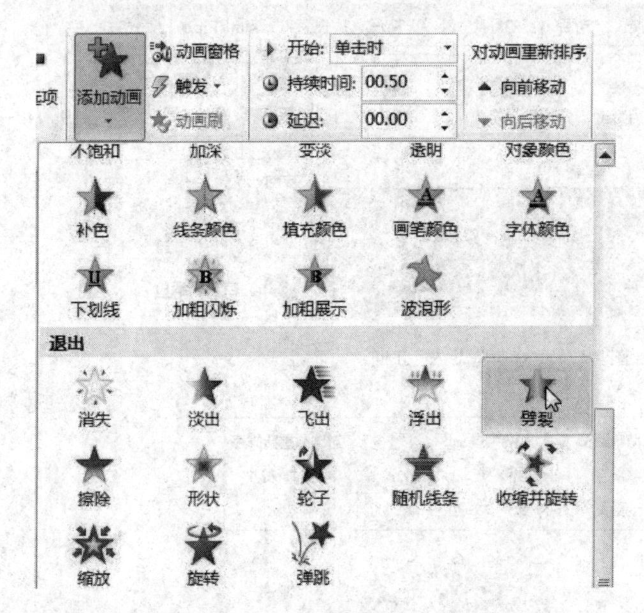

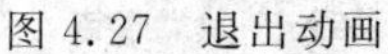

图 4.27 退出动画

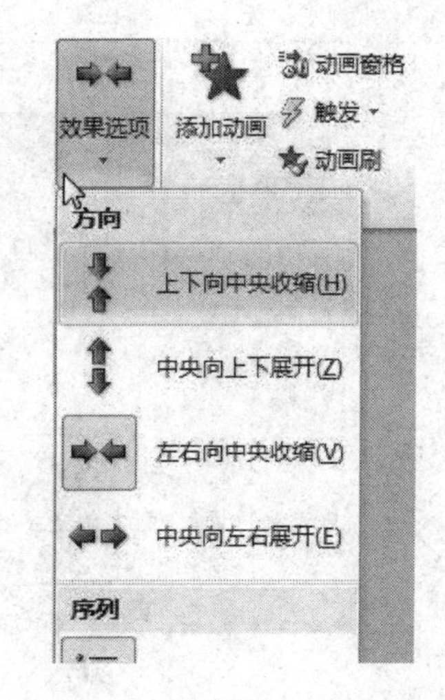

图 4.28 设置退出动画效果

(2) 单击“动画”|“效果选项”按钮，在下拉菜单中可以选择强调的方式，如图 4.30 所示。

图 4.29 强调动画

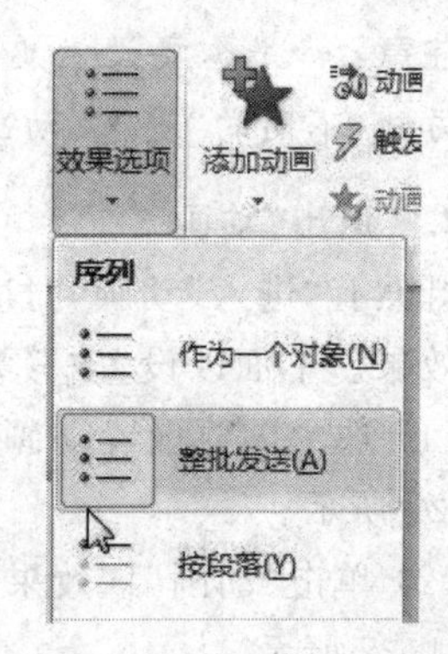

图 4.30 设置强调动画效果

注意：如果需要设置更多的“强调”动画，可以选择“添加动画”|“更多强调效果”命令。另外，不同的“强调”动画对应的效果选项列表可能并不相同。

4. 动作路径动画

如果对 PowePoint 演示文稿中内置的动画路径不满意，用户可以自定义动画路径。下面以设置“直线”动作路径动画为例进行介绍，操作步骤如下。

(1) 选中需要设置动画的对象,选择“动画”|“添加动画”|“动作路径”|“直线”命令,图 4.31 所示。

(2) 单击“动画”|“效果选项”按钮,在下拉菜单中可以为直线的“方向”、“质朴”以及“路径”等进行设置,如图 4.32 所示。

图 4.31　动作路径动画

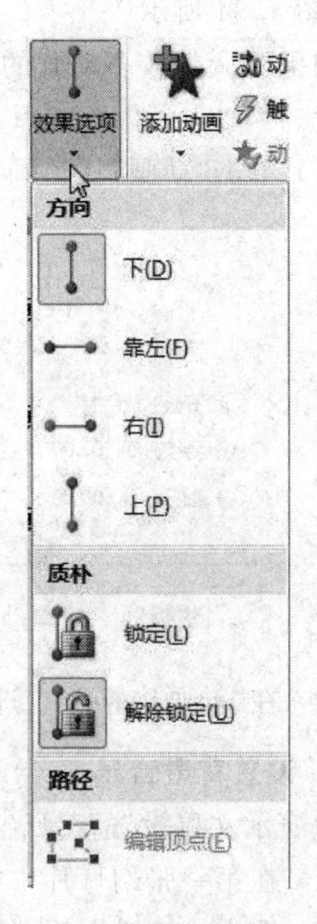

图 4.32　设置动作路径效果

注意:如果需要设置更多的“动作路径”动画,可以选择“添加动画”|“其他动作路径”命令。另外,不同的“动作路径”动画对应的效果选项列表可能并不相同。

5. 复制动画

复制动画是指将一个对象的动画应用到另一个对象中,操作步骤如下。

选中拥有动画的对象,然后单击“动画”|“动画刷”按钮,此时,光标变成小刷子形状,然后用小刷子单击需要设计动画的对象即可。

6. 设置动画播放方式

对象设置了动画效果之后,还需要确定播放方式(例如是自动播放还是手动播放)。下面将第二个动画设置为在上一个动画之后自动播放,操作步骤如下。

选中需要设置动画播放方式的对象,选择“动画”|“计时”|“开始”|“上一动画之后”选项,如图 4.33 所示。

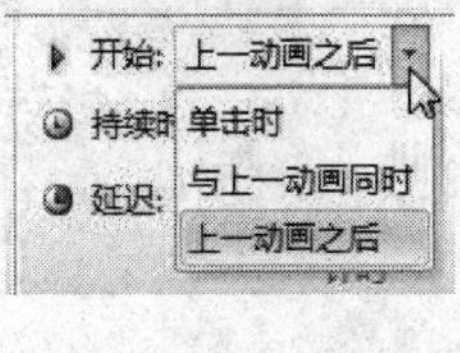

图 4.33　设置动画播放方式

注意:在“计时”区域还可以为动画设置播放持续时间

以及延迟时间。

7. 调整动画顺序

如果在一张幻灯片中有多个对象插入了动画效果，用户可以快速调整动画播放顺序。下面以将最后一个动画方案向前调整一位变成倒数第二位为例进行介绍，操作步骤如下。

选中需要调整的对象(含最后一个动画的对象)，单击"动画"|"计时"|"向前移动"按钮，如图 4.34 所示。

如果要调整较多动画的顺序或顺序调整比较复杂，可以在"动画窗格"中调整，操作步骤如下。

(1) 单击"动画"|"动画窗格"按钮，弹出"动画窗格"，如图 4.35 所示。

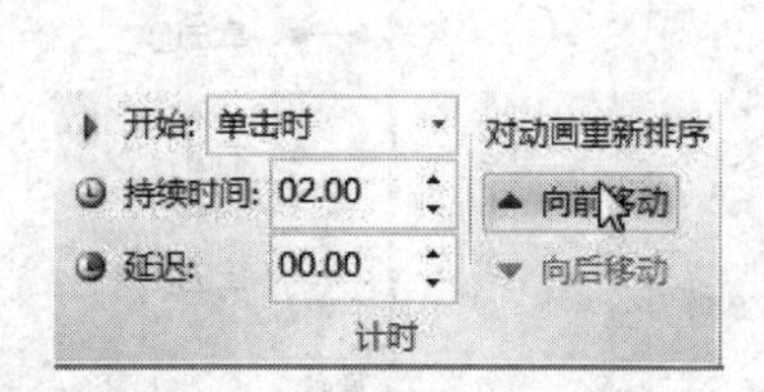

图 4.34 简单动画顺序调整

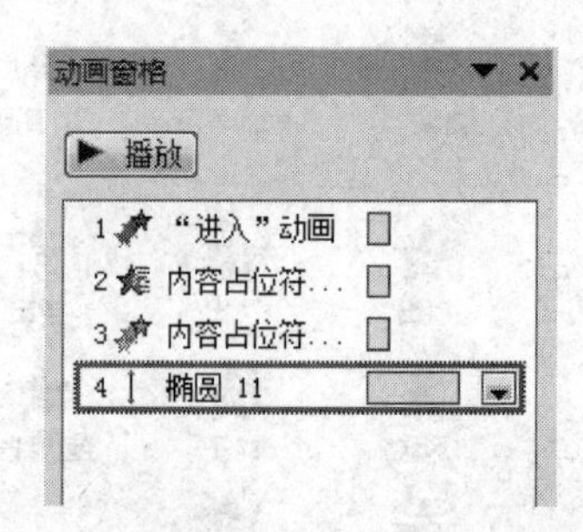

图 4.35 复杂动画顺序调整

(2) 在"动画窗格"中，选中需要调整的动画，将其拖动到适合的位置即可。

8. 设置背景音乐

为演示文稿设置背景音乐的步骤如下。

(1) 在第一张幻灯片中插入一首合适的音乐文件，如图 4.36 所示。

(2) 选中小喇叭图标，然后单击"动画"|"动画窗格"按钮，打开"动画窗格"。

(3) 在"动画窗格"中，选中要添加的音乐，右击，在弹出的快捷菜单中选择"效果选项"命令，如图 4.37 所示。

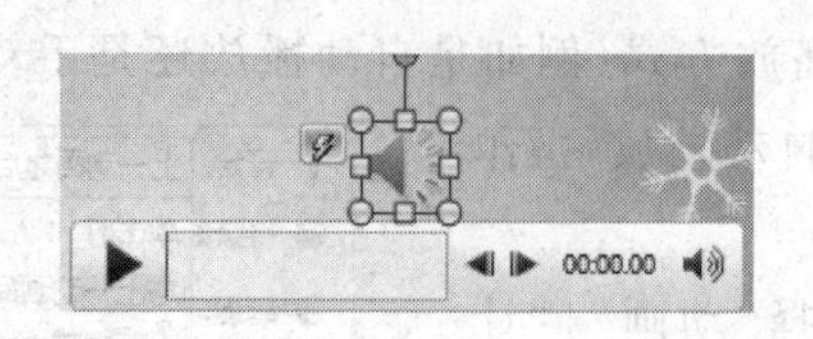

图 4.36 插入音乐文件

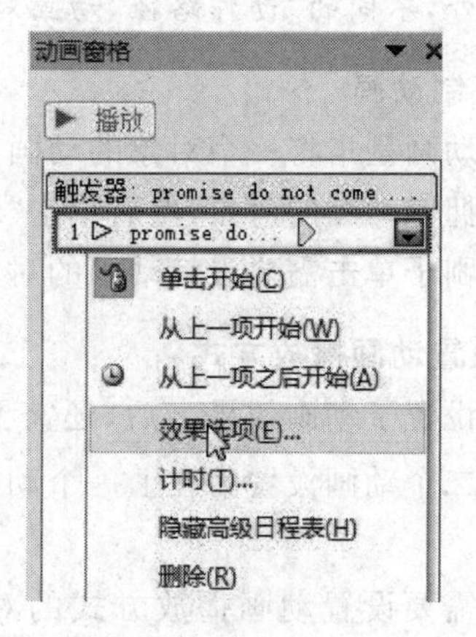

图 4.37 选择"效果选项"命令

(4) 弹出“播放音频”对话框，打开“效果”选项卡。在“开始播放”区域选择“从头开始”单选按钮，在“停止播放”区域选择“在 5 张幻灯片后”(在此，设文档总共有 5 张幻灯片)单选按钮，在“增强”区域的“动画播放后”下拉列表框中选择“不变暗”选项，如图 4.38 所示。

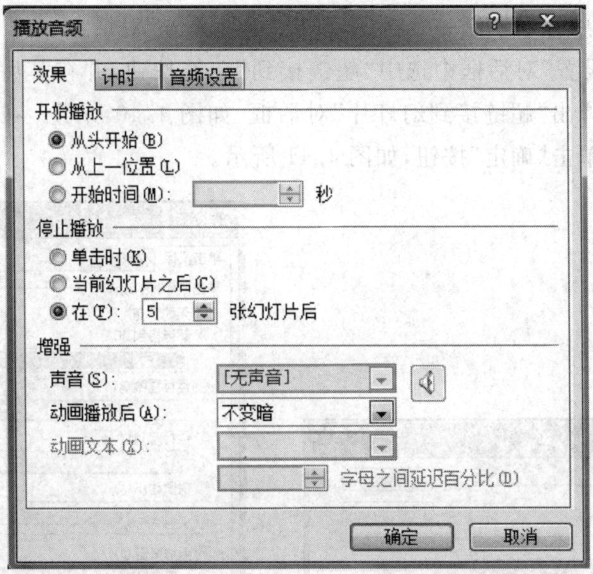

图 4.38　播放音频效果设置

(5) 在“播放音频”对话框中打开“计时”选项卡，在“重复”下拉列表框中选中“直到幻灯片末尾”单选按钮，如图 4.39 所示。

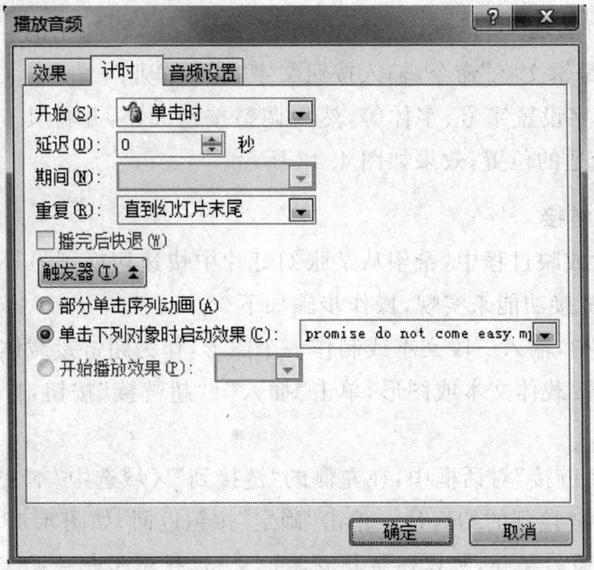

图 4.39　播放音频计时设置

9. 设置动作按钮

在 PowerPoint 2010 文档中经常要用到链接功能，可以用“动作按钮”功能来实现。下面建立一个“课后作业”按钮，链接到五张幻灯片上，操作步骤如下。

(1) 单击“插入”|“形状”按钮，在下拉列表中选择相应的动作按钮选项。

(2) 在幻灯片中拖动绘制一个按钮，弹出“动作设置”对话框。

(3) 在“动作设置”对话框中选中“超链接到”单选按钮，并在其后的下拉列表框中选择“幻灯片”选项，弹出“超链接到幻灯片”对话框，如图 4.40 所示。在该对话框中选择要链接到的幻灯片，单击“确定”按钮，如图 4.41 所示。

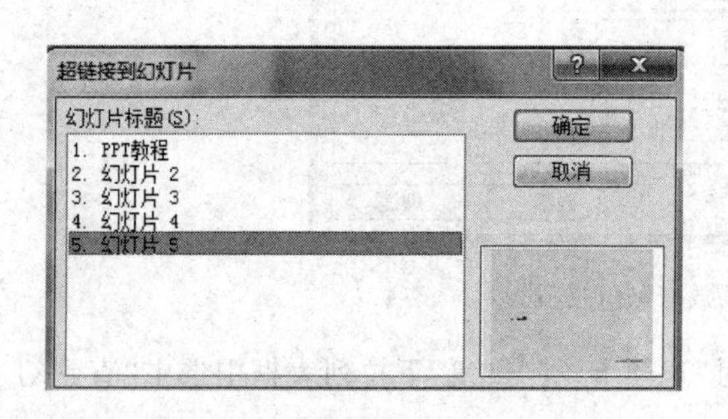

图 4.40 “超链接到幻灯片”对话框

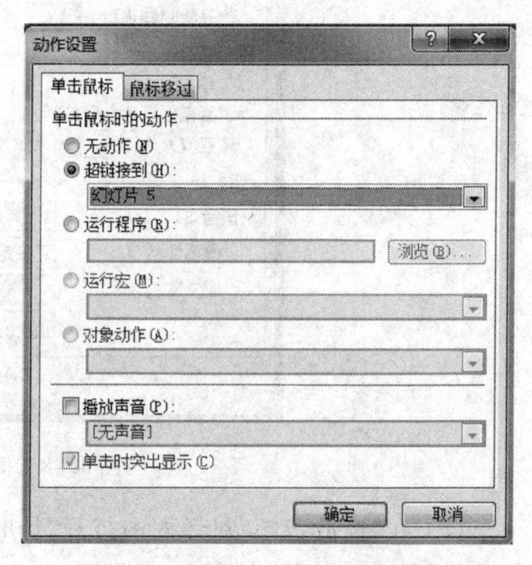

图 4.41 “动作设置”对话框

(4) 关闭“动作设置”对话框，然后选中该按钮，右击，在弹出的快捷菜单中选择“编辑文字”命令，输入按钮文字“课后作业”。

(5) 为按钮文字设置字号、字体等，然后调整按钮大小，并将其定位在幻灯片上合适的位置，效果如图 4.42 所示。

图 4.42 按钮效果

10. 设置超级链接

如果在幻灯片放映过程中，希望从某张幻灯片中快速切换到另外一张不连续的幻灯片中，可以通过超链接功能来实现，操作步骤如下。

(1) 在幻灯片中，输入一段文本或制作一个图形，作为超链接载体。

(2) 选中超链接载体文本或图形，单击“插入”|“超链接”按钮，打开“插入超链接”对话框。

(3) 在“插入超链接”对话框中，在左侧的“链接到”区域选中“本文档中的位置”选项，然后在右侧选中要链接到的幻灯片。单击“确定”按钮返回，如图 4.43 所示。

注意：类似上面的操作，可以超链接到其他文档、程序或者网页。

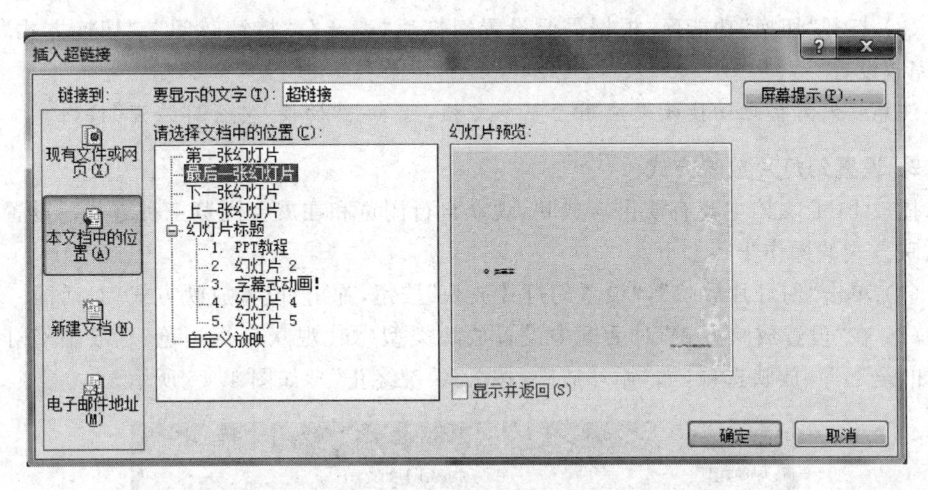

图 4.43 "插入超链接"对话框

4.5 播放幻灯片

1. 幻灯片切换效果

用户可以为每张幻灯片设置不同的切换方式,以增强幻灯片的过渡效果,操作步骤如下。

(1) 选中需要设置切换效果的幻灯片,打开"切换"功能区,然后在其中选择合适的切换方式(在此选择"淡出"),如图 4.44 所示。

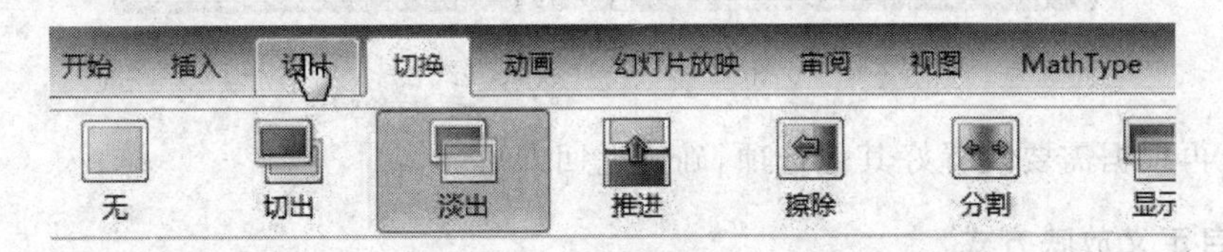

图 4.44 幻灯片切换效果

(2) 单击"切换"|"效果选项"按钮,在下拉列表中,为步骤(1)设置的切换方式选择效果选项(在此选择"平滑"),如图 4.45 所示。

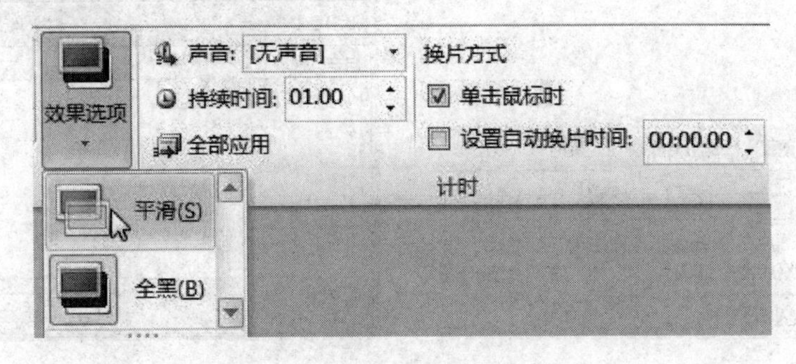

图 4.45 设置切换效果选项

(3) 打开“切换”功能区，根据需要设置幻灯片“声音”、“持续时间”、“切换方式”等选项，完成设置。

注意：如需将此切换效果应用于整个文档，可单击“切换”|“全部应用”按钮。

2. 设置幻灯片放映方式

播放PPT文档主要有演讲者放映、观众自行浏览和在展台浏览三种方式。设置幻灯片放映方式的操作步骤如下。

(1) 单击“幻灯片放映”|“设置幻灯片放映”按钮，弹出“设置放映方式”对话框。

(2) 在“设置放映方式”对话框中设置放映类型（如“观众自行浏览”）、放映幻灯片范围（如“全部”）、放映选项（如“循环放映，按ESC键终止”），如图4.46所示。

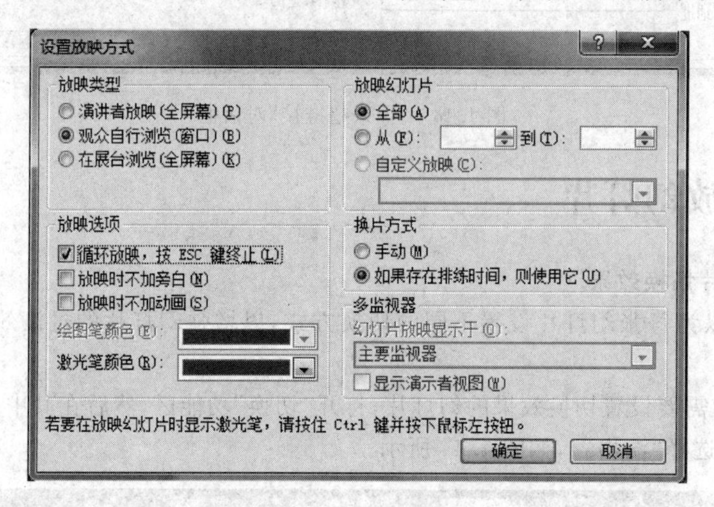

图 4.46 设置放映方式

(3) 再根据需要设置好其他选项，确定返回即可。

3. 自定义放映方式

用户可以根据不同的需求进行“自定义放映”，操作步骤如下。

(1) 选择“幻灯片放映”|“自定义幻灯片放映”|“自定义放映”命令，弹出“自定义放映”对话框，如图4.47和图4.48所示。

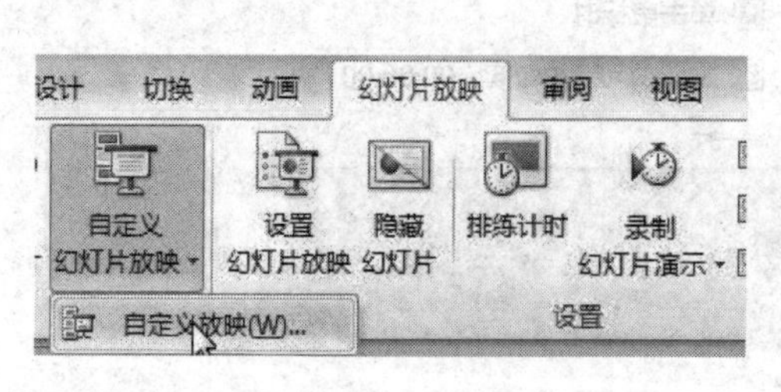

图 4.47 选择“自定义放映”命令

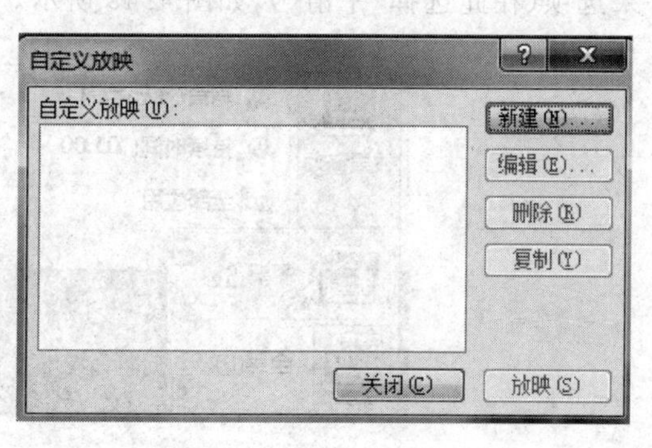

图 4.48 “自定义放映”对话框

(2) 在"自定义放映"对话框中单击"新建"按钮，弹出"定义自定义放映"对话框，如图 4.49 所示。

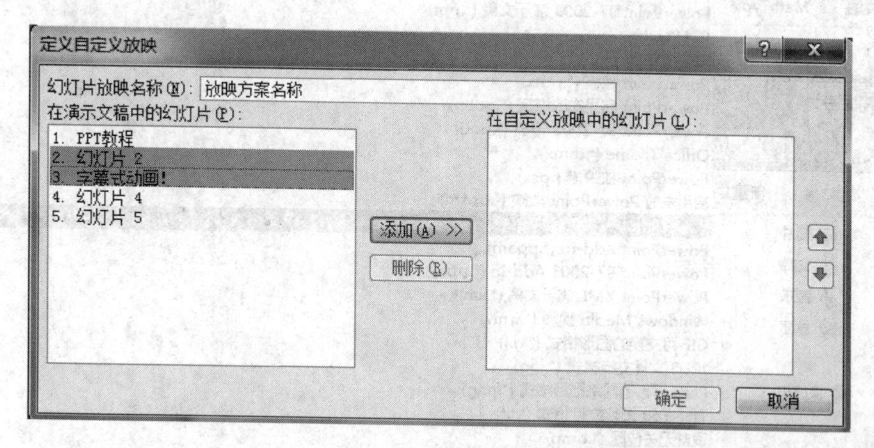

图 4.49　"定义自定义放映"对话框

(3) 在"定义自定义放映"对话框中，在"幻灯片放映名称"文本框中输入一个放映方案名称，然后在左侧列表中选择需要放映的幻灯片，单击"添加"按钮。单击"确定"按钮返回。

(4) 关闭"自定义放映"对话框。

以后需要某种放映方案时，可再次打开"自定义幻灯片放映"下拉列表，选中自定义的放映方案，如图 4.50 所示。

4. 自动播放演示文稿(.pps)

制作自动播放演示文档的步骤如下。

(1) 打开演示文稿，选择"文件"|"另存为"命令，打开"另存为"对话框。

(2) 将"保存类型"设置为"PowerPoint 2010 放映(*.pps)"，然后选择相应的保存路径并输入相应的文件名，单击"保存"按钮，如图 4.51 所示。

以后，放映者只要直接双击上述保存的文件，即可快速进入放映状态。

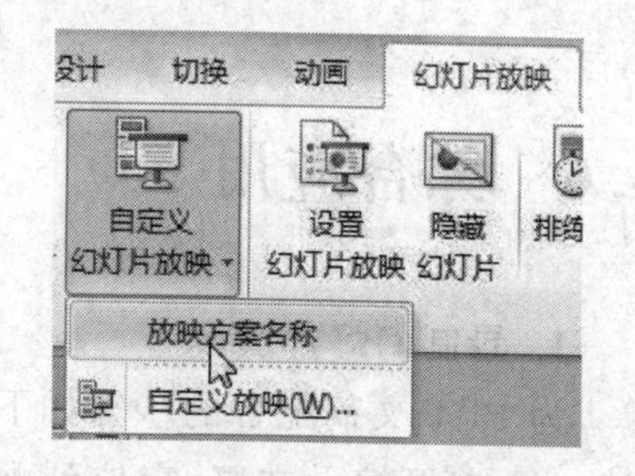

图 4.50　使用自定义放映方案

5. 在播放时画出重点

在 PPT 文档播放过程中，可以临时标记幻灯片中的部分内容，操作步骤如下。

在 PPT 文档放映过程中，右击，在弹出的快捷菜单中选择"指针选项"|"笔"命令。此时，光标变成笔的形状，可以在屏幕上随意绘画。

注意：①在右击弹出的快捷菜单中选择"指针选项"|"墨迹颜色"命令，可修改"笔"的颜色；②在退出播放状态时，系统会提示是否保留墨迹注释，用户可以根据需要做出选择。

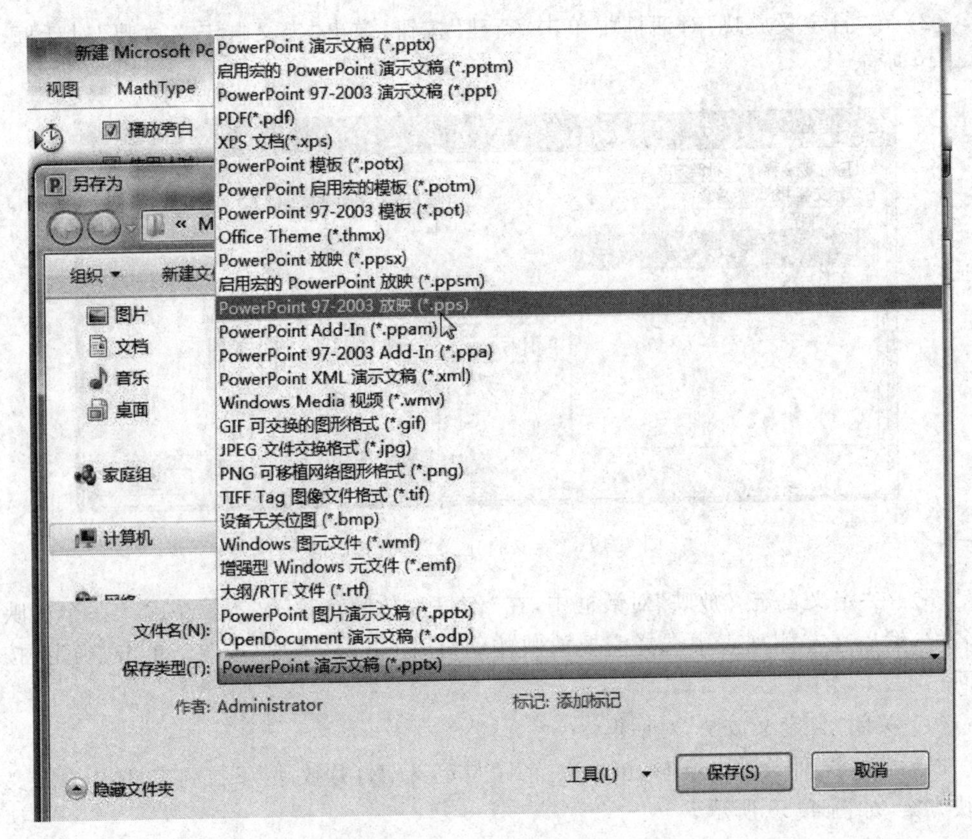

图 4.51 “另存为”对话框

4.6 综合应用

1. 录制幻灯片演示

为 PPT 文稿配音的步骤如下。

(1) 打开演示文稿，定位到配音开始的幻灯片，选择“幻灯片放映”|“录制幻灯片演示”|“从当前幻灯片开始录制”命令，如图 4.52 所示。

(2) 弹出“录制幻灯片演示”对话框，用户可以选择录制哪些内容，然后单击“开始录制”按钮，如图 4.53 所示。

(3) 进入幻灯片放映状态，开始录制。当播放和录音结束时，右击，在弹出的快捷菜单中选择“结束放映”命令，退出录音状态。然后在随后弹出的对话框中，单击“保存”按钮。

注意：①如果在“录制旁白”对话框中，选中“链接旁白”复选框，则以后保存幻灯片时，系统会将相应的旁白声音，按幻灯片分开保存为独立的声音文件。②打开“幻灯片放映”菜单，消除“播放旁白”复选框，则播放文档时不播放旁白录音。或者打开“设置放映方式”对话框，在“放映选项”区域选中“放映时不加旁白”复选框，如图 4.54 所示。③录制幻灯片演示也可以从头开始录制。

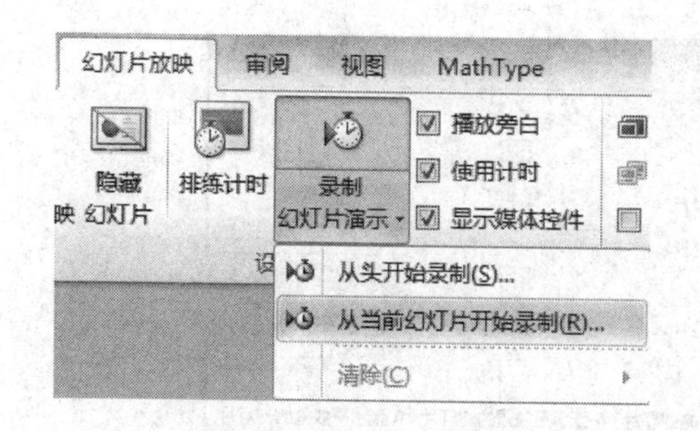

图 4.52　录制幻灯片放映

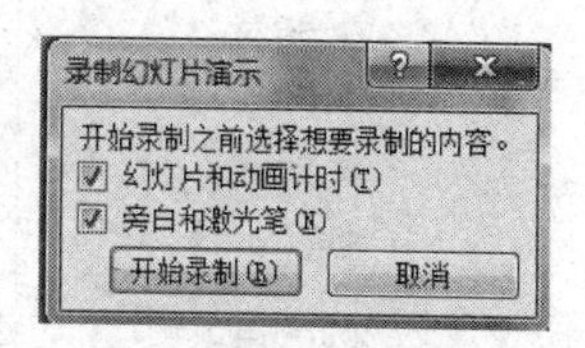

图 4.53　"录制幻灯片演示"对话框

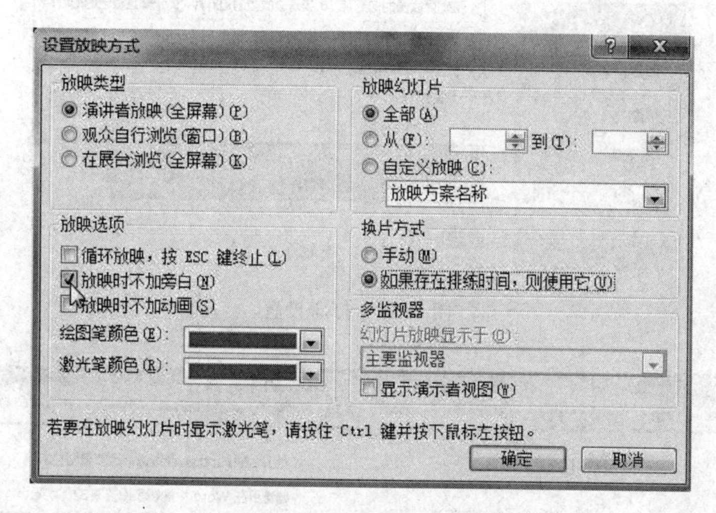

图 4.54　设置不播放旁白

2. 打印幻灯片

用户要把幻灯片打印出来，如果一张纸只打印一张幻灯片就太浪费，可设置每页纸打印多张幻灯片，操作步骤如下。

(1) 打开演示文稿，选择"文件"|"打印"命令，然后在右侧单击"打印"按钮。

(2) 将"打印内容"设置为"讲义"，然后调整每页打印多少张幻灯版，如图 4.55 所示。

3. 转换为 Word 文档

把 PowerPoint 2010 文档转存成 Word 文档有以下几种方法。

方法一

(1) 打开需要转换的文档，单击"文件"|"保存并发送"|"创建讲义"|"创建讲义"按钮，如图 4.56 所示。

(2) 弹出"发送到 Microsoft Word"对话框，在其中选中"只使用大纲"单选按钮。单击"确定"按钮返回，如图 4.57 所示。

(3) 系统自动启动 Word 程序，并将 PowerPoint 2010 中的文件转换到 Word 文档中，用户编辑保存即可。

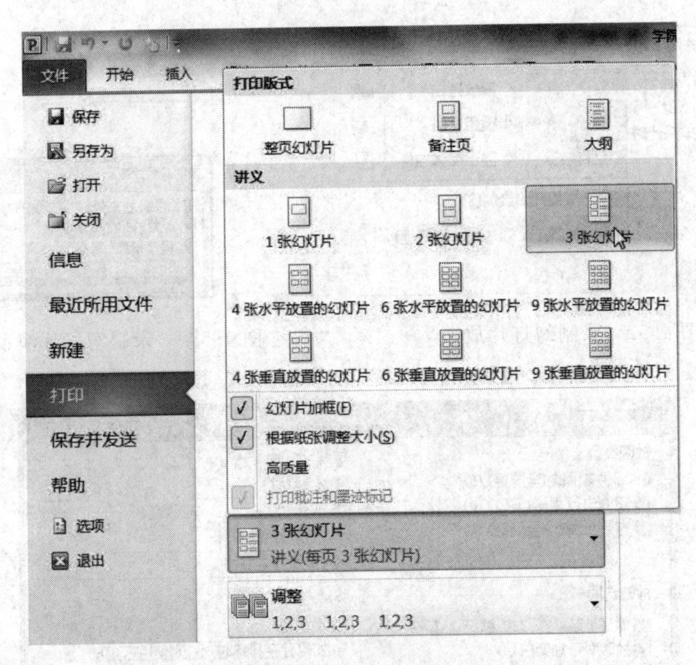

图 4.55 打印设置

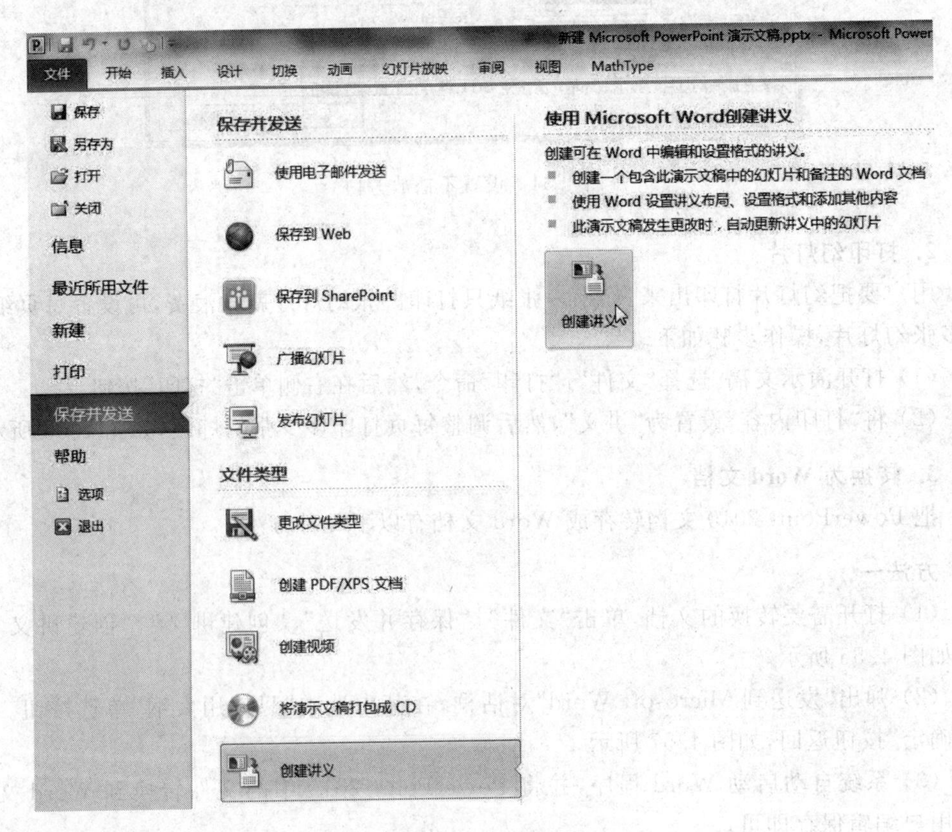

图 4.56 创建讲义

注意：转换的文字必须是通过 PowerPoint 2010 内置的"幻灯片版式"制作的幻灯片，通过插入文本框等方式增加的文字是不能被转换的。

方法二

打开需要转换的文档，在大纲/幻灯片窗格，切换到"大纲"选项卡，复制全部幻灯片，然后新建 Word 文档，粘贴即可，如图 4.58 所示。

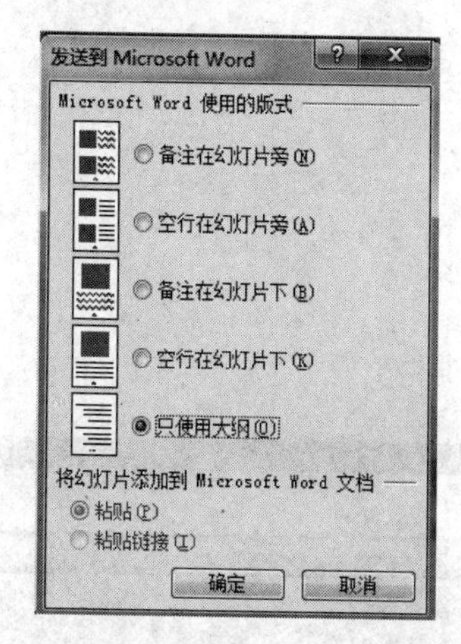

图 4.57　"发送到 Microsoft Word"对话框

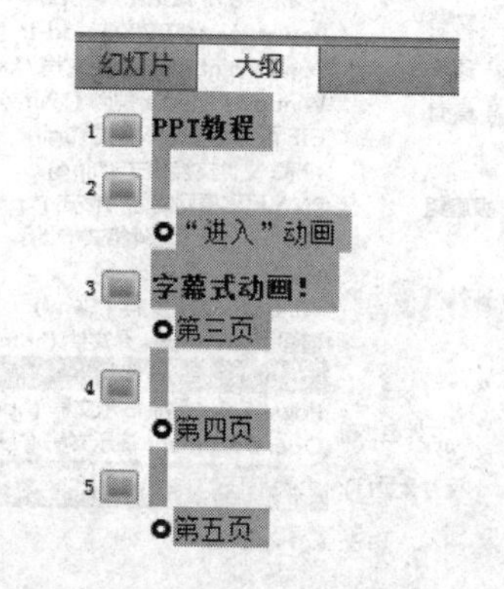

图 4.58　复制幻灯片

注意：该方法简单方便，但是会把 PowerPoint 2010 中的符号全复制过来，只能在 Word 中慢慢排版。

方法三

(1) 打开需要转换的文档，选择"文件"|"另存为"命令，打开"另存为"对话框。

(2) 将"保存类型"设置为"大纲/RTF 文件"，输入文件名，单击"保存"按钮，如图 4.59 所示。

(3) 使用 Word 打开刚保存的文件，然后再次转存成.doc 或.docx 文件即可。

4. 保存为图片格式

将 PowerPoint 2010 文档转存成图片的操作步骤如下。

打开要转存的文档，选择"文件"|"另存为"命令，弹出"另存为"对话框，将"保存类型"设置为一种图片格式(如 JPG)，然后单击"保存"按钮。系统会弹出对话框询问是想要导出"当前幻灯片"还是"每张幻灯片"，用户可根据需要选择，如图 4.60 所示。

注意：幻灯片保存为图片后，可以用图片软件浏览，但动画功能不能使用。

5. 加密文档

为 PowerPoint 2010 文档加密的操作步骤如下。

(1) 打开要加密的文档，选择"文件"|"另存为"命令，弹出"另存为"对话框。单击"工具"按钮，在弹出的下拉菜单中选择"常规选项"命令，如图 4.61 所示。

(2) 弹出"常规选项"对话框，用户可以根据需要设置打开权限、修改权限等，如图 4.62 所示。

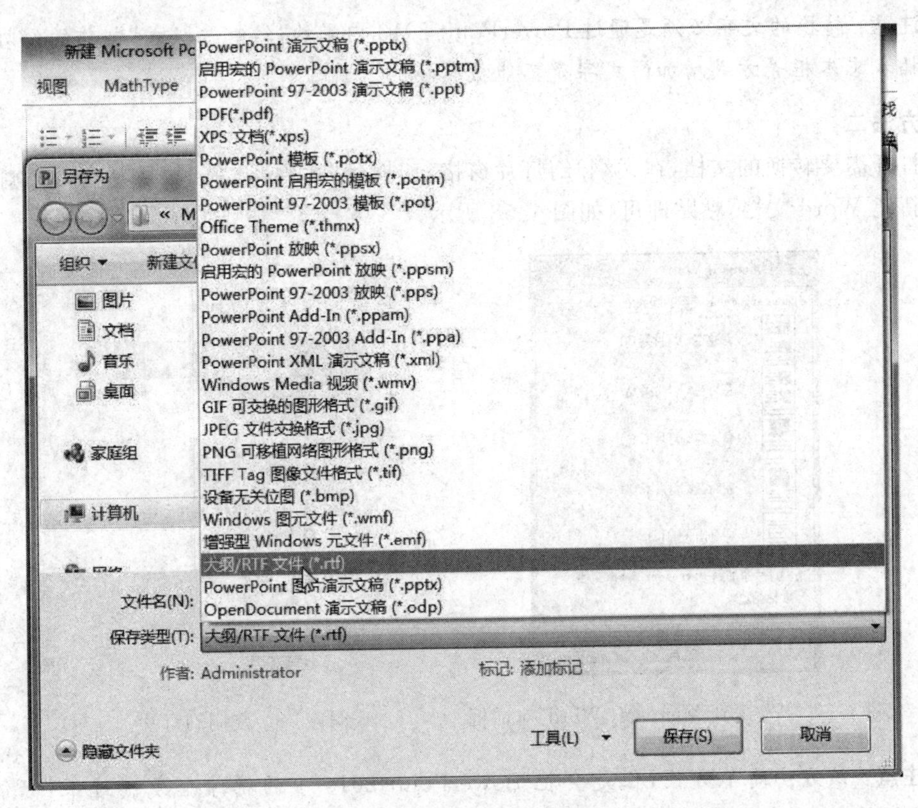

图 4.59 转存为 RTF 文档

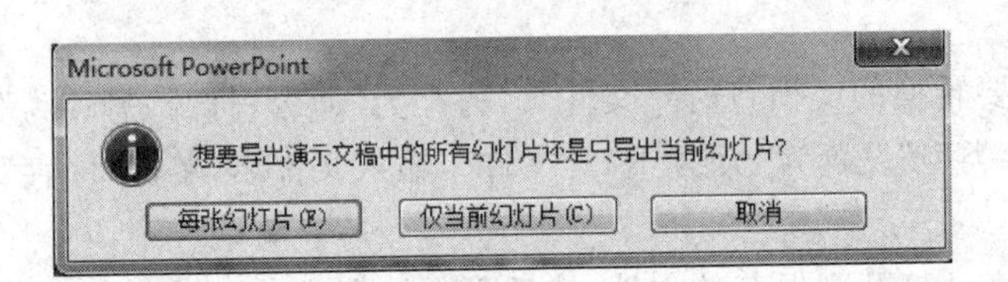

图 4.60 选择导出范围

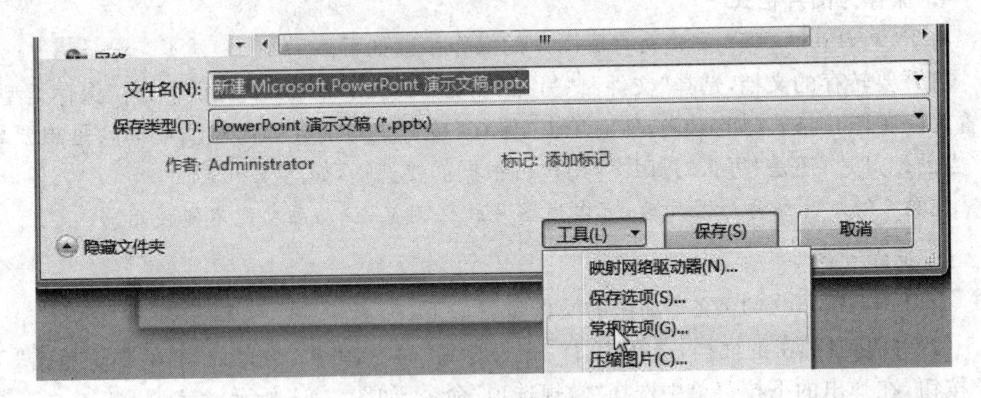

图 4.61 选择"常规选项"命令

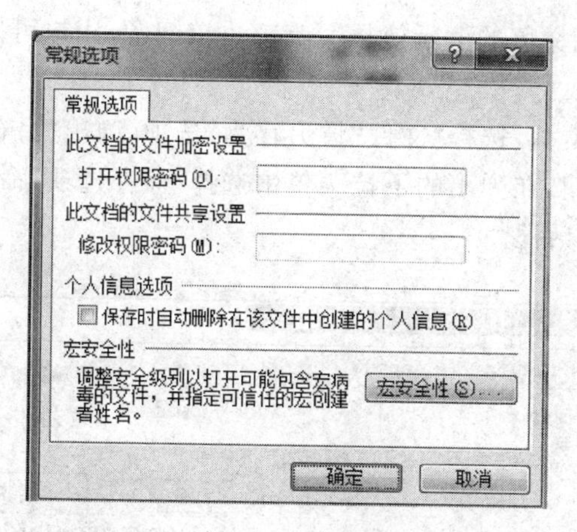

图 4.62 “常规选项”对话框

6. 提取文稿中的图片

如果需要将 PowerPoint 2010 文档中的图片单独提取出来，可将.pptx 改成.rar 或.zip，然后解压缩，然后在 media 文件夹中寻找相应的图片。

7. 制作电子相册

利用 PowerPoint 2010 制作电子相册的操作步骤如下。

(1) 选择“插入”|“相册”|“新建相册”命令。

(2) 弹出“相册”对话框。单击“文件/磁盘”按钮，然后选择相应的图片。在对话框右侧可以看到图片的预览，根据需要调整其他设置，最后单击“创建”按钮，如图 4.63 所示。

(3) 对相册里的图片进行修饰、调整。

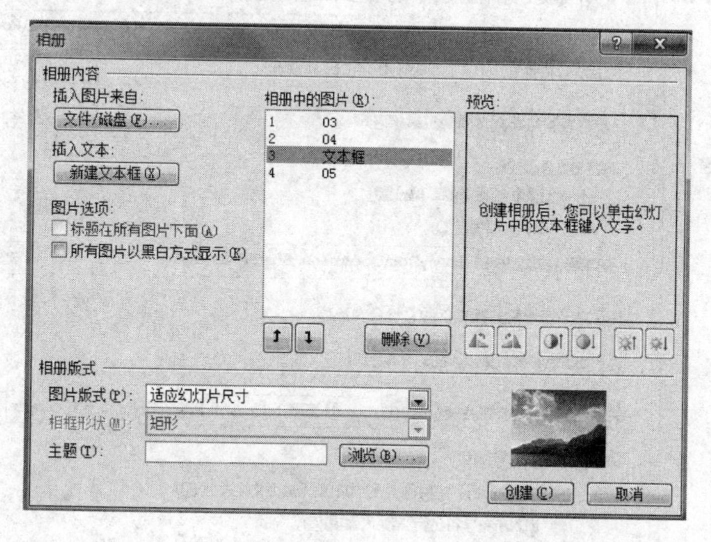

图 4.63 “相册”对话框

8. 嵌入字体格式

将制作好的 PowerPoint 2010 文档复制到其他计算机中播放时，由于其他电脑没有相应的字体,必然会影响文稿的演示效果。为解决该问题,用户可以将字体嵌入演示文稿中,操作步骤如下。

(1) 打开要保存的文档,选择"文件"|"另存为"选项,弹出"另存为"对话框。

(2) 单击"工具"按钮,在弹出的下拉菜单中选择"保存选项"命令,如图 4.64 所示,弹出"PowerPoint 选项"对话框。

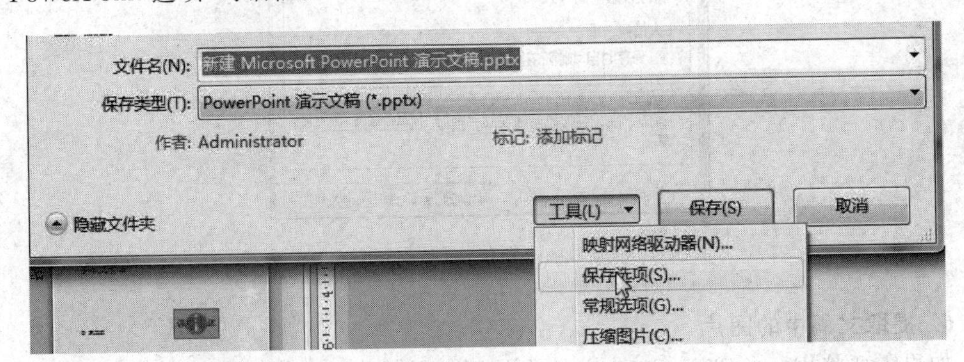

图 4.64 选择"保存选项"命令

(3) 打开"保存"选项卡,选中"将字体嵌入文件"复选框,并选中"仅嵌入演示文稿中使用的字符"单选按钮,如图 4.65 所示。单击"确定"按钮返回"另存为"对话框。

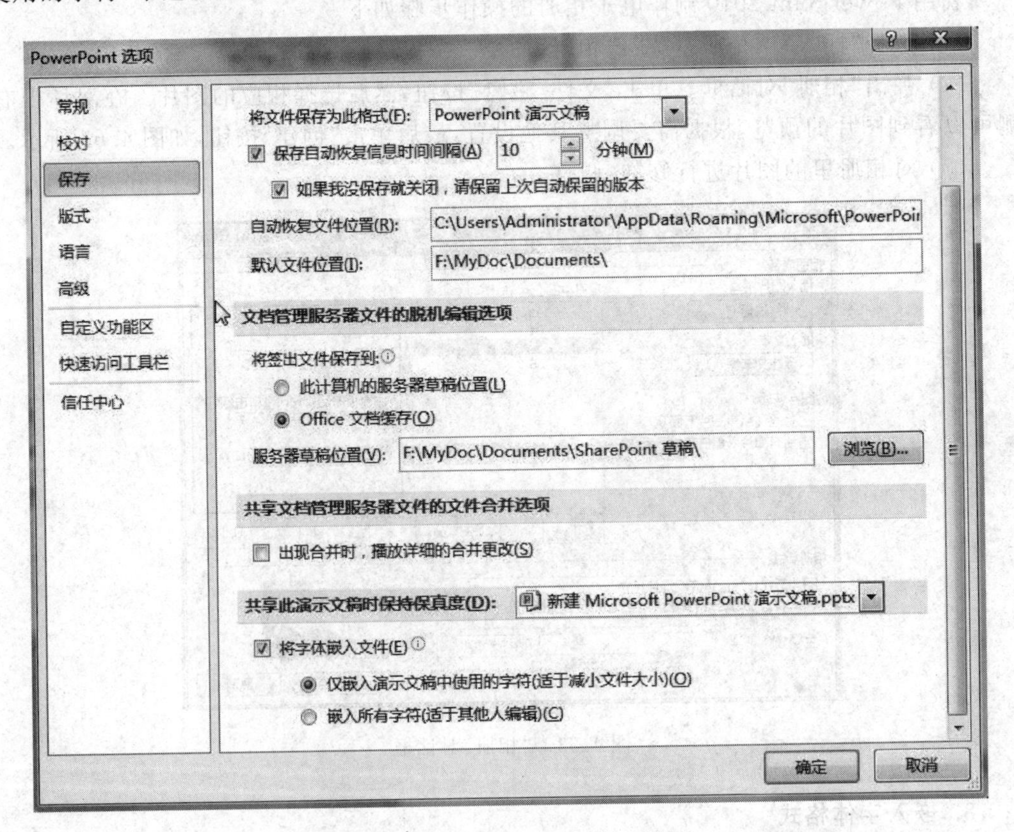

图 4.65 "PowerPoint 选项"对话框

（4）在“另存为”对话框中，输入文件名，单击“保存”按钮。

4.7　PowerPoint 2010 实践案例——学院介绍演示文稿

4.7.1　案例描述

李同学是福州软件职业技术学院计算机应用技术专业大二学生，该同学担任某大一新生某班的班导，要为大一的学弟学妹们介绍学院情况，帮助新生尽快认识和适应大学。因此，他决定做一个“学院介绍”的演示文稿，帮助他更加生动形象地演讲。

李同学设计的“福州软件职业技术学院介绍”演示文稿的首页，如图 4.66 所示。

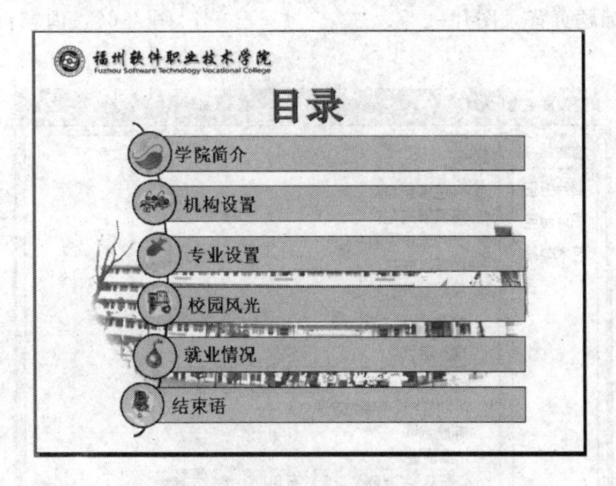

图 4.66　学院介绍的界面

4.7.2　创建幻灯片

启动 PowerPoint 2010 应用程序新建一个演示文稿，选择“文件”|“保存”命令，选择保存路径，将演示文稿命名为“福州软件职业技术学院介绍”。

4.7.3　设计模板

尽管 PowerPoint 2010 中已经有许多丰富多彩、功能齐全的模板可以使用，但还是有一些不尽如人意的地方。当微软提供的模板不能满足要求时，必须亲自设计模板。

通过设计母版决定演示文稿的统一风格，是创建演示文稿模板和自定义主题的前提。针对案例的特殊需求，要对母板进行设计。设计母版的操作步骤如下。

（1）打开创建的空白文档。

（2）准备好要作为母版背景的图片，一张用于标题页，如图 4.67 所示；一张用于内容页，如图 4.68 所示。单击“视图”|“幻灯片母版”按钮，进入母版编辑状态。

（3）右击标题幻灯片（一般为第 2 张），在弹出的快捷菜单中，选择“设置背景格式”命令，打开“设置背景格式”对话框。

（4）打开“填充”选项卡，在右侧选中“图片或纹理填充”单选按钮，如图 4.69 所示。然后单击“文件”按钮，弹出“插入图片”对话框，选中标题页背景图片插入。为图片设置一定的透明度后关闭“设置背景格式”对话框，效果如图 4.70 所示。

图 4.67 标题页背景图片

图 4.68 内容页背景图片

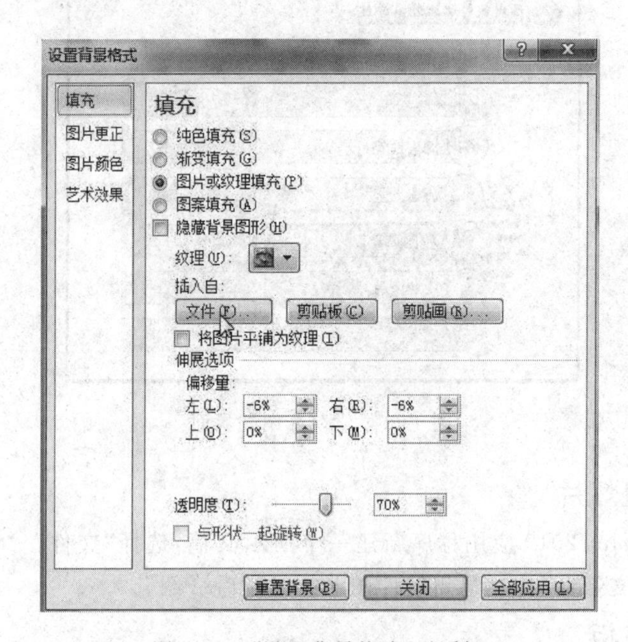

图 4.69 “设置背景格式”对话框

图 4.70 标题页背景效果

(5) 参照步骤(4)为内容页插入背景图片,效果如图 4.71 所示。

图 4.71　内容页背景效果

(6) 在内容页中,右击新插入的图片,在弹出的快捷菜单中选择"置于底层"|"置于底层"命令。

(7) 在内容页文本区,右击"单击此处编辑母版文本样式"的左边项目符号,在弹出的快捷菜单中选择"项目符号"|"项目符号和编号"命令,弹出"项目符号和编号"对话框,如图 4.72 所示。

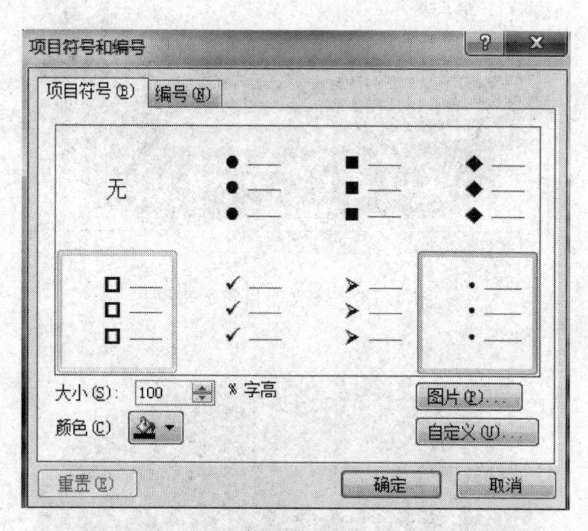

图 4.72　"项目符号和编号"对话框

(8) 单击"自定义"按钮,出现"符号"对话框。

(9) 在"字体"下拉列表框中选择 Wingdings 2,项目符号选择◈,如图 4.73 所示。然后依次关闭"符号"对话框和"项目符号和编号"对话框,最终效果如图 4.74 所示。

(10) 选择标题页,修改主标题和副标题的字体、字号、颜色等。将主标题字体修改为"华文行楷",字号不变。将副标题字体修改为"华文隶书"、颜色为黑色,字号不变,如图 4.75 所示。

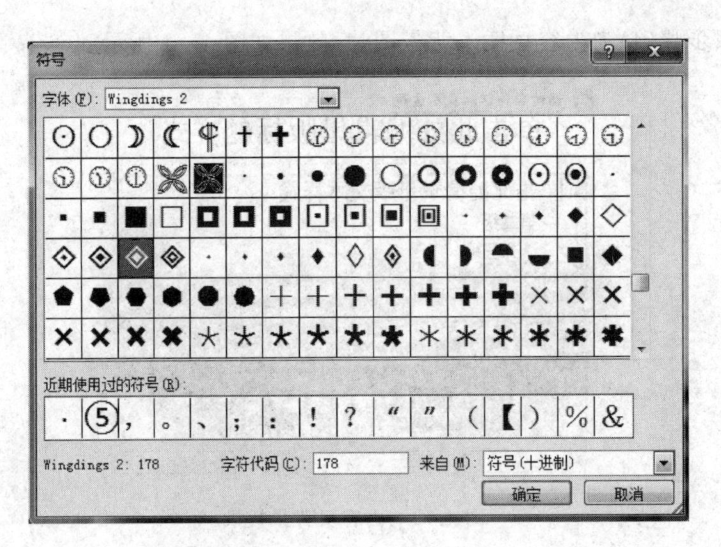

图 4.73 "符号"对话框

图 4.74 修改项目符号效果

图 4.75 修改标题页字体

(11) 单击“幻灯片母版”|“关闭母版视图”按钮,退出母版视图。

(12) 选择“文件”|“另存为”命令,打开“另存为”对话框。在“保存类型”中选择“PowerPoint 模板(*.potx)”设置,文件名为“学院介绍.potx”,供以后作为模板使用。

4.7.4 幻灯片设计

利用“学院介绍.potx”模板进行幻灯片的创建与设计的操作步骤如下。

1. 创建幻灯片

(1) 双击打开“学院介绍.potx”模块,系统会自动创建一个新的演示文稿,其中仅包含一张标题页幻灯片。

(2) 在主标题中输入“福州软件职业技术学院”,在副标题中输入“欢迎加入这个大家庭”,并将副标题的字号改为36。

2. 创建“目录”幻灯片

(1) 插入一张新的正文幻灯片(第二张开始是内容页),为其设置版式。单击“开始”|“版式”按钮,在下拉列表中选择“空白”版式。

(2) 添加艺术字标题,操作步骤如下。

① 单击“插入”|“艺术字”按钮,在下拉列表中选择相应的艺术单格式,如图4.76所示。页面中会出现艺术字框。

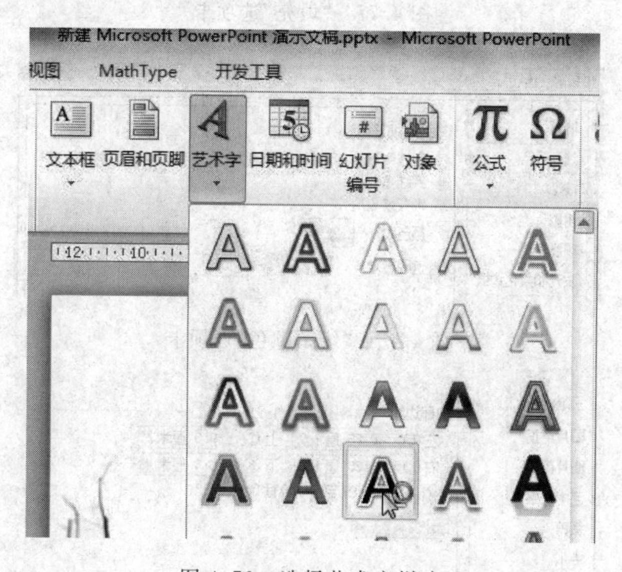

图4.76　选择艺术字样式

② 选中艺术字,将字体设置为宋体,字号设置为44,字形设置为加粗,输入艺术字文字——“目录”。

(3) 设置目录内容,操作步骤如下。

① 添加横排文本框,并输入“学院简介”,将字体设置为“宋体”,字号设置为24,字形设置为“加粗”。

② 右击文本框,在弹出的快捷菜单中选择“设置形状格式”命令,弹出“设置形状格

式”对话框。

③ 在“填充”选项卡中选择“纯色填充”并设置填充色为浅蓝色，如图 4.77 所示。在“线条颜色”选项卡中选择“实线”并设置颜色为黑色，如图 4.78 所示。在“文本框”选项卡中设置合适的内部边距，如图 4.79 所示。

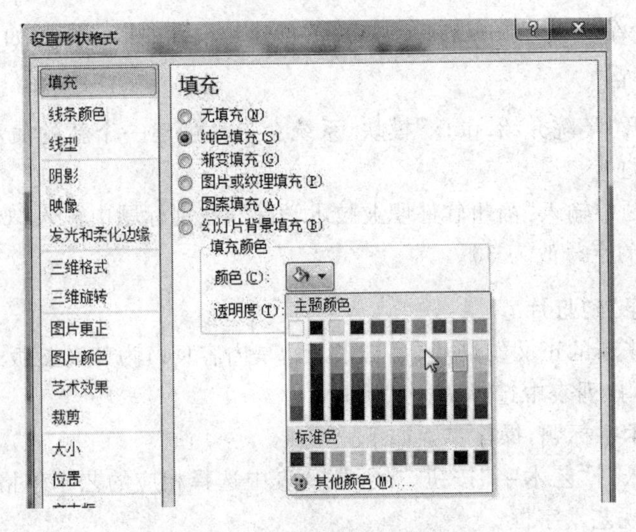

图 4.77 “填充”选项卡

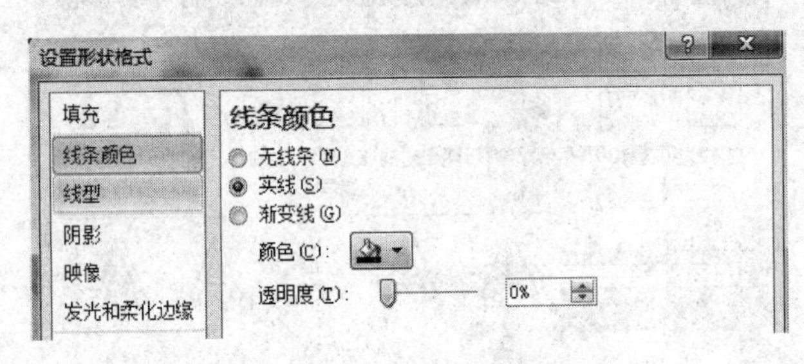

图 4.78 “线条颜色”选项卡

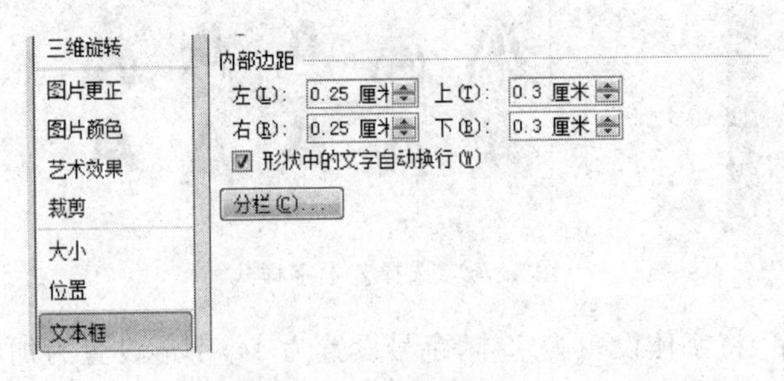

图 4.79 “文本框”选项卡

④ 在文本框左边添加一个圆形形状，同步骤③一样，设置背景色为浅蓝色，边框为黑色，并且插入一个剪贴画或小图片文件(自选)。

⑤ 参照步骤①～④，依次制作“机构设置”、“专业设置”、“校园风光”、“就业情况”和“结束语”条目，并插入一个曲线，将几个圆形连接起来。

⑥ 选中目录内容的所有图片、图形和文字，右击，在弹出的菜单中选择“组合”|“组合”命令，将这些元素组合成一体，如图 4.80 所示。

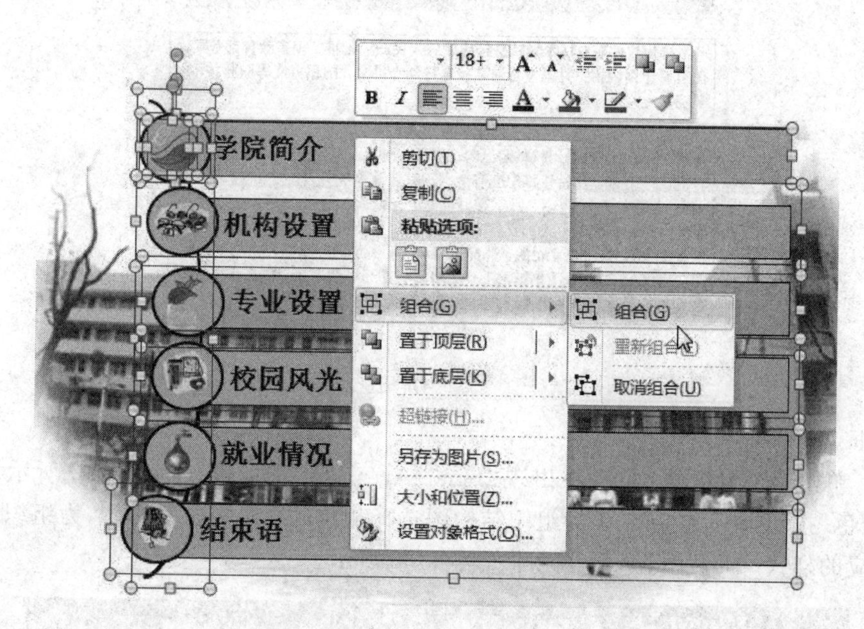

图 4.80　组合图形

3. 创建“学院简介”幻灯片

(1) 单击“开始”|“新建幻灯片”按钮，在下拉列表中选择“仅标题”版式，插入一张幻灯片。

(2) 在标题框中输入“学院简介”，设置字体为“宋体”，字号为 44，字形为“加粗”。

(3) 右击标题框，在弹出的快捷菜单中选择“设置形状格式”命令，弹出“设置形状格式”对话框。调整标题框的高度和大小，并将背景色设置为浅蓝色。

(4) 选择“插入”|“文本框”|“横排文本框”命令，在标题下方插入一个横排文本框，在文本框中输入学院简介内容。

(5) 右击文本框边框，在弹出的快捷菜单中选择“设置形状格式”命令，在打开的对话框中选择“线条颜色”选项卡，调整文本框的颜色为黑色，样式为 1 磅的实线。最终效果如图 4.81 所示。

4. 创建“组织结构图”幻灯片

(1) 单击“开始”|“新建幻灯片”按钮，在下拉列表中选择“空白”版式，插入一张幻灯片。

(2) 单击“插入”|SmartArt 按钮，弹出“选择 SmartArt 图形”对话框。选择“层次结构”选项卡，在右侧选择“组织结构图”。

(3) 单击“确定”按钮，幻灯片中会插入组织结构图。在最上边的文本框中输入“机构设置”，在底层的三个文本框分别输入“党群机构”、“行政管理”和“专业设置”，去掉中间层

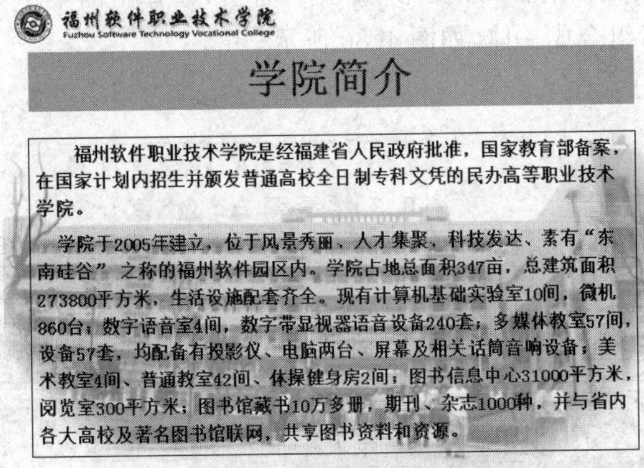

福州软件职业技术学院
Fuzhou Software Technology Vocational College
学院简介
福州软件职业技术学院是经福建省人民政府批准，国家教育部备案，在国家计划内招生并颁发普通高校全日制专科文凭的民办高等职业技术学院。
学院于2005年建立，位于风景秀丽、人才集聚、科技发达、素有“东南硅谷”之称的福州软件园区内。学院占地总面积347亩，总建筑面积273800平方米，生活设施配套齐全。现有计算机基础实验室10间，微机860台；数字语音室4间，数字带显视器语音设备240套；多媒体教室57间，设备57套，均配备有投影仪、电脑两台、屏幕及相关话筒音响设备；美术教室4间、普通教室42间、体操健身房2间；图书信息中心31000平方米，阅览室300平方米；图书馆藏书10万多册，期刊、杂志1000种，并与省内各大高校及著名图书馆联网，共享图书资料和资源。

图 4.81　学院简介

的文本框。

(4) 单击整个组织结构图，在出现“SmartArt 工具”功能区，如图 4.82 所示。单击“更改颜色”按钮，在下拉列表中为组织结构图选择相应的颜色。在其右侧，为组织结构图选择相应的样式（如“优雅”），最终效果如图 4.83 所示。

SmartArt 工具
开发工具
设计
格式
更改颜色
SmartArt 样式

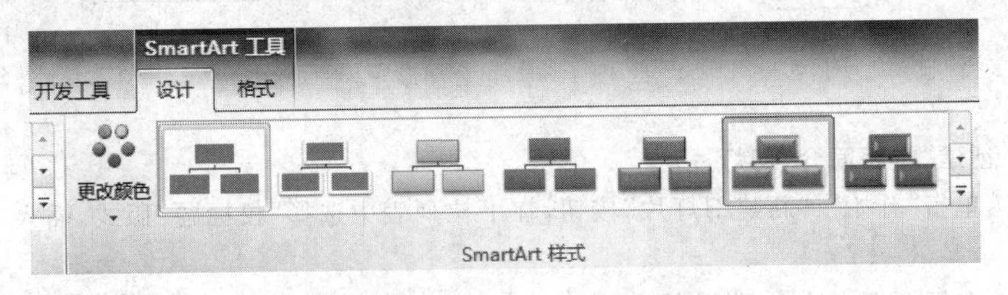

图 4.82　“SmartArt 工具”功能区

机构设置
党群机构
行政管理
专业设置

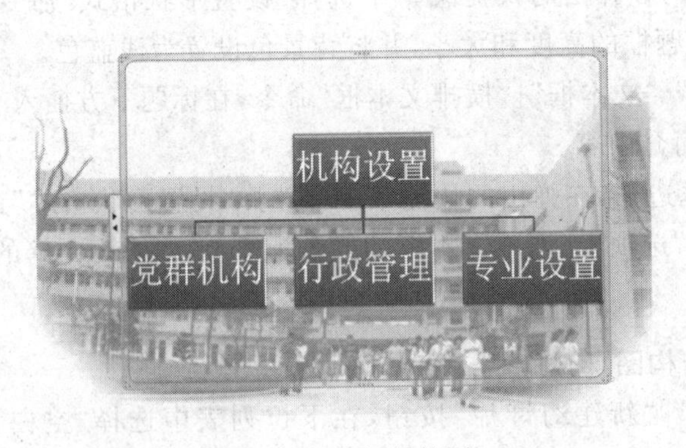

图 4.83　组织结构图

5. 创建“党群机构”等幻灯片

(1) 单击“开始”|“新建幻灯片”按钮，在下拉列表中选择“两栏内容”版式，插入一张幻灯片。

(2) 插入艺术字的题目——“党群机构”，并在“格式”功能区中为其调整阴影、发光等效果。

(3) 在两个文本框中分别输入党群机构中的组成部分。

(4) 右击文本框边框，在弹出的快捷菜单中选择“设置形状格式”，在“线条颜色”选项卡和“线型”选项卡中为文本框添加线条，效果如图 4.84 所示。

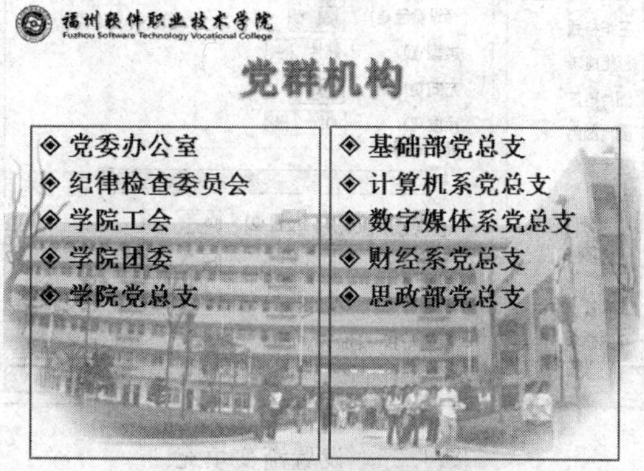

图 4.84　“党群机构”幻灯片

(5) 参照步骤(1)～(4)，制作类似的幻灯片“行政管理”，效果如图 4.85 所示。

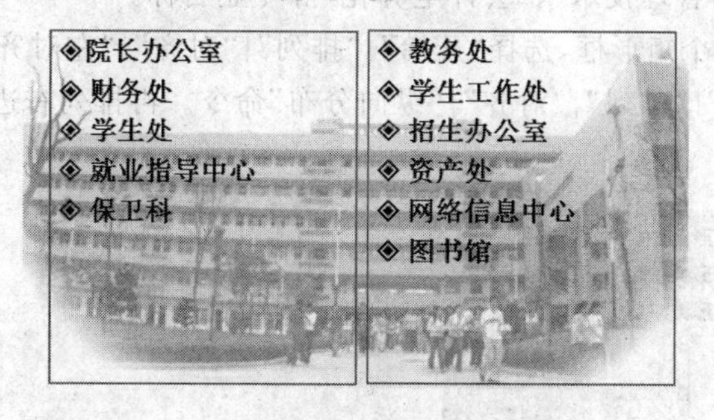

图 4.85　“行政管理”幻灯片

6. 创建“专业设置”幻灯片

(1) 单击“开始”|“新建幻灯片”按钮，在下拉列表中选择“空白”版式，插入一张幻灯片。

(2) 插入艺术字的题目——“专业设置”，并在“格式”功能区中为其调整阴影、发光等效果。

(3) 选择“插入”|“形状”|“矩形框”形状，在页面中拖动画出一个矩形框。右击该矩形框，在弹出的快捷菜单中选择“设置形状格式”命令，弹出“设置形状格式”对话框。

(4) 打开“填充”选项卡，选中“渐变填充”单选按钮。在“渐变光圈”下设置开始颜色为白色，最终颜色为绿色，而且只保留开始和最终两个停止点，如图 4.86 所示。

图 4.86 设置渐变填充

(5) 右击矩形框,在弹出的快捷菜单中选择“编辑文字”命令,此时矩形框内为可编辑区域,在其中输入“计算机应用技术”,设置其字体为“仿宋”、字号为 24、颜色为黑色、字形为加粗,然后调整矩形框大小。

(6) 选中矩形框,按下 Ctrl 键,拖动复制该矩形框。如此反复,共复制 11 个,分别输入“软件技术”、“网络管理技术”、“会计电算化”等专业名称。

(7) 选中左边 6 个矩形框,选择“开始”|“排列”|“对齐”|“左对齐”命令,如图 4.87 所示。然后选择“开始”|“排列”|“对齐”|“纵向分布”命令。再排列右边 6 个矩形框,最终效果如图 4.88 所示。

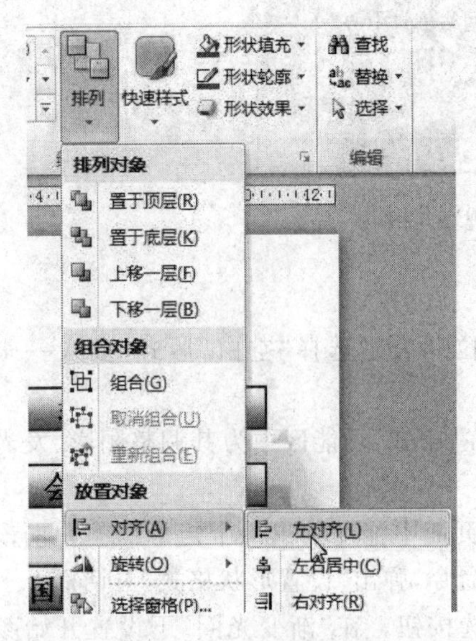

图 4.87 对齐对象

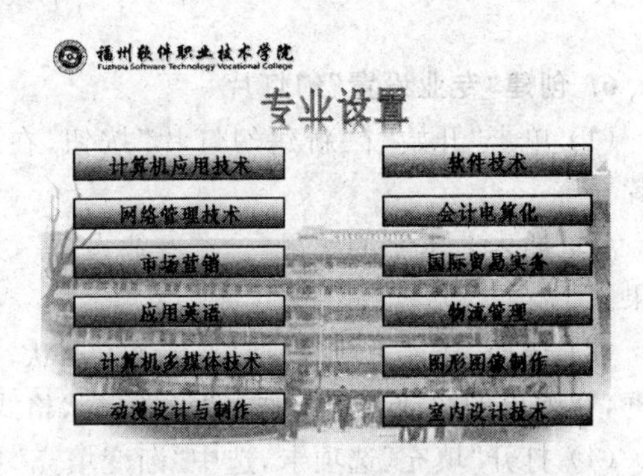

图 4.88 “专业设置”幻灯片

7. 创建"校园风光"幻灯片

(1) 单击"开始"|"新建幻灯片"按钮，在下拉列表中选择"空白"版式，插入一张幻灯片。

(2) 插入艺术字的题目——"校园风光"，并在"格式"功能区中为其调整阴影、发光等效果。

(3) 单击"插入"|"图片"按钮，打开"插入图片"对话框，选择要插入的图片(可同时选择一张或多张)，单击"插入"按钮。

(4) 右击图片，打开"设置图片格式"对话框。在"线条颜色"选项卡中，选择"实线"单选按钮，设置颜色为黑色，其他参数不变。在"大小"选项卡中调整图片高度和宽度，并选中"锁定纵横比"复选框。

(5) 参照步骤(2)～(4)插入并设置其他图片，然后将所有图片按顺序排列，效果如图4.89所示(其中两侧的图片备用)。

图4.89 "校园风光"幻灯片

8. 创建"就业情况"幻灯片

(1) 单击"开始"|"新建幻灯片"按钮，在下拉列表中选择"空白"版式，插入一张幻灯片。

(2) 插入艺术字的题目——"就业情况"，并在"格式"功能区中为其调整阴影、发光等效果。

(3) 单击"插入"|"图表"按钮，弹出"插入图表"对话框，然后选择"折线图"|"带数据标记的折线图"。此时，系统会自动调用Excel软件，弹出数据电子表格，按照表4.1在电子表格中输入数据，并单击"图表工具"|"设计"|"切换行/列"按钮关闭Excel软件，此时图表中的图形按照电子表格中的数据显示出来。

表4.1 计算机应用技术专业历届就业率

届数	2008届	2009届	2010届	2011届
就业率	93.22%	90.80%	84.62%	100%

(4) 将图表区背景色设置为浅绿色。在图表区右击,在弹出的快捷菜单中选择“设置图表区域格式”命令,弹出“设置图表区格式”对话框。打开“填充”选项卡,选择“纯色填充”单选按钮,将颜色设置为浅绿色,然后关闭返回。

(5) 将绘图区背前景色设置为浅橙色。在绘图区右击,在弹出的快捷菜单中选择“设置绘图区格式”命令,弹出“设置绘图区格式”对话框。打开“填充”选项卡,选择“纯色填充”单选按钮,将颜色设置为浅橙色,然后关闭返回。

(6) 使用折线点显示数据。选中折线点,右击,在弹出的快捷菜单中选择“添加数据标签”命令,如图 4.90 所示。

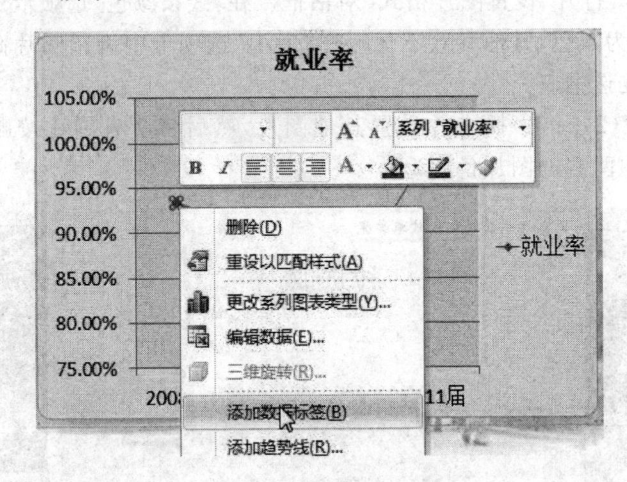

图 4.90 添加数据标签

(7) 设置折线的颜色和线条宽度。在折线上右击,在弹出的快捷菜单中选择“设置数据系列格式”命令,打开“设置数据系列格式”对话框。在“线条颜色”选项卡中,选中“实线”单选按钮,将颜色设为红色。在“线型”选项卡中,将宽度设为 2.5 磅。在“标记线颜色”选项卡中,选中“实线”单选按钮,将颜色设为红色,其他选项默认即可,最后关闭返回,效果如图 4.91 所示。

图 4.91 “就业情况”幻灯片

9. 创建“结束语”幻灯片

(1) 单击“开始”|“新建幻灯片”按钮，在下拉列表中选择“空白”版式，插入一张幻灯片。

(2) 插入艺术字——“谢谢观看，欢迎您的加入!”，并在“格式”功能区中为其调整阴影、发光等效果。

(3) 设置艺术字字体为“华文隶书”，字号为 48，字形为“加粗”，并调整艺术字的大小，最终效果如图 4.92 所示。

图 4.92　结束语

4.7.5　幻灯片的超链接设计

超链接一般用于网页制作中，是指从一个网页指向一个目标的链接关系，这个目标可以是另一个网页，也可以是相同网页上的不同位置，还可以是一张图片、一个电子邮件地址、一个文件，甚至是一个应用程序。在 PowerPoint 2010 中，同样可以使用超链接的方式，链接到某一个对象，这个对象可以是某一张幻灯片、一个网站、一张图片或者音/视频文件等。

1. 目录中的超链接

在播放“目录”幻灯片时，希望单击某一个目录项而打开与此对应的幻灯片，这就要利用超链接的方法。操作步骤如下。

(1) 单击“目录”幻灯片(第 2 张)，选定“学院简介”矩形框，右击，在弹出的快捷菜单中选择“超链接”命令，打开“插入超链接”对话框。

(2) 在“链接到”区域选择“本文档中的位置”，在“请选择文档中的位置”中选择“3. 学院简介”，单击“确定”按钮，如图 4.93 所示。

(3) 用同样的方法，将“机构设置”链接到“4. 幻灯片 4”，“专业设置”链接到“7. 幻灯片 7”，“校园风光”链接到“8. 幻灯片 8”，“就业情况”链接到“9. 幻灯片 9”，“结束语”链接到“10. 幻灯片 10”。

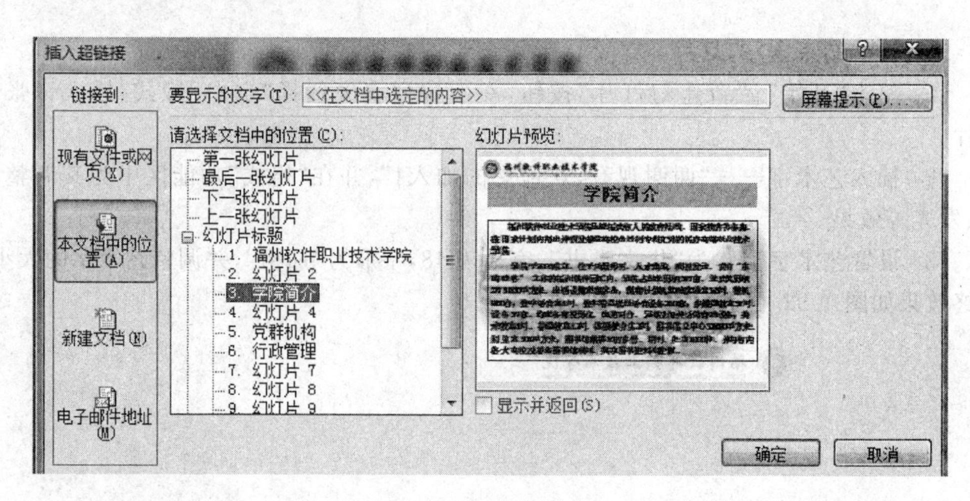

图 4.93 设置超链接

2. 网站超链接

选中最后一页幻灯片,选中艺术字文本框,右击,在弹出的快捷菜单中选择“超链接”命令,打开“插入超链接”对话框。在“链接到”区域选择“现有文件或网页”,在“地址”文本框中输入“http://www.fzrjxy.com”,单击“确定”按钮,完成艺术字到学院网站的超链接。

3. 按钮超链接

由于“目录”做了超链接,幻灯片播放完毕需要返回到“目录”幻灯片,这需要做一个按钮来完成这个功能。

(1) 打开第 3 张幻灯片,选择“插入”|“形状”|“动作按钮”下的◁按钮(后退或前一项),在第 3 张幻灯片的右下角拖动画出动作按钮,如图 4.94 所示。

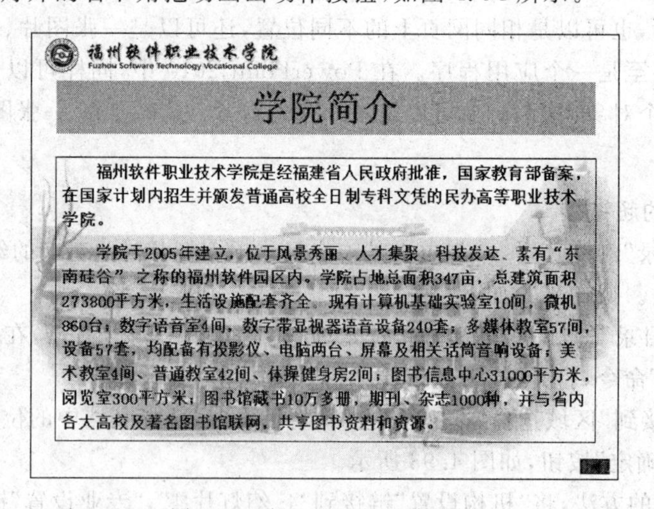

图 4.94 插入“返回”动作按钮

(2) 绘制结束将弹出“动作设置”对话框,在“超链接到”下拉列表框中选择“幻灯片”,打开“超链接到幻灯片”对话框。

(3) 选择"2.幻灯片 2",如图 4.95 所示,然后依次"超链接到幻灯片"和"动作设置"对话框中单击"确定"按钮返回。

(4) 复制◀按钮,并在第 4～10 页,粘贴该按钮。

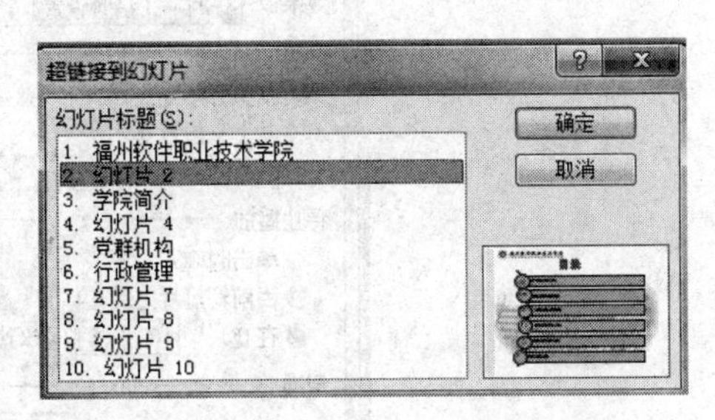

图 4.95 "超链接到幻灯片"对话框

4.7.6 幻灯片的动画设计

在制作完成幻灯片之后,可以为演示文稿添加一些动画效果,以使幻灯片在放映时更加生动。动画使用不宜过多,此处挑选几个特定的页面为其设置动画效果。

1. "首页"幻灯片动画

(1) 标题动画

① 选中主标题"福州软件职业技术学院",选择"动画"|"动画"|"随机线条"选项。

② 在"动画"功能区中,在"持续时间"文本框中输入 00.60,如图 4.96 所示。单击最左侧的预览按钮可查看播放效果。

③ 为副标题也加入类似"进入"动画。

④ 单击"动画"|"动画窗格"按钮,打开"动画窗格"。在其中查看主标题所创建的动画方案是否位于播放序列的第一位,如果不是第一位,将其提升到播放序列的第一位。

(2) 为幻灯片添加声音

① 为幻灯片加上背景音乐。选择"插入"|"音频"|"文件中的音频"命令,打开"插入音频"对话框,插入预先选定的 Sounds of Silence. mp3,此时幻灯片中出现喇叭图标🔊。

② 选中喇叭图标🔊,在"音频工具"|"播放"选项卡中选中"循环播放,直到停止"和"放映时隐藏"复选框,如图 4.97 所示。

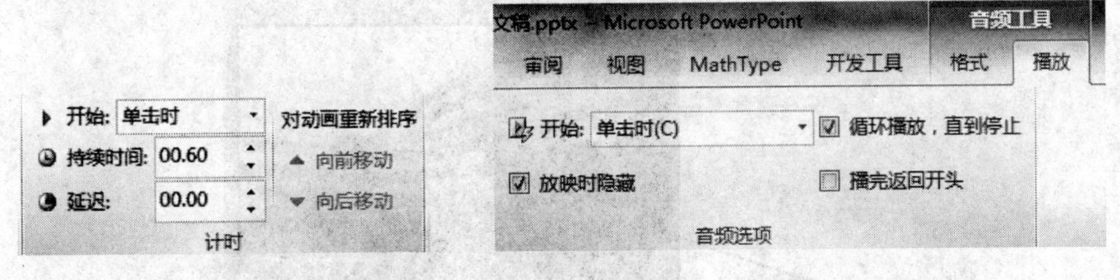

图 4.96 设置"开始"和"速度"　　图 4.97 设置音频选项

③ 在"动画窗格"中,右击添加的声音动画,在弹出的快捷菜单中选择"效果选项"命令,打开"播放音频"对话框。打开"效果"选项卡,在"开始播放"区域中选中"从头开始"单选按钮,在"停止播放"中设置"在 10 张幻灯片后"停止播放,如图 4.98 所示,单击"确定"按钮。

2. "校园风光"幻灯片动画

(1) 标题的动画

① 选中标题,打开"动画"功能区。单击"飞入"按钮。

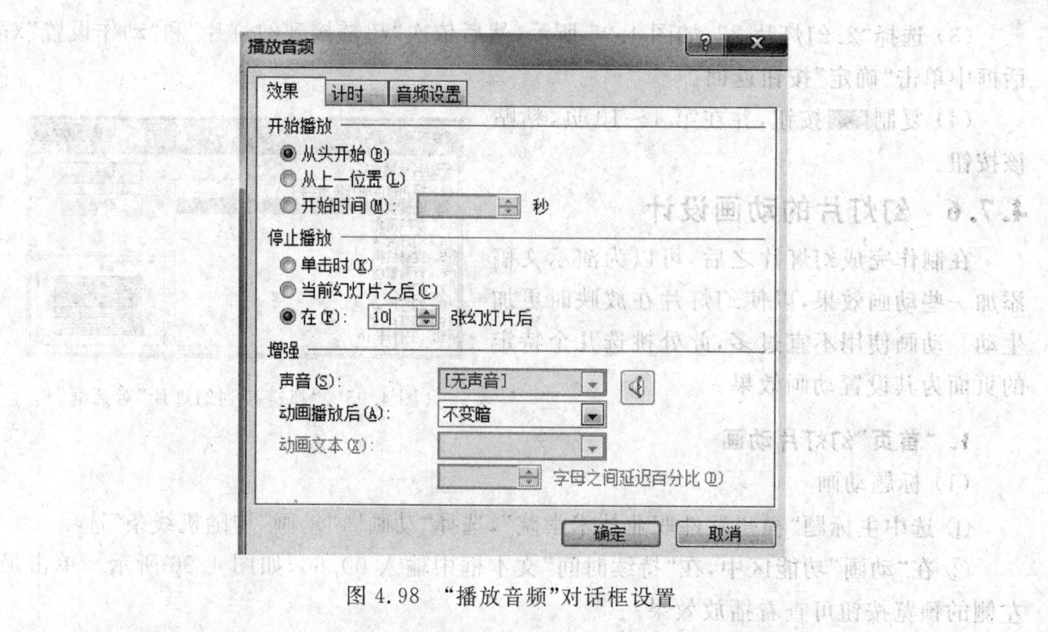

图 4.98 “播放音频”对话框设置

② 在列表右侧的“效果选项”中选择“自底部”选项，设置“持续时间”为 1。

(2) 图片的动画

演示文稿左、右两侧的 5 张图片，分别用于自定义动作路径的动画效果。左、右两侧的 4 张比较小的图片使用自定义直线路径，而最大的一张图片则使用自定义曲线的路径，此处以右上角小图片以及最大图片两个图片的动画为例进行介绍。

① 选中右上角图片，选择“动画”|“添加动画”|“动作路径”|“直线”选项。

② 鼠标指针变成“十”字形，从图片的中心部位开始向左拖动，直到拖出来的直线长度大约等于图片本身的宽度，效果如图 4.99 所示。

图 4.99 绘制自定义直线路径

③ 选中最大的图片，选择“动画”|“添加动画”|“动作路径”|“自定义路径”选项。

④ 鼠标指针变成“十”字形，从图片的中心部位开始向左上方向拖动。在拖动过程中，按照自己的创意画出曲线，即图片将出场时所要经过的曲线，直到幻灯片的中心位置，双击即可。

⑤ 按照类似的方式为所有外围图片添加动画，效果如图 4.100 所示。

图 4.100 自定义动画效果

4.7.7 幻灯片切换方式

幻灯片切换是指放映演示文稿时，幻灯片出现或退出的方式，此处以第1页幻灯片为例进行设置，操作步骤如下。

选择第1页幻灯片，打开"切换"功能区，在下方列表中单击"形状"按钮，在右侧"声音"下拉列表框中选择"风铃"选项，其他选项默认即可，如图4.101所示。

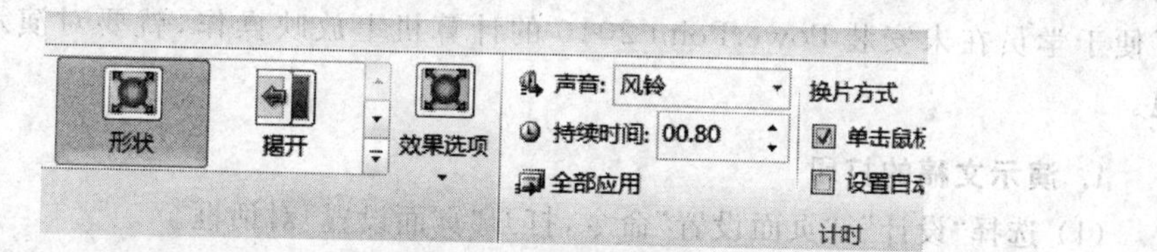

图 4.101 放映方式设置

4.7.8 幻灯片放映设计

幻灯片动画和切换方式设置完毕，就可以利用幻灯片的放映功能整体察看动画和切换的效果，幻灯片放映方式包括从头开始、从当前幻灯片开始和自定义幻灯片放映。

1. 从头开始

单击"幻灯片放映"|"从头开始"按钮，幻灯片将从第1张播放到最后1张。在播放过程中，如果发现问题可以按Esc键退出，然后进行修改。

2. 从当前幻灯片开始

幻灯片的问题处理之后，可以重新放映演示修改后的效果。为了节约时间，没有必要从开头开始播放，直接从当前修改的幻灯片开始播放即可。单击右下角的"视图切换"|"幻灯片放映"按钮 。或者选择"幻灯片放映"|"从当前幻灯片开始"按钮即可实现从当

前幻灯片开始放映。

3. 自定义放映

同一个演示文稿，对于不同的观众，可以放映演示文稿中的不同内容。PowerPoint 2010 提供“自定义放映”功能，来达到此目的。操作步骤如下。

(1) 打开演示文稿，选择“幻灯片放映”|“自定义幻灯片放映”|“自定义放映”命令，出现“定义自定义放映”对话框。

(2) 在“自定义放映”对话框中单击“新建”按钮，出现“定义自定义放映”对话框。左侧列表框中显示当前演示文稿中的所有幻灯片，选择其中的需要播放的幻灯片，添加到右侧列表框中。同时，在“幻灯片放映名称”文本框中输入自定义放映的名称。

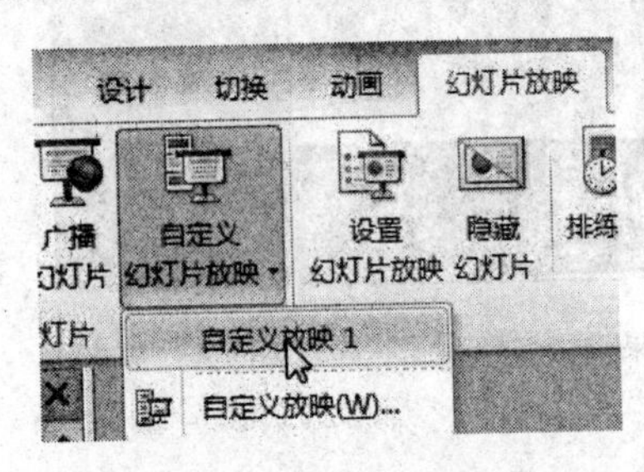

图 4.102 自定义放映

(3) “定义自定义放映”对话框右侧列表框中的幻灯片构成了一种自定义放映的幻灯片序列。选中其中某张幻灯片，然后通过单击列表框右边的“向上”或“向下”按钮，调整其放映顺序。以后在“幻灯片放映”|“自定义幻灯片放映”下拉列表中就会出现自定义的放映序列，如图 4.102 所示。

4.7.9 幻灯片的打印和打包

当我们参加一个培训班时，在一开始学员一般都要拿到一份打印资料，这份资料就是演讲者的 PowerPoint 2010 讲课内容。同时还可以把放映的演示文稿发给学员，为了便于学员在未安装 PowerPoint 2010 的计算机上放映操作，就要对演示文稿进行打包。

1. 演示文稿的打印

(1) 选择“设计”|“页面设置”命令，打开“页面设置”对话框。

(2) 在“幻灯片大小”下拉列表框中选择“A4 纸张(210×297 毫米)”，其他选项默认，如图 4.103 所示，单击“确定”按钮。

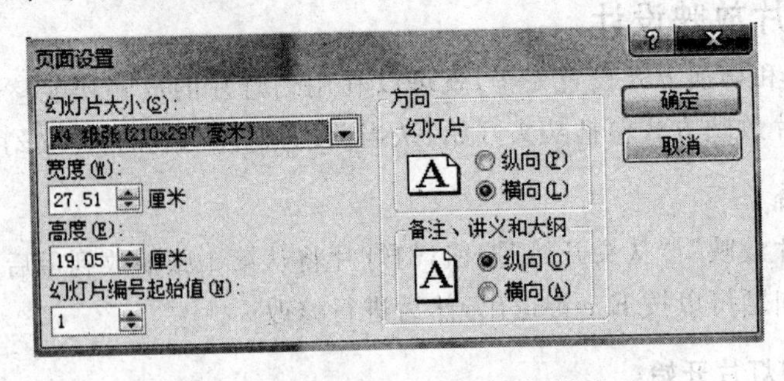

图 4.103 “页面设置”对话框设置

(3) 选择“文件”|“打印”命令，在右侧可以查看打印效果。

(4) 在“设置”下拉列表框中选择“打印全部幻灯片”选项，接着在下拉列表框中选择“3 张幻灯片”，选中“根据纸张大小调整”和“幻灯片加框”复选框。在最下方下拉列表框中选择“颜色”，其他选项默认，如图 4.104 所示。最后选择合适的打印机，单击“打印”按钮。

2. 演示文稿的打包

演示文稿中经常包含音乐、视频等元素，单纯地复制麻烦，而且有时还播放不出来，严重影响播放效果，此时，就需要 PowerPoint 2010 的打包功能。PowerPoint 2010 的打包功能分为两种，可以打包到计算机上的一个文件夹中，也可以打包到 CD 中。本例使用第一种，操作步骤如下。

(1) 打开要打包的演示文稿，选择“文件”|“保存并发送”|“将演示文稿打包成 CD”|“打包成 CD”命令，弹出“打包成 CD”对话框，如图 4.105 所示。

(2) 单击“复制到文件夹”按钮，弹出“复制到文件夹”对话框。

(3) 单击“浏览”按钮，选择保存演示文稿的位置，在“文件夹名称”文本框中输入演示文稿的名称，如图 4.106 所示。

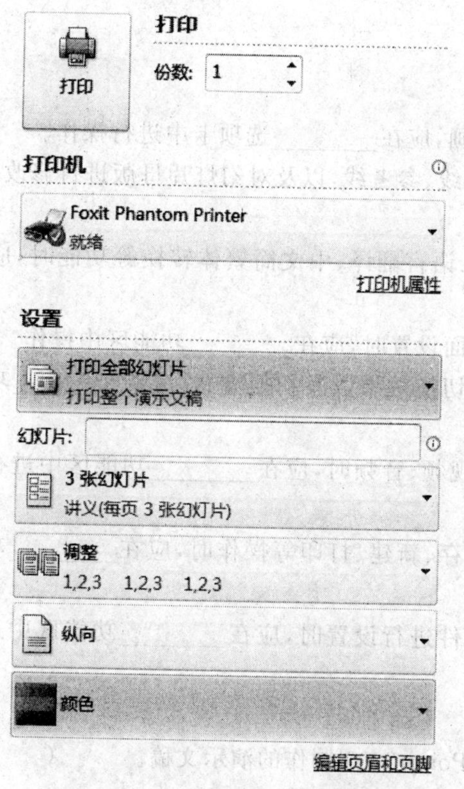

图 4.104　设置“打印”选项

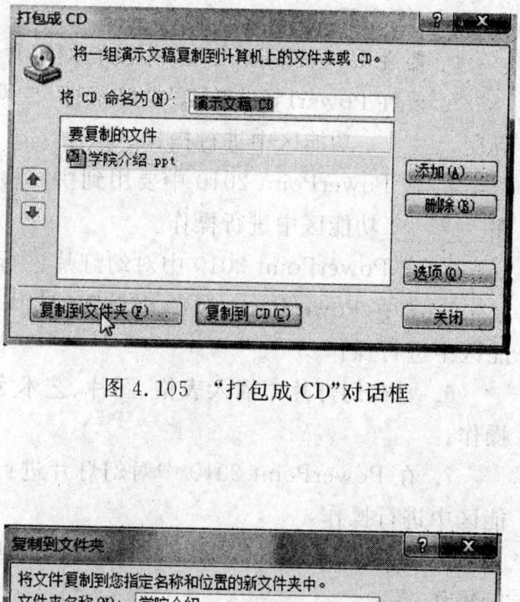

图 4.105　“打包成 CD”对话框

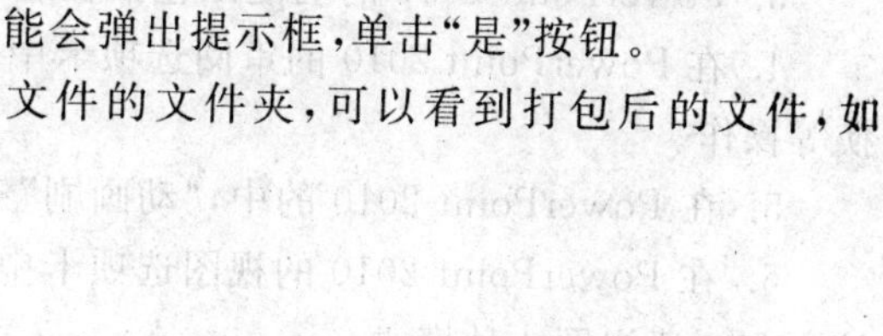

图 4.106　“复制到文件夹”对话框

(4) 单击“确定”按钮，开始打包，系统可能会弹出提示框，单击“是”按钮。

(5) 打包完成，系统自动打开保存打包文件的文件夹，可以看到打包后的文件，如图 4.107 所示。

图 4.107 打包后的文件

操作与练习

一、填空题

1. 要在 PowerPoint 2010 中设置幻灯片动画，应在________选项卡中进行操作。

2. 要在 PowerPoint 2010 中显示标尺、网络线、参考线，以及对幻灯片母版进行修改，应在________功能区中进行操作。

3. 在 PowerPoint 2010 中要用到拼写检查、语言翻译、中文简繁体转换等功能时，应在________功能区中进行操作。

4. 在 PowerPoint 2010 中对幻灯片进行页面设置时，应在________功能区中操作。

5. 要在 PowerPoint 2010 中设置幻灯片的切换效果以及切换方式，应在________功能区中进行操作。

6. 要在幻灯片中插入表格、图片、艺术字、视频、音频时，应在________功能区中进行操作。

7. 在 PowerPoint 2010 中对幻灯片进行另存、新建、打印等操作时，应在________功能区中进行操作。

8. 在 PowerPoint 2010 中对幻灯片放映条件进行设置时，应在________功能区中进行操作。

二、判断题

1. PowerPoint 2010 可以直接打开 PowerPoint 2003 制作的演示文稿。 (　　)

2. PowerPoint 2010 功能区中的命令不能进行增加和删除。 (　　)

3. PowerPoint 2010 的功能区包括快速访问工具栏、选项卡和工具组。 (　　)

4. 在 PowerPoint 2010 的审阅选项卡中可以进行拼写检查、语言翻译、中文简繁体转换等操作。 (　　)

5. 在 PowerPoint 2010 的中，“动画刷”工具可以快速设置相同动画。 (　　)

6. 在 PowerPoint 2010 的视图选项卡中，演示文稿视图有普通视图、幻灯片浏览、备注页和阅读视图 4 种模式。 (　　)

7. 在 PowerPoint 2010 的设计选项卡中可以进行幻灯片页面设置、主题模板的选择和设计。 (　　)

8. 在 PowerPoint 2010 中可以对插入的视频进行编辑。 (　　)

9. "删除背景"工具是 PowerPoint 2010 中新增的图片编辑功能。 (　　)

10. 在 PowerPoint 2010 中,可以将演示文稿保存为 Windows Media 视频格式。 (　　)

三、单项选择题

1. PowerPoint 2010 演示文稿的扩展名是(　　)。

A. .ppt　B. .pptx　C. .xslx　D. .docx

2. 要进行幻灯片页面设置、主题选择,可以在(　　)功能区中操作。

A. 开始　B. 插入　C. 视图　D. 设计

3. 要对幻灯片母版进行设计和修改时,应在(　　)功能区中操作。

A. 设计　B. 审阅　C. 插入　D. 视图

4. 从当前幻灯片开始放映幻灯片的快捷键是(　　)。

A. Shift+F5　B. Shift+F4

C. Shift+F3　D. Shift+F2

5. 从第一张幻灯片开始放映幻灯片的快捷键是(　　)。

A. F2　B. F3　C. F4　D. F5

6. 要设置幻灯片中对象的动画效果以及动画的出现方式时,应在(　　)功能区中操作。

A. 切换　B. 动画　C. 设计　D. 审阅

7. 要设置幻灯片的切换效果以及切换方式时,应在(　　)功能区中操作。

A. 开始　B. 设计　C. 切换　D. 动画

8. 要对幻灯片进行保存、打开、新建、打印等操作时,应在(　　)功能区中操作。

A. 文件　B. 开始　C. 设计　D. 审阅

9. 要在幻灯片中插入表格、图片、艺术字、视频、音频等元素时,应在(　　)功能区中操作。

A. 文件　B. 开始　C. 插入　D. 设计

10. 要让 PowerPoint 2010 制作的演示文稿在 PowerPoint 2003 中放映,必须将演示文稿的保存类型设置为(　　)。

A. PowerPoint 演示文稿(*.pptx)

B. PowerPoint 97-2003 演示文稿(*.ppt)

C. XPS 文档(*.xps)

D. Windows Media 视频(*.wmv)

四、操作题

1. 设置第一张幻灯片。

(1) 新建演示文稿并插入四张幻灯片,选择第一张幻灯片版式为"标题,文本与剪贴画"。

(2) 在标题处添加标题为"广州亚运会",设置标题的字号为54,字形为加粗。

(3) 在添加文本处添加文本"中国稳居金牌榜老大位置"。

(4) 在添加剪贴画处添加任意一幅剪贴画。

(5) 对标题进行自定义动画设置,样式为"强调"|"放大/缩小"。然后设置文本的自定义动画为"进入"|"随机线条"。最后设置剪贴画的自定义动画为"路径"|"自由曲线"。

(6) 设置幻灯片的切换效果为"垂直百叶窗"。

(7) 对剪贴画设置超链接,链接到第三张幻灯片。

2. 设置第二张幻灯片。

(1) 选择第二张幻灯片版式为"空白"。

(2) 插入任意形式的艺术字,内容为"信息技术",并调整到适当大小和位置。

(3) 将艺术字的动画效果设置为"进入"|自"左下部飞入"。

(4) 在幻灯片中插入"形状"|基本形状|"笑脸"图形(位置和大小不限)。设置"笑脸"图形的自定义动画效果为"进入"|"展开"。

(5) 设置幻灯片的切换效果为"自顶部擦除"。

(6) 对"笑脸"设置超链接,链接到第一张幻灯片。

3. 设置第三张幻灯片。

(1) 将演示文稿设计模板设置成Ocean,并设置第三张幻灯片的版式为"标题幻灯片"。

(2) 输入标题内容"欢乐2012!",设置字体为60磅,红色(注意:请使用自定义颜色中的红色255、绿色0、蓝色0),加粗,黑体。输入副标题内容"我们都去参加",设置字体为华文行楷,32磅。主标题动画效果为"退出"|"盒状",副标题动画效果为"进入"中的"翻转式由远及近",速度为"慢速"。

(3) 添加动作按钮"前进或下一项",链接到第四张幻灯片。

4. 设置第四张幻灯片。

(1) 选择第四张幻灯片版式为"空白"。设置所有幻灯片的高度为21.16厘米,宽度为26.45厘米。

(2) 插入任意一幅图片,调整适当大小,然后插入任意样式的艺术字,艺术字内容为"休息一下"。

(3) 插入一水平文本框,输入"现在开始计时"。设置其字号为48,字形为"加粗、斜体、下划线",对齐方式为"居中对齐"。

参考文献

[1] 韩淑云,蒋秀凤,等. 计算机应用基础[M]. 北京:清华大学出版社,2012.
[2] 徐明成,王惠斌. 计算机应用基础案例教程[M]. 北京:科学出版社,2011.
[3] 靳广斌. 现代化办公自动化教程[M]. 北京:中国人民大学出版社,2012.
[4] 靳广斌. 现代化办公自动化项目教程[M]. 北京:中国人民大学出版社,2012.
[5] 国家职业技能鉴定专家委员会. 办公软件应用(Windows 平台)——Windows 98/2000/XP,Office 97/2000/XP 试题汇编(操作员级)(2011 年修订版)[M]. 北京:科学出版社,北京希望电子出版社,2011.
[6] 陈懋. 计算机实用教程[M]. 北京:清华大学出版社,2010.
[7] 孔令德. 计算机公共基础[M]. 北京:高等教育出版社,2007.
[8] 全国高校网络教育考试委员会办公室. 计算机应用基础(2010 年修订版)[M]. 北京:清华大学出版社,2010.
[9] 刘爱琴. 计算机文化基础[M]. 北京:经济科学出版社,2010.